보강토옹벽
설계 및 시공 매뉴얼

보강토옹벽
설계 및 시공 매뉴얼

(사)한국지반신소재학회 편저

권두언

    2001년 창립한 (사)한국지반신소재학회는 건설분야 전문학회로서, 국내외 활발한 활동을 통해 괄목할 만한 산·학·연 업적을 축적하며 발전하고 있습니다. 특히 지반신소재의 하나인 지오신세틱스(Geosynthetics)를 사용하는 '보강토옹벽'을 대상으로, 재료·설계·시공·평가의 전 주기에 관한 연구 성과를 축적해 왔으며, 전문적 학술 및 교육 행사, 국토교통부의 보강토옹벽 잠정지침 개정, 국가 발주기관에 대한 의견 개진, 설계/시공 방법의 교육, 해석 프로그램의 검증 등 전문성을 바탕으로 한 다양한 사회적 역할을 수행하며 전문학회로서의 역량을 입증해 왔습니다.

    국내에 1970년대 말에 소개되어 1980년대 중반부터 본격적으로 보급되기 시작한 보강토옹벽은 현재 그 적용 사례가 기하급수적으로 늘어나 다양한 건설공사에서 적용되고 있지만, 아직 관련 법규나 기준이 미흡한 것이 현실입니다. 이러한 점을 고려하여 보강토옹벽에 대한 설계와 시공에 대한 인식 제고와 더불어 실무자들의 기술적 역량 강화를 위하여 저희 (사)한국지반신소재학회는 축적된 능력과 전문성을 바탕으로 관계 기관과의 공조를 통해 '보강토옹벽의 건설기준 정립'을 완성할 수 있도록 노력하고 있으며 '보강토공법에 대한 기술교육'을 매년 꾸준히 진행하고 있습니다.

    2016년 국가건설기준이 통합된 코드체계로 전환됨에 따라, 보강토옹벽의 설계기준도 '건설공사 비탈면 설계기준'을 근간으로, '구조물 기초 설계기준'과 '철도 설계기준'의 내용을 반영하여, 'KDS 11 80 10 보강토옹벽'으로 새롭게 제정되었습니다. 이후 미진한 점을 보완하는 여러 차례의 개정이 이루어졌으나, 여전히 보강토옹벽의 설계 및 시공과 관련된 실무 기술자들에게는 그 내용이 부족한 것이 사실입니다. 이러한 기술자들의 어려움을 해소시키고자 저희 (사)한국지반신소재학회에서는 지난 2024년 1월에 '국가건설기준 KDS 11 80 10 보강토옹벽 해설'을 발간한 바 있으나, 이 또한 기존의 국가건설기준인 'KDS 11 80 10 보강토옹벽'에 제시된 내용에 한정하여 기술자들의 이해를 돕고 해석상의 이견이 있는 부분을 명확하게 하였을 뿐, 여전히 실무자들에게는 그 범위와 내용에 대해 부족한 부분이 많으며, 보강토옹벽의 구성요소, 설계, 시공 및 유지관리와 관련된 체계적이고 상세한 정보가 필요한 것이 사실입니다.

따라서 (사)한국지반신소재학회에서는 보강토옹벽의 설계 및 시공, 유지관리 등의 총괄적 정보를 담은 '보강토옹벽 설계 및 시공 매뉴얼'을 새롭게 발간하게 되었습니다. 본 매뉴얼에서는 실무자들에게 실질적인 도움이 될 수 있도록 하기 위하여, 기본적인 보강토옹벽의 설계 및 시공뿐만 아니라 다단식 보강토옹벽, 양단 보강토옹벽, 구조물 접속부, 우각부 및 곡선부에 적용되는 보강토옹벽 등 특수한 경우의 보강토옹벽에 관한 내용과 보강토옹벽의 침하에 대한 대책, 배수 및 차수시설, 시공 및 품질관리, 유지관리 등 실무에서 직면하는 보강토옹벽과 관련된 거의 모든 문제에 대하여 상세히 설명하도록 노력하였습니다.

본 매뉴얼이 보강토옹벽을 다루는 건설 기술자에게 유익한 지식과 실용적 해법을 제시하길 바라며, 합리적이고 안전한 건설 프로젝트 실현에 기여할 수 있기를 기대합니다.

2024. 8.

(사)한국지반신소재학회 회장

유승경

Contents

CHAPTER 05 **특수한 경우의 보강토옹벽** **293**

CHAPTER 07 보강토옹벽의 유지관리 **485**

CHAPTER 01

소개

CHAPTER

01 소개

1.1 서론

보강토옹벽은 1970년대 말에 김상규(1977), 정인준 등(1979)에 의해 국내에 소개되었고, 현재의 한국건설기술연구원의 전신인 국립건설연구소(최래형 등, 1981; 신광식과 도덕현, 1981)와 LH공사의 전신인 한국토지공사에서 콘크리트 패널과 강재 띠형 보강재를 사용하여 시험시공한 바 있으나, 강재 띠형 보강재의 생산에 따른 경제성을 확보하지 못하여 실용화되지 못하였다.

1980년대 중반에 설립된 국내 최초의 보강토옹벽 전문회사가 콘크리트 패널과 띠형 섬유 보강재를 사용하는 보강토 조립식 옹벽을 도입하여 중부고속도로에 시공한 후 그 적용 실적이 날로 늘어났으며, 보강토옹벽에 대한 이해도가 높아지고 그 시공성과 경제성이 확인되면서 1990년대에는 소형의 콘크리트 블록과 지오그리드형 보강재를 사용하는 블록식 보강토옹벽이 도입되었다. 그 후 여러 경로를 통하여 다양한 형태의 콘크리트 블록과 지오그리드 보강재가 도입되면서 보강토옹벽 전문회사가 우후죽순격으로 늘어나고, 그에 따라 보강토옹벽의 적용 사례도 기하급수적으로 늘어났다.

보강토옹벽 도입 초기에는 주로 French MOT(1980)의 설계법을 적용하였으며, 1990년대에 도입된 블록식 보강토옹벽은 주로 미국 FHWA(Christopher 등, 1990; Elias와 Christopher, 1996) 또는 NCMA(Collin, 1997)의 설계법을 적용하였으나, 보강토옹벽 시스템의 도입경로에 따라 영국의 BS8006(BSI, 1995)과 같은 다른 설계법을 적용하기도 하였다.

보강토옹벽의 개념과 설계에 대한 근본적인 이해 없이 무분별하게 적용하다 보니, 그 피해사례도 급격히 증가하게 되었으며, 급기야 2010년에는 국토해양부에서 보강토옹벽 적용 실태 조사를 하기에 이르렀다. 그 결과를 바탕으로 국토해양부(2010)에서는 『건설공사 보강토옹벽 설계 시공 및 유지관리 잠정 지침』을 제정하였으나, 보강토옹벽의 상세한 설계법을 제시하지는 못하였고, 보강토옹벽의 자세한 설계법은 가장 많은 업체에서 사용하고 있는 미국 FHWA의 설계법(FHWA-NHI-00-043; Elias 등, 2001)을 따르도록 규정하기도 하였다.

국내에서 보강토옹벽의 설계법은 건설공사 비탈면 설계기준(국토교통부, 2016), 구조물 기초 설계기준(국토교통부, 2016), 철도설계기준(노반편)(국토교통부, 2017), 도로설계편람(국토해 양부, 2012), 철도설계편람(한국철도시설공단, 2012), 토목섬유 설계 및 시공요령(한국지반공학 회, 1998) 등 여러 가지가 제시되었으며, 2016년에 건설기준 코드화를 진행하면서 건설공사 비탈면 설계기준의 내용을 근간으로 구조물 기초설계기준, 철도설계기준 등의 내용을 보완하여 KDS 11 80 10 : 보강토옹벽으로 통합되었으나, 기술자들이 실무에 적용하기에는 그 내용이 상세하지 않아 여전히 FHWA 지침(Elias 등, 2001; Berg 등, 2009)과 같은 다른 외국의 설계기 준들을 참고해야 하는 실정이다.

따라서 본 매뉴얼에서는 보강토옹벽의 설계 및 시공에 참여하는 실무자들이 참고할 수 있도록 가능한 한 자세하게 보강토옹벽의 설계와 시공법에 대하여 설명했으며, 장별 내용은 다음과 같다.

제2장에서는 보강토 공법의 개념과 기본이론 및 보강토옹벽에 대하여 간단히 설명하고, 제3장 에서는 보강토옹벽의 구성 요소에 대하여 설명하였다. 제4장에서는 보강토옹벽의 기본적인 설계 법에 대하여 자세히 설명하고 제5장에서는 상부에 L형 옹벽이 설치되는 경우와 다단식 보강토옹 벽 등과 같은 특수한 경우의 보강토옹벽에 대하여 설명하였다. 제6장에서는 보강토옹벽의 시공 및 품질관리에 대하여 설명하였고, 제7장에서는 보강토옹벽의 유지관리에 대하여 설명하였다. 마지막으로 제8장에서는 현재 실무에서는 많이 사용하고 있지만 국내에서는 아직 그 설계기준이 마련되어 있지 않은 블록쌓기옹벽의 설계법에 대하여 설명하였으며, 여기서 블록쌓기옹벽은 흔히 식생블록이나 축조블록이라고 하는 비교적 대형인 콘크리트 블록을 보강재 없이 쌓아올려 블록 및 속채움재의 자중에 의해서만 배면토압에 저항하는 일종의 중력식 옹벽을 말한다.

1.2 용어의 정의

1.2.1 주요 용어

- ✓ 가상파괴면(Potential failure surface) : 보강토체 내부에서 층별 보강재의 최대유발인장력 발생지점을 연결한 선으로 대수나선 형태로 나타나는 것이 일반적이지만, 편의상 하나 (Linear) 또는 두 개의 직선(Bi-linear)으로 나타내며, 보강토옹벽에서 활동영역(Active zone)과 저항영역(Resistance zone)의 경계가 된다.

- ✓ 감소계수(Reduction factor) : 지오신세틱스(Geosyntheics) 보강재의 장기인장강도를 구하기 위하여 사용되는 1보다 크거나 같은 계수로서, 내구성, 내시공성, 크리프 특성 등에 대한 감소계수가 사용된다.

- ✓ 강도감소계수(Strength reduction factor) : 지오신세틱스 보강재의 내구성, 시공 시 손상, 크리프 특성 등에 의한 강도감소를 고려하기 위한 감소계수.

- ✓ 강도정수(Strength parameter) : 지반의 강도(強度)를 공학적으로 표현하기 위한 값이며, 파괴기준에 따라 강도정수에 대한 정의가 달라진다. 지반공학에서 강도정수는 일반적으로 Mohr-Coulomb의 파괴기준을 적용하며, 점착력(Cohesion)과 내부마찰각(Internal friction angle)으로 표현된다.

- ✓ 강재 띠형 보강재(Steel strip reinforcement) : 금속성의 띠형 보강재로 주로 강재를 사용하는데, 흙과의 결속력을 높이기 위하여 돌기를 둔 돌기 띠형 보강재(Ribbed steel strip)가 주로 사용된다.

- ✓ 구간이동(Block shifting) : 지오신세틱스 보강재의 크리프 특성을 평가할 때, 일정 온도에서 특정한 파단 시간의 로그와 적용 하중과의 관계($\log t - P$) 데이터를 두 번째 온도에서 측정된 데이터 세트와 일치시키기 위한 계수를 이용하여 시간의 로그(log) 축을 따라 이동하는 절차.

- ✓ 극단상황한계상태(Extreme event limit state) : 구조물의 설계수명을 초과하는 재현주기를 갖는 지진, 유빙하중, 차량이나 선박의 충돌 등과 같은 사건과 관련한 한계상태.

- ✓ 극한인장강도(Ultimate tensile strength) : 지오신세틱스 보강재의 파단 시 강도를 말한다. 보강토옹벽에 사용하는 지오신세틱스 보강재의 극한인장강도는 광폭인장강도 시험을 통

해 구한다.

✓ 극한한계상태(Ultimate(Strength) limit state) : 설계수명동안 강도, 안정성 등 붕괴 또는 이와 유사한 형태의 구조적인 파괴에 대한 한계상태.

✓ 내구성 감소계수(Durability reduction factor) : 지오신세틱스 보강재의 화학적, 생물학적 강도감소를 고려하기 위한 강도감소계수.

✓ 내적안정성(Internal stability) : 보강토체 내부에서의 파괴에 대한 안정성으로 보강재 파단, 보강재 인발, 내적활동(Internal sliding), 연결부(Connection strength)에 대한 안정성 등에 대하여 검토한다.

✓ 내적활동(Internal sliding) : 보강토옹벽에서 보강재 층을 따라 발생하는 활동파괴(Sliding failure)를 말하며, 일반적으로 흙과 보강재 사이 접촉면의 전단강도는 흙의 전단강도보다 작아서, 보강토체 내부에서 보강재 층이 취약한 면이 될 수 있다.

✓ 돌기 띠형 보강재(Ribbed steel strip) : 강재 띠형(Steel strip) 보강재의 인발저항력을 높이기 위하여 일정 간격으로 돌기를 형성한 보강재.

✓ 뒤채움흙(Backfill) : 옹벽의 배면을 채우는 데 사용하는 채움 흙.

✓ 띠형 섬유 보강재(Polymer strip 또는 Geostrip) : 폴리에스테르(Polyester, PET) 섬유 다발을 폴리에틸렌(Polyethylene, PE)으로 덮어씌운 형태의 보강재로, 내부의 폴리에스테르 섬유가 인장강도를 발현하며, 외부의 폴리에틸렌 피복은 내부의 폴리에스테르 섬유를 보호하는 역할을 한다. 표면에는 요철을 두어 흙과의 결속력을 형상시킨 것이 일반적이며, 최근에는 흙과의 결속력을 향상시키기 위하여 가운데에 천공을 하거나 양옆에 돌기를 둔 형태도 개발되었다.

✓ 배면토(Retained soil) : 보강재로 보강된 보강토체 뒤쪽에 성토되는 흙.

✓ 배수조건(Drainage condition) : 지반에 하중을 가하면 지반의 투수성과 응력변화 속도의 조건에 따라 지반 내에 과잉간극수압이 발생하는데, 과잉간극수압이 신속히 소산되면 배수상태, 과잉간극수압이 장시간에 거쳐 서서히 소산되면 비배수상태로 간주한다.

✓ 보강재(Reinforcement) : 흙의 공학적 특성을 개선하기 위하여 흙 속에 사용하는 인공적인 재료로, 강재 띠형 보강재(Steel strips reinforcement), 지오그리드(Geogrids), 지오텍스

타일(Geotextiles), 띠형 섬유 보강재(Polymer strips 또는 Geosynthetics strips) 등이 있다. 흙 속에서는 보강재를 따라서 흙에서 보강재로 응력 전달이 발생한다.

✓ 보강재 인발 파괴(Reinforcement pullout failure) : 층별 보강재의 최대유발인장력이 인발 저항력을 초과하여 뽑혀 나오는 것을 말한다.

✓ 보강재 파단 파괴(Reinforcement rupture) : 층별 보강재의 최대유발인장력이 보강재의 장기인장강도를 초과하여 보강재가 끊어지는 것을 말한다.

✓ 보강토(Reinforced soil) : 보강재를 삽입하여 공학적 특성이 개선된 흙.

✓ 보강토옹벽(Reinforced earth wall 또는 Mechanically stabilized earth wall) : 금속성 또는 지오신세틱스 보강재를 이용하여 층층이 쌓아 올린 옹벽을 말하며, 보강재에 의하여 결속 된 보강토체가 중력식 옹벽의 역할을 한다.

✓ 보강토체(Reinforced fill) : 보강토옹벽에서 보강재로 보강된 토체.

✓ 복합활동(Compound stability) : 보강토체 내부와 배면토 영역을 동시에 통과하는 활동 파괴를 말한다.

✓ 블록쌓기옹벽 : 주로 일체형 콘크리트 블록을 지반보강재 없이 쌓아올려 블록과 속채움의 자중에 의하여 배면토압에 저항하는 일종의 중력식 옹벽을 말하며, 콘크리트 블록 대신 강재, 목재 또는 콘크리트 재질의 조립식 모듈을 사용하는 경우도 있다.

✓ 비배수전단강도(Undrained shear strength) : 전단 과정에서 발생한 과잉간극수압으로 인 하여 흙의 유효응력(Effective stress)이 감소하고, 이에 따라 파괴가 발생할 때의 지반의 전단강도를 비배수전단강도로 말한다.

✓ 사용한계상태(Serviceability limit state) : 균열, 처짐, 피로 등의 사용성에 관한 한계상태 로서, 일반적으로 구조물 또는 부재의 특정한 사용 성능에 해당하는 상태.

✓ 시공손상에 대한 감소계수(Installation damage reduction factor) : 지오신세틱스 보강재의 포설 및 다짐 시의 손상으로 인한 강도 손실을 고려하기 위한 강도감소계수.

✓ 안전율(Factor of safety) : 작용하는 하중에 대한 구조물 또는 부재의 저항력의 비로, 흙 구조물의 경우 주어진 활동면에 대한 흙의 전단강도(Shear strength)를 현재의 전단응력 (Shear stress)으로 나눈 값으로 정의되며, 보강재의 경우 최대유발인장력(T_{max})에 대한

장기인장강도(T_l) 또는 인발저항력(P_r)의 비를 말한다.

✓ 여용성(Redundancy) : 부재나 구성요소의 파괴가 교량의 붕괴를 초래하지 않는 성능.

✓ 외적안정성(External stability) : 보강토체를 강체로 간주한 상태에서의 파괴에 대한 안정성으로, 저면활동, 전도, 지지력 등에 대한 안정성이 포함된다.

✓ 인발 시 상호작용계수(Coefficient of interaction for pullout, C_i) : 흙의 전단강도($\tan\phi$)와 보강재의 인발저항계수(F^*)의 상관관계를 나타내기 위한 계수.

✓ 인발저항계수(Pullout resistance factor, $F^* = C_i \tan\phi$) : 인발저항력의 유발에 동원된 포괄적 의미의 저항계수로 표면마찰저항과 수동지지저항 성분을 모두 포함하고, 인발시험을 통하여 결정되며, 보강재 인발저항력의 산정에 사용된다.

✓ 인발저항력(Pullout resistance) : 보강재의 인발에 대한 저항력을 말하며, 표면마찰저항과 수동지지저항의 합으로 나타나며, 일반적으로 인발저항계수(F^*)를 사용하여 표현한다.

✓ 일체형(연신형) 지오그리드 : 고밀도폴리에틸렌(High Density Polyethylene, HDPE) 시트를 천공한 후 일방향 또는 양방향으로 연신시킨 지오그리드로 횡방향 부재의 두께가 두꺼워 인발저항력이 상당히 크다는 장점이 있다.

✓ 장기설계인장강도(Long-term design tensile strength): 보강재의 장기인장강도에 소정의 안전율을 고려하여 산정한 인장강도.

✓ 장기인장강도(Long-term tensile strength) 또는 장기강도(Long-term strength) : 구조물의 설계수명((Design life)이 끝나는 시점에서 사용할 수 있을 것으로 예상되는 보강재의 인장강도이다. 지오신세틱스 보강재의 경우, 제품 수명 동안 하중이 지속해서 가해진다고 가정할 때 수명이 다하는 지점에서 파괴가 일어날 것으로 예측되는 강도로, 극한인장강도(T_{ult})를 강도감소계수(RF)로 나누어서 계산하며, 금속성 보강재는 구조물의 설계수명까지 부식에 의해 손실되는 두께를 제외한 단면적에 항복강도(F_y)를 곱하여 산정한다.

✓ 저항계수(Resistant factor) : 부재나 재료의 공칭값에 곱하는 통계기반 계수이며, 일차적으로 재료와 치수 및 시공의 변동성과 저항모델의 불확실성을 고려하기 위한 계수이다.

✓ 저항영역(Resistant zone) : 보강토체 내부에서 가상파괴면 바깥쪽 영역으로서 보강토체 파괴 시 보강재가 저항하는 영역을 말한다.

✓ 전단강도(Shear strength) : 흙이 응력을 받아 파괴될 때 흙 내부의 파괴면을 따라 발생한 최대전단응력을 말한다.

✓ 전단응력(Shear stress) : 흙 내부에서 발생하는 전단에 대해 저항하는 응력을 말한다.

✓ 전면벽체(Facing) : 보강토옹벽에서 층별 보강재 사이 지반의 이완을 방지하고, 흙이 흘러 내리는 것을 방지하기 위하여 사용하는 외장재로, 콘크리트 패널, 콘크리트 블록, 개비온 (Gabion), 철망(Welded wire mesh 또는 Steel grids), 지오셀(Geocell), 지오신세틱스 포장 형 전면벽체(Geosynthetics wrap-around facing) 등이 사용되고 있다.

✓ 전면벽체의 기초패드(Leveling pad) : 보강토옹벽의 전면벽체 설치를 위한 수평면을 제공 하기 위하여 콘크리트 또는 잡석을 사용하여 설치하는 패드로, 콘크리트 패널이나 콘크리 트 블록으로 인한 하중을 분산시키는 효과가 있다.

✓ 전체안정성(Global stability) : 보강토체를 포함한 전체 사면 활동으로 보강토체 외부를 통과하는 활동 파괴를 말하며, 전반활동(Overall stability)이라고도 한다.

✓ 접촉면 마찰각(Interface friction angle, ρ) : 흙과 보강재 사이 접촉면의 마찰각으로 흙의 직접전단시험기를 사용한 흙/보강재 접촉면 마찰시험을 통하여 결정된다.

✓ 접촉면 마찰계수(Interface friction coefficient, $\tan\rho$) : 흙/보강재 접촉면의 마찰계수로 흙/ 보강재 접촉면 마찰시험을 통하여 결정되며, 일반적으로 흙의 마찰계수($\tan\phi$)보다 작다.

✓ 접촉면 마찰효율(C_{ds}) : 흙의 마찰계수($\tan\phi$)와 흙/보강재 접촉면 마찰계수($\tan\rho$)의 상관 관계를 나타내기 위한 계수로 내적활동에 대한 안정성 검토 시 사용된다.

✓ 정지토압(At rest earth pressure) : 옹벽의 변위가 없을 때 옹벽 배면에 작용하는 토압.

✓ 제품군(Product line) : 같은 고분자를 사용하여 제조한 일련의 제품. 제품군의 모든 제품에 사용하는 고분자는 같은 원료를 사용해야 하고 제조 과정이 모든 제품에 대하여 같아야 한다. 유일한 차이는 각 보강재에 사용하는 섬유의 개수나 면적당 질량뿐이다.

✓ 주동토압(Active earth pressure) : 옹벽이 뒤채움 반대 방향으로 변위가 발생할 때 옹벽 배면에 발생하는 토압.

✓ 중력식 옹벽(Gravity retaining wall) : 옹벽의 자중을 이용하여 횡방향 토압에 저항하는 옹벽 형식.

9

- ✓ 지오그리드(Geogrid) : 개방된 격자구조를 가진, 그물망 형태의 보강재로 종방향 부재의 표면마찰 저항력과 횡방향 부재의 수동지지저항에 의하여 인발저항력을 발현한다. 지오신세틱스 재질로는 직조형 지오그리드와 일체형(연신형) 지오그리드가 대표적이며, 용접 강선망(Welded wire mesh)과 같은 금속성 지오그리드도 사용되고 있다.

- ✓ 지오멤브레인(Geomembrane) : 한 종류 또는 그 이상의 고분자 재료로 제조된 유연성이 있는 시트이다. 지오멤브레인은 상대적으로 불투수성이고, 액체와 가스 저장시설의 차단 재 또는 증기 차단막으로도 사용된다.

- ✓ 지오셀(Geocell) : 띠 형태의 고분자 시트를 접합하여 제조된 3차원의 벌집 모양 보강재로 셀 속채움 흙의 변위를 구속하고 셀 벽과 속채움 흙의 마찰저항에 의하여 지반을 보강한다. 어떤 경우에는 0.5~1m 광폭 띠 형태의 폴리올레핀 계열 지오그리드를 고분자 봉으로 서로 결속시켜 지오매트리스(Geomattresses)라고 불리는 두꺼운 지오셀 층을 형성하기도 한다.

- ✓ 지오신세틱스(Ggeosynthetics) : 지오그리드, 지오텍스타일, 지오네트(Geonets), 지오멤브레인 등과 같이 지반공학 분야에서 사용하는 유연한 고분자 재료(Polymer).

- ✓ 지오콤포지트(Geocomposite) : 적어도 한 종류 이상의 지오신세틱스를 결합하여 만들어지는 지오신세틱스 재료를 말한다. 예를 들면, 지오텍스타일-지오네트, 지오텍스타일-지오그리드, 지오네트-지오멤브레인 또는 지오신세틱스 점토 차수재(Geosynthetic Clay Liner, GCL) 등이 해당한다. 플라스틱 배수용 코어를 지오텍스타일 필터로 둘러싼 형태로 제조된 지오컴포지트 배수재(Prefabricated Geocomposite Drain, PGD) 또는 연직배수재(Prefabricated Vertical Drain, PVD) 등이 있다.

- ✓ 지오텍스타일(Geotextile) : 직포(Woven geotextile), 부직포(Non woven geotextile), 편물 또는 스티치 본딩(Stitch bonding)된 섬유 또는 실의 연속체 시트이다. 시트는 유연성이 있고 투수성이 있으며 일반적으로 겉모양이 직물 형태이다. 지오텍스타일은 분리, 여과, 배수, 보강 그리고 침식방지 용도로 사용된다.

- ✓ 지표수(Run off) : 강우 또는 표면 용수로 인해 비탈면 표면을 흐르는 물을 말한다.

- ✓ 직조형 지오그리드 : 폴리에스테르(PET) 섬유 등을 그물망 형태로 직조한 후 PVC 등으

로 코팅한 지오그리드.

✓ 최대강도(Peak strength) : 하중이 가해졌을 때 파괴에 도달할 때까지의 최대저항력을 말한다.

✓ 최대유발인장력(Maximum tensile force) : 보강토옹벽 내부에서 층별 보강재가 부담하여야 할 최대하중을 말하며, 최대인장력이라고도 함.

✓ 최소 평균 롤 값(Minimum Average Roll Value, MARV) : 재료 강도의 통계적인 변화를 고려하기 위한 것으로, 제품의 평균 강도보다 표준편차의 2배만큼 작은 값이며, 제조사에서 보증하는 광폭인장강도(Wide width tensile strength)의 최솟값이다.

✓ 크리프 감소계수(Creep reduction factor) : 지오신세틱스 보강재의 크리프 특성을 고려하기 위한 강도감소계수.

✓ 토압계수(Earth pressure coefficient) : 연직응력에 대한 수평응력의 비율로서, 정지토압계수, 수동토압계수, 주동토압계수로 구분한다.

✓ 특성강도(Characteristic strength) : 지오신세틱스 인장강도의 신뢰 하한 98%로서 2×표준편차 미만의 평균강도와 같다.

✓ 파괴(Failure) : 지반 내부의 응력상태가 지반의 강도를 초과할 때 발생하며, 공학적으로는 파괴기준을 초과하는 응력상태를 말한다. 물리적으로는 지반의 균열이나 과도한 변형상태가 발생한 때를 파괴로 간주할 수 있다.

✓ 하중계수(Load factor) : 하중효과에 곱하는 통계에 기반한 계수이며, 일차적으로 하중의 가변성, 해석 정확도의 결여 및 서로 다른 하중의 동시작용확률을 고려하며, 계수 보정과정을 통하여 저항의 통계와도 연관되어 있다.

✓ 한계상태(Limit state) : 구조물 또는 구성요소가 사용성, 안전성, 내구성의 설계규정을 만족하는 최소한의 상태로서, 이 상태를 벗어나면 관련 성능을 만족하지 못하는 한계.

✓ 한계평형상태(Limit equilibrium state) : 가상파괴면에서 지반의 응력상태가 파괴(한계상태)에 도달한 상태를 말한다.

✓ 활동영역(Active zone) : 보강토체의 전면벽체와 가상파괴면 사이의 영역으로서 파괴로 인해 활동하는 영역을 말한다.

✓ 힌지 높이(Hinge height) : 벽면 경사가 있는 경우 상부전도(Toppling)가 발생하지 않고

쌓을 수 있는 한계 높이로, 마찰 방식의 전면벽체와 보강재 연결부 강도 산정 시 수직하중(Normal load)의 한곗값으로 사용된다.

1.2.2 약어

✓ CEG   : 카복실 말단기(Carboxyl End Group)

✓ HALS : 힌더드 아민 광 안정제(Hindered Amine Light Stabilizers)

✓ HDPE : 고밀도폴리에틸렌(High Density Polyethylene)

✓ MARV : 최소 평균 롤 값(Minimum Average Roll Value)

✓ OIT   : 산화 유도 시간(Oxidation Induction Time)

✓ PE   : 폴리에틸렌(Polyethylene)

✓ PET   : 폴리에스테르(Polyester)

✓ PP   : 폴리프로필렌(Polypropylene)

참고문헌

국토교통부 (2016), 구조물 기초설계기준.

국토교통부 (2017), 철도설계기준(노반편).

국토해양부 (2010), 건설공사 보강토옹벽 설계 시공 및 유지관리 잠정지침.

국토해양부 (2012), 도로설계편람.

김상규 (1977), "[기술정보] 보강토공법", 대한토목학회지, 제25권, 제1호, p.24.

신광식, 도덕현 (1981), "[공사보고] 보강토공법의 고찰 및 시험시공 보고", 대한토목학회지, 제29권, 제1호, pp.17~26.

정인준, 강병희, 이종규, 백영식, 신광식, 조중제 (1979), "보강토공법에 관한 연구", 국립건설연구소, No.397, pp.1~87.

최래형, 강창성, 백상현, 김기태 (1981), "'81 보강토 공법 연구", 국립건설연구소, pp.73~121.

한국지반공학회 (1998), 토목섬유 설계 및 시공요령.

한국철도시설공단 (2012), 철도설계편람 KR C-06030 보강토옹벽.

Berg, R. R., Christopher, B. R. and Samtani, N. C. (2009), Design of Mechanically Stabilized Earth Walls and Reinforced Soil Slopes – Volume I, Publication No. FHWA-NHI-10-024, U.S. Department of Transportation, Federal Highway Administration.

BSI (1995), BS 8006 : 1995 Code of Practice for Strengthened/Reinforced Soils and Other Fills, BSI Standards Publication, British Standards Institution (BSI).

Christopher, B. R., Gill, S. A., Giroud, J. P., Juran, I., Mitchell, J. K., Schlossser, F. and Dunnicliff, J. (1990), Reinforced Soil Structures Volume I, Design and Construction Guidelines, U.S. Deportment of Transportation, Federal Highway Administration, Washington, D.C. Publication No. FHWA-RD-89-043.

Collin, J. (1997), Design Manual for Segmental Retaining Walls (2nd Ed.), National Concrete Masonry Association(NCMA), Virginia, USA.

Elias, V. and Christopher, B. R. (1996), Mechanically Stabilized Earth Walls and Reinforced Soil Slopes, Design and Construction Guidelines, FHWA, Washington, D.C., Publication No. FHWA-SA-96-071.

Elias, V., Christopher, B. R. and Berg, R. R. (2001), Mechanically Stabilized Earth Walls and

Reinforced Soil Slopes, Design and Construction Guidelines, FHWA, Washington, D.C., Publication No. FHWA-NHI-00-043.

French Ministry of Transport (1980), Reinforced Earth Structures – Recommendations and Rules of the Art.

CHAPTER 02

보강토옹벽 개요

CHAPTER 02 보강토옹벽 개요

2.1 보강토 공법 개요

지반을 구성하고 있는 '흙'은 건설재료로서의 가치가 매우 높지만, 흙 입자의 내부마찰각과 점착력에 의존하여 결속되어 있기 때문에, 자중 또는 외력에 의해 변형에 취약할 수 있다. 이와 같은 지반은 기초 및 구조물을 지지하기 위하여 흙의 전단강도가 확보되어야 하는데, 이를 식으로 표현하면 다음과 같다.

$$\tau = c + \sigma \tan \phi \tag{2.1}$$

여기서, τ : 흙의 전단응력(kPa)

c : 흙의 점착력(kPa)

σ : 수직응력(kPa)

ϕ : 흙의 내부마찰각(°)

식 (2.1)과 같이, 흙 입자의 결속력에 직접적으로 관여하는 내부마찰각과 점착력을 향상시킬 수 있으면 흙의 전단강도가 개선된다. 즉, 지반에서 발생하는 응력에 의한 변형을 최소화할 수 있도록 흙 입자의 결속력을 향상시킬 수 있는 인장력이 우수한 연속성 재료(보강재, Reinforcement)를 지반에 포설함으로써, 흙 입자의 변형을 억제시켜 흙의 전단강도를 개선시킨 공법을 보강토(Reinforced earth) 공법이라고 한다.

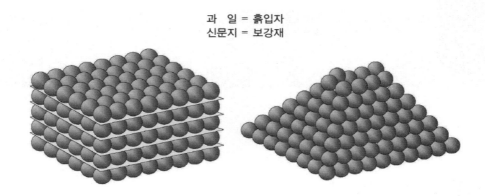

과　일 = 흙입자
신문지 = 보강재

그림 2.1 보강토 공법 개념(한국토목섬유학회, 2007)

그림 2.1에서 보는 바와 같이, 상자 안에 과일을 담을 때 과일의 층과 층 사이에 신문지를
포설하면 과일이 쉽게 흐트러지지 않는다. 이는 상자 안에 과일을 담을 때 과일이 횡방향으로
흐트러지지 않도록 하는 효과가 있음을 의미한다(한국토목섬유학회, 2007). 만약 신문지가 없는
상태에서 과일을 계속 쌓아간다면, 수평응력의 발생에 의해 과일은 결국 횡방향으로 흐트러질
수 있으며, 상자 벽면의 구속력이 수평응력에 비해 낮은 경우에는 과일을 담은 상자는 파괴에
이를 것이다(한국토목섬유학회, 2007).

이를 앞서 언급한 보강토 공법에 사용되는 재료로 표현하면 과일은 흙 입자, 신문지는 과일의
횡방향 이동을 억제하는 보강재로 나타낼 수 있다. 즉, 흙에 얇은 판형의 연속성 재료인 보강재를
포설하면 흙 입자의 횡방향 이동을 억제하는 저항력이 발생되며, 이 저항력은 흙과 보강재의
접촉면에서 발생하는 마찰력이라 할 수 있다(한국토목섬유학회, 2007). 즉, 보강재가 흙 입자의
횡방향 변형을 억제함으로써 지반의 강도 향상에 의한 지지력 개선 효과를 발휘한다.

현재의 보강토 공법 개념은 프랑스의 기술자인 앙리 비달(Henri Vidal, 1996)에 의해 체계화되었
다. Vidal(1966)은 표면이 매끈한 띠형 강재 기반의 보강재(Smooth steel strip)에서 시작하여 표면
에 돌기를 형성시켜 흙과의 마찰력을 증가시킨 돌기형 강재 보강재(Ribbed steel strip)를 이용한
보강토 공법으로 발전시켰다. 이후 우수한 시공성, 경제성 등에 기인해 1970년대부터 보강토 공법
에 관한 수많은 연구가 수행되었으며, 1980년대부터는 부식에 따른 문제가 지속적으로 발생된
강재 보강재를 대신하여 지오신세틱스(Geosynthetics) 보강재의 적용이 기하급수적으로 증가하

였다. 그러나 지오신세틱스 보강재 또한 재료 특성에 의한 내구성(Durability), 크리프(Creep), 시공 시 손상(Installation Damage) 등의 문제가 계속되고 있다.

2.2 보강토의 공학적 이론

지반을 이루고 있는 흙은 불연속 재료이기 때문에, 흙 입자에 의한 강도는 한계가 있다. 따라서 보강토는 인장력에 취약한 지반의 강도를 증가시키기 위하여, 지반 내에 보강재를 포설하여 지반의 공학적 특성을 개선하는 공법이다.

그림 2.2에서 보는 바와 같이, 지반에 수직응력이 발생되면 수평응력에 의해 흙 입자의 횡방향 이동이 발생하는데, 지반 내에 포설된 보강재에 의해 흙 입자−보강재 경계면에서 발생되는 마찰저항이 흙 입자의 횡방향 이동을 억제시키게 된다. 이와 같이 보강토의 기본적인 원리는 지반과 보강재 사이의 상호작용이 흙 입자의 횡방향 이동에 대한 구속을 발생시켜, 지반의 강도를 증가시키는 것이다.

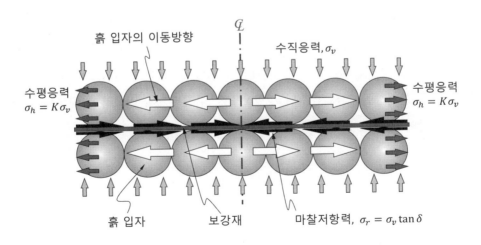

그림 2.2 보강토의 저항 개념

한편, 그림 2.3에서 보는 바와 같이, 일반적으로 보강재는 지반 내에 다층으로 포설되기 때문에, 수직간격에 대한 결정이 요구된다. 적당한 수직간격을 유지하는 보강토는 지반과 보강재의 경계면에서 미소한 수평변위를 나타내며, 보강재로부터 멀어질수록 변위는 증가하게 된다. 즉, 인접한 보강재 사이에서는 흙 입자의 아칭(Arching)현상이 나타나게 되는데, 수직간격이 임의의 한계점을 넘게 되면 아칭구조의 파괴에 의해 흙 입자의 횡방향 이동에 대한 억제기능을 상실하게 된다(한국토목섬유학회, 2007).

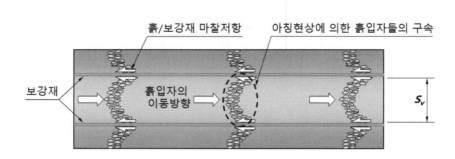

그림 2.3 보강재 사이의 흙의 아칭(Arching)현상(이은수 등, 2007)

2.2.1 내부마찰각의 증가

보강재에 의해 보강토의 내부마찰각이 증가함에 따라 전단강도가 증가한다. 즉, 지반과 보강재 사이의 마찰저항이 발생하면서 저항효과에 따른 수평응력이 감소하게 되는데, 이를 Mohr 응력원으로 표현하면 그림 2.4와 같은 응력상태를 확인할 수 있다. 지반과 보강재 사이의 경계면에서 발생하는 마찰저항에 의해 감소된 수평응력은 수직응력에 비례하기 때문에, 식 (2.2)와 같이 내부마찰각이 증가하게 된다.

$$\sigma_r = f \sigma_v \tag{2.2}$$

여기서, σ_r : 보강재로 인하여 감소된 수평응력(kPa)

f : 지반과 보강재의 마찰계수($= \tan\delta$)

σ_v : 수직응력(kPa)

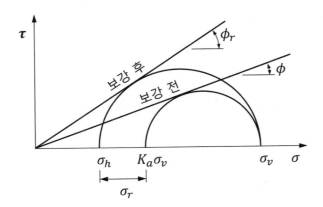

그림 2.4 보강효과에 의한 내부마찰각의 증가(Hausmann, 1976)

보강효과에 의해 증가된 내부마찰각(ϕ_r)은 마찰계수(f) 및 주동토압계수(K_a)로부터 결정되며, 식 (2.3)과 같이 나타낼 수 있다.

$$K_a \sigma_v = \sigma_h + \sigma_r \qquad (2.3)$$

여기서, K_a : 주동토압계수

σ_v : 수직응력(kPa)

σ_h : 수평응력(kPa)

σ_r : 보강재에 의한 구속응력(kPa)

식 (2.2)와 식 (2.3)을 정리하면 식 (2.4)와 같다.

$$K_a = \frac{\sigma_h}{\sigma_v} + \frac{\sigma_r}{\sigma_v} = \frac{\sigma_h}{\sigma_v} + f \qquad (2.4)$$

여기서, K_a : 주동토압계수

σ_h : 수평응력(kPa)

σ_v : 수직응력(kPa)

σ_r : 보강재에 의한 구속응력(kPa)

f : 마찰계수

보강토의 보강효과는 수평응력의 감소, 다시 말해, 주동토압계수의 감소에 의한 것이며, 식 (2.5)와 같이 표현된다.

$$\frac{\sigma_h}{\sigma_v} = K_{ar} = \frac{1 - \sin\phi_r}{1 + \sin\phi_r}$$ (2.5)

여기서, σ_h : 수평응력(kPa)

σ_v : 수직응력(kPa)

K_{ar} : 보강재에 의해 감소된 주동토압계수

ϕ_r : 보강재에 의해 증가된 내부마찰각(°)

식 (2.4)와 식 (2.5)를 이용하여 보강재 효과에 의해 증가된 내부마찰각을 정리하면 식 (2.6)과 같다.

$$\sin\phi_r = \frac{1 + f - K_a}{1 + K_a - f}$$ (2.6)

여기서, ϕ_r : 보강재에 의해 증가된 내부마찰각(°)

f : 마찰계수

K_a : 주동토압계수

2.2.2 겉보기 점착력의 발생

그림 2.5는 보강재의 보강효과에 의해 점착력이 발생하여 보강토의 전단강도가 증가되는 원리를 Mohr 응력원으로 표현한 것이다. 보강효과에 의해 감소된 수평응력은 겉보기 점착력(c_r)

의 발생에 의한 것으로 보고, 이를 관계식으로 나타내면 식 (2.7) 및 식 (2.8)과 같다.

$$K_a \, \sigma_v = \sigma_h + \sigma_r \tag{2.7}$$

$$\sigma_v = K_p \, \sigma_h + K_p \, \sigma_r \tag{2.8}$$

여기서, K_a : 주동토압계수

σ_v : 수직응력(kPa)

σ_h : 수평응력(kPa)

σ_r : 보강재에 의한 구속응력(kPa)

K_p : 수동토압계수

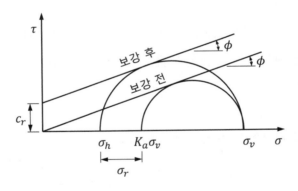

그림 2.5 겉보기 점착력의 발생(Hausmann, 1976)

점착력이 존재하는 지반에 대한 랭킨(Rankine)-벨(Bell)의 이론에 의하면, 수직응력은 식 (2.9)와 같이 나타낼 수 있다.

$$\sigma_v = K_p \, \sigma_h + 2 \sqrt{K_p} \, c_r \tag{2.9}$$

여기서, σ_v : 수직응력(kPa)

K_p : 수동토압계수

σ_h : 수평응력(kPa)

c_r : 보강효과에 의해 발생된 점착력(kPa)

식 (2.8)과 식 (2.9)를 점착력의 항으로 나타내면 식 (2.10)과 같이 표현된다.

$$c_r = \frac{\sigma_r \sqrt{K_p}}{2} \tag{2.10}$$

여기서, c_r : 보강효과에 의해 발생된 점착력(kPa)

σ_r : 보강재에 의한 구속응력(kPa)

K_p : 수동토압계수

그림 2.6은 지반 내에 보강재의 포설로 인하여 증가한 내부마찰각과 겉보기 점착력의 발생에 의해 응력조건에 따른 보강재의 보강효과 범위를 나타낸 것이다.

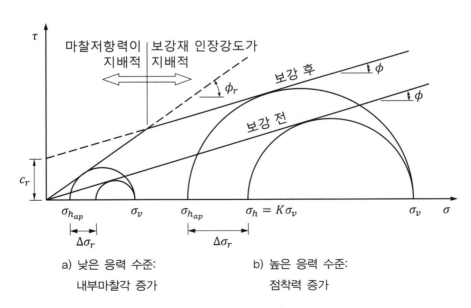

a) 낮은 응력 수준:
내부마찰각 증가

b) 높은 응력 수준:
점착력 증가

그림 2.6 보강효과에 의한 수평응력의 감소(Hausmann, 1976)

2.3 보강토의 역사와 응용

보강토는 최근의 기술이 아니라, 과거 수천 년 전부터 사용되어 왔으며, 현재까지 알려진 가장 오래된 보강토 구조물은 Agar-Quf 신전이 대표적이다(그림 2.7). Agar-Quf 신전은 진흙을 뭉쳐 만든 두께 130~400mm의 점토 벽돌을 이용하여 축조되었다. 특히, 횡방향의 변형을 억제하기 위해 0.5~2.0m의 수직간격으로 갈대로 엮은 매트와 약 100mm 직경의 갈대로 엮은 로프를 사용하여 구조물을 보강한 것으로 보고된 바 있다(Bagir, 1944). 그리고 로마인들은 갈대를 보강재로 이용하고 점성토를 활용한 제방을 적용한 사례가 있으며, 이후 군용시설물을 위한 다양한 재료 기반의 보강토 형식이 적용되었다(이은수 등, 2007).

그림 2.7 Agar-Quf 신전(https://en.wikipedia.org/wiki/Dur-Kurigalzu)

세계 7대 불가사의 중의 하나인 만리장성에도 보강토 공법이 적용된 흔적이 있는데, 고비사막 지역의 만리장성은 돌로 축조된 성벽과 달리, 갈대를 보강재로 적용하여 모래 및 자갈층을 보강한 것으로 알려져 있다. 국내의 경우에도 토성을 축조하기 위해 보강토 개념이 적용된 것으로 보고되고 있다(이은수 등, 2007).

Westergaard(1938)는 Casagrande가 연약지반 상부에 보강재를 포설하는 방법으로 현대적인 보강토 공법 개념을 제안하였다고 했으며, 나무 보강재와 경량 전면판으로 이루어진 흙막이벽을 제안한 Munster(1925)에 의해 보강토옹벽의 많은 발전이 이루어진 것으로 알려져 있다. 이후 Vidal(1966)에 의해 현대적인 보강토 공법이 제안되었고, 1970년대부터 보강토옹벽에 그리드 (Grid) 형태의 보강재가 적용되었다.

국내에는 정인준 등(1979)에 의해 보강토 공법이 소개되었으며, 이듬해에 아연으로 도금된 강보강재를 이용한 보강토옹벽이 최초로 시험시공된 바 있다. 보강토 공법 도입 초기에는 이론 적 개념에 대한 이해도가 낮아 보급이 쉽지 않았지만, 1990년부터 보강토 공법에 대한 우수한 구조적 안정성, 경제성 및 시공성 등이 알려지면서 그 수요가 기하급수적으로 증가하였다(이은 수 등, 2007). 보강토 공법의 발전과정 및 역사에 관한 자세한 내용은 '보강토 공법(이은수 등, 2007)'에서 자세히 확인할 수 있다.

보강재에 의한 지반 보강은 지반의 전단강도를 개선시킬 수 있기 때문에, 지반의 지지력을 크게 높일 수 있을 뿐만 아니라 흙쌓기 구조물의 활동(파괴 거동)을 억제하며 비탈면의 안정성을 증가시키는 역할을 할 수 있다. 즉, 앞서 보강토 공법의 원리에 의해 보강토옹벽 이외에도 많은 구조물에 응용되고 있다.

즉, 일반 RC 옹벽의 요구 높이 증가 및 시공이 어려운 경우에 보강토옹벽(Reinforced earth retaining wall, 그림 2.8 참조)으로 대체가 가능하다. 그리고 기존 교대를 대신해 다양한 복합 구조물로 보강토 교대(Reinforced bridge abutment, 그림 2.9 참조)의 적용이 가능하다. 또한 유효부지의 활용도를 증가시키기 위하여 급경사면을 갖는 비탈면을 보강(Reinforced soil slope, 그림 2.10 참조)하는 데 보강토 공법을 적용할 수 있다. 마지막으로, 연약지반 상부에 시공되는 제방의 안정성을 확보하기 위한 보강 제방(Reinforced embankment, 그림 2.11 참조)과 기초지반 의 지지력을 향상시키기 위한 지반보강(그림 2.12 참조)과 같이 매우 다양한 구조물로서의 활용 가치가 매우 높다.

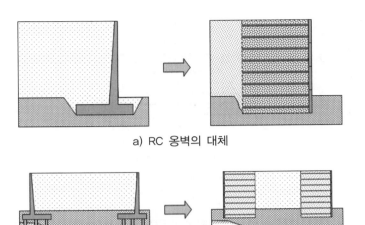

a) RC 옹벽의 대체

b) Pile 기초 + RC 옹벽의 대체

그림 2.8 토류구조물에 적용(이은수 등, 2007)

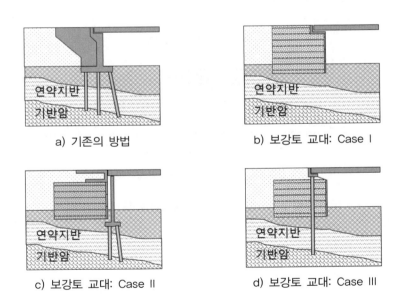

a) 기존의 방법　　　　　　　　b) 보강토 교대: Case I

c) 보강토 교대: Case II　　　　d) 보강토 교대: Case III

그림 2.9 교대 구조물에 적용(이은수 등, 2007)

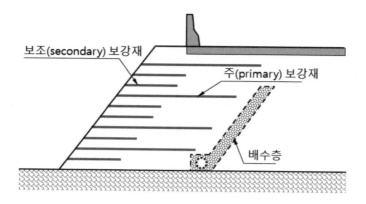

그림 2.10 성토사면에 적용(이은수 등, 2007)

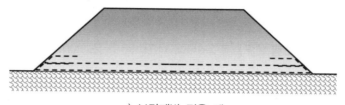

a) 보강제방 적용 예

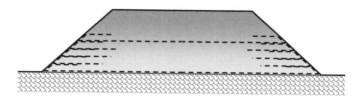

b) 보강제방과 보강성토제방을 함께 적용한 예

그림 2.11 성토제방에 적용(이은수 등, 2007)

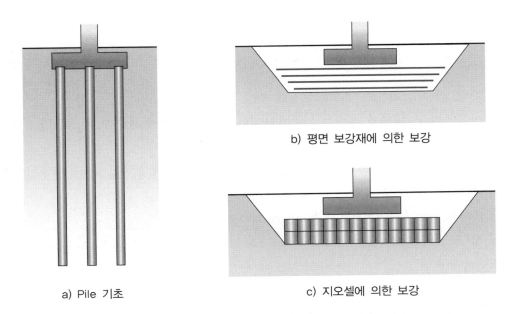

b) 평면 보강재에 의한 보강

c) 지오셀에 의한 보강

a) Pile 기초

그림 2.12 보강토 공법에 의한 기초의 지지력 보강(이은수 등, 2007)

참고문헌

이은수, 김홍택, 이승호, 김경모 (2007), 보강토 공법, 건설가이드.

정인준, 강병희, 이종규, 백영식, 신광식, 조중제 (1979), "보강토 공법에 관한 연구", 국립건설연구소, No.397, pp.1~87.

한국토목섬유학회 (2007), 토목섬유시리즈 1 토목섬유의 특성평가 및 활용기법, 도서출판 구미서관, pp.341~347.

Bagir, T. (1944), Iraq Journal, British Museum, pp.5~6.

Hausman, M. R. (1976), "Strength of Reinforced Soil", Proc. 8th Aust. Road Resh. Conf., Vol.8, Sect.13, pp.1~8.

https://en.wikipedia.org/wiki/Dur-Kurigalzu.

Munster, A. (1925), United States Patent Specification No.1762343.

Vidal, H. (1966), "La terre armée", Annales de L'Institut Technique du Bâtiment et des Travaux Publics, Vol.19, No.223-224, pp.888~939.

Westergaard, H. M. (1938), "A problem of elasticity suggested by a problem in soil mechanics, Soft material reinforced by numerous strong horizontal sheets", Contributions to the mechanics of solids, Stephen Timoshenko 60th anniversary volume, Macmillan, New York.

CHAPTER 03

보강토옹벽 구성 요소

CHAPTER 03 보강토옹벽 구성 요소

3.1 개요

일반적인 보강토옹벽의 구성은 그림 3.1과 같으며, 보강토옹벽의 주요 구성 요소는 뒤채움재료, 보강재 및 전면벽체이고, 전면벽체를 서로 연결시키거나 전면벽체와 보강재를 연결시키는 부속장치가 있다. 본 장에서는 보강토옹벽의 구성 요소에 대하여 살펴본다.

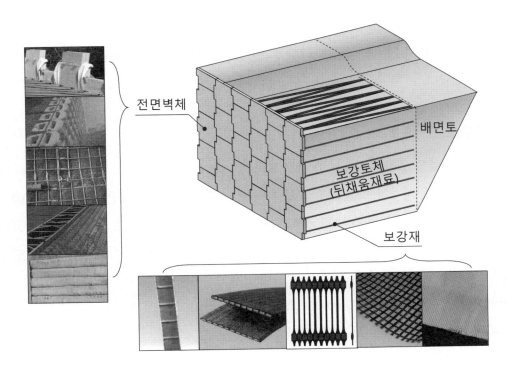

그림 3.1 보강토옹벽의 주요 구성 요소

보강토옹벽의 뒤채움재료는 일반적으로 양질의 사질토를 사용하며, 보강재로는 금속 또는 지오신세틱스(Geosynthetics) 재질의 띠형(Strips), 그리드형(Grids) 또는 시트형(Sheet)의 보강재가 주로 사용된다. 전면벽체는 보강토옹벽의 외관을 형성하고 뒤채움재료의 유실을 방지하는 역할을 하며, 주로 콘크리트 패널이나 콘크리트 블록이 사용되며 설계수명이 3년 이하로 짧은 경우에는 지오신세틱스 재질의 지오텍스타일(Geotextile) 또는 지오그리드(Geogrids)를 사용하기도 한다.

3.2 전면벽체

보강토옹벽의 전면벽체는 보강토옹벽 구성 요소 중 유일하게 외부에 노출되는 것으로 사용하는 전면벽체의 종류에 따라 패널식 보강토옹벽, 블록식 보강토옹벽 등으로 구분하기도 한다.

보강토옹벽의 전면벽체로는 콘크리트 패널이나 콘크리트 블록, 철망 또는 지오신세틱스 포장형 전면벽체 등을 사용할 수 있으며, 그림 3.2에서는 보강토옹벽에서 사용되고 있는 전면벽체의 예를 보여준다.

3.2.1 콘크리트 패널

콘크리트 패널은 보통 두께 14~20cm 정도이고, 가로 × 세로가 (1.0~2.0) × (1.0~2.0)m 정도인 十자형, T자형, 사각형 또는 육각형 등 다양한 형태의 콘크리트 패널을 사용하며(그림 3.3 참조), 일반적으로 공장에서 습식 양생(Wet cast)으로 생산한다. 콘크리트의 압축강도는 30MPa 이상이라야 하며, 무근 콘크리트를 사용할 수도 있으나, 건조수축이나 온도변화에 따른 균열의 발생을 방지하기 위하여 철근을 배근하는 것이 좋다.

또한 제작할 때 부착 루프(Loop attachment) 또는 타이 스트립(Tie strip)과 같은 보강재를 연결하기 위한 장치를 묻어두는 것이 일반적이다.

a) 콘크리트 패널

b) 콘크리트 블록

c) 콘크리트 블록

d) 철망

e) 지오신세틱스 포장형 전면벽체

f) 지오셀

그림 3.2 보강토옹벽에 사용되는 전면벽체의 종류

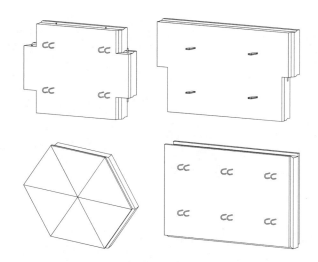

그림 3.3 전면벽체 – 콘크리트 패널

3.2.2 콘크리트 블록

콘크리트 블록은 무게가 30~50kg 정도로 가벼워 인력으로 설치할 수 있는 소형 블록을 많이 사용하였으나, 최근에는 이보다 크고 무게가 무거워 설치를 위하여 별도의 장비를 사용해야 하는 중·대형블록을 사용하는 사례가 늘어나고 있다.

1) 소형 콘크리트 블록

소형 콘크리트 블록은 보통 높이가 20~30cm, 폭이 40~80cm, 무게가 30~50kg 정도인 소형의 콘크리트 블록이 많이 사용되고 있으며, 일반적으로 공장에서 건식 양생(Dry cast) 방식으로 생산한다. 콘크리트 블록의 압축강도는 28MPa 이상이라야 하며, 흡수율은 7% 이내라야 한다. 콘크리트 블록은 그림 3.4에서 보는 바와 같이 블록 전체 높이에 걸쳐 중심부 및 주변부가 비어 있는 형태가 대부분이고, 일반적으로 모르타르(Mortar)나 지지 패드(Bearing pad) 없이 건식으로 적층하여 쌓아 올리며, 블록 내부와 블록과 블록 사이의 빈 곳은 블록 속채움재료를 채워 넣는다.

블록의 상·하부에는 상호 결속을 위한 돌기와 홈이 형성되어 있는 경우가 많고, 핀(pins)과 같은 별도의 상·하단 블록 결속장치를 구비하고 있는 경우도 있으며, 또한 보강재를 연결시키기 위한 별도의 장치들이 마련되어 있는 경우도 있다.

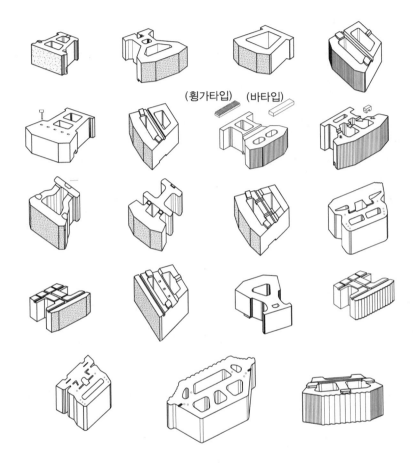

(횡가타입) (바타입)

그림 3.4 전면벽체 – 소형 콘크리트 블록

2) 중·대형 콘크리트 블록

중·대형블록(그림 3.5 참조)은 압축강도가 28MPa 이상이며, 높이는 0.5~1.0m 정도이고, 폭은 0.8~1.5m 정도, 길이는 0.5~1.0m 정도로 무게가 무거워 인력에 의한 설치는 불가능하고 장비를 사용해야 한다. 대부분의 중형 또는 대형블록은 중심부와 주변부가 비어있는 형태로 제조되며 모르타르나 지지 패드 없이 건식으로 적층하여 쌓아 올리고, 블록 내부와 블록과 블록 사이 빈 공간은 속채움재료를 채워 넣는다.

블록의 자중이 크기 때문에 옹벽의 높이가 낮은 경우에는 보강재 없이 중·대형블록만 적층하여 블록과 속채움의 무게만으로 배면토압에 저항하는 블록쌓기 중력식 옹벽(Modular block gravity wall)으로 적용하는 사례도 늘어나고 있다.

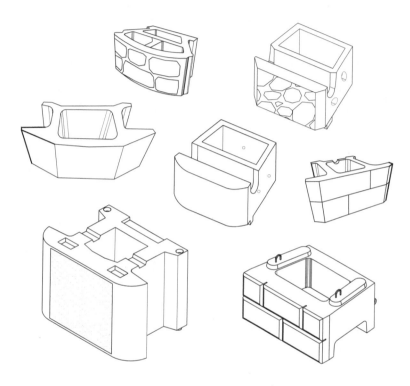

그림 3.5 전면벽체 – 중·대형 콘크리트 블록

3.2.3 철망식 전면벽체(Wire Mesh/Welded Wire Facing)

보강토옹벽 전면벽체로 와이어 메시(Wire mesh) 또는 용접강선망(Welded wire) 등을 사용할 수 있으며, 수직 방향으로 1자로 사용하거나 L자 형태로 가공하여 사용할 수 있다. 내부에는 골재를 채우는 경우도 있고, 전면에 식생을 도입하는 경우도 있다. 철망식 전면벽체는 연성 전면벽체로서 부등침하에 대한 내성이 커서 큰 침하량이 예상되는 연약지반상에서도 적용할 수 있다는 장점이 있다.

3.2.4 돌망태 전면벽체(Gabion Facing)

철망 형태로 제작된 돌망태 바구니에 깬돌 등을 채워 넣은 돌망태를 보강토옹벽 전면벽체로 사용할 수 있으며, 이때 보강재는 돌망태 바구니에 연결된 용접강선망(Welded wire mesh)을 사용할 수도 있고, 지오그리드, 지오텍스타일 등을 사용할 수도 있다.

3.2.5 지오셀 전면벽체(Geocell Facing)

지오셀은 고밀도폴리에틸렌(High Density Polyethylene, HDPE) 시트를 일정한 간격으로 접합하여 제조되는 벌집 모양의 3차원 지반 보강재로 셀 벽이 셀 속에 채워진 흙의 변위를 구속함으로써 지반의 전단강도를 증가시킨다. 이러한 지오셀을 적층하여 쌓아 올려 보강토옹벽의 전면벽체로 사용할 수 있으며, 지오셀은 대단히 유연하여 부등침하에 대한 내성이 커서 예상 침하량이 큰 연약지반상에도 적용할 수 있다(그림 3.2의 f) 참조). 또한 지오셀 속에 채워진 흙에 식생을 도입하면 환경친화적인 보강토옹벽을 구축할 수 있다는 장점이 있지만, 지오셀 전면벽체는 필수적으로 벽면 경사를 두어야 하므로 부지활용도 측면에서는 콘크리트 패널이나 콘크리트 블록과 같은, 다른 형태의 전면벽체에 비하여 불리할 수 있다.

3.2.6 지오신세틱스 포장형 전면벽체(Geosynthetics Wrap-around Facing)

설계수명이 36개월 이내로 비교적 짧은 경우에는, 경제성을 위하여 그림 3.2 e)에서와 같이 지오신세틱스를 감싼 형태의 포장형 전면벽체를 사용할 수도 있다.

지오신세틱스 포장형 전면벽체는 유연성이 커서 부등침하에 대한 내성이 커므로 연약지반상에도 적용할 수 있으며, 지오신세틱스 포장형 전면벽체를 전면벽체로 사용한 보강토체를 먼저 시공하여 침하를 발생시킨 다음 콘크리트 블록이나 콘크리트 패널 또는 현장타설 콘크리트로 전면벽체를 시공하여 영구 구조물로 사용할 수도 있다.

3.3 보강재

보강재는 보강토옹벽에서 가장 중요한 구성 요소로서 보강 목적에 적합한 인장강도와 흙과의 결속력을 가져야 하고, 흙 속에서 보강토옹벽의 설계수명 동안 적정한 내구성을 가져야 한다.

3.3.1 보강재의 종류

보강토옹벽에 사용되는 보강재는 신장 특성에 따라 비신장성(Inextensible) 보강재와 신장성(Extensible) 보강재로 구분할 수 있고, 재질에 따라 크게 금속성 보강재와 지오신세틱스 보강재로 구분할 수 있다. 또한, 형상에 따라서는 지오그리드나 지오텍스타일과 같은 전면 포설형 보강재와 띠형(Strips) 보강재 등으로 구분할 수 있다.

비신장성 보강재는 보강재 파단 시 발생하는 보강재의 변형이 토체의 변형보다 극히 작은 보강재를 의미하고, 신장성 보강재는 보강재 파단 시 발생하는 변형이 토체의 변형보다 크거나 유사한 보강재를 의미한다(Elias 등, 2001).

1) 금속성 보강재

금속성 보강재(그림 3.6 참조)는 보통 도금된 강재(Steel)로 만들어지며, 띠(Strip)형, 그리드(Grid)형, 사다리(Ladder)형 또는 봉(Bar)형 등이 활용되고 있다.

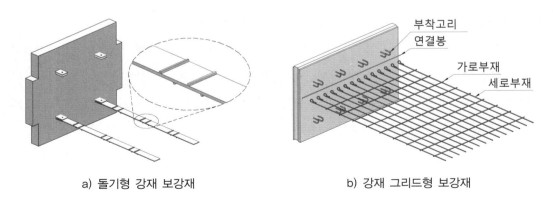

a) 돌기형 강재 보강재   b) 강재 그리드형 보강재

그림 3.6 금속성 보강재의 예

2) 지오신세틱스 보강재

지오신세틱스 보강재(그림 3.7 참조)는 보통 폴리에스테르(Polyester, PET), 고밀도폴리에틸렌, 폴리프로필렌(Polypropylene, PP) 등과 같은 고분자 재료(Polymer materials)를 이용하여 시트형, 그리드형 또는 띠형 등으로 만들어진다.

지오그리드는 1950년대에 Dr. B. Mercer에 의하여 개발되었고, 1978년에는 HDPE 또는 PP를 압출하여 천공한 후 연신한 지오그리드가 개발되었으며, 1980년에 처음으로 지오그리드를 사용한 보강토옹벽이 시공되었다. "지오그리드"라는 용어는 1982년에 Prof. Peter Wroth에 의하여 명명되었다(Tensar, 2022)

블록식 보강토옹벽에서 보강재로 많이 사용하고 있는 직조형 지오그리드(그림 3.7의 a) 참조)는 폴리에스테르 섬유를 그물망 형태로 직조한 후 PVC 등으로 코팅한 제품이고, 일체형 지오그

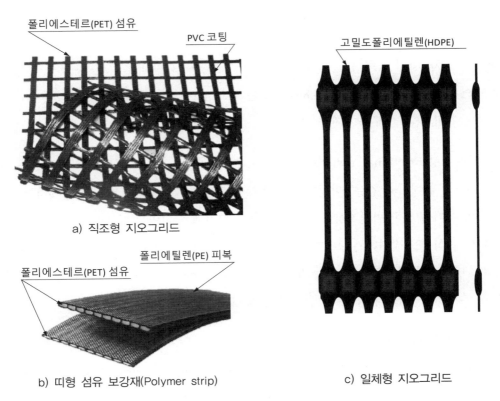

a) 직조형 지오그리드

b) 띠형 섬유 보강재(Polymer strip)

c) 일체형 지오그리드

그림 3.7 지오신세틱스 보강재의 예

리드(그림 3.7의 c) 참조)는 폴리에틸렌(Polyethylene) 시트를 천공한 후 일축 또는 이축 방향으로 연신한 제품으로 보강토옹벽에서는 일축 방향으로 연신한 제품들이 사용되고 있다. 한편, HDPE 또는 PP 재질의 일체형 지오그리드는 직조형 지오그리드에 비하여 비교적 뻣뻣하여 강성그리드라고 부르기도 하였으나, 이는 금속성의 강재(鋼材)와 같은 특성이 있는 것으로 오해할 소지가 있으므로 이러한 용어의 사용은 지양해야 한다.

3.3.2 보강재의 특성

보강토(Reinforced soil)의 개념은 인장에 대하여 취약한 콘크리트를 보강하기 위하여 철근을 삽입하는 철근콘크리트와 유사하며, 흙의 부족한 인장에 대한 저항력을 보완하기 위하여 주응력 방향으로 보강재를 삽입하여 보강된 토체의 역학적 특성을 개선한다. 이러한 보강토체 내부에 보강재는 어느 정도 규칙적으로 분포하고, 보강재를 따라서 흙과 보강재 사이의 응력 전달이 연속적으로 발생한다.

1) 흙과 보강재 사이 응력 전달 메커니즘

흙 속에서 발생한 응력은, 그림 3.8에서 보는 바와 같이, 보강재의 기하 형상에 따라서 마찰 또는 수동저항에 의하여 보강재로 전달된다.

(1) 마찰저항(Frictional resistance)

그림 3.8의 a)에서와 같은, 마찰저항은 흙과 보강재 사이에 상대 변위가 발생하는 곳에서 발현되며, 이때 발생한 마찰저항력의 크기는 흙과 보강재 사이의 전단응력과 같다. 마찰저항력에 의하여 저항력을 발휘하는 보강재는 흙과 보강재의 상대 변위가 발생하는 방향으로 배치하여야 한다. 마찰저항 방식의 보강재는 강재 띠형 보강재(Smooth steel strip), 그리드형 보강재의 종방향 부재, 지오텍스타일, 띠형 섬유 보강재(Geosynthetic strip) 등이 있다.

(2) 수동저항(Passive resistance)

그림 3.8의 b)에서와 같은, 수동지지저항(Passive bearing resistance)은 흙 속에서 보강재의 상대 변위가 발생하는 방향에 직각인 부재에 발생하는 지지응력(Bearing type stress)에 의하여

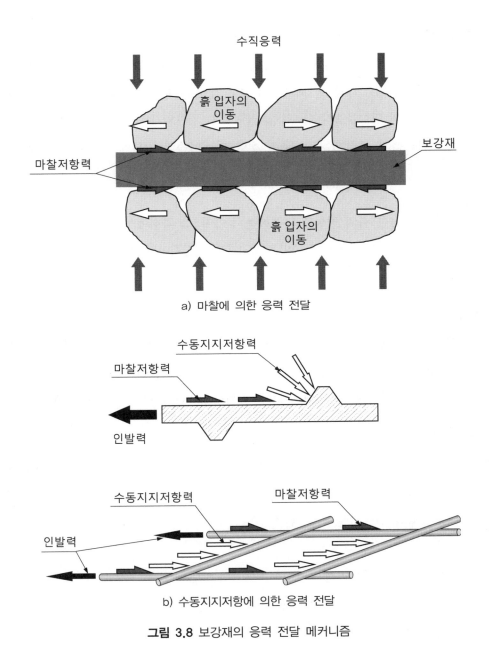

a) 마찰에 의한 응력 전달

b) 수동지지저항에 의한 응력 전달

그림 3.8 보강재의 응력 전달 메커니즘

발생한다. 수동지지저항은 돌기형 강재 보강재(Ribbed steel strip), 강봉 매트(Bar mat), 와이어 메시, 횡방향 부재의 강성(Stiffness)이 비교적 큰 지오그리드와 같은 보강재에서 발생한다.

(3) 흙과 보강재 사이 응력 전달 메커니즘에 영향을 미치는 요소

흙과 보강재 사이 응력 전달 메커니즘의 발생은 특정 보강재의 표면 거칠기(표면마찰), 보강재 위에 작용하는 수직응력, 그리드형 보강재의 경우 개구부(Opening)의 크기, 지지부재의 두께, 보강재의 신장성 등의 영향을 받는다. 입경, 입도분포, 입자의 모양, 밀도, 함수비, 점착력 등과 같은 흙의 특성도 흙과 보강재 사이 응력 전달 메커니즘의 발생에 중요한 영향을 미친다.

2) 보강재의 작용 방법

보강재의 주요 기능은 흙의 변형을 억제하는 것이며, 그 과정에서 흙 속에서 발생한 응력이 보강재로 전달된다. 보강재에 전달된 응력은 보강재의 인장력이나 전단 또는 휨저항력에 의하여 지지가 된다.

(1) 인장(Tension)

인장은 보강재의 작용 방식 중 가장 일반적인 방식이며, 흙이 팽창하는 방향으로 배치된 모든 보강재(종방향 부재)는 일반적으로 높은 인장응력을 부담해야 한다. 또한 전단면(Shear plane)을 가로지르는 유연한 보강재(Flexible reinforcement)에서도 인장응력이 발생한다.

(2) 전단 및 휨

강성(Rigidity)을 가진 보강재는 전단응력(Shear stress)과 휨모멘트(Bending moments)를 지지할 수 있다. 그러나 보강토옹벽에서는, 강성이 있는 강재 보강재를 사용한다고 하더라도, 일반적으로 보강재의 전단저항력 및 휨저항력을 고려하지 않는다.

3) 보강재로서 갖추어야 할 조건

보강재는 흙과의 결속력을 효과적으로 얻을 수 있는 형상을 가져야 하며 기본적으로 보강토옹벽용 보강재는 다음 요건을 만족하여야 한다.

- **인장강도** : 작용하는 토압에 대하여 파단이 일어나지 않도록 인장강도가 충분하여야 한다.
- **변형률** : 보강토옹벽의 변형을 고려하여 일정 변형률(5%) 이내의 값에서 보강재의 장기인장 강도(T_l)가 발현될 수 있어야 한다.

- **마찰계수** : 상재 유효응력에 의한 보강재의 마찰저항력이 수평토압에 충분히 저항할 수 있어야 한다.

- **시공손상** : 보강토옹벽에 사용되는 보강재는 시공 중에 발생하는 손상이 보강토옹벽의 안정성에 영향을 미쳐서는 안 된다. 일반적으로 PVC 또는 에폭시로 코팅된 지오그리드형 보강재의 경우 뒤채움재의 최대입경을 19mm 또는 그 이하로 제한하며, 이보다 더 큰 입경의 뒤채움재를 사용하는 경우에는 현장 내시공성 시험을 통한 시공손상을 평가하여 설계 및 시공에 반영하여야 한다.

- **내구성** : 화학, 물리 및 생화학적 작용에 대해 내구성을 지녀야 하며, 설계 내구연한 동안은 요구되는 성능이 유지되어야 한다.

- **금속성 보강재의 방식처리** : 금속성 보강재는 흙 속에서 부식될 수 있으므로 적절한 방식처리는 필수적이며, 일반적으로 두께 86μm 이상의 아연 도금을 요구한다.

4) 보강재 포설면적비(R_c)

강재 띠형(Steel strips), 강봉(Bars), 강재 그리드형(Steel grids)과 같은 강재 보강재는 그 강도를 모재의 응력으로 표현하기 때문에 그 특성을 단면적, 두께, 주변장(Perimeter), 수평간격 등으로 나타낸다.

지오텍스타일, 지오그리드와 같은 지오신세틱스 보강재는 두께가 비교적 얇고 압축성이 있어서 그 두께를 측정하기가 곤란하여 그 강도를 응력 단위가 아니라 단위 폭당 인장력의 단위로 표현하기 때문에 그 특성을 폭과 수평간격으로 나타낸다.

지오텍스타일이나 지오그리드와 같이 전체 면적에 대하여 포설되는 보강재는 상관이 없으나, 띠형 보강재는 일부 면적에 대해서만 포설되기 때문에 보강재의 인장력을 단위 폭당 힘의 단위로 나타내기 위해서는 포설면적비(Coverage ratio, R_c)의 개념을 사용한다. 포설면적비는 다음 식과 같이 표현할 수 있다(그림 3.9 참조).

$$R_c = b/S_h \tag{3.1}$$

여기서, b : 보강재 폭(m)

$$S_h \; : \text{보강재 중심축 사이의 수평간격(m)}$$

그림 3.9의 b)에서와 같은 그리드형 보강재의 경우, 보강재의 폭(b)은 양끝단 종방향 부재의 중심과 중심 사이의 거리이다.

지오텍스타일이나 지오그리드와 같이 전체 면적에 대하여 포설되는 보강재의 경우에는 R_c=1 이다. 띠형 보강재와 콘크리트 패널을 사용할 때는 포설면적비보다는 콘크리트 패널 1장 또는 2장의 폭에 대하여 나타내는 것이 편리할 수도 있다.

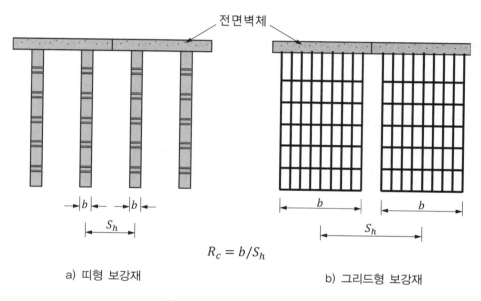

a) 띠형 보강재

b) 그리드형 보강재

그림 3.9 보강재 포설면적비(R_c)

3.3.3 보강재의 장기설계인장강도

보강재의 장기설계인장강도(T_a)는 장기인장강도(T_l)에 재질 및 형상에 따른 안전율(FS)을 고려하여 다음과 같이 계산한다.

$$T_a = \frac{T_l}{FS}$$

(3.2)

여기서, T_a : 보강재의 장기설계인장강도(kN/m)

T_l : 보강재의 장기인장강도(kN/m)

FS : 안전율

식 (3.2)에서 적용하는 안전율(FS)은 구조물의 형상과 뒤채움재의 특성, 보강재 특성, 외부 작용하중 등의 불확실성 및 구조물의 중요도를 고려하여 적용한다. 지오신세틱스 보강재의 경우에는 FS = 1.5를 사용하며, 강재 띠형 보강재와 연성 벽면에 연결된 강재 그리드형 보강재의 경우에는 FS = 1.82(= 1/0.55)를 사용한다. 콘크리트 패널이나 콘크리트 블록과 같은 강성 전면벽체(Rigid facing element)에 연결된 강재 그리드형(Steel grid) 보강재의 경우에는 국부적으로 과응력이 발생할 가능성이 있으므로 FS = 2.08(=1/0.48)을 사용한다.

표 3.1 보강재 종류에 따른 안전율(KDS 11 80 10 : 2021 보강토옹벽)

보강재 종류	안전율(FS)
강재 띠형 보강재	1.82
강재 그리드형 보강재	2.08
지오신세틱스 보강재	1.50

3.3.4 보강재의 장기인장강도

보강재의 강도 특성은 보강재의 기하 형상, 강도(Strength) 및 강성(Stiffness), 내구성, 재질 등의 영향을 받으며, 여기서는 금속성 보강재와 지오신세틱스 보강재로 구분하여 장기인장강도 산정 방법을 설명한다.

1) 금속성 보강재

(1) 금속성 보강재의 장기인장강도

금속성 보강재의 장기인장강도(T_l)는 구조물의 설계수명 동안 발생할 수 있는 부식 두께를 제외한 나머지 단면적(A_c)에 대하여 다음 식과 같이 계산한다.

$$T_l = \frac{F_y A_c}{b} \tag{3.3}$$

$$A_c = E_c b \tag{3.4}$$

$$E_c = E_n - E_R \tag{3.5}$$

여기서, T_l : 금속성 보강재의 장기인장강도(kN/m)

F_y : 금속성 보강재의 항복강도(kPa)

A_c : 장기 부식 두께를 고려한 보강재의 단면적(m²)

b : 보강재 폭(m)

E_c : 설계수명에서 금속성 보강재의 두께(m)

E_n : 금속성 보강재의 공칭두께(m)

E_R : 구조물의 설계수명 동안 손실이 예상되는 부식 두께(m)

(2) 금속성 보강재의 부식 두께와 아연 도금

금속성 보강재는 흙 속에서 부식되기 쉬우며, 금속성 보강재를 사용하는 보강토옹벽의 수명은 보강재의 부식 두께에 영향을 받는다. 보강토옹벽에 사용하는 거의 모든 금속성 보강재는 부식에 대한 저항성을 높이기 위하여, 그 형상에 상관없이, 그 표면에 최소 86μm 두께로 아연 도금 처리를 해야 한다.

부식성이 크지 않은 흙 속에 묻힌 아연 도금된 금속성 보강재의 부식 속도는 최초 2년간은 15μm/year, 그 이후에는 4μm/year, 아연 도금이 완전히 손실된 이후에는 12μm/year를 적용한다.

86μm 두께의 아연 도금은 최소 16년간 모두 소실되며, 보강토옹벽의 설계수명 75~100년의 나머지 기간 동안 1.42~2.02mm 두께의 보강재 단면 손실이 발생할 수 있다.

아연 도금은 취급 또는 시공 중에 마모(Abrasion), 긁힘(Scratching), 노칭(Notching) 또는 균열(Cracking) 등으로 인하여 손상될 수 있으므로, 손상을 방지하기 위하여 취급 및 시공 중에 주의해야 한다. 또한 건설장비는 보강재 위에서 직접 주행해서는 안 되며, 보강재를 끌거나 과도하게 구부리거나 현장에서 절단해서는 안 된다. 취급 및 시공 중 아연 도금에 손상이 발생한 때에는 아연 함유 페인트로 손상된 부분을 코팅하여 수리하여야 한다.

도로를 직접 지지하는 보강토옹벽의 경우, 제설을 위하여 포설하는 제설제의 영향으로 인하여 보강토옹벽 상부 일부 구간에서 금속성 보강재의 부식 속도를 가속시킬 수 있다는 것이 알려졌지만, 그 부식 속도는 아직 규명되지 않았다. 그 영향 깊이는 뒤채움재료의 입도분포, 다짐도 등에 따라 달라지지만, 2.5m 또는 그 이상이다. 이러한 조건에서는 제설제가 녹은 물이 보강토체 내부로 침투하는 것을 방지하기 위하여 도로 기층 아래 보강토체 위에 그림 5.79에서와 같이 차수용 지오멤브레인(Geomembrane)을 설치할 것을 권고한다(Berg 등, 2009a).

PVC로 코팅된 와이어 메시는 어느 정도 부식 방지 기능을 제공하지만, 시공 중에 코팅이 크게 손상되지 않아야 한다. 부식 방지를 위해 에폭시(Epoxy) 코팅을 사용할 수 있지만, 시공 중 손상에 취약하여 코팅의 효과를 심하게 감소시킬 수 있다. 부식 방지 목적으로 PVC 또는 에폭시 코팅을 사용할 때는 시공 중의 손상을 방지하기 위하여 뒤채움재의 최대입경을 19mm 이하로 제한하여야 한다(Berg 등, 2009a).

다음과 같은 조건에 대해서는 별도로 금속성 보강재의 부식에 대한 평가가 필요하다(Berg 등, 2009a).

✓ 해양 또는 (제빙염에 사용되는 경우는 제외한) 기타 염화물이 풍부한 환경에 노출되는 경우. 바닷물에 노출될 때는 처음 몇 년 동안은 한 면당 80μm, 그 이후에는 17~20μm 정도 탄소강(Carbon steel)의 부식이 발생할 것으로 예상된다. 이러한 조건에서는 아연의 손실 또한 표 3.8의 전기화학적 기준을 충족하는 보강토옹벽 뒤채움재료와 비교해서 상당히 빠르며, 첫해에 85μm의 총 아연 손실이 발생할 것으로 예상된다.

✓ 근처의 땅속 전력케이블로부터 흘러나오는 표류전류(Stray current)에 노출되는 경우, 또는 전기철도를 지지하거나 전기철도 근처에 위치하는 경우.

✓ 광산 폐기물, 폐탄광, 황철석이 풍부한 지층 등으로부터 나오는 산성수(Acidic water)에 노출되는 경우.

2) 지오신세틱스 보강재

지오신세틱스 보강재의 장기인장강도(T_l)는 구조물의 설계수명 동안 발생할 수 있는 모든 형태의 강도 감소(Strength reduction)를 고려하여 결정하여야 한다. 지오신세틱스 보강재의 인장특성은 크리프(Creep), 시공 시 손상(Installation damage), 노화(Aging), 온도(Temperature), 구속응력(Confining stress) 등 다양한 요소의 영향을 받는다. 같은 재질의 폴리머(Polymer)로 제조된 제품이더라도 그 특성은 상당히 다를 수 있으므로, 각 제품에 대하여 이들 모든 요소를 고려하여 장기인장강도를 결정하여야 한다.

지오신세틱스 보강재에서는 금속성 보강재에서 고려해야 하는 부식의 문제는 없으나, 폴리머의 종류에 따라서 가수분해(Hydrolysis), 산화(Oxidation), 환경응력균열(Environmental stress cracking) 등과 같은 물리화학적 작용으로 인해 강도가 감소할 수 있다. 또한 지오신세틱스 보강재는 시공 시 뒤채움재료의 포설 및 다짐에 의해 손상이 발생할 가능성이 있으며, 전면벽체와의 연결부에서 높은 온도의 영향을 받을 수 있다. 온도는 크리프 및 노화의 발생을 가속할 수 있으므로, 크리프 감소계수나 내구성 감소계수 산정 시 이를 고려하여야 한다.

지반보강용 지오신세틱스의 장기강도 결정을 위한 감소계수의 결정방법은 KS KISO/TS 20432를 참고할 수 있다.

(1) 지오신세틱스 보강재의 장기인장강도

지오신세틱스 보강재는 내구성(Durability), 시공 시 손상, 크리프 특성 등을 고려하여 다음과 같이 장기인장강도(T_l)를 산정한다.

$$T_l = \frac{T_{ult}}{RF} \tag{3.6}$$

$$RF = RF_{ID} \times RF_D \times RF_{CR} \tag{3.7}$$

여기서, T_{ult} : 지오신세틱스 보강재의 극한인장강도(kN/m)

RF : 총 감소계수

RF_{ID} : 시공 시 손상에 대한 감소계수(≥ 1.1)

RF_D : 내구성에 대한 감소계수(≥ 1.1)

RF_{CR} : 크리프에 대한 감소계수(표 3.2 참조)

표 3.2 지오신세틱스 재질별 크리프 감소계수의 일반적인 범위(KDS 11 80 10 : 보강토옹벽)

폴리머 종류	크리프 감소계수(RF_{CR})
폴리에스테르(PET)	2.5~1.6
폴리프로필렌(PP)	5.0~4.0
폴리에틸렌(PE)	5.0~2.5

식 (3.7)에서 RF_D, RF_{ID}, RF_{CR}은 실제 장기적인 강도 손실을 반영하여야 한다. 그림 3.10에서는 지오신세틱스 보강재의 장기적인 강도 손실의 개념을 보여주며, 어떤 항목은 시공 당시 즉시 발생하며, 다른 것들은 보강토옹벽의 설계수명 전체에 걸쳐서 발생한다.

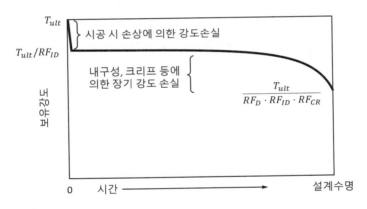

그림 3.10 지오신세틱스 보강재의 장기강도의 개념(Berg 등, 2009a)

각 지오신세틱스 보강재는 기본 폴리머의 종류, 품질, 첨가제(Additives), 제품의 기하 형상 등이 서로 달라서 제품별로 내구성이 다르므로, 강도감소계수는 제품별로 평가하거나 같은 폴리머와 첨가제, 같은 제조공정을 사용한 제품군별로 평가하여야 한다.

항목별 감소계수는 KS K ISO/TS 20432에 따라 공신력 있는 기관에서 수행한 시험 결과를 통해 산정한다. 설계도서에 적용된 항목별 감소계수에 대한 검토 결과, 시험값의 신뢰도가 높지 않으면, 토질 및 기초 분야 전문가의 확인하에 앞의 추천값을 참고하여 감소계수를 결정한다. 이때 항목별 감소계수(Reduction factor)의 산정 방법은 다음 절에서 설명한다.

한편, KDS 11 80 10 : 보강토옹벽에서는 "장기인장강도 발생 시 변형률은 5% 이내이어야 한다"고 규정하고 있다. 바꾸어 말하면 지오신세틱스 보강재의 장기인장강도는 5% 신장 시 인장강도보다 더 작아야 한다.

그림 3.11에서는 지오신세틱스 보강재의 인장강도－인장변형률 곡선의 예를 보여주며, 4개의 보강재의 파단 시 인장강도는 100kN/m로 같지만, 파단 시의 변형률과 인장강도－인장변형률 곡선은 다르다. 특히 C와 D의 경우, 파단 시 인장강도와 인장변형률이 같지만, 인장강도－인장변형률 곡선은 차이가 크다. 이럴 때, 재질과 제조 방법이 같더라도 같은 장기인장강도(T_l)를 사용하는 것에는 문제가 있어 보인다.

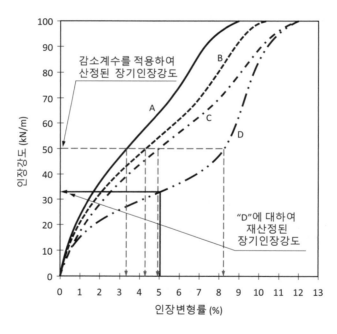

그림 3.11 지오신세틱스 보강재의 인장강도－인장변형률 곡선의 예(한국지반신소재학회, 2024 수정)

지오신세틱스 보강재의 내구성, 내시공성, 크리프 특성에 대한 감소계수를 각각 1.1, 1.1, 1.6으로 적용하는 경우, 총 감소계수는 $RF = RF_D \times RF_{ID} \times RF_{CR} = 1.1 \times 1.1 \times 1.6 = 1.936$이며, 편의상 총 감소계수($RF$)를 2.0으로 가정하면, 보강재의 장기인장강도(T_l)는 50kN/m이며,

그림 3.11에서 보강재의 장기인장강도 발생 시 변형률은 각각 3.3%, 4.3%, 4.9%, 8.2% 정도이다. KDS 11 80 10의 3.1.2. (2) ②항에서 "장기인장강도 발생 시 변형률은 5% 이내이어야 한다."라고 규정하고 있으므로, A, B, C는 감소계수를 적용하여 산정된 장기인장강도를 적용할 수 있지만, D의 경우에는 장기인장강도(T_l) 발생 시 변형률이 5%를 초과하므로 그대로 적용할 수는 없고, 장기인장강도(T_l)를 5% 신장 시 인장강도로 감소시켜서 적용하여야 한다.

(2) 지오신세틱스 보강재의 극한인장강도(T_{ult})

지오신세틱스 보강재의 극한인장강도(Ultimate tensile strength)는 KS K ISO 10319에 따른 광폭 인장강도 시험(Wide-width tensile test)으로부터 결정하며(그림 3.12 참조), 최소 평균 롤 값(Minimum Average Roll Value, MARV)을 기준으로 한다.

최소 평균 롤 값(MARV)은 재료 강도의 통계적인 변화를 고려하기 위한 것이며(Berg 등, 2009a), 1980년대에 지오텍스타일에 대한 사양을 설정하는 과정에서 규제기관(Regulators)과 제조업체

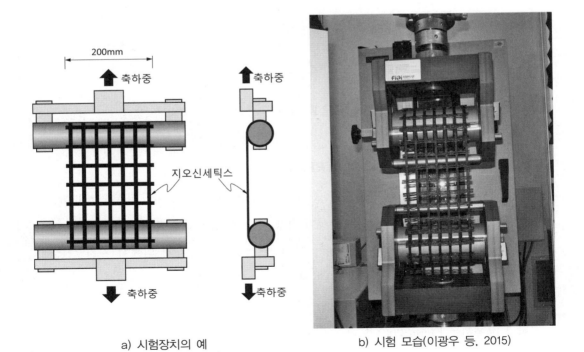

a) 시험장치의 예   b) 시험 모습(이광우 등, 2015)

그림 3.12 광폭인장강도 시험

(Manufacturers)에 의해 개발되었다(Tencate, 2010). 최소 평균 롤 값은 그림 3.13에서와 같이 제품의 평균 강도보다 표준편차의 2배만큼 작은 값으로 식 (3.8)과 같이 표현되며, 제조사에서 보증하는 광폭인장강도(Wide-width tensile strength)의 최솟값이다.

$$MARV = 평균값 - 2 \times (표준편차) \tag{3.8}$$

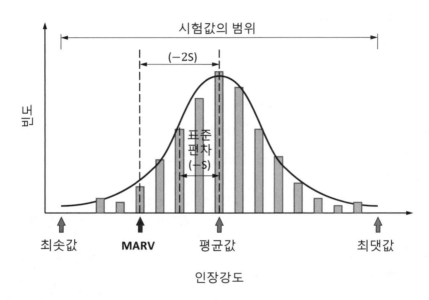

그림 3.13 최소 평균 롤 값(MARV)(Tencate, 2010 수정)

(3) 시공 시 손상에 대한 감소계수(RF_{ID})

지오신세틱스 보강재는 취급 및 시공 중에 마모(Abrasion and wear), 펀칭(Punching), 찢김, 긁힘, 노칭(Notching) 및 균열과 같은 손상이 발생할 수 있다. 이러한 유형의 손상을 최소화하기 위해서 취급 및 시공 시 주의를 기울여야 하며, 건설장비는 보강재 위에서 직접 이동해서는 안 된다. 뒤채움재료의 포설 및 다짐 작업에 의한 손상은 시공 중 지오신세틱스 보강재 위에 가해지는 하중과 성토재의 입경 및 모난 정도에 따라 달라진다.

그림 3.14에서는 Elias(2000)가 여러 연구자의 연구 결과를 수집하여 정리한, 뒤채움재료의 평균입경(D_{50})과 시공 시 손상에 대한 감소계수(RF_{ID})의 관계를 보여준다. 여기서, 지오신세틱

스 보강재의 시공 시 손상에 대한 감소계수는 지오신세틱스 보강재의 종류에 상관없이 뒤채움재료의 입경이 굵을수록 커진다는 것을 알 수 있으며, 지오신세틱스 보강재의 종류와 뒤채움재료의 입경이 같더라도 시공 시 손상에 대한 감소계수는 상당한 차이가 있음을 알 수 있다. 따라서 지오신세틱스 보강재의 시공 시 손상에 대한 감소계수는 현장에서 사용할 특정 보강재와 뒤채움재료에 대한 현장 내시공성 시험을 통하여 결정하여야 한다.

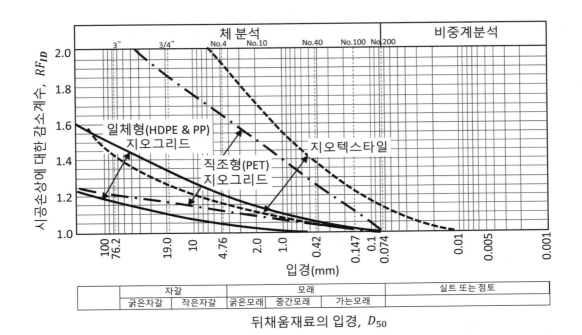

그림 3.14 뒤채움재료의 입경과 시공손상에 대한 감소계수(RF_{ID})의 관계(Elias, 2000)

Elias(2000)가 제안한 지오신세틱스의 종류 및 뒤채움재료의 최대입경에 따른 시공손상에 대한 감소계수의 일반적인 범위는 표 3.3과 같다(Elias 등, 2001; Berg 등, 2009a; Elias 등 2009).

일반적으로 시공손상에 대한 감소계수(RF_{ID})는 뒤채움재료의 입도와 모난 정도에 크게 영향을 받는다. 보강재 위에 최소 두께 15cm 이상의 토사를 포설하였을 때는 성토재의 포설 및 다짐이 시공손상에 대한 감소계수에 미치는 영향은 상대적으로 적다. 지오신세틱스의 무게,

두께 및 인장강도는 시공손상에 대한 감소계수(RF_{ID})에 상당한 영향을 미칠 수 있으며, 코팅된 폴리에스테르 지오그리드의 경우에는 중량이나 무게보다 코팅 두께가 더 큰 영향을 미칠 수 있다(Berg 등, 2009a).

표 3.3 시공 시 손상에 대한 감소계수의 일반적인 범위(Elias, 2000)

구분	지오신세틱스 뒤채움재료	시공손상 감소계수(RF_{ID})	
		최대입경 102mm D_{50} ; 약 30mm	최대입경 20mm D_{50} ; 약 0.7mm
1	일축 연신 HDPE 지오그리드	1.20~1.45	1.10~1.20
2	양방향 연신 PP 지오그리드	1.20~1.45	1.10~1.20
3	PVC 코팅 PET 지오그리드	1.30~1.85	1.10~1.30
4	아크릴 코팅 PET 지오그리드	1.30~2.05	1.20~1.40
5	직포(Woven geotextiles) (PP&PET)[주1]	1.40~2.20	1.10~1.40
6	부직포(Non woven geotextiles) (PP&PET)[주1]	1.40~2.50	1.10~1.40
7	슬릿필름(Slit film)으로 짠 PP 지오텍스타일[주1]	1.60~3.00	1.10~2.00

주1) 최소 중량 270g/m² (7.9oz/yd²)

① 현장 내시공성 시험

입경이 19mm를 초과하는 흙을 뒤채움재료로 사용할 때는 시공손상 평가를 위한 현장 내시공성 시험을 시행하여 시공 시의 손상에 대한 강도 감소계수를 산정한다(Elias, 2000; Elias 등, 2001; AASHTO, 2020; 조삼덕 등, 2005).

지오신세틱스 보강재의 내시공성 시험 방법은 ISO 13437, ASTM D5818, FHWA-NHI-09-087(Elias 등, 2009), GSI GG4, EBGEO(DGGT, 2011), BS8006(BSI, 2010) 등 여러 국가나 관련 기관에서 제시하고 있다. 국내의 경우에는 KS K ISO 13437(지오신세틱스 – 내구성 평가를 위한 현장에서의 시료 설치 및 회수)가 제정되어 있으나, 현장 내시공성 시험 방법과 관련해서는 자세하게 나와 있지 않다.

FHWA-NHI-10-024(Berg 등, 2009a)와 AASHTO(2020)에서는 일반적으로 지오신세틱스 보강재와 뒤채움재료의 특성, 포설 및 다짐의 조합에 대한 시공 시 손상에 대한 감소계수가 1.7을 초과해서는 안 된다고 규정하고 있다. 현장 내시공성 시험 결과로부터 산출된 시공 시 손상에 대한 감소계수(RF_{ID})가 1.7을 초과(40% 정도 강도 손실 발생)하면, 손상 후 남은 강도가 크게 변화하여 설계에 대한 신뢰성이 충분하지 않을 수 있으므로, 이러한 조합은 사용하지 못하도록 하고 있다.

② 현장 내시공성 시험 방법

현장 내시공성 시험은 현장에서 실제 사용할 보강재와 뒤채움재료에 대하여 현장 조건과 같은 조건(다짐 장비, 다짐 횟수 등)으로 시험 시공한 후 보강재 시편을 채취하여 KS K ISO 10319에 따라 인장강도 시험을 하여, 사용되지 않은 보강재 시편과 인장강도의 변화를 비교함으로써 시공손상에 대한 감소계수(RF_{ID})를 얻을 수 있다.

$$RF_{ID} = \frac{T_{undamaged}}{T_{damaged}} \tag{3.9}$$

여기서, RF_{ID} : 시공 시 손상에 대한 감소계수

$T_{undamaged}$: 손상되지 않은 시료의 인장강도(kN/m)

$T_{damaged}$: 내시공성 시험 후 손상된 시료의 인장강도(kN/m)

이때 손상되지 않은 시료의 인장강도($T_{undamaged}$)는 현장 내시공성 시험에 사용한 보강재와 같은 롤에서 채취한 시편을 사용하여 수행한 광폭인장강도 시험 결과를 사용하여야 한다. 현장 내시공성 시험 결과로부터 얻어진 시공 시 손상에 대한 감소계수(RF_{ID})가 1.1보다 작은 경우라도 최소 1.1을 사용하여야 한다.

현장 내시공성 시험 절차는 ASTM D5818을 일부 수정한 FHWA-NHI-09-087(Elias 등, 2009a)의 5.1 Installation Damage Testing을 참고할 수 있으며, 일반적인 절차는 그림 3.15 및 그림 3.16에서와 같다.

① 지반 정리

② 하부층 포설 및 다짐

20~30cm

③ 보강재(지오그리드 등) 포설

4m

20~30cm

④ 상부층 포설 및 다짐

20~30cm
20~30cm

⑤ 보강재(지오그리드 등) 회수

그림 3.15 현장 내시공성 시험 절차(김경모, 2019)

a) 하부지반 성토 및 정리   b) 하부지반 다짐

그림 3.16 현장 내시공성 시험 절차의 예(계속)

c) 보강재 포설

d) 상부지반 성토

e) 상부지반 다짐

f) 보강재 회수

g) 인장강도 시험(조삼덕과 이광우, 2018)

$$RF_{ID} = \frac{손상\ 전의\ 인장강도}{손상\ 후의\ 인장강도}$$

h) 크리프 감소계수 계산

그림 3.16 현장 내시공성 시험 절차의 예

(4) 내구성 감소계수(RF_D)

고분자 재료는 자외선 노출을 포함한 기후적, 화학적 및 생물학적 원인에 의하여 강도 감소가 발생할 수 있으며, 온도에 따라 더 영향을 크게 받을 수도 있고, 어떤 고분자 재료는 수분의 영향도 받는다. 지오신세틱스 보강재의 내구성은 분자량과 배향성을 높임으로써 향상시킬 수 있고, 특히 폴리올레핀(Polyolefin)의 경우에는 특정 첨가제를 첨가함으로써 내구성을 향상시킬 수 있다(KS K ISO/TS 20432).

내구성에 대한 감소계수는 화학물질, 열 산화(Thermal oxidation), 가수분해(Hydrolysis), 환경응력균열(Environmental stress cracking), 미생물 등에의 공격에 대한 지오신세틱스의 민감성에 따라 달라지며, 보통 1.1에서 2.0 사이의 값이다.

① 가수분해

폴리에스테르(PET) 재질의 지오신세틱스는 가수분해에 의하여 강도가 감소할 수 있으며, 가수분해와 그에 따른 섬유질의 용해는 알칼리성 환경에서 주변 흙의 포화도 및 온도에 따라서 가속화된다. 일반적인 온도의 흙 속에서는 가수분해의 속도가 느리기는 하지만, 온도가 상승하면 급격히 빨라지는 경향이 있다. 폴리에스테르가 완전하게 코팅되어 있다면 가수분해 속도를 늦출 수 있지만, 설치 과정에서 코팅이 손상될 수 있고 코팅의 손상으로 인해 섬유가 노출되면 PET의 모세관 현상에 의하여 수분을 잘 흡수하여 가수분해 속도는 코팅이 없을 때와 같은 수준으로 진행될 수 있으므로 코팅의 영향을 무시한다. 가수분해의 속도는 지반이 완전히 포화되었을 때보다 부분적으로 포화되었을 때 감소할 수 있지만 0이 되지는 않는다. 보강재로 사용되는 폴리에스테르 지오신세틱스는 EN 12447에 따라 시험했을 때 가수분해에 의한 강도 감소가 50%를 초과해서는 안 된다(KS K ISO/TS 20432).

pH $\geq$ 9인 알칼리 용액은 표면을 침식할 수 있으므로, pH > 9로 유지되는 자연지반 또는 산업적으로 오염된 지반에서는 내구성이 입증되지 않는 한 폴리에스테르 재질의 지오신세틱스는 사용해서는 안 된다.

② 열 산화

폴리에틸렌이나 폴리프로필렌과 같은 폴리올레핀 계열의 지오신세틱스는 주로 산화에 따라 고분자 사슬이 절단되고 분자량이 줄어들어 강도가 감소할 수 있으며, 산화의 영향으로 부스러짐, 표면 균열, 변색 등이 발생할 수 있다. 폴리올레핀의 산화는 자외선이나 열에 의하여 시작될 수 있고, 철을 포함한 중금속 이온과 같은 촉매에 의하여 가속화될 수 있다. 흙 속의 산소 함량은 흙의 간극비, 지하수위의 위치 및 기타 요인에 의하여 달라지지만, 약 21% 정도인 대기 중의 산소 함량보다 약간 낮은 것으로 알려져 있다. 따라서 흙 속에서 사용되는 지오신세틱스도 지상과 같은 속도로 산화가 진행될 수 있으며, 보강토체 속에 전이 금속(Transition metals, Fe, Cu, Mn, Co, Cr)이 있고 온도가 상승하면 산화가 가속화될 수 있으며, 이러한 전이 금속은 황철석(Pyrite)과 같은 황산염 토양(Acid sulphate soils), 슬래그 및 재(Cinder), 기타 산업폐기물 또는 광산의 광물 찌꺼기(Mine trailings)에서 발견할 수 있다.

폴리올레핀 계열 지오신세틱스의 산화에 대한 저항성은 주로 기본 수지에 첨가된 항산화제 (Antioxidants)의 영향을 받는다. 폴리올레핀 계열(HDPE, PP 등)의 지오신세틱스는 항산화제를 첨가함으로써 산화에 대한 저항성을 현격히 상승시킬 수 있으며, 이로써 수명을 수백 배에서 수천 배로 연장할 수 있다.

특정 환경에서 예상되는 폴리머의 종류별 상대적인 저항성은 표 3.4에 나와 있다.

표 3.4 특정 환경에서 예상되는 폴리머의 저항성(Berg 등, 2009a)

지반 속의 환경	폴리머의 종류		
	폴리에스테르(PET)	폴리에틸렌(PE)	폴리프로필렌(PP)
황산염 토양(Acid sulphate soils)	NE	ETR	ETR
유기질 흙(Organic soils)	NE	NE	NE
염분이 있는 흙(Saline soils) pH < 9	NE	NE	NE
철광석(Ferruiginous)	NE	ETR	ETR
석회질 토양(Calcareous soils)	ETR	NE	NE
석회(Lime), 시멘트(Cement)로 개량된 지반	ETR	NE	NE
염분이 많은 흙(Sodic soils), pH > 9	ETR	NE	NE
전이 금속(Transition metals)이 포함된 흙	NE	ETR	ETR

NE = No Effect
ETR = Exposure Tests Required

③ 내후성

대부분의 지오신세틱스 보강재는 흙 속에서 사용되기 때문에, 자외선의 영향은 시공 중 및 지오신세틱스 포장형 전면벽체로 사용하는 경우에만 발생한다. 노출된 환경에서 장기간 사용할 때는 코팅을 하거나, 추가로 전면벽체를 설치하거나 식생으로 덮어씌워 자외선에 의한 강도 저하를 방지하여야 한다. 자외선 안정 처리된 두꺼운 지오신세틱스는 몇 년 정도 자외선에 노출해 놓을 수 있지만, 자외선에 의한 강도 저하 또는 기타 여러 요인에 의하여 파손될 수 있으므로 장기적인 유지관리가 필요하다.

옥외 사용에 대비하여 안정제를 첨가하더라도 모든 지오신세틱스는 통상적으로 자외선에 노출되면 강도 손실이 발생할 수 있다. KS K ISO/TS 20432에 따르면 자외선에 노출되는 시간이 12시간 이내이거나, EN 12224와 같은 내후성 가속 지표 시험을 시행하였을 때 강도의 감소가 5%를 넘지 않으면 내후성과 관련된 감소계수를 적용할 필요가 없다.

④ 생물학적 취화(Biological degradation)

지오신세틱스 제품에 사용한 분자량이 큰 폴리에틸렌, 폴리에스테르, 폴리프로필렌 등은 박테리아와 곰팡이 등에 의해 쉽게 파괴되지 않기 때문에, 생물학적 취화는 지오신세틱스의 수명에 영향을 미치는 심각한 원인이 아닌 것으로 판명되었다(KS K ISO/TS 20432).

대부분의 지오신세틱스 보강재에 대해서 생물학적 분해는 거의 문제가 되지 않으며, 따라서 일반적으로 RF_D 측정 시 생물학적 분해는 고려되지 않는다(Berg 등, 2009a).

⑤ 지오신세틱스의 재질별 특성

보강토옹벽의 보강재로 사용하는 대표적인 재질에 대한 특성을 살펴보면 다음과 같다.

가. 폴리에스테르(PET) 재질의 지오신세틱스

폴리에스테르 재질의 보강재는 3 < pH < 9의 조건에서만 사용하여야 한다(Berg 등, 2009). AASHTO(2020)에 따르면 영구구조물일 때는 pH 값이 4.5~9의 범위에 있어야 하고, 임시구조물일 때는 pH값이 3~10 범위에 있어야 한다.

특정 제품에 대한 장기간의 시험 결과가 없는 경우에는, 폴리에스테르 보강재의 내구성 감소계수(RF_D)는 설계수명 100년에 대하여 표 3.5의 값을 적용할 수 있다.

표 3.5 폴리에스테르(PET) 재질의 보강재에 대한 내구성 감소계수(Berg 등, 2009a 수정)

제품[주1]	내구성 감소계수(RF_D)	
	$5 \leq pH \leq 8$	$3^{주2)} < pH \leq 5, 8 \leq pH < 9$
지오텍스타일 Mn < 20,000, 40 < CEG < 50	1.6	2.0
코팅된 지오그리드, 지오텍스타일 Mn > 25,000, CEG < 30	1.15	1.3

Mn = 수평균 분자량(number average molecular weight)
CEG = 카복실 말단기(carboxyl end group)
주1) 표시된 분자 특성 범위를 벗어난 재료를 사용하려면 특정 제품에 대한 시험이 필요하고, 3 < pH < 9 범위 밖에서는 사용을 권장하지 않는다.
주2) AASHTO(2020) 11.10.6.4.2b에 따르면 pH값의 하한값은 영구구조물인 경우에는 4.5이고, 임시구조물인 경우에는 3이다.

나. 폴리올레핀 계열의 지오신세틱스

열 및 산화에 의한 분해에 대한 저항성을 높이기 위하여 폴리올레핀 계열의 지오신세틱스(예, HDPE, PP 등)는 항산화제(HALS, 카본블랙(Carbon black) 등)를 첨가하여 안정화한다.

가공 후 잔여 항산화 보호기능이 없으면 PP 제품은 20°C에서 예상 설계수명인 75~100년 내에서 산화에 취약하여 상당한 강도 손실이 발생한다. 현재까지 밝혀진 안정화되지 않은 PP의 반감기는 50년 미만이다. PP 지오신세틱스의 예상수명은 항산화제의 종류, 생산 후 항산화제의 수준 및 그 이후의 항산화제 소비 속도 등에 따라 달라지며, 항산화제의 소비 속도는 땅속 산소 함량과 관련이 있다. 따라서 PP 재질의 지오신세틱스 보강재를 사용할 때는 주의가 필요하다.

⑥ 내구성 감소계수의 기본값

감소계수는 특정 제품에 대하여 수행한 시험 결과를 사용하는 것이 원칙이다.

특정 제품에 대한 시험 결과가 없는 경우에는 표 3.6의 기준을 충족하는 폴리에스테르(PET) 보강재와 폴리올레핀 계열의 보강재에 대하여 내구성 감소계수의 기본값으로 $RF_D = 1.3$을 사용할 수 있다(AASHTO, 2020; Berg 등, 2009).

표 3.6 내구성 감소계수의 기본값을 사용하기 위한 지오신세틱스 제품의 최소 요구조건(Berg 등, 2009a)

구분	특성	시험방법	기본값 RF_D = 1.3을 사용하기 위한 조건
폴리프로필렌 (PP)과 폴리에틸렌(PE)	UV 산화 저항성	ASTM D4355	웨더로미터(Weatherometer)에서 500시간 시험 후 최소 70% 강도 보유
폴리에스테르 (PET)	UV 산화 저항성	ASTM D4355	웨더로미터에서 500시간 시험 후 최소 50%(1주일 이내에 묻히는 경우) 또는 70%(1주일 이상 노출되어 있는 경우) 강도 보유
폴리프로필렌 (PP)	열산화 저항성	ENV ISO 13438, A 방법	28일 후 최소 50% 강도 보유
폴리에틸렌 (PE)	열산화 저항성	ENV ISO 13438, B 방법	56일 후 최소 50% 강도 보유
폴리에스테르 (PET)	가수분해 저항성	내부점성도 방법(ASTM D4603 및 GRI GG8), 또는 직접적인 겔 침투 크로마토그래피를 사용하여 결정	최소 수평균 분자량(Mn) 25,000
폴리에스테르 (PET)	가수분해 저항성	ASTM D7409 또는 GRI GG7	최대 카복실 말단기(CEG) 30
모든 폴리머	생존성	단위 면적당 중량,[주1] ASTM D5261	최소 270g/m²
모든 폴리머	재생 재료의 중량비 %	사용 재료 인증	최대 0%

주1) 다른 방법으로는, 특정 제품에 대한 내시공성 시험(Installation damage test)을 수행하여 시공 시 손상에 대한 감소계수 RF_{ID}가 1.7 이하이고 이 표의 다른 조건을 충족할 때는 내구성 감소계수의 기본값 RF_D = 1.3을 사용할 수 있다.

(5) 크리프 감소계수(RF_{CR})

지오신세틱스는 탄점소성 재료(Elasto-visco-plastic-material)이다. 일반적인 거동은 그림 3.17에서 보여주며, 일반적인 크리프 거동은 모두 4구간으로 분류되는데, 하중이 가해짐과 동시에 나타나는 초기탄성 변형(Initial elastic stain) 구간, 초기의 지수함수적인 증가 경향을 나타내는 1차 크리프 변형(Primary creep deformation) 구간, 변형의 선형적인 증가 경향을 나타내는 2차 크리프 변형(Secondary creep deformation) 구간, 그리고 파괴 거동의 경향이 관찰되며 장시간 동안 파괴 현상이 나타나는 3차 크리프 변형(Tertiary creep deformation) 구간으로 구성된다.

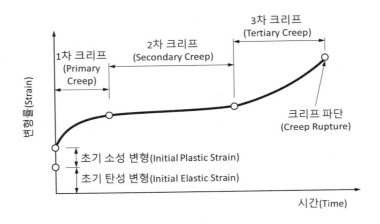

그림 3.17 크리프 거동의 일반적인 경향(McGown, 2000)

크리프 거동을 해석함에 있어서는 크리프 파괴가 나타나는 구간의 전 단계인 일정 하중하에서 선형점탄성 거동이 나타나는 구간인 2차 크리프 변형까지만 고려하는 것이 간편하며, 또한, 크리프 시험을 통해서 파괴 현상이 나타나는 3차 크리프 변형이 나타나면 설계 시 신중한 고려가 필요하다(한국토목섬유학회, 2007).

지오신세틱스 보강재의 크리프 감소계수(RF_{CR})는 보강재의 하중을 크리프 한계 강도(Creep limit strength)로 제한하여 보강토옹벽의 설계수명 동안 과도한 변형이나 크리프 파단을 방지하기 위하여 적용한다. 따라서 지오신세틱스 보강재의 크리프 한계 강도는 강재(Steel)의 항복강도(Yield strength)와 유사하다고 할 수 있다.

크리프는 본질적으로 장기적인 변형의 과정이며, 하중이 가해지면 접혀 있거나 구부러져 있거나 꼬여 있는 분자 사슬(Molecular chains)이 곧게 펴지면서 서로 상대적으로 이동하거나 분자

간 결합이 끊어져 강도의 손실은 없지만 신장량이 증가하게 된다. 가해지는 하중이 크리프 한계에 가깝게 커지면 분자 사슬이 끊어지지 않고는 더 이상 직선화 또는 늘어날 수 없게 되고, 직선화 과정이 끝나면 상당한 강도 손실이 발생하며, 가해지는 하중이 충분히 크다면 분자 사슬이 끊어지고 늘어나거나 강도가 손실되는 속도가 증가하여 결국에는 파단에 이르게 된다. 이러한 급격한 강도 손실은 주어진 하중 수준에서 지오신세틱스의 설계수명이 끝날 무렵에 발생한다(Berg 등, 2009a).

크리프 감소계수는 장기 크리프 시험(Long term creep test)을 통하여 얻어지며, 산정 방법은 KS K ISO 20432에 따른다. 크리프 시험은 기본적으로 제품 강도의 다양한 비율의 하중을 10,000시간 동안 지속해서 부가하는 시험으로, KS K ISO 13431에서는 인장강도의 5%, 10%, 20%, 30%, 40%, 50%, 60% 중 4가지 하중 수준에 대하여 시험하도록 규정하고 있다. FHWA-NHI-10-024(Berg 등, 2009a)에 따르면, 크리프 시험은 ASTM D5262에 따른 기존의 크리프 시험 방법 또는 ASTM D6992에 따른 단계등온법(Stepped Isothermal Method, SIM)과 기존 크리프 시험 방법을 조합하여 수행할 수 있으며, 단계등온법(SIM)은 온도를 단계적으로 증가시키는 가속시험법으로 시험을 며칠 만에 수행할 수 있다는 장점이 있다.

크리프 감소계수는 구조물의 설계수명(예, 75년 또는 100년)에 대해서 외삽하여 추정된 최대 지속 하중(즉, 크리프 파단 하중)에 대한 극한하중의 비율을 의미한다.

$$RF_{CR} = \frac{T_{ultlot}}{T_{CR}} \tag{3.10}$$

여기서, RF_{CR} : 크리프 감소계수

T_{ultlot} : 지오신세틱스 보강재의 극한인장강도(kN/m)

T_{CR} : 장기 크리프 강도(Long-term creep strength)(kN/m)

식 (3.10)에서 지오신세틱스 보강재의 극한인장강도(T_{ultlot})는 크리프 시험에 사용된 지오신세틱스 보강재와 같은 롤에서 채취한 시편에 대한 광폭인장강도 시험 결과를 사용해야 한다.

크리프 감소계수는 KS K ISO 20432에 제시된 시간−온도 중첩법(TTS) 및 단계등온법(SIM)

을 이용하여 산정할 수 있다. 이때 시험 결괏값이 앞의 표 3.2의 최솟값보다 작은 경우에는 최솟값을 적용해야 하며, 최댓값보다 큰 보강재를 사용해서는 안 된다.

3.4 뒤채움재료

3.4.1 보강토옹벽 뒤채움재료와 그 포설 범위

1) 보강토옹벽 뒤채움재료

보강토옹벽은 입도분포가 좋고 입상 재료인 양질의 뒤채움재료가 필요하며, 보강토옹벽 뒤채움재료는 시공성이 좋고 배수가 잘 되며 흙과의 결속력이 우수해야 한다. 일반적으로 보강토옹벽은 흙과 보강재 사이의 마찰저항력에 의존하는 경우가 많으며, 충분한 마찰저항력을 얻기 위해서는 마찰 특성이 우수한 뒤채움재료를 사용하여야 한다. 일부 보강재는 수동저항력을 사용하는 때도 있으나, 이러한 보강재를 사용하더라도 뒤채움재료의 품질은 중요하다.

흙과 보강재의 결속력 측면에서 보면, 비교적 품질이 낮은 뒤채움재료도 사용할 수 있으나, 고품질의 입상 재료를 사용하면 배수성이 좋고, 보강재의 내구성이 미치는 영향이 적으며, 필요한 보강재의 수량(강도)이 감소하며, 포설 및 다짐이 쉽다는 장점이 있다.

한편, 아스팔트 콘크리트 또는 시멘트 콘크리트를 파쇄한 재생(순환)골재는 보강토옹벽용 뒤채움재료로 사용하지 않아야 한다. 재생 아스팔트 콘크리트를 보강토옹벽 뒤채움재료로 사용하면 크리프 현상이 발생하여 보강토옹벽에 과도한 변형이 발생할 수 있고, 보강재가 인발되는 현상이 발생할 가능성이 있다. 재생 콘크리트는 수화되지 않은 시멘트에서 석회 침전물을 생성할 가능성이 있으며, 이에 따라 배수구가 막히고 벽면이 오염될 수 있다. 재생 콘크리트는 일반적으로 전기화학적 특성을 충족시키지 못하며, 보강재의 부식에 대한 평가도 완전히 이루어지지 않았다(Berg 등, 2009a).

2) 보강토옹벽 뒤채움의 범위

양단 보강토옹벽(Back-to-back wall)을 제외하고 보강재가 포설되는 보강토체 배면의 일부 영역까지 보강토 뒤채움재료에 준하는 양질의 재료를 성토하는 것이 좋다. 이러한 확장 영역은,

그림 3.18에서 보는 바와 같이 전체 높이에 걸쳐 보강재 끝단에서 0.3m 이상의 폭만큼 확장하는 때도 있고, 보강토옹벽 배면의 주동파괴쐐기 영역까지 확장하는 때도 있다.

양단 보강토옹벽의 경우, 양측 보강재 끝단 사이의 거리가 높은 쪽 옹벽 높이의 1/2 이내인 때에는 그 사이를 보강토옹벽 뒤채움재료와 같은 재료로 성토한다.

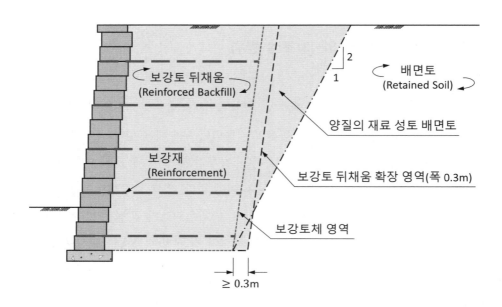

그림 3.18 보강토옹벽 배면 양질의 재료 성토 영역 확장의 예(Berg 등, 2009a 수정)

3.4.2 뒤채움재료의 조건

1) 뒤채움재료의 선정 기준

뒤채움재료는 보강토옹벽의 성능에 큰 영향을 미치므로 설계에 적용된 뒤채움재료의 전단저항각, 입도 기준, 소성지수(PI), 다짐 관리 기준 등을 설계도서에 명확하게 규정하여야 한다.

보강토옹벽의 뒤채움재료로 사용하는 흙은 일반적으로 다음과 같은 성질을 갖는다.

① 흙과 보강재 사이의 마찰 효과가 큰 사질토
② 배수성이 양호하고 함수비 변화에 따른 강도 변화가 적은 흙

③ 균등계수가 크고, 입도분포가 양호한 흙

④ 보강재의 내구성을 저하시키는 화학적 성분이 적은 흙

⑤ 소성지수(PI)가 6 이하인 흙

2) 뒤채움재료의 입도 기준

표준시방서 KCS 11 80 10 (2.1.3)에 규정된 보강토옹벽 뒤채움흙의 입도 기준은 표 3.7과 같다.

표 3.7 보강토옹벽 뒤채움흙의 입도(KCS 11 80 10 : 2021 보강토옹벽)

체 눈금 크기(mm) (체 번호)	통과 중량백분율(%)	비고
102	100	
0.425(No.40)	0~60	
0.08(No.200)	0~15	

① 예외 규정 : No.200체 통과율이 15% 이상이더라도 0.015mm 통과율이 10% 이하이거나 또는 0.015mm 통과율이 10~20%이고 내부마찰각이 30° 이상이며 소성지수(PI)가 6 이하면 사용이 가능하다.
② 뒤채움재료의 최대입경은 102mm까지 사용할 수 있으나, 시공 시 손상을 입기 쉬운 보강재를 사용하는 경우에는 최대입경을 19mm로 제한하거나 시공손상 정도를 평가하는 것이 바람직하다.

보강토체가 수중에 잠길 때에는 No.200체 통과율을 5% 미만으로 제한하고, 곡선부 및 우각부에 설치되는 보강토옹벽은 표 3.7의 예외 규정을 적용하지 않고 No.200체 통과율을 15% 이하로 제한하고, 균등계수(C_U)가 4 이상이며, 소성지수(PI)가 6 이하인 양질의 사질토를 사용할 것을 권고한다.

No.200체 통과율이 15% 이상인 흙도 성공적으로 보강토옹벽 뒤채움재로 사용한 사례들이 적지 않다. 김상규와 이은수(1996a) 및 이은수(1996)의 연구 결과에 의하면 국내 화강풍화토의 경우 No.200체 통과율이 약 35% 이하이면 표 3.7의 예외 규정의 0.015mm 통과율이 20% 이하이고 내부마찰각이 30° 이상이라는 규정을 충족시킬 수 있다. 또한, NCMA(2012) 매뉴얼에서는 No.200체 통과율 35%까지 사용할 것으로 제시하고 있으며, NCHRP의 연구 결과(NCHRP 24-22; Marr와 Stulgis, 2013)에서는 No.200체 통과율이 35%인 흙까지 보강토옹벽 뒤채움재로 사용할 수 있다는 것을 확인하였다. 그러나 세립분이 많고 소성이 큰 흙을 보강토옹벽 뒤채움재

로 사용하면, 보강토옹벽의 변형 및 구조적 결함을 포함한 여러 가지 문제가 발생할 가능성이 커지는 경향이 있다. 이러한 세립분이 많은 흙을 보강토옹벽 뒤채움재로 사용하면 경제적으로 상당한 이점이 있을 수 있지만, 배수, 부식, 변형, 보강재 인발, 시공성 등의 문제가 발생할 수 있으므로 주의가 필요하다.

3) 뒤채움흙의 소성지수(PI)

보강토옹벽 뒤채움재로 사용하는 흙의 소성지수(PI)가 크면 장기적인 크리프 변형의 발생 가능성이 커지며, 시공 완료 후에도 지속적인 변형이 발생하여 보강토옹벽의 사용성에 영향을 미칠 수 있다. 따라서 보강토옹벽 뒤채움재로 사용하는 흙은 소성지수(PI)가 6 이하인 흙을 사용해야 한다.

4) 뒤채움재료의 최대입경

일반적으로 보강토옹벽 뒤채움재료의 최대입경은 102mm로 제한되나, PVC 또는 에폭시로 코팅된 지오그리드형 보강재와 같은 시공손상을 받기 쉬운 보강재의 경우 최대입경을 19mm 이하로 제한할 수 있다. 이러한 보강재를 최대입경 19mm 이상의 뒤채움재료와 함께 사용해야 할 때는 반드시 현장 내시공성 시험을 통해 시공 시 손상의 정도를 평가한 후 설계 및 시공에 반영하여야 한다.

한편, 조삼덕과 이광우(2018)의 연구 결과에 의하면, PET 섬유를 PE로 피복한 띠 형태의 섬유 보강재(Polymer strip 또는 Geosynthetics strip)는 일반토사뿐만 아니라 최대입경 300mm 이하의 부순돌(암버럭)을 사용하더라도 강도 감소율이 10% 이하로 내시공성이 우수하다. 따라서 띠형 섬유 보강재와 같이 시공손상의 영향이 적은 보강재를 사용할 때는 뒤채움재료의 최대 입경을 250mm까지 확대하여 적용할 수 있으며, 이러한 경우에도 반드시 현장 내시공성 시험을 통해 시공 시 손상의 정도를 평가하여 설계 및 시공에 반영하여야 한다.

금속성 보강재의 경우, 뒤채움재료의 입경이 굵고 모난 입자가 많으면 아연 도금이 손상될 수 있으며, 이러한 손상은 보강재의 부식 속도를 가속시킬 수 있으므로 주의해야 한다.

3.4.3 흙의 설계 전단저항각

장기적인 안정성을 검토할 때는 흙의 유효응력이 전단강도를 지배하며, 따라서 배수 조건 상태에서 실시한 시험 결과를 이용하여야 한다. 만약 시공 중에 배수 속도보다 빨리 시공하는 단기 안정성 검토를 수행할 때는 비배수전단강도를 이용하여야 한다.

보강토옹벽 뒤채움재로 사용하는 흙의 내부마찰각은 최소 25° 이상이라야 하며, 보강토옹벽의 설계에 있어서 뒤채움재료의 점착력은 무시한다.

경제성 및 보강토옹벽의 안정성을 위해서는 내부마찰각 30° 이상의 흙을 사용할 것을 추천하며, 설계 시 뒤채움흙의 전단저항각을 얻기 위한 직접전단시험이나 삼축압축시험을 수행하지 않았을 때는 뒤채움흙의 내부마찰각으로 30°를 적용하여 설계한 후, 시공 전에 반드시 직접전단시험이나 삼축압축시험 등을 시행하여 확인하여야 한다.

일반적으로 뒤채움재료는 건설 현장 주변에서 구할 수 있는 재료를 사용하며, 다짐 정도에 따라서 확보되는 전단강도는 차이가 있을 수 있다. 입자가 둥글거나 입경이 균등한 모래와 같은 일부 흙은 보강토옹벽 뒤채움재료 선정 기준에 부합하더라도 직접전단시험 또는 삼축압축시험에 의한 내부마찰각이 30°보다 작을 수 있으므로 주의해야 하며, 이러한 때에는 시험 결괏값을 설계에 적용할 수 있다. 다만, 내부마찰각이 25° 이하인 흙은 보강토옹벽 뒤채움재로 사용해서는 안 된다. 직접전단시험이나 삼축압축시험에 의하여 결정된 뒤채움흙의 내부마찰각이 40° 이상이더라도, 불확실성을 고려하여 40° 이상의 내부마찰각을 설계에 사용하지 않아야 한다.

3.4.4 전기화학적 요구조건

1) 금속성 보강재를 사용할 때

보강토옹벽에서 금속성 보강재는 보강토 뒤채움재료의 전기화학적 특성과 관련된 최대 부식 속도에 대하여 설계한다. 금속성 보강재를 사용하는 경우, 뒤채움흙의 전기화학적 특성은 표 3.8의 조건을 만족하여야 한다.

표 **3.8** 금속성 보강재를 사용할 때 뒤채움재료의 전기화학적 특성 요구조건(Berg 등, 2009a 수정)

특성	기준	시험방법
전기비저항	$\geq$ 3,000 ohm-cm	AASHTO T-288
pH	5~10	KS F 2103, AASHTO T-289
염화물	< 100 ppm	ASTM D4327
황산	< 200 ppm	ASTM D4327
유기물 함유량	$\leq$ 1%	KS F 2104, AASHTO T-267

2) 지오신세틱스 보강재를 사용할 때

지오신세틱스 보강재를 사용할 때는 사용하는 지오신세틱스 보강재의 기본 폴리머(Polymer)에 따라서 전기화학적 기준이 달라지며, FHWA-NHI-10-024(Berg 등, 2009a)에서는 Elias 등(2009)의 연구 결과를 인용하여 폴리머의 종류에 따라 표 3.9와 같은 기준을 제시하고 있다.

표 **3.9** 지오신세틱스 보강재를 사용할 때 뒤채움재료의 전기화학적 특성 요구조건(Elias 등, 2009)

기본 폴리머	특성	기준	시험방법
폴리에스테르(PET)	pH	3 < pH < 9	KS F 2103, AASHTO T-289
폴리올레핀 계열(PP & HDPE)	pH	pH > 3	KS F 2103, AASHTO T-289

AASHTO(2020)는 보강토옹벽의 설계수명에 따라서 다음과 같은 기준을 제시하고 있다.

✓ 영구 적용의 경우, pH = 4.5~9

✓ 임시 적용의 경우, pH = 3~10

3.5 흙/보강재 상호작용

3.5.1 흙/보강재 상호작용 개요

보강토옹벽의 외적안정성(External stability)은 보강토체를 일체로 된 구조물로 보아 일반

중력식 옹벽과 같이 취급하는 것이 일반적이다. 그러나 보강토체가 일체로 작용하기 위해서는 그림 3.19와 같은 예상파괴면(Potential failure surface)에 대한 구조적 안정성을 확보하여 내적 안정성(Internal stability)을 만족시켜야 한다.

그림 3.19의 A부분은 예상파괴면으로 둘러싸인 부분이 토체로부터 분리될 때 미끄러짐 파괴 (Direct sliding failure) 형태로 나타난다. 즉, 보강재를 사용하여 구축된 토체 내의 임의의 평면 중 보강재가 있는 부분의 전단저항력(Shearing resistance)이 가장 작으므로 보강재가 존재하는 층에서 분리될 수 있다. 이러한 파괴는 보강재와 뒤채움재 사이의 경계면에서 미끄러짐(Sliding) 에 의한 직접전단(Direct sliding)이 일어난 형태이다.

그림 3.19의 점 B와 C에서는 예상파괴면으로 둘러싸인 활동영역이 떨어져 나가려 할 때, 저항영역에 묻힌 보강재를 활동영역의 이동 방향으로 끌어당기는 형태로, 이때 보강재는 인발력 에 저항하게 되며, 이러한 인발력이 커지면 보강재의 인장강도(Tensile strength) 부족에 따른 파단파괴(Breaking failure) 또는 인발저항력의 부족에 따른 인발파괴(Pullout failure)가 발생할 수 있다. 여기서는 흙/보강재 상호작용에 관심을 두고 있으므로 보강재 파단파괴는 고려하지 않는다.

상기 2종류의 파괴 메커니즘(Failure mechanism)은 어느 한 형태만 독립해서 발생하는 것이 아니라 동시에 복합적으로 발생하지만, 각 위치에서의 파괴 형태가 각각 다르므로 이를 분리해

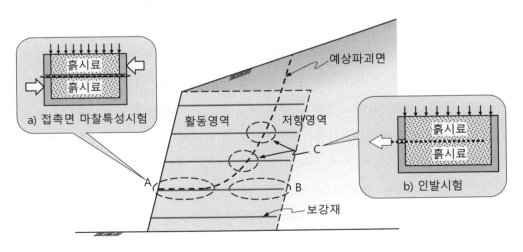

그림 3.19 흙/보강재 상호작용 개요(김상규와 이은수, 1996c 수정)

서 각 보강재의 저항 특성을 검토해야 한다.

보강재 위를 미끄러지는 형태의 파괴에 대한 흙/보강재 상호작용은 그림 3.19의 a)에서와 같이 흙의 직접전단 시험장치를 사용한 접촉면 마찰시험(Interface shear test)을 통하여 규명할 수 있다. 또한 보강재의 인발저항 특성은 그림 3.19의 b)에서와 같은 인발시험을 통하여 규명할 수 있다.

3.5.2 접촉면 마찰저항

1) 접촉면 마찰(직접전단) 저항

그림 3.19의 "A"로 표시된 부분에서와 같은 흙과 보강재 사이 접촉면의 전단저항력(Interface shear resistance)은 흙 자체의 내부마찰각보다 작다. 흙과 보강재 접촉면을 따라 발생하는 활동을 평가하기 위하여 흙/보강재 접촉면 마찰계수(Interface shear coefficient) $\mu_{ds} = \tan\rho$가 필요하며, 때에 따라서는 기초지반 또는 배면토와 보강재 사이의 접촉면 마찰계수가 필요한 때도 있다. 흙과 보강재 사이의 접촉면 마찰각(ρ)은 KS K ISO 12957-1 또는 ASTM D5321에 따른 흙/보강재 접촉면 마찰시험으로부터 결정할 수 있다.

2) 접촉면 마찰(직접전단)시험

흙/보강재 접촉면 마찰시험은 토질시험에 일반적으로 사용되는 직접전단시험기(Direct shear test apparatus)를 사용하여 수행할 수 있다(그림 3.20 참조). 접촉면 마찰시험은 직접전단시험기의 하부상자에 보강재를 고정하고 상부 상자에 흙 시료를 채워 일반적인 직접전단시험과 같은 방법으로 시행한다. 다만, 기존의 소형 또는 원형의 직접전단시험기로는 보강재의 형상을 충분히 수용하지 못하기 때문에 띠 보강재의 경우 보강재 폭 크기의 직접전단시험기가 필요하다. 전면포설식 보강재의 접촉면 마찰시험은 대형시험기가 요구되지만, 시험기 규격이 클수록 시험결과가 작게 평가되는 경향이 있다(Milligan과 Palmeira, 1987).

지오그리드형 보강재에 대한 흙/보강재 접촉면 마찰 특성을 시험할 때는 크기효과(Scale effect)를 최소화하기 위하여 대형 전단상자를 사용해야 한다. ASTM D5321에서는 정사각형 또는 직사각형 형태의 전단상자를 사용할 것을 권고하며, 그 크기는 최소 300mm 이상이고,

흙의 D_{85}의 15배 이상, 지오신세틱스 개구부 최대 크기의 5배 이상이라야 한다고 규정하고 있다. KS K ISO 12957-1에서는 전단 장치 상부의 내부 크기는 300mm × 300mm 이상이어야 하고, 상부 및 하부의 폭은 길이의 50% 이상이어야 하며, 지오그리드 시험편을 시험할 때는 시험장치 상자 면적 내에 최소한 2개의 리브(rib)와 3개의 가로 인장 부재(Transverse bar)를 충분히 포함할 수 있는 크기이어야 한다고 규정하고 있다(그림 3.20 참조).

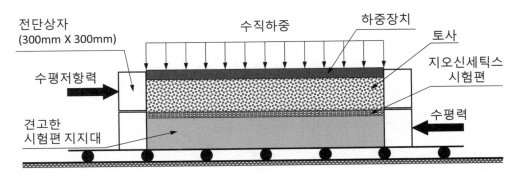

그림 3.20 접촉면 마찰시험(KS K ISO 12957-1)

흙/지오신세틱스 접촉면 마찰시험 방법에 대해서는 KS K ISO 12957-1과 ASTM D5321 등에서 일반적인 시험장치 및 시험 방법을 명기하고 있으며, 정확한 조건의 특성시험과 달리 다양한 현장 조건과 장비 여건에 따른 시험이 가능하다.

그림 3.21의 b) 및 c)에서 보여준 것과 같은, 접촉면 마찰시험 결과로부터 흙/보강재 접촉면 마찰효율(C_{ds})은 식 (3.11)과 같이 계산할 수 있다.

$$C_{ds} = \frac{R_{ds}}{L\sigma_n \tan\phi} \tag{3.11}$$

여기서, C_{ds} : 흙/보강재 접촉면 마찰효율

R_{ds} : 접촉면 마찰시험으로부터 얻은 최대 전단저항력(kN/m)

L : 보강재의 길이(m)

σ_n : 보강재 위에 작용하는 수직응력(kPa)

ϕ : 흙의 내부마찰각(°)

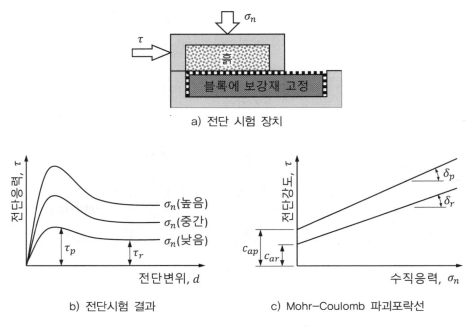

a) 전단 시험 장치

b) 전단시험 결과 　　　　　c) Mohr-Coulomb 파괴포락선

그림 3.21 접촉면 마찰시험 장치 및 시험 결과(Koerner, 2005 수정)

3) 접촉면 마찰계수(μ_{ds})

접촉면 마찰시험으로부터 얻은 흙/보강재 접촉면 마찰계수(μ_{ds})는 수직응력(σ_v)의 크기와 관계없이 일직선으로 나타나므로 다음과 같은 간단한 수식으로 표현할 수 있다(Schlosser, 1978; 김상규와 이은수, 1996b).

$$\mu_{ds} = \tan\rho = C_{ds}\tan\phi' \tag{3.12}$$

여기서, μ_{ds} : 흙/보강재 접촉면 마찰계수

ρ : 접촉면 마찰시험으로부터 얻은 흙/보강재의 마찰각(°)

ϕ' : 흙의 내부마찰각(°)

C_{ds} : 흙/보강재 접촉면 마찰효율

여러 연구자의 연구 결과에 의하면, C_{ds}의 크기에 영향을 미치는 요소는 보강재 위에 작용하는 응력의 수준(Stress level), 보강재 표면의 형태(Type of surface roughness), 뒤채움흙의 입경과 형태(Size and shape of soil particle), 포화도(Degree of saturation) 등이다. 이들 영향 요소 중 포화도는 인위적으로 관리가 어려우며, 포화도가 100%에 가까울수록 흙의 전단강도가 감소한다(Milligan과 Palmeira, 1987; 김상규와 이은수, 1996b).

시험 결과가 없을 때, 지오그리드, 지오텍스타일 또는 지오네트와 같은 지오신세틱스에 대한 접촉면 마찰계수는 다음과 같이 적용할 수 있다.

$$\mu_{ds} = \tan\rho = \frac{2}{3}\tan\phi' \tag{3.13}$$

지오멤브레인과 같이 매끈한 표면을 가지는 지오신세틱스는 접촉면 마찰계수가 식 (3.13)에서 제시한 값보다 더 낮을 수 있으므로, 시험을 통하여 결정하여야 한다.

3.5.3 인발저항력

1) 보강재 인발저항력

보강재의 인발저항력은 두 가지의 기본적인 흙/보강재 상호작용 메커니즘, 즉 마찰저항과 수동지지저항 중 하나 또는 둘의 조합에 의하여 유발된다(그림 3.8 참조). 마찰저항은 보강재 표면과 주변 흙과의 접촉면에서 발생하며 수동지지저항은 그리드형 보강재 또는 돌기형 보강재의 가로 방향 부재에서 발생한다. 특정 보강재에서 인발저항력의 발생 시의 하중 전달 메커니즘은 주로 기하학적 구조에 따라 달라진다. 설계 인장력에 저항하기 위한 인발저항력을 동원하는 데 필요한 흙과 보강재 사이의 상대변위는 주로 하중 전달 메커니즘, 보강재의 신장성, 흙의 종류 및 구속 압력에 따라 달라진다.

보강재의 인발저항력에 대한 설계를 위해서는 다음과 같은 장기 인발저항성능을 평가할 필요가 있다.

✓ 인발저항력 : 각 보강재의 인발저항력은 층별 보강재의 최대유발인장력($T_{\max}$)에 대하여 충분히 저항할 수 있어야 한다.

✓ 허용인발변위 : 보강재 인발하중에 저항하기 위하여 필요한 흙/보강재 상대변위는 허용변위 이내라야 한다.

✓ 장기적인 변위 : 인발하중은 장기 인발저항력보다 작아야 한다.

장기 인발성능(즉, 일정한 하중하에서 발생하는 변위)는 흙과 보강재의 크리프 특성에 주로 영향을 받으며, 일반적으로 크리프 변형이 발생하기 쉬운 점성토는 보강토 뒤채움재로 사용하지 않으므로, 사용하는 보강재의 특성이 보강토옹벽의 크리프 변형에 주로 영향을 미친다. 표 3.10 에서는 일반적인 보강재의 종류별 주요 하중 전달 메커니즘, 인발저항력을 완전히 유발하는 데 필요한 흙과 보강재 사이의 상대변위, 입상토 및 소성이 낮은 점성토에서 보강재의 크리프 변위 등의 측면에서 인발성능을 보여준다.

보강재의 인발저항력은 다음 식과 같이 평가할 수 있다.

$$P_r = F^* \alpha \sigma_v' L_e C \tag{3.14}$$

여기서, P_r : 인발저항력(kN/m)

F^* : 인발저항계수(마찰저항, 수동저항 포함)

α : 저항영역에 묻힌 신장성 보강재 길이를 따른 응력의 비선형 분포를 고려하기 위한 크기효과 보정계수(Scale effect correction factor)(표 3.11 참조)

σ_v' : 흙/보강재 접촉면에 작용하는 유효수직응력(kPa)

L_e : 가상파괴면 뒤의 저항영역에 묻힌 길이 또는 부착길이(m)

C : 흙/보강재 접촉면의 수(띠형, 그리드형, 시트형 보강재의 경우 C = 2 적용)

$L_e C$: 저항영역에서 전체 흙/보강재 접촉면적(m²)

크기효과 보정계수(α)는 주로 다짐된 입상 뒤채움재료의 변형연화(Strain softening), 보강재의 신장성 및 길이의 영향을 받으며, 비신장성 보강재의 경우에는 $\alpha \fallingdotseq 1$이지만, 신장성 보강재의 경우에는 1보다 작다. 크기효과 보정계수는 FHWA-NHI-10-025(Berg 등, 2009b)의

표 3.10 입상토와 소성이 낮은 점성토에서 보강재의 인발성능(Berg 등, 2009a)

보강재의 종류	주요 하중 전달 메커니즘	시편 선단 변위의 범위	장기 변형
비신장성 띠형			
판형 강재 띠 보강재 (Smooth steel strip)	마찰(Frictional)	1.2mm	크리프 변형 없음
돌기형 강재 띠 보강재 (Ribbed steel strip)	마찰+수동저항 (Frictional+Passive)	12mm	크리프 변형 없음
신장성 띠형 섬유 보강재 (Extensible composite plastic strips)	마찰(Frictional)	보강재의 신장성에 따라 다름	보강재의 구조와 폴리머의 크리프 특성에 따라 다름
신장성 시트(Extensible sheets)			
지오텍스타일 (Geotextiles)	마찰(Frictional)	보강재의 신장성에 따라 25~100mm	보강재의 구조와 폴리머의 크리프 특성에 따라 다름
비신장성 그리드(Inextensible grids)			
바 매트(Bar mats)	수동저항+마찰 (Passive+Frictional)	12~50mm	크리프 변형 없음
용접 강선망 (Welded wire meshes)	마찰+수동저항 (Frictional+Passive)	12~50mm	크리프 변형 없음
신장성 그리드(Extensible grids)			
지오그리드(Geogrids)	마찰+수동저항 (Frictional+ Passive)	보강재의 신장성에 따라 25~50mm	보강재의 구조와 폴리머의 크리프 특성에 따라 다름
직조된 강선망 (Woven wire meshes)	마찰+수동저항 (Frictional+Passive)	25~50mm	크리프 변형 없음

Appendix B에 제시된 바와 같이 다양한 길이의 보강재에 대한 인발시험을 통하여 얻을 수 있다. 시험 결과가 없는 경우에는 표 3.11의 값을 참고할 수 있다.

표 3.11 크기효과 보정계수(α)의 기본값(AASHTO, 2020)

보강재의 종류	α의 기본값
모든 강재 보강재	1.0
지오그리드 및 띠형 섬유 보강재	0.8
지오텍스타일	0.6

2) 인발저항계수(F^*)

흙 속에 매설된 보강재의 인발저항력(P_r)은 보강재의 종류 및 형태 등에 따라 달라지며, 크게 마찰저항력과 지지저항력으로 구분할 수 있다. 마찰저항력은 보강재 표면과 흙 사이의

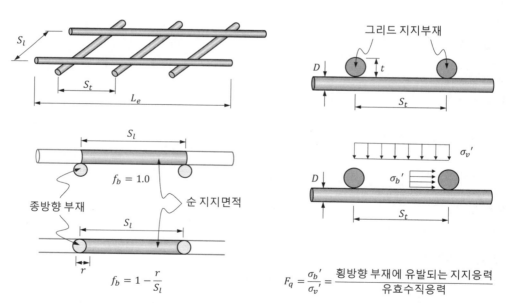

주1) 횡방향 부재는 부식두께를 제외할 필요가 없다.
주2) 본 그림은 횡방향 부재의 간격 610mm까지 적용 가능하다.

그림 3.22 그리드형 보강재의 인발저항력 산정을 위한 기호의 정의

마찰력에 의해 발현되며, 지지저항력은 보강재에 형성된 수동저항체의 저항력에 의해 발현된다. 따라서 모든 종류의 보강재에 대하여 인발저항계수(Pullout resistance factor, F^*)는 다음 식과 같이 평가할 수 있다.

$$F^* = 수동저항계수 + 마찰저항계수 \tag{3.15}$$

또는, $F^* = F_q \cdot \alpha_\beta + \tan\rho$

여기서, F^* : 보강재 인발저항계수

F_q : 가로 부재의 지지저항계수(Bearing capacity factor)

α_β : 지지부재의 단위 폭당 수동저항력에 대한 지지계수(Bearing factor)

ρ : 흙/보강재 상호작용 마찰각(°)

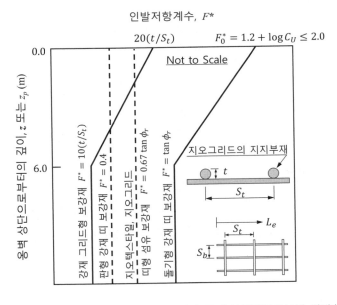

주) 인발저항계수($F*$)는 공신력 있는 기관 등의 시험결과로부터 평가하는 것을 원칙으로 한다. 시험결과가 없는 경우에는 본 그래프를 참고하여 인발저항계수($F*$)를 결정할 수 있다.

그림 3.23 보강재 종류별 인발저항계수, F^*(AASHTO, 2020 수정)

인발저항계수(F^*)는 보강토옹벽 시공에 사용할 뒤채움재료와 보강재를 사용한 실내 또는 현장 인발시험(Pullout tests)을 통하여 얻을 수 있으며, 보강재 인발시험 방법은 ASTM D6706 및 FHWA-NHI-10-025(Berg 등, 2009b)의 Appendix B를 참고할 수 있다.

인발저항계수(F^*)는 공신력 있는 기관 등의 시험 결과로부터 평가하는 것을 원칙으로 하지만, 인발시험 결과가 없는 경우에는 본 매뉴얼의 3.4절의 뒤채움재료 선정 기준을 만족하고 균등계수(C_U)가 4 이상인 뒤채움재료에 대하여 다음과 같은 반경험적인 관계를 사용할 수 있다(그림 3.23 참조).

(1) 돌기형 강재 띠 보강재(Ribbed steel strip)

돌기형 강재 띠 보강재의 인발저항계수(F^*)는 깊이에 따라서 식 (3.16) 및 식 (3.17)과 같이 사용할 수 있으며, 구조물 상단에서 깊이 6m까지는 직선보간에 의하여 구한다.

$$F^* = \tan\rho = 1.2 + \log C_u \leq 2.0 \quad : \text{구조물 상단에서} \tag{3.16}$$

$$F^* = \tan\phi \qquad\qquad\qquad : \text{깊이 6m 이하에서} \tag{3.17}$$

여기서, C_U는 흙의 균등계수(Uniformity coefficient, $C_U = D_{60}/D_{10}$)이고, 뒤채움흙의 균등계수를 알 수 없는 경우에는 본 매뉴얼의 3.4절의 뒤채움재료 선정 기준을 만족하는 재료에 대하여 설계 목적으로 $C_U = 4$(즉, 구조물 상단에서 $F^* = 1.8$)를 적용할 수 있다.

(2) 지오신세틱스 보강재

지오그리드나 지오텍스타일과 같은 지오신세틱스 보강재의 인발저항계수(F^*)는 식 (3.18)과 같이 인발 시의 상호작용계수(Interaction factor, C_i)를 사용하여 감소시킨 흙의 마찰저항력을 사용한다.

$$F^* = C_i\tan\phi \tag{3.18}$$

여기서, F^* : 보강재의 인발저항계수

C_i : 인발 시의 상호작용계수

ϕ : 흙의 내부마찰각(°)

과거에는 지오그리드에 대하여 일반적으로 $F^* = 0.8\tan\phi$를 적용하였으나, 최근 여러 연구자의 연구 결과에 따르면 $F^* < 0.8\tan\phi$인 지오그리드도 많으며, D'Appolonia(1999)의 연구 결과에 의하면 지오그리드의 경우라도 $F^* = 0.8\tan\phi$는 하한값이 아니라 평균값에 가깝다(AASHTO, 2020). 따라서 시험 결과가 없는 경우에는 지오그리드, 지오텍스타일, 띠형 섬유 보강재와 같은 지오신세틱스 보강재에 대한 인발저항계수(F^*)는 보수적으로 식 (3.19)와 같이 적용한다.

$$F^* = \frac{2}{3}\tan\phi \tag{3.19}$$

식 (3.19)의 관계를 사용할 때, 흙의 내부마찰각(ϕ)은 첨두마찰각(Peak friction angle)을 사용하며, 본 매뉴얼의 3.4절의 뒤채움재료 선정 기준을 만족하는 재료에 대하여 설계 목적으로 $\phi = 30°$를 사용할 수 있다.

3) 보강재 인발시험

보강재 인발시험은 ASTM D6706, FHWA-NHI-10-025(Berg 등, 2009b)의 Appendix B의 절차에 따라 시행할 수 있다. 인발시험 결과로부터 인발 시의 상호작용계수(C_i) 및 인발저항계수(F^*)는 다음 식과 같이 계산할 수 있다.

$$C_i = \frac{R_{po}}{2L_e\sigma_n\tan\phi_r} \tag{3.20}$$

$$F^* = C_i\tan\phi_r = \frac{R_{po}}{2L_e\sigma_n} \tag{3.21}$$

여기서, C_i : 인발 시의 상호작용계수

R_{po} : 최대인발저항력(kN/m)

L_e : 보강재의 길이(m)

σ_n : 보강재 위에 작용하는 수직응력(kPa)

ϕ_r : 흙의 내부마찰각(°)

F^* : 인발저항계수

그림 3.24에서는 인발시험 장치의 예를 보여주며, 식 (3.20) 및 식 (3.21)의 인발 시의 상호작용계수(C_i) 및 인발저항계수(F^*)를 산정하기 위한 인발저항력(R_{po})은 그림 3.25와 같은 인발시험 결과에서 첨두치를 사용하는 것이 일반적이지만, 충분한 인발저항력을 얻기 위하여 필요한 인발변위가 크면 보강토옹벽의 변형이 커질 수 있으므로, 인발저항력 결정 시 인발변위를 제한할 필요가 있다.

따라서 FHWA-NHI-10-024(Berg 등, 2009a)에서는 신장성 보강재의 경우에는, 먼저 첨두치에 도달하거나 보강재 파단이 발생하지 않으면, 보강재 끝단의 인발변위 15mm에 해당하는 인발저항력(R_{po})을 사용하고, 비신장성 보강재의 경우에는 첨두인발저항력을 사용하지만, 이때의 인발변위가 20mm를 초과하면 인발변위 20mm에 해당하는 인발저항력을 사용하도록 규정하고 있다. AASHTO(2020)는 인발변위 20mm에 해당하는 인발저항력을 사용하도록 규정하고 있다. 인발시험에 사용하는 보강재의 길이는 최소 600mm 이상이라야 하고, 다양한 수직하중에 대하여 인발시험을 시행한다.

특정 보강재와 뒤채움재료에 대한 인발시험을 시행하는 경우, 보강재 기하 형상으로 인하여

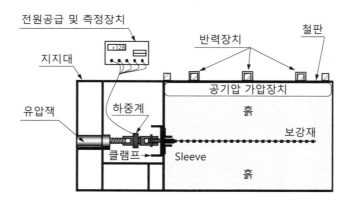

그림 3.24 인발시험 장치의 예(ASTM D6706)

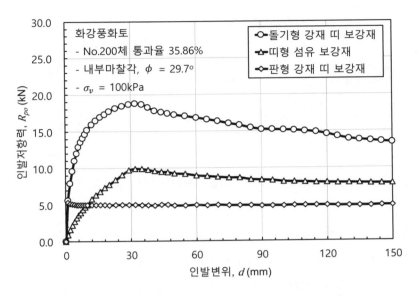

그림 3.25 인발시험 결과의 예(이은수, 1996 재구성)

마찰저항력 외에 상당한 수동저항이 발생하는 경우 제외하고는, 깊이 6m 이하에서는 $F^* = \tan\phi$로 제한한다. 특정 보강재 및 뒤채움재료에 대하여 수동저항을 포함하는 인발저항계수(F^*)를 평가하기 위해서는 인발변위 약 20mm에 대한 인발저항력을 사용해야 한다(AASHTO, 2020).

3.6 전면벽체/보강재 연결부 강도

3.6.1 전면벽체/보강재 연결부 형태

1) 콘크리트 패널과 보강재 연결부

콘크리트 패널은 보통 보강재로 강재 띠형 보강재(Steel strips) 또는 띠형 섬유 보강재 (Polymer strips)를 사용하며, 이러한 보강재를 전면벽체에 연결시키기 위하여 콘크리트 양생 시에, 그림 3.26에서와 같이, 타이 스트립(Tie strips) 또는 부착 루프(Loop attachment)와 같은 보강재를 연결시키기 위한 별도의 장치를 묻어두는 것이 일반적이다. 이러한 보강재 연결 장치 는 충분한 연결부 강도를 가져야 하며, 특히 타이 스트립과 강재 띠형 보강재는 볼트를 사용하여 서로 연결시키기 위한 구멍이 있어 이러한 볼트 구멍에 의한 단면 손실을 고려하여야 한다.

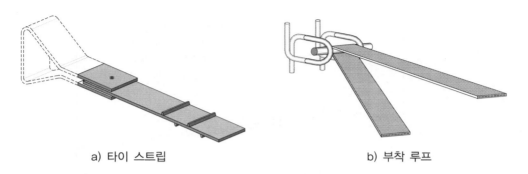

a) 타이 스트립   b) 부착 루프

그림 3.26 콘크리트 패널 - 보강재 연결 장치의 예

폴리에틸렌 지오그리드를 사용하기 위해서는 콘크리트 패널 양생 시 짧은 지오그리드를 묻어 두고, 보드킨(Bodkin)으로 전체 길이 보강재를 연결시킬 수 있다(그림 3.27 참조). 이 경우에도 콘크리트 속에 묻힌 지오그리드 연결재가 충분한 연결부 강도를 가지는지 확인해야 한다.

폴리에스테르 재질의 보강재(예, PVC 코팅 지오그리드, 지오텍스타일 등)는 콘크리트 양생 시 화학반응에 의하여 취화될 가능성이 크기 때문에 콘크리트 속에 묻어 양생해서는 안 된다.

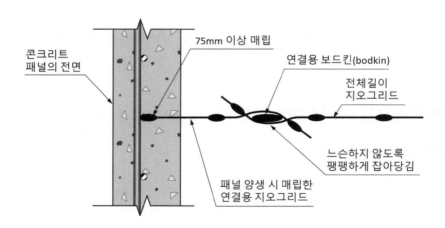

콘크리트
패널의 전면

75mm 이상 매립

연결용 보드킨(bodkin)

전체길이
지오그리드

느슨하지 않도록
팽팽하게 잡아당김

패널 양생 시 매립한
연결용 지오그리드

그림 3.27 폴리에틸렌 지오그리드의 연결(Berg 등, 2009a)

2) 콘크리트 블록과 보강재 연결부

콘크리트 블록은 모르타르나 접착제 없이 적층하여 쌓아 올리며, 일반적으로 블록의 상·하부에는 돌기와 홈을 형성하여 서로 결합되도록 한다. 콘크리트 블록을 사용하는 보강토옹벽에서는

대부분 지오그리드를 보강재로 사용하며, 적층된 블록 사이에 보강재(지오그리드)를 삽입하여 블록과 보강재 및 블록 내부에 채워진 속채움 골재와 보강재 사이 접촉면의 마찰저항력에 의하여 연결부 강도를 발휘하는 경우가 많다. 때에 따라서는 연결핀과 같은 별도의 연결 장치를 사용하는 경우도 있다(그림 3.28 참조).

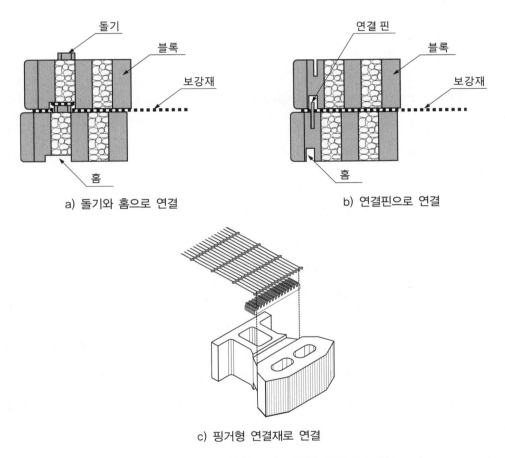

a) 돌기와 홈으로 연결   b) 연결핀으로 연결

c) 핑거형 연결재로 연결

그림 3.28 콘크리트 블록과 보강재 연결부의 예

이러한 콘크리트 블록과 보강재 사이 연결부 강도는 블록의 기하 형상, 벽면 경사, 수직응력, 블록의 뒷길이, 블록 속·뒤채움 등 다양한 요소의 영향을 받는다. 따라서 콘크리트 블록과 보강재의 연결부 강도는 각각의 블록/보강재 조합에 대하여 별도로 평가하여야 한다.

3.6.2 전면벽체/보강재 연결부 강도

1) 전면벽체/보강재 연결부 강도

특정 하중에서 콘크리트 블록과 보강재 사이의 장기 연결부 강도(Long term connection strength)는 다음과 같이 계산한다(Berg 등, 2009a; AASHTO, 2020).

$$T_{ac} = \frac{T_{ult} \times CR_{cr}}{RF_{Dc}}$$

(3.22)

여기서, T_{ac} : 특정 수직하중에 대한 전면벽체/보강재 연결부의 장기 연결부 강도(kN/m)

T_{ult} : 최소 평균 롤 값(MARV)으로 정의되는 지오신세틱스 보강재의 극한인장강도(kN/m)

RF_{Dc} : 전면벽체/보강재 연결부의 내구성 감소계수

CR_{cr} : 전면벽체/보강재 연결부의 감소된 강도를 고려하기 위한 장기 연결부 강도 감소계수(Long-term connection strength reduction factor)

장기 연결부 강도 감소계수(CR_{cr})는 FHWA-NHI-10-025(Berg 등, 2009b)의 Appendix B.3 및 B.4에 따른 장기 및 단기 연결부 강도 시험을 통하여 산정할 수 있다.

콘크리트 블록과 지오신세틱스 보강재 연결부의 환경은 보강토체 내부의 환경과 다를 수 있으며, 따라서 연결부의 내구성 감소계수(RF_{Dc})는 지오신세틱스 보강재의 장기인장강도(T_l) 산정 시의 내구성 감소계수(RF_D)와는 상당히 다른 값일 수 있다.

2) 장기시험(Long-Term Testing)에 의한 연결부 강도 평가

전면벽체와 보강재 연결부의 장기적인 크리프 파단을 평가하기 위하여, 그림 3.29에서 보여준 것과 같은 시험장치를 사용하여, 일련의 연결부 크리프 시험(장기 연결부 강도 시험)을 수행하며, 시험 방법은 FHWA-NHI-10-025(Berg 등, 2009b)의 Appendix B.3을 참고할 수 있다. 이러

한 시험 결과를 외삽하여 보강토옹벽의 설계수명(예, 75년 또는 100년)에서의 연결부 크리프 강도(T_{crc})를 정의하며, 이 값을 사용하여 다음과 같이 장기 연결부 강도 감소계수(CR_{cr})를 산정한다.

$$CR_{cr} = \frac{T_{crc}}{T_{lot}}$$ (3.23)

여기서, T_{lot}는 장기 연결부 강도 시험에 사용된 지오신세틱스 보강재의 광폭인장강도로, 최소 평균 롤 값(MARV)인 극한인장강도(T_{ult})가 아닌, KS K ISO 10319 또는 ASTM D4595 등에 따른 인장강도 시험 결괏값을 적용한다.

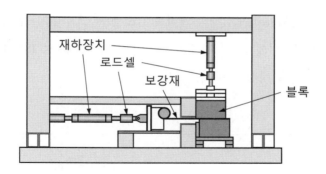

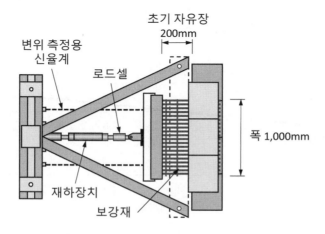

그림 3.29 연결부 강도 시험 장치 개요(Bathurst와 Simac, 1993 수정)

3) 단기시험(Short-Term Testing)에 의한 연결부 강도 평가

앞에서 설명한 장기 연결부 강도 시험은 시간이 많이 소요되는 단점이 있으므로, ASTM D6638에 따른 단기 연결부 강도 시험을 통하여 특정 구속 하중에 대한 극한 연결부 강도(Ultimate connection strength, $T_{ultconn}$)를 평가할 수 있다. 시험 방법은 FHWA-NHI-10-025(Berg 등, 2009b)의 Appendix B.4를 참고할 수 있으며, 단기 연결부 강도 시험으로부터 얻은 극한 연결부 강도($T_{ultconn}$)를 사용하여 다음과 같이 장기 연결부 강도 감소계수(CR_{cr})를 산정할 수 있다(Berg 등, 2009a; AASHTO, 2020).

$$CR_{cr} = \frac{T_{ultconn}}{RF_{CR}T_{lot}} \tag{3.24}$$

여기서, RF_{CR}은 지오신세틱스 보강재의 크리프 감소계수(3.3.4의 2) 참조)이며, T_{lot}는 연결부 강도 시험에 사용한 지오신세틱스 보강재의 광폭인장강도로, KS K ISO 10319 또는 ASTM D4595 등에 따른 인장강도 시험 결괏값을 적용한다.

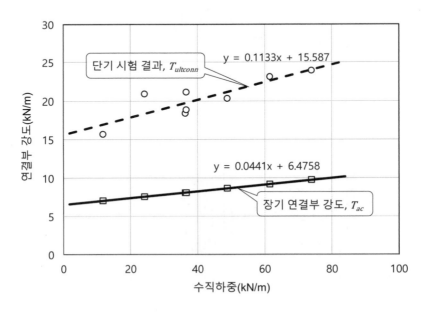

그림 3.30 콘크리트 블록-보강재 연결부 강도 시험 결과의 예(Berg 등, 2009b 재구성)

단기시험 결과($T_{ultconn}$)를 설계에 바로 반영하여서는 안 되며, 장기 연결부 강도(T_{ac})를 평가하여 설계에 반영하여야 한다.

그림 3.30에서는 콘크리트 블록과 지오그리드 보강재 연결부에 대한 단기시험 결과로부터 장기 연결부 강도를 산정한 예를 보여준다(FHWA-NHI-10-025의 Appendix B.4를 참조).

4) 수직하중과 연결부 강도의 관계

수직하중과 연결부 강도의 일반적인 관계는 그림 3.31에서와 같으며, 콘크리트 블록과 지오신세틱스 보강재 사이 연결부의 강도는 수직하중에 따라 달라진다. 보강토옹벽에서 블록과 보강재 연결부에 작용하는 수직하중은 블록의 자중에 의하여 가해지므로, 벽면 경사가 없다면, 보강토옹벽 상부에서 최소가 되고 하부에서 최대가 된다.

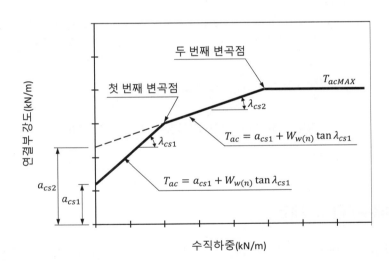

그림 3.31 전형적인 수직하중과 연결부 강도의 관계(NCMA, 2012 수정)

그런데 콘크리트 블록을 전면벽체로 사용하는 블록식 보강토옹벽은 벽면 경사(α)를 가지는 것이 일반적이며, 벽면 경사가 커지면 기준이 되는 위치에 작용하는 수직하중은 블록의 자중과 같지 않을 수 있고, 이럴 때 기준점에 작용하는 수직하중을 평가하기 위하여 그림 3.32에서와 같은 힌지 높이(Hinge height)의 개념을 도입할 수 있다(Simac 등, 1993). 한편, Bathurst 등 (2000)의 연구 결과에 따르면 벽면 경사가 작은 경우에는 힌지 높이의 개념이 너무 보수적이다.

따라서 벽면 경사(α)가 8° 이상인 경우에 대하여 힌지 높이의 개념을 적용하여 연결부 강도 산정 시의 수직하중을 계산한다(Berg 등, 2009a).

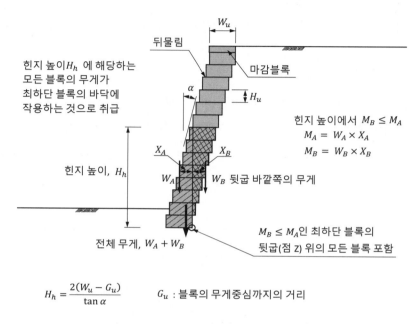

$$H_h = \frac{2(W_u - G_u)}{\tan \alpha}$$ G_u : 블록의 무게중심까지의 거리

그림 3.32 힌지 높이의 개념(NCMA, 1997 수정)

3.7 자갈 배수/필터 재료

콘크리트 블록은 일반적으로 속이 비어 있고 무게가 비교적 가벼워 뒤채움 다짐 시 다짐유발 토압에 의하여 블록이 밀리거나 전도되는 현상이 발생할 수 있다. 또한 콘크리트 블록에 비하여 뒤채움흙의 압축성이 크고 전면벽체 근처에서는 소형의 다짐기계를 사용하여 다짐이 불충분할 수 있으므로 그림 3.33의 a)에서와 같이 아래 방향으로 보강재의 침하가 발생할 수 있다.

이러한 현상을 방지하기 블록 내부와 블록과 블록 사이의 빈 공간 및 블록 뒤쪽 약 300mm까지 골재로 채우는 것이 일반적이며, 이러한 블록 뒤채움 골재의 주요 역할은 시공 중 블록에 작용하는 다짐 유발 토압을 경감시키고, 소형 다짐 장비를 사용하여 다짐하더라도 큰 침하가 발생하지 않도록 하기 위함이다. 또한 속채움/뒤채움재료는 일반적으로 배수성이 양호한 골재를

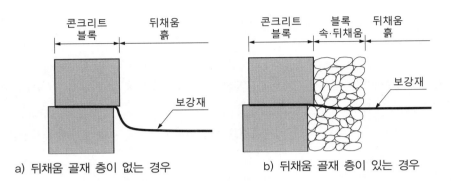

a) 뒤채움 골재 층이 없는 경우   b) 뒤채움 골재 층이 있는 경우

그림 3.33 뒤채움 골재 층이 있는 경우와 없는 경우 비교(NCMA, 2012 수정)

사용함으로써 예기치 않게 보강토체 내부로 유입된 물의 배수를 촉진해서 정수압 또는 침투수압
을 완화시키는 역할을 할 수 있다. 그러나 블록 속채움/뒤채움재는 일반적인 용도의 배수경로가
아니라는 점에 주의하여야 한다(Berg 등, 2009a).

블록의 내부 공간 및 블록과 블록 사이 속채움재료의 일반적인 기준은 표 3.12와 같다.

표 3.12 블록 속채움재료의 입도 기준(KCS 11 80 10 : 보강토옹벽)

체의 공칭치수	26.5mm	19mm	4.75mm (No.4)	0.425mm (No.40)	0.08mm (No.200)
통과 중량 백분율(%)	75~100	50~75	0~60	0~50	0~5

참고문헌

김경모 (2019), "보강토옹벽의 설계 및 시공", 지반신소재 이론 및 활용 실무 교육(I) 자료집, 한국지반신소재학회, pp.35~128.

김상규, 이은수 (1996a), "보강토구조물 뒤채움재료로서 화강풍화토의 적용성", 한국지반공학회지, 제12권, 제1호, pp.63~71.

김상규, 이은수 (1996b), "화강토와 보강재 경계면에서의 마찰계수에 관한 연구", 한국지반공학회지, 제2권, 제2호, pp.107~114.

김상규, 이은수 (1996c), "화강토에서 띠 보강재의 겉보기마찰계수", 한국지반공학회지, 제2권, 제5호, pp.137~151.

이광우, 조삼덕, 김욱기 (2015), 도로 건설공사에 적용되는 토목섬유 보강재의 내시공성 평가 연구, 한국건설기술연구원.

이은수 (1996), 보강토체 구성재료로 이용되는 화강토의 적용성 평가, 동국대학교 박사학위논문.

조삼덕, 이광우 (2018), "다양한 현장내시공성시험에 근거한 토목섬유 보강재의 사공성 감소계수 평가", 한국지반신소재학회논문집, 제17권, 4호, pp.225~238.

조삼덕, 이광우, 오세용 (2005), "지오그리드의 시공중 손상 평가를 위한 실험적 연구", 한국환경복원녹화기술학회지, 제8권, 1호, pp.27~36.

한국지반신소재학회 (2024), 국가건설기준 KDS 11 80 10 : 2021 보강토옹벽 해설, 도서출판 씨아이알.

한국토목섬유학회 (2007), 토목섬유시리즈 1. 토목섬유의 특성평가 및 활용기법, 도서출판 구미서관, pp.88~89.

KCS 11 80 10 : 2021 보강토옹벽.

KS F 2103 흙의 pH 값 측정 방법.

KS F 2104 강열감량법에 의한 흙의 유기물 함유량 시험방법.

KS F 2343 압밀 배수 조건에서 흙의 직접 전단 시험방법.

KS F 2346 삼축 압축 시험에서 점성토의 비압밀, 비배수 강도 시험방법.

KS K ISO 10319 지오신세틱스 - 광폭 인장 강도 시험.

KS K ISO 10722 지오신세틱스 - 반복 하중에 의한 기계적 손상 평가를 위한 실내 시험 - 입상 재료에 의한 손상(시험실 시험 방법).

KS K ISO 12957-1 지오신세틱스 - 마찰 특성 측정 - 제1부 : 직접 전단 시험.

KS K ISO 12960 지오텍스타일 및 관련 제품 – 산성 및 알칼리성 액체 저항성 평가를 위한 스크리닝 시험방법.

KS K ISO 13431 지오텍스타일 및 관련 제품 – 인장 크리프와 크리프 파단 거동 측정.

KS K ISO 13437 지오신세틱스 – 내구성 평가를 위한 현장에서의 시료 설치 및 회수.

KS K ISO 13438 지오신세틱스 – 지오텍스타일과 지오텍스타일 관련 제품의 산화 저항성 측정을 위한 스크리닝 시험법.

KS K ISO TS 13434 지오신세틱스 – 내구성 평가에 관한 지침.

KS K ISO/TS 20432 지반보강용 지오신세틱스의 장기 강도 결정을 위한 시험.

AASHTO (2020), LRFD Bridge Design Specification (9th Ed.), American Association of State Highway and Transportation Officials.

AASHTO T 288, Standard Method of Test for Determining Minimum Laboratory Soil Resistivity.

AASHTO T 289, Standard Method of Test for Determining pH of Soil for Use in Corrosion Testing.

AASHTO T 290, Standard Method of Test for Determining Water-Soluble Sulfate Ion Content in Soil.

ASTM D4595, Standard Test Method for Tensile Properties of Geotextiles by the Wide-Width Strip Method.

ASTM D4603, Standard Test Method for Determining Inherent Viscosity of Poly (Ethylene Terephthalate) (PET) by Glass Capillary Viscometer.

ASTM D4972, Standard Test Method for pH of Soils.

ASTM D5262 Standard Test Method for Determining the Unconfined Tension Creep and Creep Rupture Behavior of Planar Geosynthetics Used for Reinforcement Purposes.

ASTM D5321, Standard Test Method for Determining the Shear Strength of Soil-Geosynthetic and Geosynthetic-Geosynthetic Interfaces by Direct Shear.

ASTM D5818, Standard Practice for Exposure and Retrieval of Samples to Evaluate Installation Damage of Geosynthetics.

ASTM D6638, Standard Test Method for Determining Connection Strength Between Geosynthetic Reinforcement and Segmental Concrete Units (Modular Concrete Blocks).

ASTM D6706 Standard Test Method for Measuring Geosynthetic Pullout Resistance in Soil.

ASTM D6992 Standard Test Method for Accelerated Tensile Creep and Creep-Rupture of

Geosynthetic Materials Based on Time-Temperature Superposition Using the Stepped Isothermal Method.

Bathurst, R. J. and Simac, M. R. (1993), "Laboratory Testing of Modular Unit-Geogrid Facing Connections", STP 1190 Geosynthetic Soil Reinforcement Testing Procedures (S.C.J. Cheng, ed.), American Society of Testing and Materials (Special Technical Publication), pp.32~48.

Bathurst, R. J., Walters, D., Vlachopoulos, N., Burgess, P. and Allan, T. H. (2000), "Fullscale Testing of Geosynthetic Reinforced Walls", ASCE Special Publication, Proceedings of GeoDenver 2000.

Berg, R. R., Christopher, B. R. and Samtani, N. C. (2009a), Design of Mechanically Stabilized Earth Walls and Reinforced Soil Slopes - Volume I, Publication No. FHWA-NHI-10-024, U.S. Department of Transportation Federal Highway Administration.

Berg, R. R., Christopher, B. R. and Samtani, N. C. (2009b), Design of Mechanically Stabilized Earth Walls and Reinforced Soil Slopes - Volume II, Publication No. FHWA-NHI-10-025, U.S. Department of Transportation Federal Highway Administration.

D'Appolonia, E. (1999), Final Report for National Cooperative Highway Research Program Project 20-7, Task 88: Developing New AASHTO LRFD Specifications for Retaining Walls. Transportation Research Board, National Research Council, Washington, D.C.

Elias, V. (2000), Corrosion/Degradation of Soil Reinforcements for Mechanically Stabilized Earth Walls and Reinforced Soil Slopes, Publication No. FHWA-NHI-00-044, U.S. Department of Transportation Federal Highway Administration.

Elias, V., Christopher, B. R. and Berg, R. R. (2001), Mechanically Stabilized Earth Walls and Reinforced Soil Slopes Design and Construction Guidelines, Publication No. FHWA-NHI-00-043, U.S. Department of Transportation Federal Highway Administration.

Elias, V., Fishman, K. L., Christopher, B. R. and Berg, R. R. (2009), Corrosion/Degradation of Soil Reinforcements for Mechanically Stabilized Earth Walls and Reinforced Soil Slopes, Publication No. FHWA-NHI-09-087, U.S. Department of Transportation Federal Highway Administration.

Koerner, R. M. (2005), Designing with Geosynthetics (5th Ed.), Pearson Prentice Hall.

Marr, W. A. and Stulgis, R. P. (2013), Selecting Backfill Materials for MSE Retaining Walls, NCHRP 24-22, Prepared for NCHRP Transportation Research Board of The National

Academies.

McGown, A. (2000), "The Behavior of Geosynthetic Reinforced Soil Systems in Various Geotechnical Applications", Proceedings of the 2nd European Conference on Geosynthetics EuroGeo 2000, Vol. 1, pp.3~26.

Milligan, G. W. E. and Palmeira, E. P. (1987), "Prediction of Bond between Soil and Reinforcement", Proceedings of the International Symposium on Prediction and Reinforcement in Geotechnical Engineering, Calgary, pp.147~153.

NCMA (1997), Design Manual for Segmental Retaining Walls, National Concrete Masonry Association, Collin, J.G., editor 2nd Edition, Herndon, VA, TR-127A.

NCMA (2012), Design Manual for Segmental Retaining Walls (3rd Ed.), National Concrete Masonry Association, Herndon, VA.

Schlosser, F. (1978), "Experience on Reinforced Earth in France", Symposium on the Reinforced Earth and Other Composite Soil Techniques, Hariot-Watt University, TRRL Sup. 457.

Simac, M. R., Bathurst, R. J., Berg R. R. and Lothspeich S. E. (1993), Design Manual for Segmental Retaining Walls, National Concrete Masonry Association. Herndon, VA.

Tencate (2010), "Understanding Geotextiles Minimun Average Roll Value", Technical Note Prepared by TenCate Geosynthetics North America.

Tensar (2022), "Dr. Brian Mercer and the Invention of Polymeric Geogrids", ISSMGE Time Capsule Project.

CHAPTER 04

보강토옹벽의 설계

보강토옹벽의 설계

CHAPTER 04

4.1 개요

산업화와 도시화가 가속되면서 한정된 부지를 최대한 활용하기 위하여 옹벽을 설치하는 사례가 늘어나고 있고, 기존의 철근콘크리트 옹벽으로는 설치할 수 없거나 경제성을 확보하기 곤란할 정도로 높은 옹벽이 필요한 경우가 많아지고 있다. 이러한 때에는 거의 유일한 대안이 보강토옹벽이며, 보강토옹벽은 보강재로 보강된 보강토체가 배면토압에 저항하는 흙구조물로서 옹벽의 역할을 한다.

보강토옹벽은 연성구조물로서 기존 철근콘크리트옹벽과 비교하여 다음과 같은 장점이 있다.

① 소요지지력이 상당히 작아 대부분은 별도의 기초처리 없이 설치할 수 있다.
② 뒤채움흙을 제외한 모든 구성요소가 공장에서 미리 제작한 후 현장에서 설치하므로 품질관리가 우수하다.
③ 연약지반상에서도 단계시공법을 적용하여 연약지반 처리와 보강토옹벽의 시공을 거의 동시에 할 수 있어, 공사 기간과 공사비를 감소시킬 수 있다.
④ 지진 시 안정성이 우수하다.
⑤ 적절하게 설계, 시공하면 적용할 수 있는 높이가 거의 무제한이다.
⑥ 옹벽의 높이가 높아질수록 기존 철근콘크리트 옹벽에 비하여 경제성이 우수하다.

보강토옹벽은 보강토체를 일체로 된 구조물로 보아 일반 RC옹벽과 같이 저면활동, 전도, 지반지지력에 대한 안정성이 확보되어야 한다. 또한 보강토체가 일체로 작용하기 위해서는 보강토체 내부의 보강재가 파단되거나 인발되지 않아야 한다.

이 장에서는 보강토옹벽의 설계 전반에 걸쳐서 설명한다.

4.2 보강토옹벽의 계획

4.2.1 옹벽의 필요성

흙은 아주 훌륭한 건설 재료이지만, 근본적으로 부스러지기 쉬운 흙 입자의 집합체로서 독립된 흙 입자들 사이의 점착력 또는 마찰력에 의하여 불완전하게 결합되어 있어 쉽게 분리되어 흐트러진다. 이러한 흙을 자유낙하시키면 그림 4.1 a)에서와 같이 원뿔 모양으로 쌓이게 되는데, 이 원뿔의 모선과 수평면이 이루는 각을 안식각(Angle of repose)이라고 한다. 안식각은 입자 간 상호 마찰에 의해 발생하는 현상으로, 입경과 입자 간의 부착력에 영향을 받는다. 흙의 안식각은 흙을 흘러내리지 않게 쌓을 수 있는 최대 경사각으로, 일반적으로 입경이 굵을수록 커지는 경향이 있다.

a)

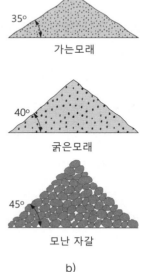

b)

그림 4.1 흙의 안식각

부지의 활용도를 높이기 위해서는 절토 또는 성토로 흙의 안식각보다 더 가파른 사면경사를 가지는 급경사면(Steep slope)을 조성할 필요가 있으며, 그림 4.2 a)에서와 같이 사면경사각이 흙의 안식각보다 가파르게 되면 안식각을 나타내는 선 위의 흙은 흘러내리게 된다. 따라서 흙의 안식각보다 가파른 경사면을 형성하기 위해서는 그림 4.2 b)에서와 같이 안식각 위의 흙이 흘러내리는 것을 방지해 줄 수 있는 수단이 필요하며, 이러한 구조물을 토류구조물(Earth retaining structures)이라 한다.

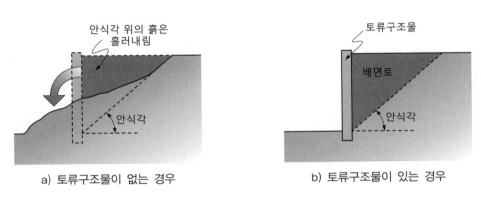

a) 토류구조물이 없는 경우   b) 토류구조물이 있는 경우

그림 4.2 토류구조물의 역할

4.2.2 옹벽의 형식 결정

1) 옹벽의 종류

토류구조물은 그림 4.3에서 보는 바와 같이 다양한 종류가 있으며, 우리 주변에서 흔히 볼 수 있는 옹벽도 토류구조물의 한 종류이다. 일반적으로 사용하는 옹벽(그림 4.4 참조)은 현장타설 콘크리트옹벽으로 높이가 낮은 경우에는 중력식 또는 반중력식의 형식으로 적용되기도 하고, 높이가 높은 경우에는 L형 또는 역T형과 같은 캔틸레버식으로 적용되기도 한다. 옹벽은 그 자체의 자중과 저판 위 흙의 무게에 의하여 배면토압에 저항하며, 토압은 옹벽 높이의 제곱에 비례하기 때문에 옹벽 높이가 높아질수록 토압은 기하급수적으로 커지고 옹벽 단면 또한 과대하게 커지는 경향이 있다. 따라서 옹벽 높이가 높은 경우에는 벽체의 단면을 감소시켜 경제성을 확보하기 위하여 부벽식으로 적용하는 때도 있으나, 이 또한 적용할 수 있는 높이에는 한계가 있다.

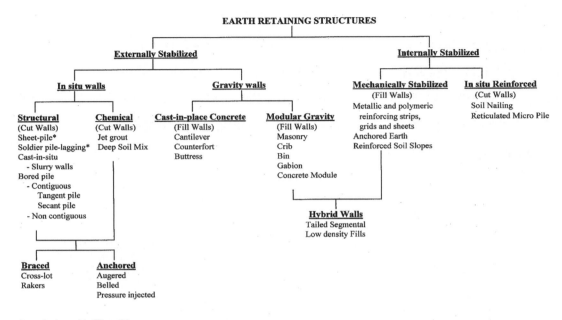

그림 4.3 토류구조물의 종류(Samtani와 Nowtzki, 2006; O'Rourke와 Jones, 1990)

한편, 성토체 내부에 흙과의 결속력이 우수하고 인장강도가 큰 재료(보강재)를 삽입하면 성토체 내부에서 발생하는 토압을 감소시키고 변형을 억제할 수 있는데 이렇게 형성된 성토체를 보강토(Reinforced soil)라 한다. 이러한 보강토 공법으로 공학적 특성이 개선된 보강토체는 일체로 작용하여 배면토압에 대하여 저항하는 토류구조물을 형성할 수 있으며, 이를 보강토옹벽 (Reinforced earth retaining wall)이라 한다.

국내에서는 높이 30m 이상의 보강토옹벽을 시공한 사례가 있으며, 외국의 경우에는 높이 40m 이상의 보강토옹벽을 시공할 사례도 있으므로, 보강토옹벽을 적절하게 설계 및 시공한다면 적용할 수 있는 높이의 제한은 사실상 없는 것으로 볼 수 있다.

일반적으로 옹벽의 형식별로 적용할 수 있는 높이는 그림 4.5에서와 같다.

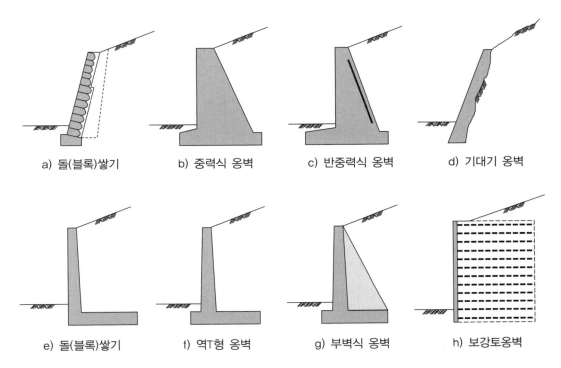

a) 돌(블록)쌓기   b) 중력식 옹벽   c) 반중력식 옹벽   d) 기대기 옹벽

e) 돌(블록)쌓기   f) 역T형 옹벽   g) 부벽식 옹벽   h) 보강토옹벽

그림 4.4 옹벽의 종류

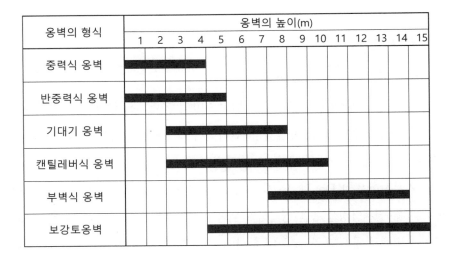

옹벽의 형식	옹벽의 높이(m)														
	1	2	3	4	5	6	7	8	9	10	11	12	13	14	15
중력식 옹벽	▬	▬	▬	▬											
반중력식 옹벽	▬	▬	▬	▬	▬										
기대기 옹벽			▬	▬	▬	▬	▬	▬							
캔틸레버식 옹벽			▬	▬	▬	▬	▬	▬	▬	▬					
부벽식 옹벽							▬	▬	▬	▬	▬	▬	▬		
보강토옹벽					▬	▬	▬	▬	▬	▬	▬	▬	▬	▬	▬

그림 4.5 옹벽의 적용 범위(한국도로공사, 2020)

2) 옹벽 형식의 결정

옹벽의 형식은 다음의 사항을 고려하여 결정한다(KDS 11 80 05; 한국도로공사, 2020).

① 옹벽이 설치될 위치와 다른 구조물과의 관계, 공간적 제약
② 옹벽의 높이 및 옹벽이 설치되는 지형
③ 지반 조건과 지하수 조건
④ 시공에 걸리는 시간 및 경제성
⑤ 옹벽의 미관과 유지관리의 편의성

옹벽 형식의 선정에 있어서는 초기공사비와 설계수명 내의 유지관리 비용을 고려하여 최종적으로 선정하나, 지나치게 경제성만 추구하여 현장의 지형 상황, 시공성 등을 무시하는 일이 있어서는 안 된다.

일반적으로 보강토옹벽은 높이가 6m 이상인 때에 기존의 철근콘크리트옹벽에 비하여 경제성이 있는 것으로 알려져 있으며, 높이가 낮은 경우라도 기초지반의 지지력이 부족하여 별도의 깊은기초가 필요한 때에는 보강토옹벽이 유리할 수 있다.

4.2.3 조사 및 시험

1) 보강토옹벽의 설계를 위한 조사 개요

보강토옹벽의 적용 가능성은 기존 지형, 하부지반의 조건, 흙/암반의 특성 등에 의존하며, 보강토옹벽을 설계하기 전에 현장의 안정성, 침하의 발생 가능성, 배수시설의 필요성 등을 검토하기 위하여 현장에 대한 광범위한 조사가 필요하다.

지반조사의 기본사항은 'KDS 11 10 10 지반조사'를 따르며, 보강토옹벽 설치 시 기초지반의 지지력, 허용침하량, 전체안정성 등을 평가하기 위한 기초자료를 얻을 수 있도록 계획하고 수행한다.

또한 보강토옹벽에서 중요한 요소 중의 하나인 뒤채움재료로 현장유용토를 사용할 수 있는지, 또는 가까운 곳에 토취장이 있는지도 조사에 포함하여야 한다.

보강토옹벽 설계를 위한 조사는 보강토옹벽의 합리적이고 경제적인 계획, 설계, 시공 및 유지

관리를 위하여 필요한 자료를 얻기 위한 목적으로 시행하며, 크게 기존 문헌조사, 현지답사, 지반조사 및 시험으로 이루어진다. 옹벽의 규모와 필요한 자료 및 정보의 내용에 따라 예비조사, 본조사의 순서로 진행하며, 때에 따라서는 보완조사를 시행할 수도 있다.

예비조사는 부지계획에 따라 주변과의 영향을 고려한 옹벽의 형성 계획을 수립하고, 본조사 계획을 설정하기 위하여 실시하며, 본조사는 옹벽의 구체적인 설계와 시공계획을 수립하기 위하여 실시한다. 보완조사는 설계를 보완하기 위하여 추가로 시행하거나, 설계단계에서 확인하지 못한 사항을 시공 단계에서 확인하기 위하여 실시한다.

조사 항목은 일반적으로 기초지반의 지층구성과 그 특성의 파악, 뒤채움재료의 재료원과 그 특성의 파악, 설계에 사용할 설계 정수의 결정 등이며, 예비조사 및 본조사의 종류 및 목적 등은 표 4.1과 표 4.2에 제시되어 있다.

표 4.1 예비조사의 종류와 목적 등(김경모, 2016)

조사 단계		조사의 종류	조사의 목적	조사 내용
예비조사	자료에 대한 조사	현지형 조사	• 지형, 지질 지반 조건의 대별 • 문제 개소의 예측	• 지형도, 지질도 등 기존자료의 수집 • 시공 개소 주변의 기록 및 과거의 재해기록 등의 수집 • 기존의 토질조사 기록
		입지 조건 조사	• 주변 환경의 보전대책 검토 • 공사에 따른 주변에 미치는 영향 파악	• 민가, 다른 구조물과의 접근 상태 • 사적, 문화재 등에 관한 자료
		시공 조건 조사	• 시공 중의 환경대책, 안전대책의 검토 • 시공 방법, 사용 장비 등의 검토	• 소음, 진동 등 시공을 규제하는 법률 등 • 공사 현장의 규모, 시공 장비의 사용 가부 등 • 보강재, 성토재료 및 시공 장비의 출입로와 방법
		기상조사	• 시공 시기의 예측 • 부식에 대한 검토	• 과거의 기상에 관한 자료의 수집 • 다양한 기상 조건의 영향도
	답사		• 자료에 대한 조사와 동일	• 자료에 의한 조사내용에 대한 현지 조사에 의한 관찰 등
	관계기관과의 협의 등에 대한 조사	• 현지형 조사 • 입지 조건 조사 • 시공 조건 조사	• 용지, 부지환경 등의 확인 • 시공상 제약조건의 파악 • 매설물, 기존 구조물의 파악	• 지역에 오래 거주한 사람으로부터의 의견 청취 • 용지도 등 기존자료의 수집 • 민가, 다른 구조물 등의 접근 상황 • 공사용 도로, 농업수리, 배수계획

표 4.2 본조사의 종류와 목적(김경모, 2016)

조사 단계	조사의 종류		조사의 목적	조사 방법 및 내용
본조사	지지 지반 조사	토질조사	• 지반 상태의 파악 • 각 지층의 분류 및 흙의 공학적 성질 파악	• 시추 • 샘플링 • 실내토질시험
		지하수 조사	• 배수 대책, 시공 방법의 검토 • 보강재의 부식에 대한 안전성 검토	• 지하수위 • 복류수, 용출수 • 수질시험
	성토 재료 조사	토질조사	• 성토재료의 공학적 성질 파악 • 발생한 흙의 성토재료로서 적용 가능성 검토	• 실내토질시험 • 다짐시험
		기타	• 성토재료의 사용계획 • 성토재료의 관리	• 토취장의 위치 • 시공기계, 시공 방법 등의 검토 • 성토재료의 반출입로 및 방법

	보강재 조사	강도, 내구성 조사 등	• 보강재의 강도, 내구성 등에 대한 검토	• 보강재의 각종 시험
				  - 인장강도 및 인장변형률
				  - 탄성계수, 프와송비
				  - 크리프 특성
				  - 내구성, 부식 등

	구조 조건 조사	상재하중	• 상재하중의 검토 • 특수한 상재하중의 검토	• 보강토옹벽의 사용 목적
		기존 구조물 등	• 부등침하에 대한 검토 • 시공상 제약조건의 파악	• 기존 구조물, 매설물 등의 확인
	시공 관계 조사	시공 환경 조사	• 시공 중의 환경대책	• 자재, 성토재 및 시공기계의 반출입로 및 방법 • 소음, 진동의 조사
		시공 조건 조사	• 시공 중의 안전대책 • 사용 기계, 시공 방법의 검토	• 민가, 시설물 등의 접근 상황 • 매설물 등의 확인

구조물의 기초가 되는 지반은 단순한 토질조사뿐만 아니라 지형 및 지질까지 고려하여 조사해야 하며, 현장(토질) 조사에서 얻어진 자료는 옹벽의 기초 형식, 근입깊이, 기초의 설계 및 배면토압의 계산, 지하수위, 침하의 예측, 굴착 시에 발생할 수 있는 문제점의 파악 등에 사용된다.

2) 예비조사

(1) 자료수집

보강토옹벽 설치 예정 지역 근처에서 과거에 시행된 토질조사, 시추 등의 기존자료를 수집하고 검토하여 개략적인 지반 조건을 파악하고, 현장(지반) 조사를 실행할 때의 참고자료로 활용한다.

(2) 주변 구조물에 대한 조사 및 검토

기존 구조물이나, 보강토옹벽과 동시에 시공될 구조물에 근접하여 보강토옹벽이 계획되었을 때는 보강토옹벽을 단독으로 시공하는 경우와 달리 주변 구조물의 영향을 받거나, 반대로 영향을 미칠 수 있어서 주변 구조물에 대한 현장 조사와 보강토옹벽의 설치에 따른 주변 구조물과의 상호 영향에 대하여 검토한다.

(3) 현장 조사(답사)

기존 구조물 또는 매설물에 대한 조사와 이에 따른 시공상의 제약조건, 시공 중의 비탈면 안정, 가배수 방법, 작업공간, 자재의 반입, 운반 및 임시 야적장, 소음 및 진동에 대한 규제 사항, 시공 시기, 공정, 사용 기계 등에 대하여 조사 및 검토한다.

3) 본조사

(1) 설계 정수를 얻기 위한 지반조사

보강토옹벽의 설계를 위한 토질 정수를 얻기 위한 지반조사 항목은 다음과 같다.

- ✓ 외력(토압)의 계산에 필요한 설계 정수를 얻기 위한 조사
- ✓ 기초의 지지력과 침하의 계산을 위하여 필요한 설계 정수를 얻기 위한 조사
- ✓ 안정성 검토에 필요한 설계 정수를 얻기 위한 조사
- ✓ 압밀침하의 검토에 필요한 설계 정수를 구하는 조사

기초지반의 공학적 특성의 결정은 기초지반의 지지력(Bearing resistance), 전체안정성 (Global stability), 침하의 발생 가능성 및 지하수위 위치의 설정에 중점을 두어야 하며, 이를 위하여 KS F 2319에 따라 토질조사 및 시료 채취를 시행한다. 이때 각 시추공에서 사질토

지반에서는 KS F 2307에 따른 표준관입시험(Standard Penetration Test, SPT)을 실시할 수 있고, 점성토 지반에서는 KS F 2317에 따라 얇은 관(Thin wall tube)에 의해 흙을 채취하여 실내시험을 수행할 수 있다.

지반조사의 유형, 빈도, 조사 위치 및 깊이 등은 기본 데이터의 가용성, 지하 조건의 가변성, 보강토옹벽의 길이, 보강토옹벽이 지지하는 구조물의 특성, 기타 프로젝트 세부 사항 등에 따라 달라진다. 보강토옹벽의 길이가 긴 경우에는 30~50m 간격으로 지반조사를 시행한다.

기초지반의 지지력을 결정하기 위해서는 기초지반의 점착력(c_f)과 내부마찰각(ϕ_f), 단위중량(γ_f) 및 지하수위의 위치를 결정할 필요가 있다. 점성토 지반의 침하해석을 위해서는 KS F 2316에 따른 압밀시험(Consolidation test)을 수행하거나, 함수비, 아터버그한계(Atterberg limits)와 같은 흙의 지수시험(Soil index tests) 결과의 상관관계로부터 압축지수(C_c, Compression index)와 압밀계수(C_v, Coefficient of consolidation)를 얻어야 한다.

(2) 지반조사의 깊이

지반조사 깊이는 하부지반의 조건에 따라 결정되는데, 지지력, 활동, 침하 등에 영향을 미치는 범위까지 조사해야 하며, 지반조사 깊이는 보강토옹벽 설치 위치의 지질 및 지층구조를 평가하기에 충분하여야 한다.

일반적으로 옹벽의 자중과 배면 흙쌓기의 자중에 의해 기초지반에 발생하는 활동 파괴는

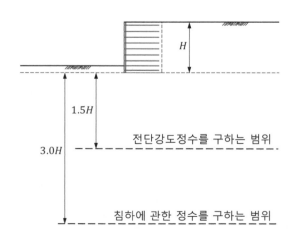

그림 4.6 기초지반 조사 깊이(국토해양부, 2012 수정)

기초저면으로부터 배면 흙쌓기 높이의 1.5배 이내의 깊이에서 발생한다. 기반암이 이 깊이 이내에 있는 경우에는 기반암 약 3m 깊이까지 조사한다. 또한, 접지압에 의한 침하 영향은 흙쌓기 높이의 1.5~3.0배 이내이지만, 이 범위를 초과하여 압밀침하를 일으킬 가능성이 있는 연약층이 존재하면 그 층 전체에 대해서 침하에 관한 모든 성질을 조사한다(국토해양부, 2012). 따라서 보강토옹벽을 위한 일반적인 기초지반의 조사 범위는 그림 4.6에서와 같다.

4) 실내시험

(1) 하부지반에 대한 실내시험

흙 시료에 대한 육안 관찰을 통하여 현장 흙의 공학적 특성을 평가하는 데 필요한 시험 항목을 결정하고, 흙 시료는 KS F 2324의 흙의 공학적 분류 방법(Unified Soil Classification System, USCS)에 따른 분류를 위해 적절한 시험을 시행해야 한다. 이러한 지수시험(Index testing)에는 흙의 입도 시험(KS F 2302), 흙의 액성 한계·소성 한계 시험(KS F 2303), 흙의 함수비 시험(KS F 2306) 등이 포함된다.

또한 현장의 교란되지 않은 시료에 대한 대표적인 건조단위중량(Dry unit weight)도 결정해야 한다.

보강토옹벽을 포함하는 전체안정성 검토를 위하여 보강토옹벽 하부 및 배면 지반에 대한 전단강도(Shear strength)를 결정할 필요가 있으며, 이러한 흙의 전단강도는 직접전단시험(KS F 2343), 1축(KS F 2314) 또는 3축(KS F 2346) 압축 시험 등을 통하여 결정한다.

보강토옹벽의 기초지반이 압축성이 큰 점성토 지반인 현장에서는 침하해석을 위한 매개변수를 얻기 위하여 압밀시험(Consolidation tests, KS F 2316)을 수행할 필요가 있다. 또한 점성토 지반에 대해서는 장기 및 단기 조건 모두에 대하여 평가할 수 있도록 배수 및 비배수 전단강도 정수 모두를 얻어야 한다.

(2) 뒤채움재료에 대한 실내시험

보강토옹벽의 뒤채움재로 사용할 수 있는 재료를 평가할 때 특히 중요한 것은 입도분포(Grain size distribution)와 소성지수(Plasticity index, *PI*)이므로, 뒤채움재로 사용하고자 하는 흙 시료에 대해서 KS F 2302에 따른 입도 시험과 KS F 2303에 따른 흙의 액·소성한계 시험을 시행해야 한다. 입도 시험 결과로부터 얻는 유효입경(D_{10})을 사용하여 비점성토의 투수성을 평가할 수 있으며, 필요한 경우 지정된 밀도로 다짐 된 흙 시료에 대하여 KS F 2322에 따라 실내투수시험(Laboratory permeability tests)을 수행한다.

시공 시 현장에서 다짐도 평가를 위하여 필요한 뒤채움흙의 최대건조밀도(γ_{dmax})를 얻기 위하여 KS F 2312에 따른 흙의 실내 다짐시험을 시행해야 한다. 또한 설계 시 보강토옹벽의 안정성 검토를 위하여 필요한 흙의 내부마찰각을 얻기 위하여 직접전단시험(KS F 2343)이나 일축(KS F 2314) 또는 삼축(KS F 2346) 압축시험을 수행해야 한다.

또한 보강토옹벽 뒤채움과 배면의 현장 흙 속에 보강재의 성능을 저하시킬 수 있는 성분이 있는지 확인하기 위하여 필요시 다음 항목의 시험을 추가할 수 있다.

- ✓ pH(KS F 2103; AASHTO T 289; ASTM D4972)
- ✓ 전기저항(Electrical resistivity)(AASHTO T 288)
- ✓ 수용성 황산염(Water soluble sulfate)(AASHTO T 290), 황화물(Sulfides)(ASTM D4327) 및 염화물(Chlorides)(ASTM D4327)을 포함한 염분 함유량(Salt content).

4.2.4 보강토옹벽 도면의 작성

1) 보강토옹벽의 설계에 필요한 자료

보강토옹벽의 설계를 위한 기본적인 도면(전개도)을 작성하기 위하여 보강토옹벽이 설치될 위치가 포함된 평면도와 해당 구간의 종단면도 및 횡단면도를 확보해야 한다.

또한 구조계산 시 적용할 보강토체, 배면토 및 기초지반의 토질 특성을 파악하기 위하여 지반조사보고서도 필요하다.

그림 4.7에서는 보강토옹벽 선형이 표시된 평면도의 예를 보여주며, 그림 4.8에서는 보강토옹벽의 위치가 표시된 횡단면도의 예를 보여준다.

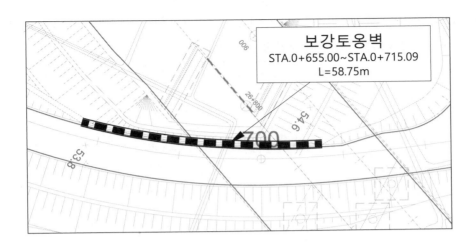

그림 4.7 평면도의 예

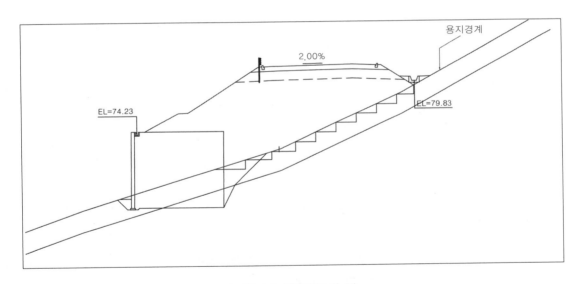

그림 4.8 횡단면도의 예

2) 전개도의 작성 및 단면 구분

평면도상의 각 측점 사이의 거리와 횡단면도상의 측점별 옹벽 설치 위치의 지반고 및 계획고
로부터 그림 4.9 또는 그림 4.10과 같은 전개도를 작성한다.

작성된 전개도상의 구간별 보강토옹벽의 높이와 상부 조건(성토사면 또는 방호벽/방음벽 기초 등) 등을 고려하여 구조계산에 적용할 단면을 구분한다. 이때 구조계산에 적용될 보강토옹벽 단면의 높이는 그림 4.10에서와 같이 구간별 보강토옹벽 계획고의 가장 높은 부분에서 기초고의 가장 낮은 부분까지의 높이로 하며, 실제 전개도에 적용 시에는 계획고 상부와 기초고 하부의 보강재는 삭제한다.

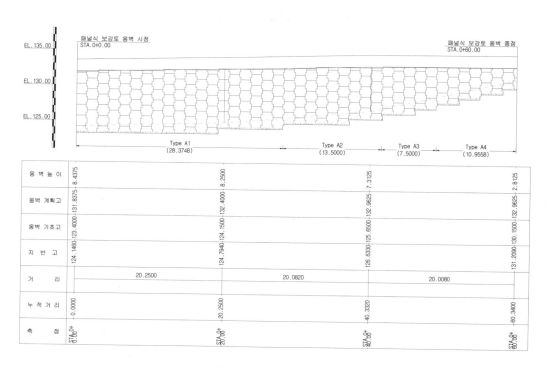

그림 4.9 전개도 작성 예

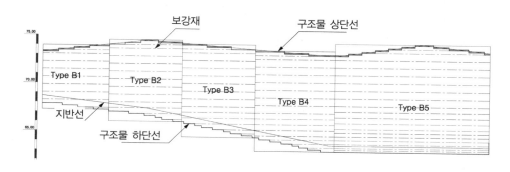

그림 4.10 전개도 작성 및 단면 구분 예

3) 단면 가정

전개도로부터 구분된 각 단면에 대하여 본 매뉴얼 4.3.6의 보강토옹벽 적용 기준에 따라 보강재 설치 높이, 보강재 길이, 보강재의 종류 등에 대한 예비설계 단면을 가정하고, 가정된 단면에 대하여 안정성을 검토하여 설계기준을 만족시키지 못할 때는 보강재의 종류, 길이, 설치 높이 등을 변경하여 설계기준을 만족시킬 수 있도록 단면을 결정해야 한다.

4.3 보강토옹벽 설계 개요

4.3.1 보강토옹벽 설계 순서

보강토옹벽의 일반적인 설계 순서는 표 4.3과 같다.

1) 설계 요구사항의 결정

설계를 진행하기에 앞서 다음 사항들을 먼저 결정하여야 한다.

(1) 기하 형상
- ✓ 옹벽의 높이
- ✓ 옹벽의 벽면 경사
- ✓ 배면 성토사면의 경사
- ✓ 전면 사면의 경사

(2) 하중조건
- ✓ 상부 조건(상재성토고, 성토사면 경사각, 상부 L형 옹벽의 유무 등)
- ✓ 상재 활하중(교통 하중 등)
- ✓ 상재 사하중
- ✓ 인접한 구조물로부터 가해지는 하중
- ✓ 지진하중(내진 등급, 지진계수 등)
- ✓ 방호벽 충돌하중, 가드레일 수평하중 등

표 4.3 보강토옹벽 설계 순서

1단계	설계 요구사항의 결정 − 기하 형상, 하중(영구하중, 일시 하중, 지진하중 등) 재하 조건, 성능 기준, 시공상의 제약사항 등	
2단계	설계 매개변수의 결정 − 기존 지형, 하부지반의 조건, 보강토 뒤채움재료의 특성, 배면 성토재료의 특성 등	
3단계	근입깊이, 설계 높이 및 보강재 길이의 가정	
4단계	작용하중의 정의	
5단계	외적안정성 검토	
	5-1단계	저면활동에 대한 안정성 평가
	5-2단계	전도(또는 편심거리)에 대한 평가
	5-3단계	지반지지력에 대한 안정성 평가
	5-4단계	침하에 대한 안정성 검토
6단계	내적안정성 검토	
	6-1단계	보강재의 종류 선택
	6-2단계	가상파괴면의 설정(선택된 보강재의 종류에 따라)
	6-3단계	층별 보강재의 최대유발인장력($T_{\max}$) 계산
	6-4단계	보강재 배치(보강재의 강도, 수직 및 수평간격 설정)
	6-5단계	층별 보강재의 파단에 대한 안정성 검토
	6-6단계	층별 보강재의 인발에 대한 안정성 검토
	6-7단계	각 보강재 층에서 내적활동에 대한 안정성 검토
	6-8단계	각 보강재 층에서 내부전도에 대한 안정성 검토
7단계	전면벽체에 대한 설계	
	7-1단계	전면벽체/보강재 연결부 하중 결정
	7-2단계	전면벽체/보강재 연결부 강도 결정
	7-3단계	전면벽체/보강재 연결부 안정성 검토
8단계	전체안정성 검토	
9단계	복합안정성 검토	
10단계	배수시스템에 대한 설계	
	10-1단계	지표면 배수시스템에 대한 설계
	10-2단계	지하 배수시스템에 대한 설계

(3) 성능 기준

✓ 설계기준의 결정

✓ 설계수명 결정

✓ 허용변형의 한계(최대 부등침하량, 최대 수평 변위량 등) 설정

✓ 시공상의 제약사항 등

2) 설계 매개변수의 결정

발주자 또는 설계자는 다음 사항들을 규정하여야 한다.

✓ 기초지반의 공학적 특성(γ_f, c_f, ϕ_f 등) 및 지하수위의 조건

✓ 보강토 뒤채움재료의 공학적 특성(γ_r, ϕ_r)

✓ 배면토의 공학적 특성(γ_b, c_b, ϕ_b) - 배면토의 점착력(c_b)은 보통 0인 것으로 가정

보강토옹벽 뒤채움재료는 본 매뉴얼의 3.4 뒤채움재료의 규정에 따라 선별된 입상토를 사용하여야 하며, 직접전단시험이나 삼축압축시험을 수행하지 않았을 때 뒤채움흙의 내부마찰각은 일반적으로 30°를 적용한다. 직접전단시험이나 삼축압축시험에 의하여 결정된 내부마찰각이 40° 이상이더라도 40° 이상의 내부마찰각을 설계에 적용해서는 안 된다. 입자가 둥글거나 입경이 균등한 모래와 같은 일부 흙은 보강토옹벽 뒤채움재료 선정 기준에 부합하더라도 직접전단시험 또는 삼축압축시험에 의한 내부마찰각이 30°보다 작을 수 있으므로 주의해야 하며, 이러한 때에는 시험 결괏값을 설계에 적용할 수 있다. 다만, 내부마찰각이 25° 이하인 흙은 보강토옹벽 뒤채움재로 사용해서는 안 된다. 보강토옹벽의 설계에 있어서 뒤채움재료의 점착력은 무시한다.

기초지반에 대한 시험 결과가 없을 때, 기초지반의 내부마찰각(ϕ_f)은 최대 30° 정도로 가정할 수 있으며, 이러한 가정된 값은 보강토옹벽 시공 전에 현장시험을 통하여 반드시 확인하여야 한다. 현장시험을 통하여 얻은 기초지반의 내부마찰각(ϕ_f)이 설계 시 가정한 값보다 작은 경우에는 시험 결괏값을 사용하여 재설계하여야 한다.

설계 시 보강토옹벽 배면의 배면토(Retained soil)에 대한 내부마찰각은 보통 30°로 가정하는

경우가 많으며, 이러한 가정된 값은 보강토옹벽 시공 전에 시험을 통하여 반드시 확인하여야 한다.

3) 보강토옹벽의 근입깊이, 설계 높이 및 보강재 길이의 가정

보강토옹벽의 설계 높이(H)는 근입깊이(Embedment depth, H_{emb} 또는 D_f)와 노출된 보강토옹벽의 높이의 합이다. 보강토옹벽의 근입깊이는 본 매뉴얼 4.3.6의 5)에 따라 결정한다. 전개도 상에서 보강토옹벽의 계획고와 기초고가 변화하는 경우, 단면별 보강토옹벽의 높이는, 그림 4.10에서 보여준 바와 같이, 구간별 가장 높은 계획고와 가장 낮은 기초고의 차이로 해야 한다.

예비설계 단면에서 보강재의 길이는 본 매뉴얼 4.3.6의 1)에 따라 보강토옹벽 높이의 0.7배 또는 2.5m 이상으로 하며, 전체 보강토옹벽 높이에 걸쳐 같은 것으로 가정한다. 실제 보강재의 길이는 보강토옹벽 상부의 성토 조건, 재하되는 하중의 종류 및 크기 등에 따라 달라지므로 안정성 검토 결과에 따라 결정된다.

4) 작용하중 정의

보강토옹벽에 작용하는 주요 하중은 보강토옹벽 뒤쪽의 배면토에 의하여 작용하는 배면토압과 보강토옹벽 상부에 작용하는 상재하중이며, 때에 따라서는 수압과 지진하중도 고려하여야 한다. 보강토옹벽에 작용하는 하중의 종류 및 안정성 검토 시 각 하중의 고려 방법은 본 매뉴얼 4.3.4에 설명되어 있다.

5) 외적안정성 검토

보강토옹벽의 외적안정성 검토에서는 중력식, 반중력식 등의 기존 옹벽에 대한 것과 마찬가지로 다음과 같은 4가지 파괴 양상에 대하여 검토한다.

- ✓ 저면활동
- ✓ 전도(또는 편심거리)
- ✓ 기초지반의 지지력
- ✓ 침하해석(필요시)

(1) 저면활동에 대한 안정성 검토

저면활동(Base sliding)은 배면토압에 의하여 보강토체와 기초지반 사이의 경계면에서 발생하며, 저면활동에 대한 저항력은 보강토체의 전단강도와 기초지반의 전단강도 중 작은 값의 영향을 받는다. 보강토체 바닥에 보강재가 설치될 때는 흙과 보강재 접촉면 마찰 특성의 영향을 받는다.

저면활동에 대한 안정성은 본 매뉴얼 4.4.3의 1)에 따라 검토한다.

(2) 전도에 대한 안정성 검토

보강토옹벽의 전도는 배면토압에 의한 전도모멘트에 의하여 보강토옹벽이 전면방향으로 기울어지는 것으로, 저항모멘트 산정 시 전면벽체와 보강토체 단위중량 차이의 영향은 일반적으로 무시한다.

전도에 대한 안정성은 본 매뉴얼 4.4.3의 2)에 따라 검토한다.

(3) 지지력에 대한 안정성 검토

보강토옹벽의 지지력 파괴는 전반전단파괴(General shear failure)와 국부전단파괴(Local shear failure)의 두 가지 파괴 양상이 있으며, 국부전단파괴는 보강토옹벽 하부에 연약 점성토층 또는 느슨한 사질토층이 있을 때 펀칭(Punching) 또는 압착(Sqeezing)의 형태로 발생한다.

지반지지력에 대한 안정성은 본 매뉴얼 4.4.3의 3)에 따라 검토한다.

(4) 침하해석

보강토옹벽의 침하해석은 전통적인 침하해석 방법을 적용하여 즉시침하, 압밀침하, 2차 압밀침하 등을 평가하며, 이때 하중은 지반지지력에 대한 안정성 검토 시 산정된 소요지지력(q_{ref}) 값으로 한다. 보강토옹벽 시공 완료 후 예상 침하량이 상당히 큰 경우에는 옹벽의 높이를 증가시켜 계획고에 맞춰야 할 수도 있으며, 침하해석 결과에 따라 적절한 대책을 마련하여야 한다.

6) 내적안정성 검토

보강토체는 다음과 같은 두 가지 파괴 양상에 의하여 파괴될 수 있다.

✓ 보강재에 작용하는 인장력이 증가함에 따라 보강재의 신장량(Elongation)이 증가하고 결국에는 보강재가 파단에 이르러, 보강토체에 과도하게 큰 변형이 발생하거나 붕괴에 이를 수 있는데, 이러한 보강토체의 파괴 양상을 보강재의 파단파괴(Reinforcement rupture or breakage)라고 한다.

✓ 보강재에 작용하는 인장력이 인발저항력보다 커지게 되면 보강토체에 과도하게 큰 변형이 발생하거나 붕괴에 이를 수 있는데, 이러한 보강토체의 파괴 양상을 보강재의 인발파괴(Pullout failure)라고 한다.

따라서 보강토옹벽의 내적안정성 검토에서는 층별 보강재의 최대유발인장력(T_{max})을 산정하고, 층별 보강재의 장기인장강도(T_l)와 인발저항력(P_r)이 모두 최대유발인장력(T_{max})을 지지할 수 있는지 평가한다.

(1) 보강재의 종류 선택

본 매뉴얼 3.3절에서 살펴본 바와 같이 보강재의 종류는 다양하며, 보강재가 신장성(Extensible)이냐 비신장성(Inextensible)이냐에 따라 보강토옹벽의 거동 특성이 달라지며, 특히 내적안정성 검토 시의 가상파괴면의 형태, 보강토체 내부의 토압 분포 등이 달라질 수 있다. 또한 금속성 보강재의 부식이나, 여러 가지 요인에 의한 지오신세틱스(Geosynthetics) 보강재의 강도 감소(Degradation)는 보강토옹벽의 수명과 밀접한 연관이 있다.

(2) 가상파괴면의 설정

보강토옹벽의 가상파괴면은 그동안의 실제 구조물에 대한 계측 결과와 이론적 연구에 근거하여 보강토체 내부에서 층별 보강재의 최대유발인장력(T_{max})의 발생 위치를 연결한 선으로 가정하며, 본 매뉴얼 4.4.4의 1)에서 설명한 바와 같이, 보강재의 신장 특성에 따라서 하나 또는 두 개의 직선으로 가정한다.

(3) 층별 보강재의 최대유발인장력(T_{max}) 계산

보강토옹벽의 내적안정성 검토 시의 주요 하중은 보강토체 내부의 토압과 보강토체 상부에 작용하는 상재하중에 의하여 유발되는 토압이다. Collin(1986), Christopher 등(1990), Allen 등(2001)과 같은 여러 연구자의 연구 결과에 의하면 층별 보강재의 최대유발인장력(T_{max})은 보강토옹벽에서 사용하는 보강재의 종류, 보강재의 배치 수량 등과 밀접한 연관이 있다.

보강토체 내부의 토압 분포는 본 매뉴얼 4.4.4의 2) 및 그림 4.44에 설명되어 있다.

층별 보강재의 최대유발인장력(T_{max})은 적용된 보강재의 특성에 따른 보강토체 내부의 토압 분포를 고려하여 본 매뉴얼 4.4.4의 2)에 따라 산정한다.

(4) 보강재 배치(보강재의 강도, 수직 및 수평간격 설정)

보강재는 보강토체 내부의 토압 분포, 보강재의 장기인장강도, 보강재의 형태 등 다양한 요소들을 고려하여 배치하여야 한다.

전체 보강토옹벽 높이에 대하여 같은 종류의 보강재를 같은 간격으로 배치한다면, 어떤 부분은 안정성을 위하여 필요한 것보다 과도하게 많이 보강되고, 어떤 부분은 과도하게 적게 보강될 수 있다. 따라서 더 경제적인 설계를 위하여 층별 보강재의 종류와 간격을 조정할 수 있다.

패널식 보강토옹벽의 경우에는 띠형(Strips), 그리드형(Grids) 또는 매트형(Mats)의 보강재를 사용할 수 있으며, 대부분의 콘크리트 패널은 보강재의 수직간격이 고정되어 있어 수평간격이나 보강재의 종류를 달리할 수 있다.

지오텍스타일(Geotextiles)이나 지오그리드(Geogrids)와 같이 전체 면적에 대하여 포설되는 보강재의 경우에는 수직간격이나 종류를 변화시킬 수 있다.

높이가 낮은 보강토옹벽은 한 종류의 보강재를 같은 간격으로 배치할 수 있으나, 높이가 높아지면 다양한 종류의 보강재를 다양한 수직 또는 수평간격으로 배치하여 경제성을 확보할 수 있다.

보강재는 본 매뉴얼 4.3.6의 4)를 참고하여 배치할 수 있다.

(5) 층별 보강재의 파단에 대한 안정성 검토

앞의 (4)항에서 배치된 보강재의 강도와 수직간격(S_v) 및 수평간격(S_h)에 따라, 본 매뉴얼 3.3.3에 설명된 바와 같이, 층별 보강재의 장기인장강도(T_l)를 산정하고, 앞의 (3)항에서 계산된 층별 보강재의 최대유발인장력(T_{max})과 비교한다. 표 3.1에 제시된 보강재 종류별 파단에 대한 안전율을 고려한 층별 보강재의 장기설계인장강도(T_a)가 최대유발인장력(T_{max})보다 커야 하며, 그렇지 않으면 보강재를 재배치한 후 다시 검토하여야 한다.

보강재 파단에 대한 안정성은 본 매뉴얼 4.4.4의 3)에 따라 검토한다.

(6) 층별 보강재의 인발저항력(P_r) 평가

보강재의 인발저항력(P_r)은 저항영역 내에 묻힌 보강재의 길이(L_e), 보강재 위에 작용하는 수직응력(σ_v), 보강재의 인발저항계수(F^*) 등의 함수이며, 표 4.6에 제시된 보강재 인발에 대한 안전율을 고려한 인발저항력은 최대유발인장력(T_{max})보다 커야 한다.

보강재 인발파괴에 대한 안정성은 본 매뉴얼 4.4.4의 4)에 따라 검토한다.

(7) 전면벽체/보강재 연결부 안정성 검토

전면벽체와 보강재 연결부에 작용하는 하중(T_0)은 층별 보강재의 최대유발인장력(T_{max})과 같은 것으로 가정한다. 전면벽체와 보강재의 연결부 강도(T_{ac})는 본 매뉴얼 3.6절에 따라 결정하고 안전율을 고려한 연결부 강도는 연결부 하중(T_0)보다 커야 한다.

연결부 안정성은 본 매뉴얼 4.4.4의 6)에 따라 검토한다.

7) 전면벽체에 대한 설계

전면벽체는 보강토체 내부의 토압에 충분히 저항할 수 있도록 설계되어야 한다.

(1) 콘크리트 패널

콘크리트 패널에 매립된 부착 루프(Loop attachment) 또는 타이 스트립(Tie strip)과 같은 보강재 연결 장치는 층별 보강재의 최대유발인장력(T_{max})에 충분히 저항할 수 있어야 하고, 건조수축이나 온도변화에 따른 균열의 발생을 방지하기 위하여 철근을 배근하는 것이 좋다. 겨울철 제빙염을 살포할 가능성 있는 곳에 적용할 때는 철근을 에폭시(Epoxy) 등으로 코팅하거나 최소 75mm 정도의 콘크리트 피복두께를 두는 것이 좋다(Berg 등, 2009a).

(2) 콘크리트 블록

콘크리트 블록을 사용할 때는 상, 하단 블록 사이에 충분한 전단저항력(Shear capacity)이 있어야 하며, 순수한 마찰저항력에 의존하는 방식보다는 전단 키(Shear keys), 핀(Pins) 등을 사용하는 것이 좋다. 보강재의 수직간격은 블록 뒷길이(W_u)의 2배를 초과해서는 안 되며, 최대 0.8m 이내라야 한다. 보강토옹벽 상단에서 전면블록의 최대 무보강 높이는 0.5m 이내라야 하며, 그렇지 않으면 상부전도(Toppling)에 대한 안정성이 확보되어야 한다.

블록과 보강재 사이 연결부 강도가 전적으로 또는 부분적으로 마찰저항력에 의존할 때는 지진 시 안정성 검토에서 연결부 강도를 80%로 감소시켜서 적용한다.

(3) 연성 전면벽체

철망식 또는 이와 유사한 전면벽체를 사용할 때는, 전면벽체 배면의 뒤채움흙이 다짐 응력 또는 뒤채움흙 자체의 자중에 의하여 압축되거나 전면벽체의 강성 부족으로 인하여 과도한 배부름(Bulging)이 발생하지 않도록 설계하여야 한다. 보강재 층 사이 전면벽체의 배부름의 허용한계는 계획 선형에 대하여 측정하였을 때 25~50mm 정도이다.

지오신세틱스 재질의 전면벽체는 영구구조물로서 햇볕(특히 자외선)에 장기간 노출되도록 해서는 안 된다.

8) 전체안정성 검토

전체안정성 검토는 보강토옹벽 배면과 하부를 통과하는 활동면에 대하여 사면활동에 대한 안정성을 검토하는 것으로, 전통적인 사면안정해석법을 사용하여 검토할 수 있다. 전체안정성 검토는 보강토체를 일체로 된 구조물로 보아 보강토체 바깥을 통과하는 활동면에 대해서 검토한다.

보강재의 효과를 고려할 수 있는 사면안정해석 프로그램(예, ReSSa, Slope/W, Talren, Soilworks-Slope 등)을 사용하면 전체안정성뿐만 아니라 복합안정성도 검토할 수 있다.

전체안정성은 본 매뉴얼 4.4.5에 따라 검토한다.

9) 복합안정성 검토

보강토체 내부와 보강토체 배면을 동시에 통과하는 복합활동파괴(Compound failure)에 대하여 안정성을 검토한다. 복합안정성 검토는 전체안정성 검토와 달리 보강토체를 일체로 된 구조물로 보지 않고 각 층의 보강재 및 뒤채움재료의 특성을 고려하여 보강토체 내부를 통과하는 활동면에 대하여 안정성을 검토하며, 활동면과 교차하는 보강재의 장기인장강도(T_l)를 저항력으로 고려하여야 한다.

복합안정성은 본 매뉴얼 4.4.5에 따라 검토한다.

10) 배수시스템에 대한 설계

보강토옹벽에서 배수시스템은 상당히 중요하며, 가능하다면 보강토체 내부로 물이 유입되지 않도록 설계하여야 하고, 불가피한 경우에는 물이 적절하게 배수될 수 있도록 설계하여야 한다.

보강토옹벽의 배수시스템은 본 매뉴얼의 5.13절을 참고하여 설계한다.

4.3.2 보강토옹벽의 설계수명

보강토옹벽은 옹벽을 구성하는 각 구성요소의 내구성에 영향을 미칠 수 있는 잠재적인 해로운 환경의 장기적인 영향을 고려하여 사용수명을 결정해야 한다. 일반적으로 보강토옹벽은 특정 구조물의 부대시설로 설치되는 경우가 많으므로, 보강토옹벽의 설계수명도 본 구조물의 설계수명과 같게 설계한다. 예로서 도로의 경우 중요구조물인 교량 등을 약 100~120년의 내구수명을 가지는 것으로 설계하므로 보강토옹벽이 도로를 지지하거나 보강토옹벽 하부에 도로가 있는 경우에는 보강토옹벽도 도로의 설계수명과 같은 설계수명으로 설계할 수 있다.

대부분은 영구옹벽은 최소 75년의 사용수명을 갖도록 설계되어야 하고 임시 적용을 위한 옹벽은 일반적으로 사용수명이 36개월 이하로 설계된다. 실제 교량 교대, 건물, 주요 시설물 또는 성능 저하나 파괴의 결과가 심각할 수 있는 기타 시설을 지지하는 옹벽에는 더 높은 수준의 안전성 또는 더 긴 사용수명(즉 100년)이 적합할 수 있다(Berg 등, 2009a; Elias 등, 2001).

4.3.3 보강토옹벽의 허용변형

1) 허용변형의 한계

보강토옹벽은 일종의 흙구조물로서 시공 중 및 시공 완료 후 변형의 발생은 불가피하며, 보강토옹벽의 변위는 장기적으로 발생할 수 있는 변위의 크기를 말한다.

보강토옹벽에 있어서 수직 선형의 오차가 ±0.03H(H는 보강토옹벽의 높이) 또는 최대

300mm 이내에 있으면 안정성에 문제가 없는 것으로 평가되고 있으나(土木研究センター, 1990), 보강토옹벽의 변형이 벽체의 성능에 영향을 미치지 않아야 하고, 외관상으로 불안정하게 보여서도 안 된다. 보강토옹벽이 중요한 구조물일 때에는 더 엄격한 허용변형의 한계를 적용할 수 있다.

2) 허용침하량

보강토옹벽의 침하량은 보강토체 자체의 압축변형에 의한 침하와, 하부지반의 압축변형에 따른 침하량의 합이다. 보강토옹벽 뒤채움재는 일반적으로 95% 이상의 다짐도를 요구하므로 보강토체 자체의 압축변형에 따른 침하량은 무시할 수 있다. 하부지반의 침하량은 얕은기초의 침하량 산정 방법을 사용하여 계산할 수 있으며, 하부지반이 연약한 점성토 지반일 때에는 장기적으로 큰 침하량이 발생할 수 있으므로 주의가 필요하다.

일반적으로 전반적인 균등한 침하는 보강토옹벽의 안정성에 미치는 영향이 크지 않은 것으로 알려져 있으나, 침하량이 크면 부등침하가 커질 수 있으므로 주의해야 한다. 부등침하는 그림 4.11에서 보는 바와 같이, 옹벽 선형을 따른 두 측점 사이의 거리(L)에 대한 침하량의 차이(Δ)의 비율로 정의되며, 보강토옹벽의 허용(부등)침하량은 벽체의 용도 및 지지하는 구조물의 특성에 따라서 결정한다.

일반적으로 많이 사용하는 1.5m × 1.5m 크기의 콘크리트 패널을 전면벽체로 사용할 때의 허용 부등침하량(Δ/L)은 1/100 정도이고, 콘크리트 패널의 크기와 줄눈(Joint)의 폭에 따른 허용 부등침하량은 표 4.4에서와 같다.

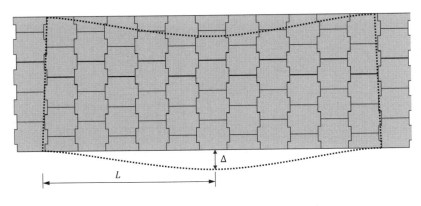

그림 4.11 부등침하 개념도(김경모, 2017)

표 4.4 콘크리트 패널의 크기 및 줄눈의 폭에 따른 허용 부등침하량(AASHTO, 2020 수정)

줄눈(joint)의 폭	허용 부등침하량(Δ/L)	
	면적(A) ≤ 2.8m²	2.8m² < 면적(A) ≤ 7.0m²
20mm	1/100	1/200
13mm	1/200	1/300
6mm	1/300	1/600

소형 콘크리트 블록을 전면벽체로 사용할 때는 허용 부등침하량(Δ/L)이 1/200 정도이며, 철망식(Welded wire facing)이나 지오셀(Geocell), 지오신세틱스 포장형 전면벽체(Geosynthetics wrapped around facing)와 같은 연성 벽면을 사용할 때는 1/50 이상의 부등침하도 견딜 수 있다. 전체 높이(Full-height)의 콘크리트 패널을 전면벽체로 사용할 때는 총침하량을 50mm, 부등침하량(Δ/L)을 1/500 정도로 제한한다.

미관을 고려할 때는 보다 엄격한 침하 기준을 적용할 필요도 있다.

예상 침하량이 크거나 부등침하량이 허용 부등침하량을 초과하면 하부의 연약지반을 치환하거나 보강할 수 있고, 하부지반의 치환 또는 보강이 어려운 경우에는 프리로딩 공법(Pre-loading method)에 의하여 침하를 발생시킨 후 보강토옹벽을 시공하는 방법도 고려해 볼 수 있다. 프리로딩 공법을 적용하기 위해서는 적절한 공간이 필요하며, 이러한 공간이 없는 경우에는 그림

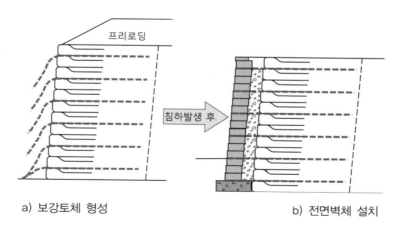

a) 보강토체 형성   b) 전면벽체 설치

그림 4.12 단계시공(2 stage construction)의 개념

4.12에서와 같이 허용 부등침하량이 큰 연성 벽면을 가지는 보강토체를 먼저 시공하여 침하가 발생한 다음 전면벽체를 설치하는 단계시공법(2 stage construction)을 적용할 수 있다. 침하 및 부등침하에 대한 대책은 본 매뉴얼 5.12절을 참고할 수 있다.

4.3.4 보강토옹벽에 작용하는 하중

1) 보강토옹벽에 작용하는 하중

보강토옹벽의 설계 시에는 시공 위치에서의 기상 조건 및 환경 조건, 사용 목적, 시공 조건, 구조물의 규모 등을 고려하여 필요한 하중을 선택하여 적용한다.

보강토옹벽의 설계에 적용하는 하중으로는 보강토체의 자중, 보강토옹벽 상부의 성토에 의한 상재성토하중, 보강토체 배면에 작용하는 배면토압, 보강토옹벽 위에 작용하는 상재하중 등이 주로 고려되며, 현장 여건에 따라 지진하중, 풍하중, 수압 등이 추가로 고려된다.

또한 보강토옹벽의 상부에 차량방호벽이나 가드레일이 있는 경우에는 차량 충돌하중을 별도로 고려하여야 하며, 차량방호벽 등의 기초로서 L형 옹벽이 설치될 때는 L형 옹벽의 배면에

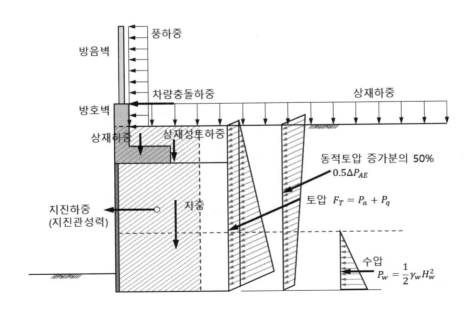

그림 4.13 보강토옹벽에 작용하는 하중(한국지반신소재학회, 2024)

127

작용하는 토압도 고려하여야 한다. 보강토옹벽이 다른 구조물의 기초로 사용될 때는 상부 구조물의 유효하중면적에 작용하는 지반반력을 상재하중으로 고려하여야 한다.

그림 4.13에서는 보강토옹벽 설계 시 고려하는 대표적인 하중의 예를 보여준다.

2) 사하중과 활하중

보강토옹벽에 작용하는 하중은 보강토체의 자중, 배면토압, 상재성토하중 등과 같이 영구적으로 작용하는 고정하중과 차량이나 열차의 운행에 따라 작용하는 일시적인 하중이 있으며, 전자를 사하중, 후자를 활하중이라고 한다.

보강토옹벽 설계 시 사하중과 활하중의 차이점은, 활하중은 그림 4.14 a)에서 보여주는 바와 같이 지지력 및 전반활동에 대한 안정성 검토 시에만 고려하며, 활동, 전도 및 인발에 대한 안정성 검토 시에는 고려하지 않는다는 것이다.

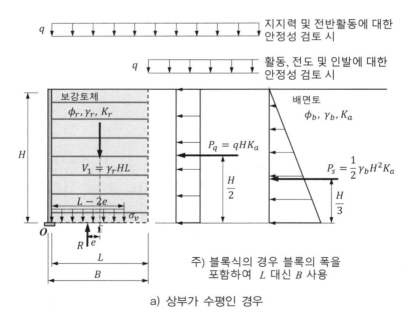

a) 상부가 수평인 경우

그림 4.14 보강토옹벽에 작용하는 하중(한국지반신소재학회, 2024)(계속)

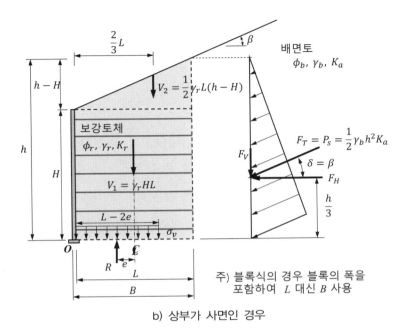

b) 상부가 사면인 경우

그림 4.14 보강토옹벽에 작용하는 하중(한국지반신소재학회, 2024)

3) 토압

보강토옹벽의 배면에 작용하는 배면토압(F_T)은 식 (4.1)과 같이 계산할 수 있다.

$$F_T = P_a = P_s + P_q \tag{4.1}$$

$$= \frac{1}{2}\gamma_b h^2 K_a + (q_d + q_l)hK_a$$

여기서, P_a : 보강토옹벽 배면에 작용하는 주동토압(kN/m)

$\quad\quad\quad P_s$: 보강토옹벽 배면의 흙 쐐기에 의한 주동토압(kN/m)

$\quad\quad\quad P_q$: 상재하중에 의한 주동토압(kN/m)

$\quad\quad\quad \gamma_b$: 배면토(Retained soil)의 단위중량(kN/m³)

$\quad\quad\quad h$: 보강토옹벽 배면에 주동토압이 작용하는 가상 높이(m)

$\quad\quad\quad K_a$: 주동토압계수

q_d : 상재 등분포 사하중(kPa)

q_l : 상재 등분포 활하중(kPa)

(1) 토압계수

보강토옹벽의 배면토압 계산을 위한 토압계수는 식 (4.2)와 같은 쿨롱(Coulomb)의 주동토압계수를 사용한다. 보강토체와 배면토 사이 경계면은 흙과 흙의 접촉면으로, 이론적으로는 벽면마찰각(δ)을 흙의 내부마찰각(ϕ_r과 ϕ_b 중 작은 값)과 같은 값으로 적용할 수 있지만, 안전측으로 $0.67\phi_r$과 $0.67\phi_b$ 중 작은 값을 사용한다(AASHTO, 2020). 한편 벽면마찰각은 벽체와 배면토의 상대적인 변위가 발생할 때 적용할 수 있으므로, 벽면마찰각(δ)은 상부 사면 경사(β)와 같은 것으로 가정하지만, $0.67\phi_r$과 $0.67\phi_b$보다는 작은 값을 사용한다.

$$K_a = \frac{\cos^2(\phi_b + \alpha)}{\cos^2\alpha\cos(\alpha-\delta)\left[1 + \sqrt{\dfrac{\sin(\phi_b+\delta)\sin(\phi_b-\beta)}{\cos(\alpha-\delta)\cos(\alpha+\beta)}}\right]^2} \tag{4.2}$$

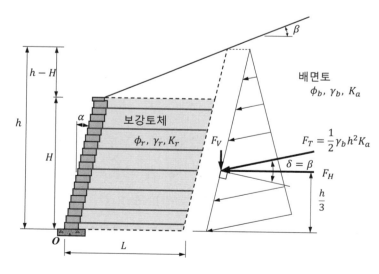

그림 4.15 쿨롱(Coulomb)의 주동토압 계산 시의 부호(AASHTO, 2007)

여기서, K_a : 주동토압계수

ϕ_b : 배면토(Retained soil)의 내부마찰각(°)

α : 벽면 경사(수직으로부터)(°)

δ : 벽면마찰각(°)

β : 상부 사면 경사각(°)

(2) 벽면이 수직이고 상부가 수평인 경우의 토압계수

보강토옹벽의 벽면 경사가 수직 또는 수직에 가깝고($\alpha < 10°$), 상부가 수평($\beta = 0$)인 경우에는 식 (4.3)과 같은 랭킨(Rankine)의 주동토압계수를 사용할 수 있다.

$$K_a = \tan^2\left(45^o - \frac{\phi_b}{2}\right) \tag{4.3}$$

여기서, K_a : 주동토압계수

ϕ_b : 배면토의 내부마찰각(°)

(3) 벽면이 수직이고 상부에 성토사면이 있는 경우의 토압계수

벽면의 경사가 수직 또는 수직에 가깝고($\alpha < 10°$), 상부에 성토사면이 있는 경우($\beta \neq 0$)에는 식 (4.4)와 같은 랭킨(Rankine)의 주동토압계수를 사용할 수 있다.

$$K_a = \cos\beta\left[\frac{\cos\beta - \sqrt{\cos^2\beta - \cos^2\phi_b}}{\cos\beta + \sqrt{\cos^2\beta - \cos^2\phi_b}}\right] \tag{4.4}$$

여기서, K_a : 주동토압계수

β : 상부 사면 경사각(°)

ϕ_b : 배면토의 내부마찰각(°)

(4) 상부가 사다리꼴 성토인 경우의 토압계수

일반적으로 보강토옹벽 상부의 성토사면은 무한하지 않고 사다리꼴 형태로 성토될 때가 많으며, 이러한 때에는 앞에서 설명한 것과 같은 토압계수를 직접적으로 적용하기는 곤란하다. 보강토옹벽 상부의 성토사면이 사다리꼴 형태의 성토이거나 성토사면의 지형이 복잡한 때에는, 그림 4.16에서와 같이 쿨롱(Coulomb) 토압이론에 의한 시행쐐기법(Trial wedge analysis)에 의하여 배면토압을 계산할 수 있다(AASHTO, 2020).

한편, FHWA 지침(Elias 등, 2001; Berg 등, 2009a)과 AASHTO(2020)에서는 계산의 편의를 위하여 그림 4.17과 같은 대안을 제시하고 있다. 즉, 상부 성토사면의 길이가 보강토옹벽 높이의 2배보다 짧은 경우에는, 보강토옹벽 상부 성토사면을 사면경사각이 i인 가상의 무한사면으로 가정하여 배면토압을 계산하며, 식 (4.2) 또는 식 (4.4)에서 사면경사각(β) 대신에 가상 무한사면의 경사각(i)을 사용하고, 이때 벽면마찰각 $\delta = i$이다.

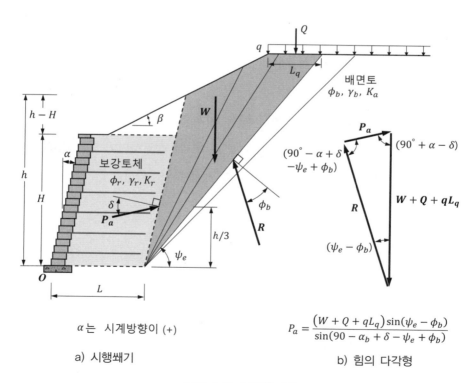

α는 시계방향이 (+)

a) 시행쐐기

$$P_a = \frac{(W + Q + qL_q)\sin(\psi_e - \phi_b)}{\sin(90 - \alpha_b + \delta - \psi_e + \phi_b)}$$

b) 힘의 다각형

그림 4.16 시행쐐기법

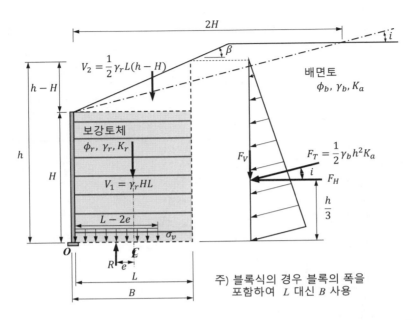

그림 4.17 상부 사면 길이가 짧은 경우의 배면토압(한국지반신소재학회, 2024)

이때 가상 무한사면의 경사각(i)은 식 (4.2) 및 식 (4.4)의 토압계수의 계산에만 사용하고, 배면토압이 작용하는 높이(h)를 계산할 때는 실제 사면경사각(β)을 사용하여야 한다.

실무에서, 보강토옹벽 위의 성토사면의 높이가 무한하지 않은 경우, 실제 사면의 경사각(β) 대신 가상 무한사면의 경사각(i)을 사용하여 토압계수(K_a)와 배면토압 작용 높이(h) 모두를 계산하는 경우가 종종 있는데, 배면토압은 높이의 제곱에 비례하기 때문에 이렇게 계산하면 배면토압이 과소평가되어 불안정한 설계가 될 수 있으므로 주의하여야 한다.

※ 참고 – 미국 SCDoT(2022)의 방법

미국 SCDoT(2022)에서는 그림 4.18에서와 같이 보강토옹벽의 배면토압이 작용하는 높이(h)에 대한 상부 성토사면의 수평길이(L_s)의 비율에 따라 3가지 경우로 구분하여 토압계수를 산정한다.

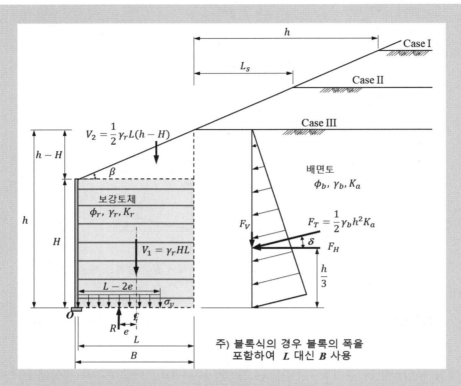

그림 4.18 상부 성토사면이 무한하지 않은 경우(SCDoT, 2022)

Case I : $L_s \geq h$

상부 성토사면의 수평길이(L_s)가 배면토압이 작용하는 높이(h)보다 큰 경우에는 상부
가 무한사면인 경우의 토압계수($K_{a-Infinite}$)를 적용한다.

Case III : $L_s \leq 0$

상부 성토사면의 수평길이(L_s)가 0보다 작거나 같은 경우에는 상부가 수평인 경우의
토압계수($K_{a-level}$)를 적용한다.

Case II : $0 < L_s < h$

상부 성토사면의 수평길이(L_s)가 0보다는 크고 배면토압이 작용하는 높이(h)보다는

작은 경우, 즉 $0 < L_s < h$인 경우에는 다음 식과 같이 토압계수를 적용한다.

$$K_{a-2} = \left(\frac{L_s}{h}\right)\left(K_{a-Infinite} - K_{a-level}\right) + K_{a-level} \tag{4.5}$$

4) 등분포하중

KDS 11 80 05 : 콘크리트옹벽(국토교통부, 2020)에 따르면 옹벽 배면에 건설장비의 이동, 자재 야적 등에 의한 일시하중, 도로와 철도 등에 의한 교통 상재하중, 구조물의 기초에 의한 영구하중이 작용하는 경우는 이를 설계에 고려한다. 일시적인 하중을 고려하기 위하여 콘크리트 옹벽 배면 지반에는 10kPa의 등분포 활하중이 작용하는 것으로 간주한다.

도로설계편람(국토해양부, 2012)에 따르면 보강토체 상부에 도로를 축조할 때는 공용하중으로서 보통 13kPa의 등분포 활하중을 적용하면 좋다. 대형 건설장비의 통행이 계획되어 있는 공사용 도로 등에 적용된 보강토옹벽의 경우에 대한 활하중(W_L)은 다음 식으로 산출할 수 있다.

$$W_L = \frac{차량의\ 총중량}{차량점유길이 \times 차량 점유 폭} \tag{4.6}$$

KDS 11 80 05 : 콘크리트옹벽에 따르면 철도시설물의 경우 설계상 필요 없다고 생각될 때도 경사면을 제외하고 15kPa의 상재하중을 고려해야 한다. 철도노반을 직접 지지하는 보강토 옹벽의 경우에는 15kPa의 등분포 사하중과 35kPa의 등분포 활하중을 재하한다.

등분포 활하중은 안정성 검토 시에 그림 4.14 a)에서와 같이 고려한다.

5) 띠하중, 독립기초하중, 선하중, 점하중 등

보강토옹벽 위에 띠하중(Strip load), 독립기초하중(Isolated footing load), 선하중(Line load), 점하중(Line load) 등의 수직하중(Q_{v1} 또는 Q_{v1}')이 작용할 때는 그림 4.19에서와 같이 깊이(Z)에 따라 2:1 분포법으로 환산된 등분포하중($\Delta\sigma_{v1}$)으로 고려한다.

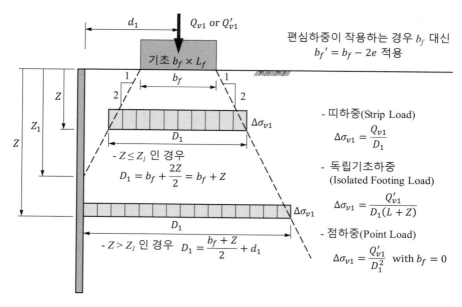

주1) 상재하중이 보강토체 뒤쪽에 작용하는 경우에는 내적안정성 검토에
     미치는 영향이 없는 것으로 간주한다.
주2) 상재하중이 보강토체 배면의 활동쐐기 바깥에 작용하는 경우에는
     외적안정성 검토에 미치는 영향이 없는 것으로 간주한다.

그림 4.19 수직하중에 의한 보강토체 내부의 수직응력 증가분($\Delta\sigma_v$)(Elias 등, 2001 수정)

보강토체 바깥쪽 상부에 수직하중이 작용할 때는 그림 4.20에서와 같이 2:1 분포법에 의하여 깊이에 따라 계산된 수직응력 증가분($\Delta\sigma_{v2}$)에 토압계수 K_a를 곱하여 배면토압에 추가한다. 다만, 보강토체 배면의 활동영역(Active zone) 바깥에 작용하는 수직하중은 고려하지 않는다.

6) 수평하중

보강토옹벽 상단에 수평하중이 작용할 때는 그림 4.21에서와 같이 보강토체 내부에 수평응력($\Delta\sigma_h$)이 추가로 작용하는 것으로 고려한다.

보강토체 바깥쪽 상부에 수평하중이 작용할 때는 그림 4.22에서와 같이 수평응력을 분포시켜 외적안정성 검토 시 고려한다. 다만, 보강토체 배면의 활동영역 바깥에 작용하는 수평하중은 고려하지 않는다.

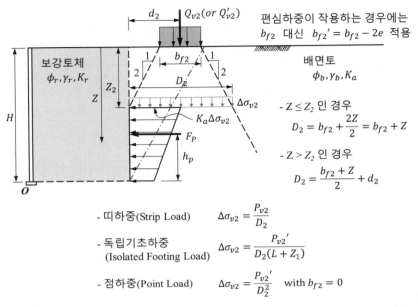

편심하중이 작용하는 경우에는
b_{f2} 대신 $b_{f2}' = b_{f2} - 2e$ 적용

- $Z \leq Z_2$ 인 경우
$$D_2 = b_{f2} + \frac{2Z}{2} = b_{f2} + Z$$

- $Z > Z_2$ 인 경우
$$D_2 = \frac{b_{f2} + Z}{2} + d_2$$

- 띠하중(Strip Load) $\quad \Delta\sigma_{v2} = \dfrac{P_{v2}}{D_2}$

- 독립기초하중 $\quad \Delta\sigma_{v2} = \dfrac{P_{v2}'}{D_2(L + Z_1)}$
  (Isolated Footing Load)

- 점하중(Point Load) $\quad \Delta\sigma_{v2} = \dfrac{P_{v2}'}{D_2^2} \quad$ with $b_{f2} = 0$

주) Q_{v2} 또는 Q_{v2}'가 보강토체 배면의 주동파괴쐐기 안쪽에 있는 경우에만 고려함

그림 4.20 수직하중에 의해 추가되는 배면토압

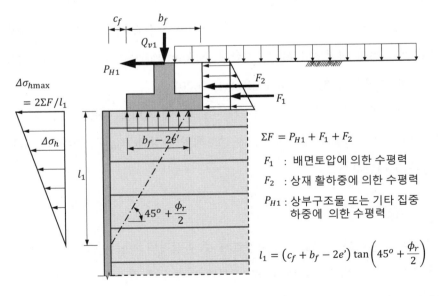

$\Sigma F = P_{H1} + F_1 + F_2$

F_1 : 배면토압에 의한 수평력

F_2 : 상재 활하중에 의한 수평력

P_{H1} : 상부구조물 또는 기타 집중
하중에 의한 수평력

$$l_1 = \left(c_f + b_f - 2e'\right)\tan\left(45^o + \frac{\phi_r}{2}\right)$$

그림 4.21 수평하중에 의한 보강토체 내부의 수평응력 증가분($\Delta\sigma_h$)(Elias 등, 2001 수정)

137

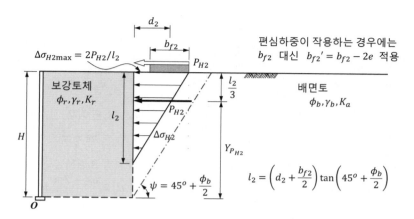

$$l_2 = \left(d_2 + \frac{b_{f2}}{2}\right) \tan\left(45^o + \frac{\phi_b}{2}\right)$$

주) P_{H2}가 보강토체 배면의 주동파괴쐐기 안쪽에 있는 경우에만 고려함

그림 4.22 수평하중에 의해 추가되는 배면토압

7) 지진하중

지진 시 보강토옹벽에는 정하중에 더하여 보강토체의 지진관성력(P_{IR})과 동적토압 증가분 (ΔP_{AE})이 추가로 작용한다. Al-Atik과 Sitar(2010)의 축소된 모형 옹벽에 대한 원심모형시험을 사용한 연구 결과에 의하면 지진관성력과 동적토압은 위상(Phase)이 서로 다르며, 동적토압 (P_{AE})이 최대일 때 옹벽의 지진관성력(P_{IR})은 거의 0에 가깝고, 옹벽의 지진관성력이 최대일 때는 동적토압(P_{AE})이 정적토압(P_a)에 가깝다. Nakamura(2006)도 동적원심모형실험을 통하여 이와 유사한 현상을 관찰하였다(AASHTO, 2020).

따라서 보강토체의 관성력과 동적토압 증가분이 동시에 최대로 작용할 가능성은 거의 없으므로, 보강토옹벽의 외적안정성 검토에서는 보강토체의 관성력(P_{IR})과 동적토압 증가분의 50% ($0.5\Delta P_{AE}$)를 고려한다.

(1) 지진관성력

지진관성력은 그림 4.23에서와 같이 보강토체 중 관성력의 영향을 받는 부분(빗금 친 영역)의 관성력이며, 일반적으로 벽체 높이의 $0.5H_2$(상부가 수평일 때 $H_2 = H$)에 해당하는 저면 폭만큼 관성력에 이바지하는 것으로 간주하고, 지진관성력은 토체의 중심에 작용한다.

보강토옹벽의 지진관성력은 식 (4.7)과 같이 계산한다.

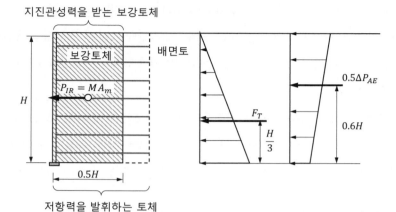

a) 상부가 수평인 경우

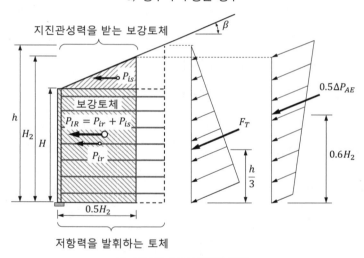

b) 상부가 성토사면인 경우

그림 4.23 지진 시 보강토체의 외적안정해석에서 고려하는 하중(Elias 등, 2001)

$$P_{IR} = MA_m \qquad\qquad (4.7)$$

$$A_m = (1.45 - A)A \qquad\qquad (4.8)$$

여기서, M : 그림 4.23에서 빗금 친 부분의 질량

　　　　A_m : 보강토옹벽 중심에서 최대지진계수

　　　　A : 기초지반의 최대지반가속도계수

139

여기서, 최대지반가속도계수(Max. ground acceleration coefficient, A)는 보강토옹벽 설치를 위하여 정지된 지표면에서의 최대지반가속도계수로, 지진구역별로 내진등급에 따른 최대지반가속도의 크기를 나타내기 위한 계수이다. 최대지반가속도계수는 KDS 17 10 00 내진설계 일반에 따라 결정한다.

행정구역에 의한 방법을 사용할 때는 지진구역별 지진구역계수(Z)와 보강토옹벽의 내진등급에 따른 위험도계수(I)를 곱한 유효수평가속도($S = Z \times I$)에 지반 특성을 고려한 지반증폭계수를 곱하여 계산한다. 이때 지반증폭계수는 단주기지반증폭계수(F_a)를 사용한다.

(2) 동적토압 증가분(ΔP_{AE})

동적토압은 그림 4.23에서와 같이 관성력의 영향을 받는 부분의 배면에 작용하는 것으로 가정하며, Mononobe-Okabe 공식으로 구한 지진 시 주동토압 증가분(ΔP_{AE})의 50%를 $0.6H_2$ (상부가 수평일 때는 $H_2 = H$) 위치에 작용시킨다.

지진 시 주동토압 증가분은 다음 식을 이용하여 산정할 수 있다.

$$\Delta P_{AE} = \frac{1}{2}\gamma_b H_2^2 \Delta K_{AE} \tag{4.9}$$

$$\Delta K_{AE} = K_{AE} - K_A \tag{4.10}$$

$$K_{AE} = \frac{\cos^2(\phi_b + \alpha - \theta)/\cos\theta\cos^2\alpha\cos(\delta - \alpha + \theta)}{\left[1 + \sqrt{\dfrac{\sin(\phi_b + \delta)\,\sin(\phi_b - \beta - \theta)}{\cos(\delta - \alpha + \theta)\cos(\alpha + \beta)}}\right]^2} \tag{4.11}$$

여기서, ΔP_{AE} : 동적토압 증가분(kN/m)

$\qquad H_2$: 관성력을 받는 보강토옹벽 배면의 높이(m)

$\qquad \gamma_b$: 배면토의 단위중량(kN/m³)

$\qquad \Delta K_{AE}$: 동적토압계수 증가분

$\qquad K_{AE}$: Mononobe-Okabe의 동적주동토압계수

$\qquad K_A$: 정적주동토압계수(쿨롱(Coulomb)의 주동토압계수)

ϕ_b : 배면토의 내부마찰각(°)

α : 벽면의 경사각(수직에서 시계방향이 정(+) 방향)(°)

δ : 벽체 배면에서 유발된 접촉면의 마찰각(°)

β : 상부 성토사면의 경사각(수평으로부터)(°)

θ : 지진관성각(Seismic inertia angle, $\theta = \tan^{-1}\left(\dfrac{k_h}{1 \pm k_v}\right)$)(°)

$k_h,\ k_v$: 각각 수평과 수직 방향의 지진가속도계수
          (Horizontal and vertical seismic acceleration coefficients)

일반적으로 Mononobe-Okabe의 동적주동토압계수(K_{AE})를 계산할 때 수평 방향 지진가속도계수(k_h)는 식 (4.8)의 보강토옹벽의 최대지진계수(A_m)을 적용하며, 수직 방향 지진가속도계수(k_v)는 0으로 한다.

수평 방향 지진가속도계수 $k_h = A_m$를 사용하는 것은 보강토옹벽의 횡방향 변형을 허용하지 않는다는 의미이며, Mononobe-Okabe의 방법을 사용할 때, 이러한 가정은 과도하게 보수적인 결과를 초래할 수 있다. 지진 시 보강토옹벽의 변형을 약간 허용함으로써 보강토옹벽 배면에 작용하는 지진 시 토압을 감소시킬 수 있으며, Mononobe-Okabe의 방법에서는 감소된 k_h값을 사용하여 감소된 지진 시 토압을 계산할 수 있다.

지진 시 보강토옹벽의 변형을 허용하여 감소된 k_h값을 사용할 수 있는 조건은 다음과 같다 (Elias 등, 2001).

- ✓ 보강토옹벽과 보강토옹벽에 지지가 되는 구조물이 지진 시 활동에 의한 횡방향 변형을 허용할 수 있는 경우
- ✓ 보강토옹벽이 저면의 마찰저항과 전면의 수동저항력을 제외하고는 횡방향 변형이 구속되지 않은 경우
- ✓ 보강토옹벽이 교대의 역할을 할 때, 교량받침이 가동받침이라서 옹벽 상단이 구속되지 않은 경우

벽체의 변형을 허용할 수 있는 경우에는 더 경제적인 설계를 위해서 $k_h = 0.5A$를 적용할 수 있으며, 이때 최대 변형량은 $250A$(mm) 정도이다.

보강토옹벽의 허용 수평 변위(d, mm 단위)가 정해진 경우에는 식 (4.12)와 같이 수평지진계수(k_h)를 수정하는 방법도 고려할 수 있으며, 이 식은 일반적으로 50~100mm의 허용 변위에 대하여 적용한다(Elias, 등, 2001).

$$k_h = 1.66A_m\left(\frac{A_m}{d}\right)^{0.25} \ \text{(단, 25mm} \le d \le \text{200mm)} \tag{4.12}$$

이러한 감소된 수평 방향 지진가속도계수는 외적안정성 검토 시에만 적용할 수 있다는 점에 주의해야 한다.

또한, 보강토옹벽 및 보강토옹벽이 지지하는 구조물의 지진 시 변위 허용 여부와 상관없이, 보강토옹벽의 높이가 15m 이상이거나, 기초지반의 최대지반가속도계수(A)가 0.3 이상인 경우

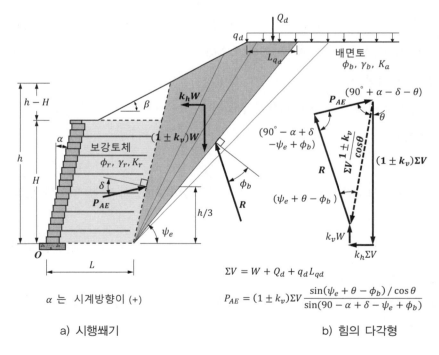

a) 시행쐐기   b) 힘의 다각형

그림 4.24 지진 시 토압 계산을 위한 시행쐐기법

및 보강토옹벽의 기하 형상이 복합한 경우(예, 사다리꼴 단면(Trapezoidal section), 폭이 좁은 양단 보강토옹벽(Back-to-back wall), 다단식 옹벽 등)에는 k_h 값을 감소시켜서는 안 된다.

한편, 상부 사면의 경사각이 큰 경우, 즉 $\beta > \phi_b - \theta$ 인 때에는 분모의 $\sqrt{}$ 안의 값이 음($-$)의 값이 되어 K_{AE} 를 계산할 수 없다. 이런 경우 인위적으로 $\phi_b - \beta - \theta = 0$ 으로 입력하여 K_{AE} 를 계산할 수는 있으나, 과도하게 보수적인 값을 산출할 수 있다(AASHTO, 2020). 대안으로 그림 4.24에서와 같은 시행쐐기법(Trial wedge method)을 사용할 수 있다.

※ 참고 – AASHTO(2020)의 개정된 방법

국내에서는 미국의 FHWA 지침(Elias 등, 2001)에 따라 앞에서 설명한 것과 같이 지진관성력과 동적토압 증가분의 50%를 추가로 작용시켜 지진 시 안정성을 검토하지만, 미국의 AASHTO(2020) 설계기준에서는 지진 시 외적안정성 검토 방법이 개정되었으며, 그 내용을 설명하면 다음과 같다.

AASHTO(2020)에서는 지진관성력(P_{IR})과 동적토압(P_{AE})의 조합한 지진 시 옹벽의 외적안정성 검토와 관련하여 다음과 같은 2가지 조건을 비교하여 둘 중 불리한 조합을 적용하도록 규정하고 있다.

✓ 동적토압 100%와 지진관성력 50%

✓ 동적토압 50%와 지진관성력 100%. 다만 동적토압의 50%는 정적토압보다 작아서는 안 된다.

Mononobe와 Matsuo(1932)는 원래 지진 시 주동토압의 합력은 정적 상태와 같이 $H/3$ 또는 $h/3$ 높이에 작용한다고 제안하였다. 그러나 Wood(1973)의 이론적 고찰을 통하여 지진 시 토압의 합력은 중간 높이보다 약간 높은 곳에 작용한다는 것을 발견하였고, Seed와 Whitman(1970)은 모형 시험에 대한 실증적 고려 사항으로부터 정적토압은 $H/3$ 높이에 작용하고 추가적인 동적토압은 $0.6H$ 높이에 작용한다고 가정하여

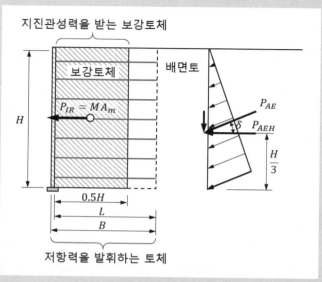

a) 상부가 수평인 경우

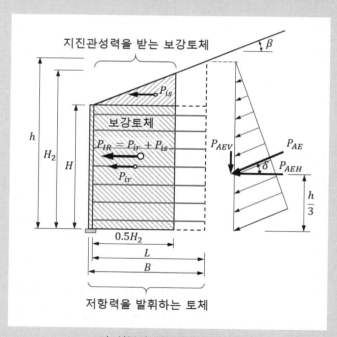

b) 상부가 성토사면인 경우

그림 4.25 지진 시 보강토체의 외적안정해석에서 고려하는 하중(AASHTO, 2020)

지진 시 토압의 작용점 h_a를 얻을 수 있다고 제안하였다. 그러나 최근의 연구 결과에 따르면 지진 시 주동토압은 $h/3$ 높이에 작용한다는 주장도 있고(Al-Atik과 Sitar, 2010; Bray 등, 2010; Lew 등, 2010), 이보다 약간 높은 위치에 작용한다는 주장도 있다(Nakamura, 2006). AASHTO(2020)에 따르면, 합리적인 접근 방식은 일반적인 옹벽의 경우 지진 시 주동토압의 합력이 정적주동토압과 같은 위치($h/3$)에 작용한다고 가정하는 것이다.

또한 기존 방법에서는 지진 시 토압이 지진관성력의 영향을 받는 토체의 배면에 작용하는 것으로 가정하였으나, AASHTO(2020)에서는 보강토체 배면에 작용하는 것으로 가정한다는 점에 차이가 있다.

8) 수압

보강토옹벽이 수변 구조물로 적용되거나, 보강토옹벽 배면에 지하 용출수가 있는 경우와 같이 수압의 영향을 받을 수 있는 경우에는 수압과 부력을 고려하여야 한다.

보강토옹벽 배면에 물이 고여 있는 상태로 존재할 때는 보강토옹벽에 직접 작용하는 하중으로서 수압을 고려하여야 하며, 이때 수면 아래의 토압을 계산할 때는 수중단위중량을 이용한다. 정수압은 다음과 같이 계산할 수 있다.

$$p_w = \gamma_w \cdot h_w \tag{4.13}$$

여기서, p_w : 수면으로 깊이 h_w에서의 정수압(kPa)

γ_w : 물의 단위중량($=10\text{kN/m}^3$)

h_w : 수면에서의 깊이(m)

수변 구조물인 경우, 수위 상승 시에는 그림 4.26의 a)와 같이 보강토옹벽 전면에도 수압이 작용하여 보강토옹벽 전·후면의 수압이 상쇄되기 때문에, 보강토옹벽의 안정성에 미치는 영향이 크지 않다. 그러나 수위급강하 시에는 그림 4.26의 b)와 같이 보강토옹벽 전면의 수위는 급격히 저하되는 반면, 보강토옹벽 내부에서는 흙의 투수성이 크지 않기 때문에 물이 서서히 배수되어 수위차가 발생하게 된다. 이러한 수위차로 인해 보강토옹벽에 수압이 작용하여 안정성이 급격히 저하될 수 있다. 수위급강하 시에 발생할 수 있는 이러한 수위차를 줄이기 위하여 보강토 뒤채움재료를 투수성이 좋은 재료로 대체하는 것도 고려해 보아야 한다.

투수성이 좋은 뒤채움재료를 사용하더라도 보강토옹벽 내외에는 수위차가 발생할 수 있으므로, 하천변이나 호수 주변 등 수위 상승의 우려가 있는 지역에 보강토옹벽을 설치할 때는 이러한 수위차를 고려하여 수압의 영향을 고려하여야 한다.

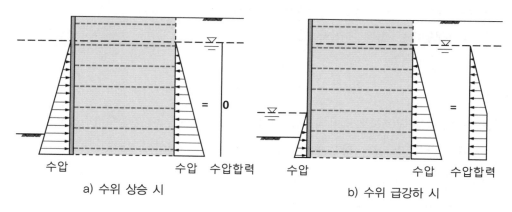

그림 4.26 보강토옹벽에 작용하는 수압

9) 기타 하중

현장 여건에 따라 풍하중, 설하중, 충격하중 등이 추가로 고려될 수 있다.

(1) 차량 충돌하중

FHWA-NHI-00-043(Elias 등, 2001)에 따르면, 보강토옹벽 상부에 차량방호벽이 설치될 때는 도로에서 850mm 높이에 45kN의 충돌하중을 부가하고, 이러한 충돌하중은 상부 2개 층의 보강재에 29kN/m의 수평력을 추가시킨다. 이러한 추가수평력은 최상단 보강재 층에 2/3(19.3kN/m), 두 번째 층에 1/3(9.7kN/m)의 비율로 분배하여 작용시키며, 보강재 전체 길이에서 저항한다. 다만, 차량방호벽이 콘크리트 포장과 일체로 설치될 때는 이러한 추가수평력을 무시할 수 있다.

차량 충돌하중에 대한 자세한 고려 방법은 본 매뉴얼 5.3.1을 따른다.

(2) 가드레일 수평하중

보강토옹벽 상부에 가드레일 등의 지주가 설치될 때는 상부 2개 열의 보강재 층에 4.4kN/m의 수평력을 추가시키고, 최상단 보강재 층에 2/3(2.9kN/m), 두 번째 보강재 층에 1/3(1.5kN/m)의 비율로 분배시킨다.

가드레일 수평하중에 대한 자세한 고려 방법은 본 매뉴얼 5.3.2를 따른다.

4.3.5 보강토옹벽의 파괴 양상

보강토옹벽에 대해서 예상할 수 있는 파괴 양상은 그림 4.27과 같다.

보강토옹벽은 보강재로 보강된 보강토체가 일체화된 구조물로 작용하여 중력식 옹벽과 같은 역할을 한다. 따라서 보강토옹벽은 일반 옹벽 구조물에서와 같이 저면활동, 전도 및 지반지지력 부족에 따른 파괴가 발생할 수 있으며(그림 4.27의 a), b), c) 참조), 이들은 보강토옹벽의 외적안 정성과 관련이 있다.

보강토체가 일체로 작용하기 위해서 보강토체 내부에서 보강재가 파단되거나 인발되지 않아 야 한다(그림 4.27의 d), e) 참조). 일반적으로 흙과 보강재 사이 접촉면의 전단저항력은 흙 자체의 전단강도보다 작으므로 보강토체 내부에서는 보강재가 설치된 층이 취약한 층이 될 수 있으며, 그림 4.27의 f)에서와 같이 보강재 층을 따른 내적활동(Internal sliding) 파괴가 발생 할 가능성이 있다. 이러한 보강재의 파단과 인발 및 내적활동은 보강토옹벽의 내적안정성과 관련이 있다.

또한 전면벽체와 보강재 연결부에서 파단 또는 인발파괴가 발생할 가능성이 있으며(그림 4.27의 g) 참조), 이는 전면벽체와 보강재 사이 연결부 강도를 사용하여 평가할 수 있다.

보강토옹벽 상단부의 보강되지 않은 전면벽체는 상부전도(Crest toppling)에 의한 파괴가 발 생할 수 있다. 이러한 상부전도에 의한 파괴를 방지하기 위하여 최상단 보강재는 전면벽체 상단에서 0.5m 이내에 설치하도록 규정하고 있으나, 배수시설 등의 설치를 위하여 보강토옹벽 상단에서 0.5m 이내에 보강재를 설치할 수 없는 경우에는 상부전도에 대한 안정성을 검토하여 상부전도가 발생하지 않도록 하여야 한다. 이러한 연결부 파단과 상부전도는 보강토옹벽의 국부 적인 안정성과 관련이 있다.

  보강토옹벽이 사면 위에 설치되거나 보강토옹벽 위에 높은 성토사면이 있는 경우, 또는 하부 지반이 연약지반인 경우 등에는 보강토옹벽을 포함한 전체사면활동에 의한 파괴가 발생할 가능성이 있다(그림 4.27의 i) 참조).

  보강토옹벽에서 보강재는 일반적으로 전체 높이에 걸쳐 같은 길이로 비교적 균등한 간격으로 배치되기 때문에 보강토체 내부로 활동면이 발생할 가능성이 크지는 않으나, 보강재 길이가 변하거나 보강토옹벽의 높이에 비하여 보강재 간격이 비교적 큰 경우에는 보강토체와 배면토를 동시에 통과하는 복합활동파괴가 발생할 가능성이 있다(그림 4.27의 j) 참조).

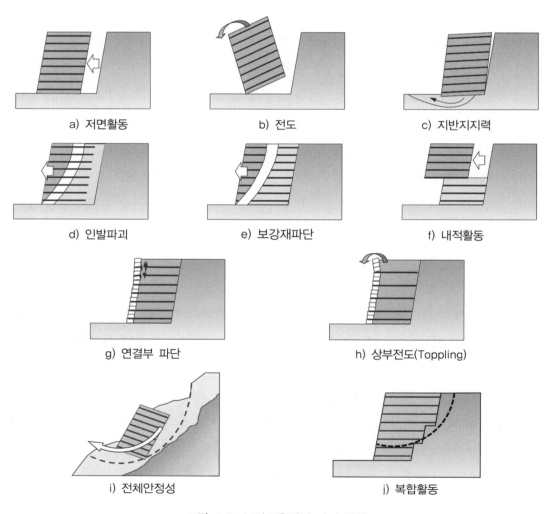

a) 저면활동	b) 전도	c) 지반지지력
d) 인발파괴	e) 보강재파단	f) 내적활동
g) 연결부 파단	h) 상부전도(Toppling)	
i) 전체안정성	j) 복합활동	

그림 4.27 보강토옹벽의 파괴 양상

4.3.6 보강토옹벽 적용 기준

1) 보강재 최소길이

일반적으로 보강재 길이(L)는 $0.7H$(여기서, H는 보강토옹벽의 높이) 이상이라야 하며, 특별한 경우를 제외하고 보강재 길이는 전체 높이에 걸쳐 같게 설계해야 한다.

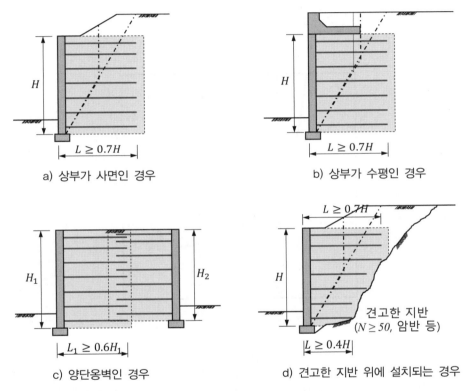

a) 상부가 사면인 경우   b) 상부가 수평인 경우

c) 양단옹벽인 경우   d) 견고한 지반 위에 설치되는 경우

주) 패널식의 경우 보강재 길이는 패널의 두께를 제외한다.

그림 4.28 보강재 최소길이(한국지반신소재학회, 2024)

옹벽 높이가 상당히 낮은 경우에도, 뒤채움재료의 포설 및 다짐 장비의 일반적인 규격을 고려하여, 최소 2.5m 이상의 보강재 길이를 가지도록 설계해야 한다. 다만, 더 작은 다짐 장비를 사용하더라도 보강토옹벽 뒤채움재료의 다짐 관리 기준을 충족시킬 수 있다면 최소 보강재 길이를 1.8m까지 감소시킬 수 있으나, 이때에도 최소 $0.7H$ 이상은 확보되어야 한다(AASHTO,

2020).

보강토옹벽에서 보강재의 길이가 0.7H(여기서, H는 보강토옹벽의 높이)보다 짧더라도 구조적 안정성에는 문제가 없는 때도 있으나, 일반적으로 보강재 길이의 비(L/H)가 작아지면 보강토옹벽의 변형량이 증가하는 경향이 있다. Christopher 등(1990)은 보강토옹벽의 변형량을 추정할 수 있는 그래프를 그림 4.29와 같이 제시하였으며, 이 그림에서 보면, 보강재 길이의 비(L/H)가 0.7에서 0.5로 작아지면 변형량은 1.5배 정도로 증가한다.

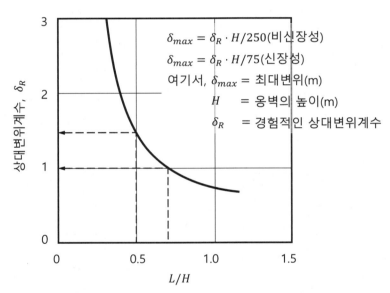

주) 상재하중 20kPa 증가할 때마다, 상대변위 25% 증가
   높이 6m인 보강토옹벽을 기준으로, 상재하중이 20kPa 증가할 때마다 상대변위가 약 25% 증가한다. 경험적으로 볼 때, 보강토옹벽의 높이가 높을수록 상재하중의 영향은 더 커질 수 있다.
   실제 보강토옹벽의 변위는 흙의 특성, 다짐도 및 작업자의 기술 등에 따라 달라질 수도 있다는 점에 주목하라.

그림 4.29 시공 시 보강토옹벽의 변형을 추정할 수 있는 경험곡선(Christopher 등, 1990 수정)

따라서 보강재의 최소길이는 0.7H 이상으로 설계하는 것이 좋으며, 실제 단면에서 보강재 길이는 보강토옹벽 상부의 성토 조건이나 작용하는 하중 조건 등에 따라서 구조적 안정성을 확보할 수 있는 적정한 길이로 설계해야 한다.

그림 4.28의 c)에서와 같이 양쪽으로 보강토옹벽이 설치되어 보강토옹벽 뒤쪽의 주동파괴쐐기가 서로 간섭받을 때는 보강재 최소길이를 $0.6H$ 이상으로 할 수 있다.

2) 보강재 길이의 변화

보강재는 벽체의 전체 높이에 걸쳐 같은 길이와 간격으로 설치하는 것이 일반적이며, 다음의 경우에 보강재 길이를 변화시킬 수 있다.

① 벽체 상부의 큰 인발하중을 지지하거나, 지진하중 또는 충격하중을 지지하는 경우 또는 상부지반의 균열을 방지하기 위하여 상부 보강재 길이를 증가시킬 수 있다(그림 4.30의 a) 참조).

② 기초지반을 포함한 전체안정성을 확보하기 위하여 하부 일부 층의 보강재 길이를 증가시키는 경우(그림 4.30의 b) 참조)

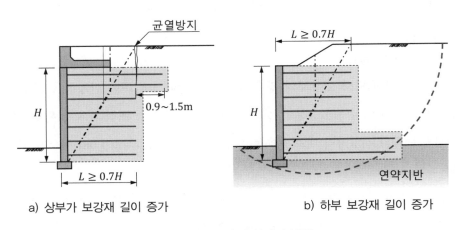

a) 상부가 보강재 길이 증가   b) 하부 보강재 길이 증가

그림 4.30 보강재 길이의 변화

③ 암반과 같이 견고한 지층($N \geq 50$)을 굴착하고 설치하는 경우 굴착을 줄이기 위해 하부 보강재 길이를 $0.4H$까지 감소시킬 수 있으며, 이때 외적안정성을 확보하기 위하여 상부 보강재 길이를 $0.7H$보다 길게 할 수 있다(그림 4.28의 d) 참조).

④ 쏘일네일링, 앵커 등으로 보강된 비탈면의 전면에 보강토옹벽을 설치하는 경우와 안정된 구조물 혹은 안정된 지반의 전면에 보강토옹벽을 설치할 때는 하부보강재 길이를 $0.7H$보다 짧게 할 수 있다(최소길이는 $0.3H$)(Berg 등, 2009a)(그림 4.31 참조).

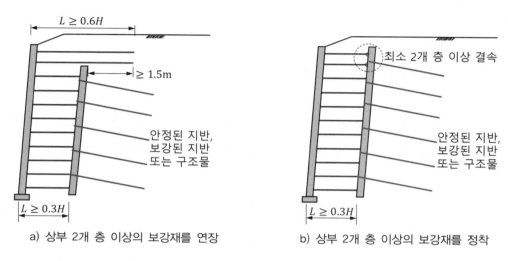

a) 상부 2개 층 이상의 보강재를 연장   b) 상부 2개 층 이상의 보강재를 정착

그림 4.31 안정된 지반의 전면에 설치되는 경우의 적용 방안(Berg 등, 2009a 수정)

3) 보강재 최소 유효길이

일반적으로 지오신세틱스 보강재의 경우 보강재 인발파괴에 대한 안정성을 확보하기 위한 유효길이(L_e)는 0.3m 이상이면 충분한 것으로 평가되고 있으나, 여러 가지 불확실성을 고려하여 가상파괴면 뒤쪽의 저항영역 내로 묻히는 보강재 유효길이는 최소 1.0m 이상이 되도록 설계해야 한다(그림 4.32 참조).

보강토옹벽 상부에 방호벽 또는 방음벽 기초로 L형 옹벽이 설치되는 경우가 많으며, 보강토옹벽의 높이가 낮은 경우 그림 4.33의 a)에서와 같이 상부 L형 옹벽 저판의 폭을 고려하지 않고 설계하는 경우가 많다. 그러나 보강토옹벽 상부에 큰 하중이 작용하는 경우 보강토옹벽 내부의 가상파괴면의 형상이 변경될 수 있으며, 상부에 띠하중, 독립기초하중 등과 같은 큰 하중이 작용하는 경우에는 보강토옹벽 내부의 가상파괴면을 그림 4.33에서와 같이 구조물 저판의 끝단까지 확장하여 검토하여야 한다(한국지반신소재학회, 2024; Elias 등, 2001; Berg 등, 2009a;

AASHTO, 2020; BSI, 2010; GEO, 2022).

따라서 보강토옹벽 상부에 L형 옹벽이 설치되거나 큰 하중(띠하중, 독립기초하중 등)이 작용할 때는 그림 4.33의 b)에서와 같이 활동영역을 확장하고, 변경된 가상파괴면 뒤쪽으로 최소 보강재 유효길이 1.0m를 확보할 수 있도록 보강재 길이를 결정하여야 한다.

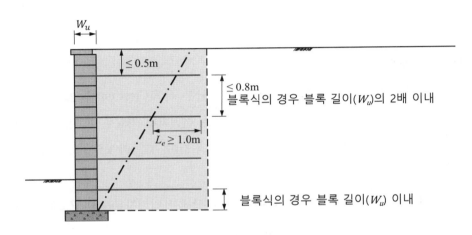

그림 4.32 보강재 수직 설치 간격 및 유효길이

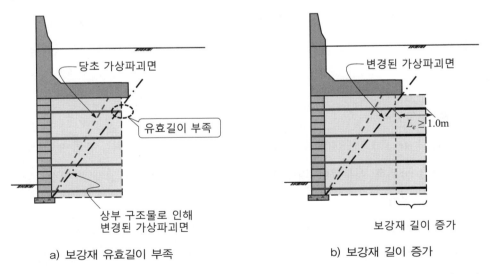

a) 보강재 유효길이 부족   b) 보강재 길이 증가

그림 4.33 상부에 구조물 또는 하중이 있는 경우 가상파괴면의 변화 및 보강재 길이 증가

153

4) 보강재의 배치(최대 수직간격 및 최상단 보강재 위치)

(1) 보강재 수직간격

보강토옹벽에서 보강재의 수직 설치 간격은 최대 0.8m 이내로 해야 한다. 한편, 콘크리트 블록을 전면벽체로 사용할 때는 보강토옹벽의 시공성과 장기적인 안정성 유지 등을 위하여, 보강재의 최대 수직간격이 콘크리트 블록 깊이(뒷길이, W_u)의 2배를 초과하지 않도록 해야 한다(그림 4.32 참조).

(2) 최상단 보강재 설치 위치

보강토옹벽 상단부의 보강되지 않은 전면벽체의 상단부 전도(Crest toppling), 활동 등에 의한 파괴를 방지하기 위하여, 최상단 보강재의 설치 위치는 전면벽체 최상부 표면에서 0.5m 이내로 하고, 블록식 보강토옹벽의 경우 콘크리트 블록 깊이(뒷길이, W_u)의 1.5배를 초과하지 않도록 해야 한다(AASHTO, 2020).

그러나 최상단 보강재 상부의 전도 및 활동에 대해 상세한 입력자료를 바탕으로 해석한 결과 안정성이 확보되는 것으로 평가될 때는 최상단 보강재의 설치 위치를 조정할 수 있다.

(3) 최하단 보강재 설치 위치

최하단 보강재 층은 지반선보다 아래에 설치되어야 하며, 블록식 보강토옹벽의 경우 최하단 보강재 설치 높이는 기초고에서 콘크리트 블록 깊이(뒷길이, W_u)보다 작아야 한다(그림 4.32 참조).

(4) 보강재 수평간격

띠형 보강재, 즉 $R_c < 1$인 보강재를 콘크리트 블록과 함께 사용할 때는, 층별 보강재와 보강재 사이 전면벽체의 국부적 배부름에 의한 피해를 방지하기 위하여 보강재 수평간격을 블록의 폭 이내로 제한하여야 한다.

띠형 보강재를 콘크리트 패널과 함께 사용할 때는, 편심하중의 작용에 의한 콘크리트 패널의 회전 변형을 방지하기 위하여 층별로 패널 1장에 최소 2개 이상의 보강재가 설치되도록 하여야 한다. 즉, 패널식 보강토옹벽에서 띠형 보강재의 수평간격은 패널 폭의 1/2 이내로 제한하여야 한다.

5) 최소 근입깊이

보강토옹벽은 지지력, 침하, 사면활동 등에 대한 안정성을 확보하기 위하여 보강토옹벽 전면의 사면 경사도에 따라 표 4.5에서와 같은 최소 근입깊이(D_s)를 확보할 것을 권장한다. 근입깊이는 지반선에서 전면벽체의 기초패드 상단(기초고)까지의 깊이를 의미하며, 표 4.5의 전면이 사면인 경우의 최소 근입깊이는 그림 4.34 b)의 D_s를 의미한다(Berg 등, 2009a).

표 4.5 사면 경사에 따른 보강토옹벽의 최소 근입깊이(국토해양부, 2013)

보강토옹벽 전면 지반의 사면 경사	최소 근입깊이, D_s
수평(옹벽)	$H/20$
수평(교대)	$H/10$
3H : 1V	$H/10$
2H : 1V	$H/7$
3H : 2V	$H/5$

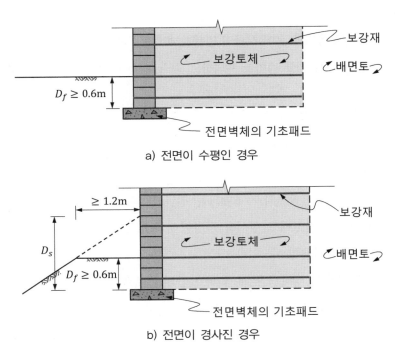

a) 전면이 수평인 경우

b) 전면이 경사진 경우

그림 4.34 보강토옹벽의 근입깊이

보강토옹벽은 지반 속으로 최소 0.6m 이상 근입시켜야 하며, 시공 완료 후 또는 사용 중 굴착이나 세굴 등에 의하여 보강토옹벽 전면의 흙이 제거될 우려가 있는 경우에는 이를 고려하여 근입깊이를 결정하여야 한다.

특히 경사 지반에 설치할 때는 그림 4.34 b)에서와 같이 벽체 전면에 폭 1.2m 이상의 소단을 설치하고, 벽체 근입심도는 0.6m 이상으로 설치하여야 한다. 소단을 두는 이유는 지지력 파괴에 대한 저항력을 제공하고 유지관리를 위한 접근로를 제공하기 위함이다. 소단을 설치하더라도 그림 4.34의 b)에서 점선으로 표시한 것과 같이 소단 위에 추가로 성토사면을 형성할 수 있다.

다만, 보강토옹벽이 암반이나 콘크리트 위에 설치할 때는 근입깊이를 확보하지 않아도 된다. 근입깊이가 필요 없는 경우에는 최하단 보강재의 위치에 주의를 기울여야 하며, 콘크리트 블록을 사용하는 경우 최하단 보강재 설치 높이는 기초고에서 콘크리트 블록 깊이(뒷길이, W_u)보다 작아야 한다.

동결심도가 앞에서 설명한 최소 근입깊이보다 큰 경우에는, 동상의 피해를 방지하기 위하여 동결심도 이하로 묻히도록 해야 하며, 그렇지 않으면 지반을 일부 굴착하여 동상 피해가 적은 자갈질 재료로 치환한 후 최소 근입깊이로 설치하는 방법도 있다.

강가에 설치되는 보강토옹벽과 같이 세굴이 발생할 우려가 있는 경우에는 세굴방지 대책을 마련해야 하며, 근입깊이 산정 시 세굴 깊이를 제외하고 최소 0.6m 이상의 근입깊이를 확보해야 한다.

6) 전면벽체의 기초패드(Leveling Pad)

(1) 전면벽체의 기초패드의 종류

전면벽체의 기초패드는 보강토옹벽 전면부의 평탄성을 확보하기 위해 설치하며, 적정한 근입 깊이에 위치하여야 한다. 전면벽체의 기초패드는 전면벽체의 형식, 높이, 지반 조건 및 경사도 등을 고려하여 전면벽체의 기초패드 형식을 결정할 수 있으며, 잡석 기초, 무근콘크리트 기초, 철근콘크리트 기초 등을 사용할 수 있다.

전면벽체의 기초패드는 무근콘크리트를 원칙으로 하며, 높이가 낮은 블록식 보강토옹벽이나 연성 벽면을 갖는 보강토옹벽의 경우에는 잡석기초를 사용할 수 있다. 지오셀을 전면벽체로 사용하는 경우 또는 지오신세틱스 포장형 전면벽체를 사용할 때는 기초지반의 조건에 따라 별도의 전면벽체 기초패드 없이 시공할 수 있다.

기초지반의 예상 침하량이 큰 경우에는 과도한 부등침하를 방지하기 위하여 철근을 배근한 철근콘크리트 기초를 사용할 수도 있다.

KCS 11 80 10 : 보강토옹벽에 따르면, 전면벽체의 기초패드로 잡석을 사용하는 경우, 잡석은 경질이고 변질될 염려가 없는 부순돌 또는 조약돌로서 입경 50~150mm 범위의 양호한 입도분포를 갖는 것이어야 한다. 콘크리트를 사용할 때는 KS F 4009에 규정된 레디믹스트 콘크리트로서 압축강도가 18MPa 이상이어야 하고, 공기량은 4.5 ± 1.5%, 슬럼프는 8 ± 2.5cm, 굵은골재 최대치수는 25mm 이하라야 한다. 잡석으로 시공할 때는 KCS 44 50 05(3.2.4)의 보조기층 다짐 기준 또는 이에 상응하는 기준으로 충분히 다져야 하고, 현장타설 콘크리트로 시공할 때는 타설 후 12시간 이상 양생시켜야 한다.

(2) 전면벽체 기초패드의 최소 두께 및 폭

전면벽체의 기초패드는 그림 4.35에서와 같이 최소 두께가 150mm 이상이라야 하며, 폭은

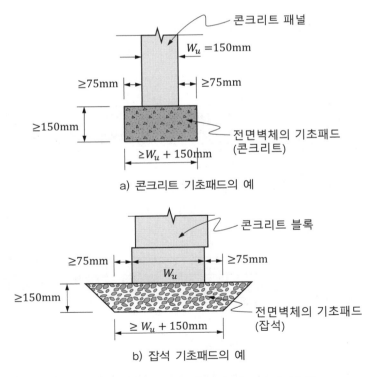

a) 콘크리트 기초패드의 예

b) 잡석 기초패드의 예

그림 4.35 전면벽체 기초패드의 최소 두께 및 폭

전면벽체의 앞, 뒤쪽에 각각 75mm 이상의 여유가 있어야 한다. 예를 들어 두께 150mm의 콘크리트 패널을 전면벽체로 사용하는 경우, 기초패드의 폭은 300mm(= 75 + 150 + 75) 이상이 라야 한다.

반경이 작은 곡선부에서는 전면벽체가 기초패드 위에 온전히 올라갈 수 있도록 전면벽체의 기초패드의 폭을 증가시킬 수 있으며, 이때에도 기초패드는 전면벽체의 앞, 뒤쪽에 75mm 이상의 여유가 있어야 한다.

(3) 고저의 차가 있는 경우 기초패드의 설치

보강토옹벽 선형을 따라서 고저의 차가 있는 비탈에 보강토옹벽이 시공될 때는 그림 4.36에서와 같이 전면벽체의 높이를 고려하여 전면벽체의 기초패드가 계단식으로 마무리되도록 하여 전면벽체가 항상 수평으로 설치될 수 있도록 한다.

보강토옹벽의 안정성 및 외관은 최하단 블록 또는 패널 설치의 정확도에 의해 크게 좌우되므로, 전면벽체 기초패드의 상부면은 수평으로 평탄하게 마무리하며, 길이 3m에 대하여 측정하였을 때 높이의 차이가 3mm 이내가 되도록 한다.

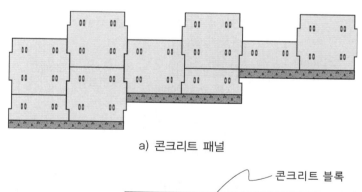

a) 콘크리트 패널

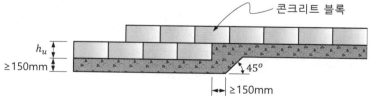

b) 콘크리트 블록

그림 4.36 고저의 차가 있는 경우 전면벽체의 기초패드 설치(김경모, 2019 수정)

7) 다단식 보강토옹벽 적용 기준

높이가 높은 보강토옹벽은 높이가 낮은 여러 단의 보강토옹벽으로 나누어 다단식으로 적용할 수 있다. 보강토옹벽을 다단식으로 시공하면 전면벽체의 기초패드를 다시 설치함으로써 전면벽체에 작용하는 수직응력을 감소시킬 수 있고, 전면벽체의 수직 선형의 관리가 쉽다는 장점이 있다. 또한 이격거리에 따라 다단식 보강토옹벽의 전체 높이에 대한 벽면 경사가 완만해져서 옹벽에 작용하는 토압이 감소할 수 있다(Berg 등, 2009a).

다단식 보강토옹벽에서 최상단 옹벽은 1단 옹벽과 마찬가지로 $0.7H_1$ 이상의 보강재 길이가 필요하며, 2단 옹벽부터는 그 위의 옹벽 높이를 합한 전체 높이의 0.6배 이상의 보강재 길이가 필요하다.

다단식 보강토옹벽에서 소단의 이격거리에 대하여 엄밀히 규정된 것은 없으나, 「산지관리법 시행규칙」[별표 1의 3]에 따르면 비탈면(옹벽을 포함한다)의 수직높이가 5m 이상인 경우에는 5m 이하의 간격으로 너비 1m 이상의 소단을 설치하도록 사업계획에 반영해야 한다. KDS 11 80 10에 따르면 다단식 보강토옹벽 소단 폭은 배수층 설치 및 다짐 등 시공성과 시공 후 유지관리 편의성을 확보할 수 있도록 정하여야 하며, 한국지반신소재학회(2024)에서는 다단식 보강토옹벽에서 소단부는 유지관리 시 점검로의 역할도 하므로 최소 2m 이상의 이격거리를 둘 것을 권고한다.

다단식 보강토옹벽에 대해서는 반드시 전체안정성 및 복합안정성을 검토하여야 하며, 다단식 보강토옹벽의 안정성 검토와 관련해서는 본 매뉴얼 5.6절에 설명되어 있다.

4.3.7 내진설계 여부

보강토옹벽은 지진 시 안정성이 매우 우수한 것으로 알려져 있으나, 보강토옹벽의 경우라도 규모가 커서 파괴 시 복구가 어렵거나, 옹벽 자체의 파괴로 인하여 주변 고정시설물의 피해가 예상될 때는 내진해석을 수행하여 안정성을 검토하고 그에 따라 보완할 필요가 있다.

KDS 11 80 10 보강토옹벽에서는 일정 규모 이상의 중요도가 있는 경우 또는 보강토옹벽의 상부나 하부에 파괴로 인한 피해 범위 내에 가옥이나 고정시설물이 있는 경우에는 필요에 따라 지진 시 안정성 검토를 수행하도록 규정하고 있다.

KDS 11 80 05 콘크리트옹벽에 따르면 콘크리트 옹벽은 다음에 해당하면 내진설계를 수행하도록 규정하고 있으므로 보강토옹벽도 같은 기준을 적용할 수 있다.

① 「시설물의 안전관리에 관한 특별법 시행령」에 의해 2종 시설물로 분류되는 규모인 경우
② 콘크리트 옹벽 상부와 하부의 피해 범위 내에 내진설계를 요하는 주 구조물 또는 1, 2종 시설물이 있는 경우
③ 발주자가 요구하거나 설계자가 필요하다고 판단하는 경우

한편, 「시설물 안전관리에 관한 특별법 시행령」 제2조 1항에 따르면 지면으로부터 노출된 높이가 5.0m 이상인 부분의 합이 100m 이상인 옹벽은 2종 시설물로서 내진설계 대상이다.

경험적으로 볼 때, 교차각이 120° 이내인 반경이 작은 곡선부 또는 우각부의 경우, 지진 시 직선부보다 코너부에서 손상을 입거나 분리되는 등 성능상의 문제 발생률이 높았다(AASHTO, 2020). 따라서 곡선부 또는 우각부에 시공되는 보강토옹벽은 반드시 내진설계를 해야 한다.

4.4 보강토옹벽의 안정성 검토

보강토옹벽은 뒤채움 내부에 다층의 보강재를 삽입하고 다짐 시공하여 보강재와 흙 사이의 결속력으로 보강토체를 형성하여 옹벽의 역할을 하는 것으로, 매우 다양한 역학적 메커니즘에 의해 기능을 수행한다.

따라서 보강토옹벽은 일반 옹벽과 같은 역할을 수행할 수 있는지에 대한 외적안정 검토와 보강토체가 일체로 작용할 수 있는지에 대한 내적안정 검토로 구분하여 안정성을 검토해야 한다.

4.4.1 안정성 검토항목

보강토체 안정성 검토에서 고려하는 주요 파괴 형태는 앞의 그림 4.27에서와 같다.

보강토옹벽의 외적안정성 검토는 보강토체를 옹벽 구조물로 보고 일반 옹벽 구조물에서와 같이 저면활동, 전도 및 지반지지력에 대한 외적안정성을 검토한다. 또한 보강토체를 포함한

전체 사면활동에 대한 안정성도 검토해야 한다. 기초지반이 연약한 경우에는 하부지반의 압축 침하로 인한 보강토옹벽의 안정성에 대해서도 검토해야 한다.

보강토체가 일체로 거동하기 위해서는 보강토체 내부에서 보강재가 인발되거나 파단되지 않아야 하며(그림 4.27의 d) 및 e) 참조), 보강재 층을 따른 활동파괴(내적활동)가 발생하지 않아야 한다(그림 4.27의 f) 참조). 또한 전면벽체와 보강재 연결부도 파단 또는 인발되지 않아야 하며(그림 4.27의 g) 참조), 콘크리트 블록을 사용할 때는 보강토옹벽 상부의 보강되지 않은 부분에서 상부전도에 의한 파괴가 발생하지 않아야 한다(그림 4.27의 h) 참조).

4.4.2 기준안전율

보강토옹벽의 안정성 검토에 적용하는 기준안전율은 표 4.6과 같다. 지진 시는 지진하중을 고려하여 검토한다.

보강토옹벽에 대한 안정성 검토 항목 중 외적안정은 보강토체를 강체로 간주하여 일반 옹벽의 외적안정해석과 같게 수행한다.

표 4.6 보강토옹벽의 설계 안전율(KDS 11 80 10 수정)

구분	검토항목	평상시	지진 시	비고
외적안정	활 동	1.5	1.1	
	전 도	2.0	1.5	
	지지력	2.5	2.0	
	전체/복합안정성	1.5	1.1	
내적안정	인발파괴	1.5	1.1	
	보강재 파단	1.0	1.0	
	내적활동	1.5	1.1	
	내부(상부)전도	1.5	1.1	
	연결부 강도	1.5	1.1	

주1) 전도에 대한 안정은 수직 합력의 편심거리 e에 대한 다음 식으로도 평가할 수 있다.
　　　평상시, $e \leq L/6$: 기초지반이 흙인 경우, $e \leq L/4$: 기초지반이 암반인 경우
　　　지진 시, $e \leq L/4$: 기초지반이 흙인 경우, $e \leq L/3$: 기초지반이 암반인 경우
주2) 보강재 파단에 대한 안전율은 보강재의 장기설계인장강도 T_a를 적용하므로 1.0으로 한다.

내적안정해석은 크게 보강재와 흙 사이의 마찰저항에 대한 부분과, 보강재 자체의 파괴에 대한 부분으로 구분한다. 보강재 파단에 대한 안전율은 층별 보강재의 최대유발인장력(T_{max})에 대한 장기설계인장강도(T_a)의 비율로 나타내며, 보강재의 장기설계인장강도(T_a)에는 각 보강재의 재질 및 형상별로 설정된 안전율(FS)이 포함되어 있다.

현재 실무에 많이 사용하고 있는 상용 보강토옹벽 안정성 검토 프로그램에서는 보강재 파단에 대한 안전율을 보강재의 최대유발인장력(T_{max})에 대한 장기인장강도(T_l)의 비(T_l/T_{max})로 나타내는 경우가 많으며, 이런 경우에는 보강재 종류에 따른 안전율(표 3.1 참조)을 고려해야 한다는 점에 주의해야 한다.

KDS 11 80 10 : 보강토옹벽에는 내적안정 검토항목 중에 내적활동에 대한 검토 항목이 있으나, 국내 설계기준(KDS 11 80 10 등)에서는 이에 대한 설계 기준안전율이 제시되어 있지 않다. 내적활동은 보강토체 내부에서 보강재 층을 따른 활동으로(그림 4.27의 f) 참조), 흙과 보강재 사이의 접촉면 마찰저항력이 흙의 전단강도보다 작으므로 보강토옹벽에서는 저면활동에 대한 안전율보다 내적활동에 대한 안전율이 더 작은 경우가 많다. 따라서 보강토옹벽에서는 내적활동에 대한 안정성을 평가할 필요가 있으며, 내적활동은 저면활동과 같은 메커니즘에 의한 파괴 양상이므로 저면활동에 대한 안정성 검토 방법과 같은 방법으로 내적활동에 대한 안정성을 검토하고, 이때 내적활동에 대한 기준안전율은 저면활동에 대한 기준안전율(평상시 1.5, 지진시 1.1)을 적용한다.

4.4.3 외적안정성 검토

외적안정성 검토는 보강토체 전체를 중력식 옹벽으로 간주한 후 활동, 전도, 지지력에 대한 안정해석과 전체안정성 검토를 수행한다. 배면토압이 작용하는 가상배면은 보강토체와 배면토 사이의 경계면으로 한다.

1) 저면활동에 대한 안정성 검토

저면활동에 대한 안정성은 보강토체 배면에 작용하는 수평력(P_H)에 대한 보강토체 바닥면의 저항력(R_H)의 비율로서 다음과 같이 계산할 수 있다. 이때 상재 활하중에 의한 저항력은 고려하지 않는다.

$$FS_{slid} = \frac{R_H}{P_H} \geq 1.5 \qquad (4.14)$$

여기서, FS_{slid} : 저면활동에 대한 안전율(보통 1.5)

R_H : 보강토체 바닥면에서 활동에 대한 저항력(kN/m)

P_H : 보강토옹벽 배면에 작용하는 활동력(kN/m)

여기서, 보강토체 바닥면의 저항력(R_H)는 보강토체의 저항력과 기초지반의 저항력 중 작은 값으로, 다음과 같이 계산된다.

$$R_H = \min \begin{cases} c_f L + \Sigma P_v \tan\phi_f \\ \Sigma P_v \tan\phi_r \end{cases} \qquad (4.15)$$

여기서, R_H : 보강토체 바닥면에서 활동에 대한 저항력(kN/m)

c_f : 기초지반의 점착력(kPa)

L : 보강재 길이(m)

ΣP_v : 보강토옹벽 바닥면에 작용하는 수직력의 합(kN/m)

ϕ_f : 기초지반의 내부마찰각(°)

ϕ_r : 보강토체의 내부마찰각(°)

한편, 최하단 보강재가 보강토옹벽 바닥에 설치될 때는 흙과 보강재 사이의 접촉면 마찰효율(C_{ds})을 고려하여야 하며, 식 (4.15)는 다음과 같이 수정되어야 한다. 이때 C_{ds}에 대해서는 본 매뉴얼 3.5.2를 참고할 수 있다.

$$R_H = \min \begin{cases} C_{ds}(c_f L + \Sigma P_v \tan\phi_f) \\ \Sigma P_v C_{ds} \tan\phi_r \end{cases} \qquad (4.16)$$

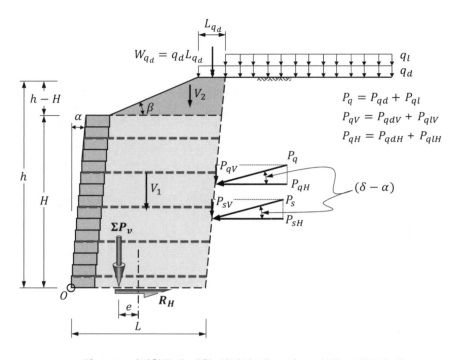

그림 4.37 저면활동에 대한 안정성 검토 시 고려하는 하중의 예

보강토옹벽 바닥면에서의 저항력 계산을 위한 보강토체 바닥면에 작용하는 수직력의 합 (ΣP_v)은 다음과 같이 계산할 수 있다.

$$\Sigma P_v = V_1 + V_2 + P_{sV} + P_{qdV} + P_{V1} + W_{qd} + \cdots \tag{4.17}$$

여기서, ΣP_v : 보강토옹벽 바닥면에 작용하는 수직력의 합(kN/m)

V_1 : 보강토체의 자중(kN/m)

V_2 : 보강토옹벽 상부 상재 성토의 자중(kN/m)

P_{sV} : 보강토옹벽 배면 흙 쐐기에 의한 토압의 수직성분(kN/m)

P_{qdV} : 상재 등분포 사하중에 의한 토압의 수직성분(kN/m)

P_{V1} : 보강토옹벽 위에 작용하는 사하중(띠하중, 독립기초하중, 선하중 등)(kN/m)

W_{qd} : 보강토옹벽 위에 작용하는 등분포 사하중의 합(kN/m)

보강토옹벽 배면의 흙 쐐기에 의한 토압의 수직성분은 다음과 같이 계산된다.

$$P_{sV} = P_s \sin(\delta - \alpha) = \frac{1}{2}\gamma_b h^2 K_a \sin(\delta - \alpha) \tag{4.18}$$

여기서, P_{sV} : 보강토옹벽 배면의 흙 쐐기에 의한 토압의 수직성분(kN/m)

P_s : 보강토옹벽 배면의 흙 쐐기에 의한 토압(kN/m)

δ : 벽면마찰각(°)

α : 보강토옹벽의 벽면 경사(°)

γ_b : 배면토의 단위중량(kN/m³)

K_a : 주동토압계수(본 매뉴얼 4.3.4의 3) 토압 참조)

등분포 상재 활하중 및 사하중에 의한 토압의 수직성분은 다음과 같이 계산된다.

$$P_{qlV} = P_{ql} \sin(\delta - \alpha) = q_l h K_a \sin(\delta - \alpha) \tag{4.19}$$
$$P_{qdV} = P_{qd} \sin(\delta - \alpha) = q_d h K_a \sin(\delta - \alpha) \tag{4.20}$$

여기서, P_{qlV} : 등분포 상재 활하중에 의한 토압의 수직성분(kN/m)

P_{qdV} : 등분포 상재 사하중에 의한 토압의 수직성분(kN/m)

P_{ql} : 등분포 상재 활하중에 의한 토압(kN/m)

P_{qd} : 등분포 상재 사하중에 의한 토압(kN/m)

q_l : 등분포 상재 활하중(kPa)

q_d : 등분포 상재 사하중(kPa)

h : 배면토압에 작용하는 높이(m)

δ : 벽면마찰각(°)

α : 보강토옹벽의 벽면 경사(°)

γ_b : 배면토의 단위중량(kN/m³)

K_a : 주동토압계수(본 매뉴얼 4.3.4의 3) 토압 참조)

앞의 식 (4.14)에서 보강토옹벽 배면에 작용하는 활동력(P_H)는 다음과 같이 계산된다.

$$P_H = P_{sH} + P_{qlH} + P_{qdH} + F_p + P_{H1} + P_{H2} + \cdots \tag{4.21}$$

여기서, P_H : 보강토옹벽 배면에 작용하는 수평력의 합(kN/m)

P_{sH} : 보강토옹벽 배면 흙 쐐기에 의한 토압의 수평성분(kN/m)

P_{qlH} : 등분포 상재 활하중에 의한 토압의 수평성분(kN/m)

P_{qdH} : 등분포 상재 사하중에 의한 토압의 수평성분(kN/m)

F_p : 보강토옹벽 배면 상부에 작용하는 상재하중(띠하중, 독립기초하중, 선하중 등)에 의하여 추가되는 배면토압(kN/m)(그림 4.20 참조)

P_{H1} : 보강토옹벽 상부에 작용하는 수평하중(kN/m)(그림 4.21 참조)

P_{H2} : 보강토옹벽 배면 상부에 작용하는 수평하중에 의하여 추가되는 배면토압(kN/m)(그림 4.22 참조)

보강토옹벽 배면의 흙 쐐기에 의한 토압의 수평성분은 다음과 같이 계산된다.

$$P_{sH} = P_s \cos(\delta - \alpha) = \frac{1}{2}\gamma_b h^2 K_a \cos(\delta - \alpha) \tag{4.22}$$

여기서, P_{sH} : 보강토옹벽 배면의 흙 쐐기에 의한 토압의 수평성분(kN/m)

P_s : 보강토옹벽 배면의 흙 쐐기에 의한 토압(kN/m)

δ : 벽면마찰각(°)

α : 보강토옹벽의 벽면 경사(°)

γ_b : 배면토의 단위중량(kN/m³)

K_a : 주동토압계수(본 매뉴얼 4.3.4의 3) 토압 참조)

등분포 상재 활하중 및 상재 사하중에 의한 토압의 수평성분은 다음과 같이 계산된다.

$$P_{qlH} = P_{ql}\cos(\delta-\alpha) = q_l h K_a \cos(\delta-\alpha) \tag{4.23}$$

$$P_{qdH} = P_{qd}\cos(\delta-\alpha) = q_d h K_a \cos(\delta-\alpha) \tag{4.24}$$

여기서, P_{qlH} : 등분포 상재 활하중에 의한 토압의 수평성분(kN/m)

P_{qdH} : 등분포 상재 사하중에 의한 토압의 수평성분(kN/m)

P_{ql} : 등분포 상재 활하중에 의한 토압(kN/m)

P_{qd} : 등분포 상재 사하중에 의한 토압(kN/m)

q_l : 등분포 상재 활하중(kPa)

q_d : 등분포 상재 사하중(kPa)

h : 배면토압에 작용하는 높이(m)

δ : 벽면마찰각(°)

α : 보강토옹벽의 벽면 경사(°)

γ_b : 배면토의 단위중량(kN/m³)

K_a : 주동토압계수(본 매뉴얼 4.3.4의 3) 토압 참조)

2) 전도에 대한 안정성 검토

보강토옹벽의 전도에 대한 안정성 검토는 보강토옹벽의 선단(그림 4.38의 O 점)을 중심으로 한 전도모멘트(M_O)와 저항모멘트(M_R)에 근거하며, 전도에 대한 안정성 평가식은 다음과 같다. 이때 상재 활하중에 의한 저항모멘트는 고려하지 않는다.

$$FS_{over} = \frac{M_R}{M_O} \geq 2.0 \tag{4.25}$$

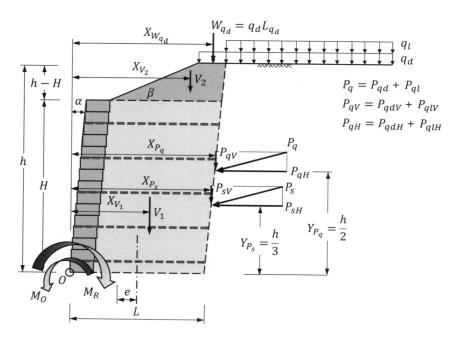

그림 4.38 전도에 대한 안정성 검토 시 고려하는 하중의 예

여기서, FS_{over} : 전도에 대한 안전율(보통 2.0)

$\qquad M_R$: 수직력에 의한 저항모멘트(kN·m/m)

$\qquad M_O$: 수평력에 의한 전도모멘트(kN·m/m)

저항모멘트는 다음과 같이 계산할 수 있다.

$$M_R = M_{V_1} + M_{V_2} + M_{P_sV} + M_{P_qV} + M_{W_{qd}} + \cdots \qquad (4.26)$$

$$= V_1 X_{V_1} + V_2 X_{V_2} + P_{sV} X_{P_s} + P_{qV} X_{P_q} + W_{qd} X_{W_{qd}} + \cdots$$

여기서, M_R : 저항모멘트의 합(kN·m/m)

$\qquad M_{V_1}$: 보강토체의 자중(V_1)에 의한 저항모멘트(kN·m/m)

$\qquad M_{V_2}$: 상재성토하중(V_2)에 의한 저항모멘트(kN·m/m)

M_{P_sV}, M_{P_qV}　　: 배면토압의 수직성분에 의한 저항모멘트(kN·m/m)

$M_{W_{qd}}$　　　　　: 등분포 상재 사하중에 의한 저항모멘트(kN·m/m)

V_1　　　　　　: 보강토체의 자중(kN/m)

V_2　　　　　　: 상재 성토의 자중(kN/m)

P_{sV}, P_{qV}　　　: 배면토압의 수직성분(kN/m)

X_{V_1}, X_{V_2}　　　: V_1, V_2의 모멘트 팔길이(m)

X_{Ps}, X_{Pq}　　　: P_{sV}, P_{qV}의 모멘트 팔길이(m)

W_{qd}　　　　　: 보강토체 위에 작용하는 등분포 상재 사하중(kN/m)

X_{Wqd}　　　　: W_{qd}의 모멘트 팔길이(m)

전도모멘트는 다음과 같이 계산할 수 있다.

$$M_O = M_{P_{sH}} + M_{P_{qH}} + M_{F_p} + M_{P_{H2}} + \ \cdots \tag{4.27}$$

$$= P_{sH}Y_{P_s} + P_{qH}Y_{P_q} + F_p h_p + P_{H2}Y_{P_{H2}} + \ \cdots$$

여기서, M_O　　　　: 전도모멘트의 합(kN·m/m)

$M_{P_{sH}}$, $M_{P_{qH}}$　: 배면토압의 수평성분에 의한 전도모멘트(kN·m/m)

P_{sH}, P_{qH}　　: 배면토압의 수평성분(kN/m)

F_p　　　　　: 상재하중(띠하중, 독립기초하중, 선하중 등)에 의하여 추가된 배면토압(kN/m)(그림 4.20 참조)

P_{H2}　　　　: 보강토옹벽 배면 상부에 작용하는 수평하중(또는 수평하중에 의하여 추가되는 배면토압)(kN/m)(그림 4.22 참조)

Y_{Ps}, Y_{Pq}　　: P_{sH}, P_{qH}의 모멘트 팔길이(m)

h_p　　　　　: F_p의 모멘트 팔길이(m)(그림 4.20 참조)

$Y_{P_{H2}}$　　　: P_{H2}의 모멘트 팔길이(m)(그림 4.22 참조)

또 다른 전도에 대한 안정성 평가 방법은 편심거리(e)를 이용하는 방법으로, 보강토체 저면에서 합력 ΣP_v는 보강토체 저면의 중앙 1/3(암반의 경우 중앙 1/2) 이내에 있어야 한다. 즉,

$$e = \frac{L}{2} - \frac{\Sigma M}{\Sigma P_v} \begin{cases} e \leq L/6 \ ; \ 토사지반 \\ e \leq L/4 \ ; \ 암반 \end{cases} \tag{4.28}$$

3) 지지력에 대한 안정성 검토

지반지지력에 대한 안정성 검토는 최하단 기초지반에 대해서 수행되며, 안전율 평가식은 식 (4.29)와 같다. 이때 편심거리(e_{bear})는 식 (4.28)의 편심거리(e)와는 다르며 보강토체 상부에 작용하는 상재 활하중의 영향을 포함한다.

$$FS_{bear} \ \geq \ \frac{q_{ult}}{q_{ref}} \geq 2.5 \tag{4.29}$$

$$q_{ult} = \ c_f N_c + \ 0.5\gamma_f(L-2e)N_\gamma + \ \gamma_f D_f N_q \tag{4.30}$$

$$q_{ref} = \sigma_v = \frac{\Sigma P_v + W_{ql}}{L - 2e_{bear}} \tag{4.31}$$

$$e_{bear} = \frac{L}{2} - \frac{\Sigma M + M_{W_{ql}}}{\Sigma P_v + W_{ql}} \tag{4.32}$$

여기서, FS_{bear} : 지반지지력에 대한 안전율(보통 2.5)

$\qquad\quad q_{ult}$: 기초지반의 극한지지력(kN/m^2)

$\qquad\quad q_{ref}$: 기초지반의 소요지지력(kN/m^2)

$\qquad\quad c_f$: 기초지반의 점착력(kN/m^2)

$\qquad\quad \gamma_f$: 기초지반의 단위중량(kN/m^3)

$\qquad\quad L$: 보강재의 길이(m)

$\qquad\quad e_{bear}$: 소요지지력 계산 시의 편심거리(m)

$\qquad\quad D_f$: 보강토옹벽의 근입깊이(m)

N_c, N_γ, N_q : 지지력 계수(표 4.7 참조)

ΣP_v : 보강토체 바닥면에 작용하는 수직력의 합(kN/m)

ΣM : 보강토체 선단에 대한 모멘트의 합(kN·m/m)

$M_{W_{ql}}$: 상재 활하중에 의한 저항모멘트(kN·m/m)

W_{ql} : 상재 활하중에 의한 하중(kN/m)

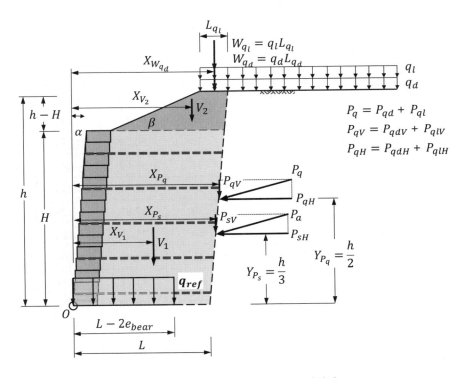

그림 4.39 보강토옹벽의 소요지력

식 (4.24)는 얕은기초의 지지력 공식과 같으며, 보강토옹벽에서는 특별한 경우가 아니면 제3항의 근입깊이(D_f)의 영향을 고려하지 않는다. 무차원의 지지력 계수 N_c, N_γ, N_q는 표 4.7에서와 같은 값을 사용할 수 있다(Elias 등, 2001; Berg 등, 2009a; NCMA, 2012).

보강토옹벽 기초지반에 지하수위가 있거나 보강토옹벽 전면이 수평이 아닌 경우에는 이들의 영향을 고려하여야 한다.

표 4.7 지지력 계수(Vesic, 1973)

ϕ_f	N_c	N_q	N_γ	ϕ_f	N_c	N_q	N_γ
0	5.14	1.00	0.00	26	22.25	11.85	12.54
1	5.38	1.09	0.07	27	23.94	13.20	14.47
2	5.63	1.20	0.15	28	25.80	14.72	16.72
3	5.90	1.31	0.24	29	27.86	16.44	19.34
4	6.19	1.43	0.34	30	30.14	18.40	22.40
5	6.49	1.57	0.45	31	32.67	20.63	25.90
6	6.81	1.72	0.57	32	35.49	23.18	30.22
7	7.16	1.88	0.71	33	38.64	26.09	35.19
8	7.53	2.06	0.86	34	42.16	29.44	41.06
9	7.92	2.25	1.03	35	46.12	33.30	48.03
10	8.35	2.47	1.22	36	50.59	37.75	56.31
11	8.80	2.71	1.44	37	55.63	42.92	66.19
12	9.28	2.97	1.69	38	61.35	48.93	78.03
13	9.81	3.26	1.97	39	37.87	55.96	92.25
14	10.37	3.59	2.29	40	75.31	64.20	109.41
15	10.98	3.94	2.65	41	83.86	73.90	130.22
16	11.63	4.34	3.06	42	93.71	85.38	155.55
17	12.34	4.77	3.53	43	105.11	99.02	186.54
18	13.10	5.26	4.07	44	118.37	115.31	224.64
19	13.93	5.80	4.68	45	133.88	134.88	271.76
20	14.83	6.40	5.39	46	152.10	158.51	330.35
21	15.82	7.07	6.20	47	173.64	187.21	403.67
22	16.88	7.82	7.13	48	199.26	222.31	496.01
23	18.05	8.66	8.20	49	229.93	265.51	613.16
24	19.32	9.60	9.44	50	266.89	319.07	762.89
25	20.72	10.66	10.88	–	–	–	–

주) 지지력 계수(Vesic, 1973)

$$N_q = \tan^2\left(45^o + \frac{\phi}{2}\right)e^{\pi \tan\phi}$$

$$N_c = (N_q - 1)\cot\phi$$
$$N_\gamma = 2(N_q + 1)\tan\phi$$

4.4.4 내적안정성 검토

1) 가상파괴면

(1) 가상파괴면의 형태

보강토옹벽의 내적 파괴면(가상파괴면)의 형태는 층별 보강재의 최대유발인장력($T_{\max}$)이 발생하는 위치를 연결하여 추정하며, 보강토체 내의 파괴 형태는 기초면에서 대수나선 형태에 가깝게 발생하는 것으로 알려져 있다. 실제 설계에서는 계산의 편의를 위하여 파괴 형태를 하나 또는 두 개의 직선 형태로 가정하여 계산한다(그림 4.40 참조).

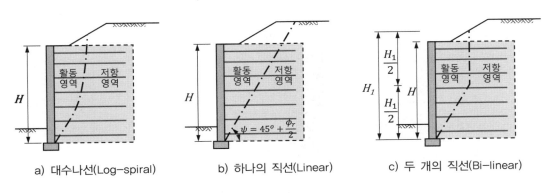

a) 대수나선(Log-spiral) b) 하나의 직선(Linear) c) 두 개의 직선(Bi-linear)

그림 4.40 보강토체 내부의 파괴 형태

(2) 가상파괴면의 가정

보강토옹벽의 가상파괴면의 형태는 보강재의 연신율 특성에 따라 크게 2가지 파괴 형태로 가정할 수 있다.

금속성 보강재와 같이 비교적 연신율이 작은 보강재(비신장성 보강재)의 경우는 파괴 범위가 벽체 쪽에 가깝게 발생하는 경향을 나타내며, 이러한 경우에는 가상파괴면은 그림 4.41의 a)에서와 같이 두 개의 직선(Bi-linear)으로 가정한다.

반면, 지오신세틱스와 같은 신장성 보강재의 경우에는 옹벽의 주동파괴면과 유사한 파괴 형태를 나타내며, 이러한 경우에는 가상파괴면은 그림 4.41의 b)에서와 같이 하나의 직선(Linear) 형태로 가정한다.

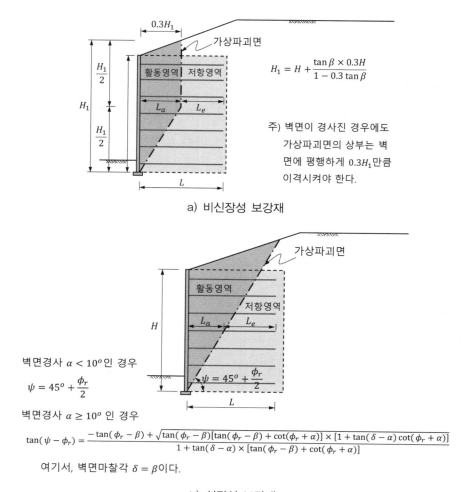

$$H_1 = H + \frac{\tan\beta \times 0.3H}{1 - 0.3\tan\beta}$$

주) 벽면이 경사진 경우에도
가상파괴면의 상부는 벽
면에 평행하게 $0.3H_1$만큼
이격시켜야 한다.

a) 비신장성 보강재

벽면경사 $\alpha < 10^o$인 경우

$$\psi = 45^o + \frac{\phi_r}{2}$$

벽면경사 $\alpha \geq 10^o$ 인 경우

$$\tan(\psi - \phi_r) = \frac{-\tan(\phi_r - \beta) + \sqrt{\tan(\phi_r - \beta)[\tan(\phi_r - \beta) + \cot(\phi_r + \alpha)] \times [1 + \tan(\delta - \alpha)\cot(\phi_r + \alpha)]}}{1 + \tan(\delta - \alpha) \times [\tan(\phi_r - \beta) + \cot(\phi_r + \alpha)]}$$

여기서, 벽면마찰각 $\delta = \beta$이다.

b) 신장성 보강재

그림 4.41 보강토옹벽의 가상파괴면(Elias 등, 2001; Berg 등, 2009a; AASHTO, 2020 수정)

다만, 띠형 섬유 보강재(Polymer strip)의 경우에는 비록 지오신세틱스 재질의 보강재이기는
하지만 그 거동 특성이 비신장성 보강재와 유사하게 나타나므로 가상파괴면을 두 개의 직선으로
가정할 수 있다.

보강토옹벽 상부에 L형 옹벽과 같은 구조물이 설치될 때, 상부 구조물의 폭이 보강토옹벽
상단에서 가상파괴면의 폭보다 넓은 경우에는 그림 4.42와 같이 가상파괴면의 폭이 확장된다.
실무에서는 보강토옹벽 상부에 방호벽 또는 방음벽 기초로 L형 옹벽을 설치하는 경우가 많은데,

보강토옹벽의 높이가 낮은 경우에는 보강재 길이보다 상부 L형 옹벽 저판의 폭이 넓은 경우가 많다. 이러한 경우에는 그림 4.42에서와 같이 활동영역을 확장한 가상파괴면을 기준으로 층별 보강재의 유효길이를 결정하여야 한다.

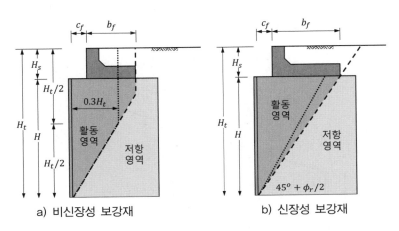

a) 비신장성 보강재   b) 신장성 보강재

그림 4.42 상부에 구조물이 있는 경우 가상파괴면의 변화

2) 보강재 최대유발인장력(T_{max})

파괴면에서 보강재에 작용하는 최대유발인장력(T_{max})은 각 보강재 위치에서 작용하는 수평토압(σ_h)과 보강재의 수직 설치 간격(S_v)을 고려하여 다음 식과 같이 산정할 수 있다.

$$T_{max} = \sigma_h \ S_v \qquad (4.33)$$

$$\sigma_h = K_r (\sigma_v + \Delta \sigma_v) \ + \Delta \sigma_h \qquad (4.34)$$

$$\sigma_v = \gamma_r \ Z \ + \ \sigma_2 \qquad (4.35)$$

여기서, T_{max} : 각 보강재 층에서 최대유발인장력(kN/m)

σ_h : 각 보강재 층에서의 수평응력(kN/m²)

S_v : 보강재의 수직 설치 간격(m)(그림 4.43 참조)

K_r : 보강토체 내부의 수평토압계수(그림 4.44 참조)

σ_v : 보강재 위치에서의 수직응력(상재성토하중 포함)(kN/m²)

σ_2 : 상재 성토에 의한 하중(kN/m²)(그림 4.45 참조)

$\Delta\sigma_v$: 상재하중(띠하중, 독립기초하중, 선하중 등; 1H : 2V 분포로 계산)에 의한 수직 토압 증가분(kN/m²)(그림 4.19 참조)

$\Delta\sigma_h$: 상재하중(수평하중)에 의해 유발되는 보강재 위치에서의 수평토압 증가분(kN/m²)(그림 4.21 참조)

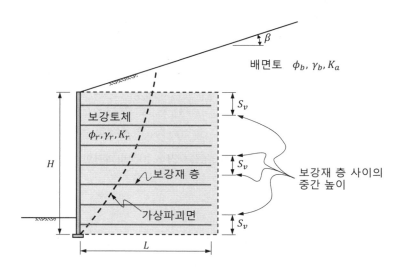

그림 4.43 보강재 수직간격의 정의(AASHTO, 2020 수정)

보강토체 내부의 토압계수(K_r)는 일반적으로 주동토압계수(K_a)를 적용할 수 있지만, 신장성이 작은 금속성 보강재의 경우에는 지표에서 6.0m까지 보강토체 내부의 토압계수(K_r)가 주동토압계수(K_a)보다 큰 값을 나타낸다. 그림 4.44에는 보강재의 종류에 따라 적용하는 수평토압계수의 비(K_r/K_a)를 나타내었다.

σ_2는 보강토옹벽 상부의 상재 성토에 따라 증가하는 수직응력을 말하며, 그림 4.45에서와 같이 계산한다.

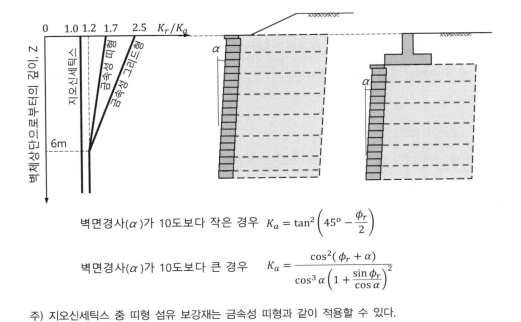

벽면경사(α)가 10도보다 작은 경우 $K_a = \tan^2\left(45^o - \dfrac{\phi_r}{2}\right)$

벽면경사(α)가 10도보다 큰 경우 $K_a = \dfrac{\cos^2(\phi_r + \alpha)}{\cos^3\alpha\left(1 + \dfrac{\sin\phi_r}{\cos\alpha}\right)^2}$

주) 지오신세틱스 중 띠형 섬유 보강재는 금속성 띠형과 같이 적용할 수 있다.

그림 4.44 보강토체 내부의 토압계수비(K_r/K_a)(Elias 등, 2001; Berg 등, 2009a 수정)

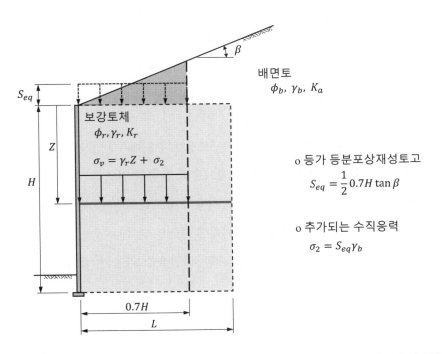

그림 4.45 상재 성토에 의한 수직응력 증가분(σ_2) 계산(Berg 등, 2009a; AASHTO, 2020 수정)

177

$\Delta\sigma_v$는 띠하중, 독립기초하중, 선하중 등의 상재하중에 의하여 증가하는 수직응력을 말하며, 그림 4.19에서와 같이 2V : 1H의 분포로 가정한다.

$\Delta\sigma_h$는 상재 수평하중에 의하여 증가하는 수평응력을 말하며, 그림 4.21에서와 같이 계산한다.

3) 보강재 파단에 대한 안정성 검토

보강재의 파단에 대한 안정성 검토는 각각의 보강재 위치에서 구한 최대유발인장력(T_{max})과 보강재의 장기설계(허용)인장강도(T_a)를 비교하여 수행하며, 보강재 파단에 대한 안전율은 다음 식과 같이 계산할 수 있다.

$$FS_{rupture} = \frac{T_a \cdot R_c}{T_{max}} \geq 1.0 \tag{4.36}$$

여기서, T_a : 보강재의 장기설계인장강도(kN/m)

T_{max} : 보강재의 최대유발인장력(kN/m)

R_c : 보강재 포설면적비($= b/S_h$)

S_h : 보강재의 수평 설치 간격(m)(전체 면적에 포설되는 경우 S_h = 1.0)

b : 보강재의 폭(m)(전체 면적에 포설되는 경우 b = 1.0)

설계기준에서는 보강재 파단에 대한 안전율은 보강재의 최대유발인장력(T_{max})에 대한 장기설계인장강도(T_a)의 비를 나타내지만, 상용 보강토옹벽 안정성 검토 프로그램(예, MSEW)에서는 장기설계인장강도 대신 장기인장강도(T_l)를 사용하여 보강재 파단에 대한 안전율을 표시하는 경우가 많으므로 사용상 주의가 필요하다. 이러한 때에는 본 매뉴얼의 3.3.3 보강재의 장기설계인장강도 부분을 참고하여 보강재 파단에 대한 안전율을 다음과 같이 적용하여야 한다.

$$FS_{ru} = \frac{T_l \cdot R_c}{T_{max}} \geq FS \tag{4.37}$$

✓ 지오신세틱스 보강재 FS = 1.5

✓ 금속성 보강재(띠형, 연성 벽면에 연결된 그리드형) FS = 1.82

✓ 금속성 보강재(콘크리트 패널/블록에 연결된 그리드형) FS = 2.08

4) 보강재 인발에 대한 안정성 검토

보강재의 인발파괴에 대한 검토는 보강재에 작용하는 최대하중(최대유발인장력과 동일)을 저항영역 내에 근입된 보강재와 흙 사이의 인발저항력(P_r)이 견디는지에 대한 검토이며, 인발파괴에 대한 안전율은 다음과 같이 계산할 수 있다. 다만, 보강재 인발저항력(P_r) 산정 시 상재 활하중의 영향은 고려하지 않는다.

$$FS_{po} = \frac{P_r}{T_{\max}} \geq 1.5 \tag{4.38}$$

$$P_r = \alpha C \gamma Z_p L_e F^* R_c \tag{4.39}$$

여기서, FS_{po} : 보강재 인발에 대한 안전율

P_r : 보강재의 인발저항력(kN/m)

$T_{\max}$: 보강재의 최대유발인장력(kN/m)

α : 크기보정계수(Scale correction factor)

(비신장성 보강재 : 1.0, 지오그리드 0.8, 신장성 시트 : 0.6)

C : 흙/보강재 접촉면의 수

(띠형, 그리드형, 시트형 보강재의 경우 2 적용)

γ : 흙의 단위중량(kN/m³)

Z_p : 상재 성토를 고려한 보강재까지의 깊이(m)(그림 4.46 참조)

L_e : 저항영역 내의 보강재 길이(m)

F^* : 보강재와 흙 사이의 인발저항계수(그림 3.23 참조)

R_c : 보강재 적용면적비(= b/S_h)

b : 보강재의 폭(m)(전체 면적에 포설되는 경우 1.0)

S_h : 보강재 중심축 사이의 수평간격(m)(전체 면적에 포설되는 경우 1.0)

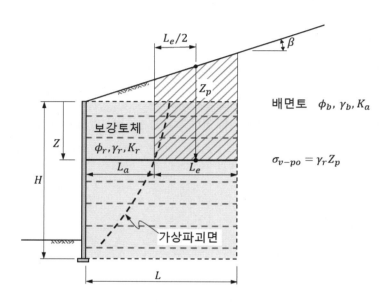

그림 4.46 상부 사면이 있는 경우 인발저항력 산정을 위한 보강재 수직응력 계산(Berg 등, 2009a; AASHTO, 2020 수정)

5) 내적활동에 대한 안정성 검토

(1) 내적활동 파괴

보강토체 내부에서 흙과 보강재 접촉면의 전단저항력은 흙 자체의 전단저항력보다 항상 작으므로, 보강토옹벽에서는 보강재 층을 따른 활동파괴가 발생할 가능성이 있다. 일반적으로 외적 안정성 검토 시의 저면활동에 대한 안전율보다 내적활동에 대한 안전율이 더 낮으며, 보강토옹벽의 보강재 길이는 내적활동에 대한 안정성에 의하여 결정되는 경우가 많다. 따라서 보강토옹벽 안정성 검토 시에는 내적활동에 대한 안정성을 검토할 필요가 있으며, 내적활동에 대한 안정성 검토는 모든 보강재 층에 대하여 실시한다.

보강재 층을 따른 전단저항력($R_{s(i)}$)은 흙의 전단저항력에 대한 비율(C_{ds})을 사용하여 나타내며, 이러한 흙/보강재 접촉면 마찰효율(C_{ds})에 대해서는 본 매뉴얼 3.5.2 접촉면 마찰저항에 설명되어 있다. 보강재 층을 따라 발생한 내적활동면은 전면벽체에까지 전파될 수 있으며, 전면벽체 사이의 접촉면 전단저항력($V_{u(i)}$)이 내적활동에 대한 추가적인 저항력을 발휘할 수 있다.

내적활동에 대한 안정성 검토 시 활동력은 외적안정성 검토 시와 유사한 방법으로 계산한다.

(2) 내적활동에 대한 안정성 검토 시의 활동력

내적활동에 대한 안정성 검토 시 i번째 보강재 층 배면에 작용하는 활동력은 배면토압의 수평성분으로, 외적안정성 검토에서 저면활동에 대한 안정성 검토 시의 활동력과 유사한 방법으로 계산하며, 이때 배면토압 작용 높이는 h 대신 $(h - h_{r(i)})$를 적용한다.

$$P_{H(i)} = P_{sH(i)} + P_{qH(i)} \tag{4.40}$$

$$P_{sH(i)} = \frac{1}{2}\gamma_b(h - h_{r(i)})^2 K_a \cos(\delta - \alpha) \tag{4.41}$$

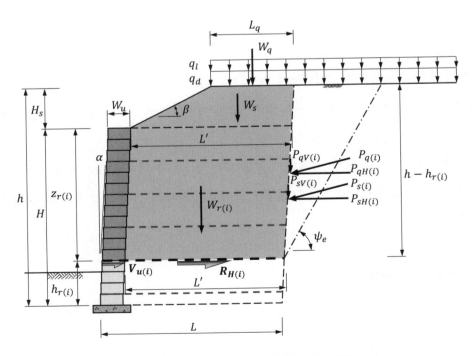

그림 4.47 내적활동 파괴에 대한 안정성 검토

$$P_{qH(i)} = (q_d + q_l)(h - h_{r(i)})K_a\cos(\delta - \alpha)$$

(4.42)

여기서, $P_{H(i)}$: i번째 보강재 층 배면에 작용하는 활동력(수평토압)(kN/m)

    $P_{sH(i)}$: i번째 보강재 층 배면의 파괴 쐐기에 의한 배면토압의 수평성분 (kN/m)

    $P_{qH(i)}$: i번째 보강재 층 배면에 작용하는 상재하중에 의한 배면토압의 수평성분(kN/m)

    γ_b : 배면토의 단위중량(kN/m³)

    h : 보강토옹벽의 배면토압 작용 높이(m)

    $h_{r(i)}$: i번째 보강재 층의 높이(m)

    K_a : 주동토압계수

    δ : 보강토옹벽의 배면의 벽면마찰각(°)

    α : 보강토옹벽의 벽면 경사(°)

(3) 내적활동에 대한 저항력

내적활동에 대한 저항력은 전면벽체의 저항력($V_{u(i)}$)과 보강토체 내부에서 흙과 보강재 사이의 저항력($R_{H(i)}$)의 합으로 발현되지만, 일반적으로 내적활동에 대한 안정성 검토 시 전면벽체의 저항력($V_{u(i)}$)은 별도로 고려하지 않는다.

전면벽체의 저항력을 별도로 고려하지 않을 때는 식 (4.43)에서 보강토체의 무게($W_{r(i)}$)를 계산할 때, 전면벽체와 보강토체의 단위중량 차이는 무시하고 전체 보강재 길이(L)에 대하여 계산한다.

① 흙/보강재 접촉면의 저항력

보강재 층을 따른 내적활동에 대한 저항력을 다음과 같이 계산할 수 있다.

$$R_{H(i)} = C_{ds}\big(W_{r(i)} + W_s + W_{qd} + P_{sV(i)} + P_{qdV(i)}\big)\tan\phi_r$$

(4.43)

여기서, $R_{H(i)}$: 층별 흙/보강재 접촉면의 저항력(kN/m)

C_{ds} : 흙/보강재 접촉면 마찰효율

$W_{r(i)}$: i번째 보강재 층 위 보강토체의 무게(kN/m)

W_s : 보강토옹벽 위의 상재 성토의 무게(kN/m)

W_{qd} : 보강토옹벽 위에 작용하는 등분포 사하중의 합(kN/m)

$P_{sV(i)}$: i번째 보강재 층 배면의 파괴 쐐기에 의한 배면토압의 수직성분 (kN/m)

$P_{qdV(i)}$: 상재 사하중에 의해 i번째 보강재 층 배면에 작용하는 토압의 수직성분(kN/m)

ϕ_r : 뒤채움흙의 내부마찰각(°)

식 (4.43)에서 배면토압의 수직성분은 다음과 같이 계산할 수 있다.

$$P_{sV(i)} = \frac{1}{2}\gamma_b(h - h_{r(i)})^2 K_a \sin(\delta - \alpha) \tag{4.44}$$

$$P_{qdV(i)} = q_d(h - h_{r(i)})K_a \sin(\delta - \alpha) \tag{4.45}$$

$$P_{qlV(i)} = q_l(h - h_{r(i)})K_a \sin(\delta - \alpha) \tag{4.46}$$

여기서, $P_{sV(i)}$: i번째 보강재 층 배면의 파괴 쐐기에 의한 배면토압의 수직성분 (kN/m)

$P_{qdV(i)}$: i번째 보강재 층 배면에 작용하는 상재 사하중에 의한 배면토압의 수직성분(kN/m)

$P_{qlV(i)}$: i번째 보강재 층 배면에 작용하는 상재 활하중에 의한 배면토압의 수직성분(kN/m)

γ_b : 배면토의 단위중량(kN/m³)

h : 보강토옹벽의 배면토압 작용 높이(m)

$h_{r(i)}$: i번째 보강재 층의 높이(m)

K_a : 주동토압계수

δ : 보강토옹벽의 배면의 벽면마찰각(°)

α : 보강토옹벽의 벽면 경사(°)

② 전면벽체의 저항력

전면벽체의 저항력을 별도로 고려하는 경우, 다음과 같이 계산할 수 있다.

$$V_{u(i)} = a_u + W_{w(i)}\tan\lambda_u \tag{4.47}$$

여기서, $V_{u(i)}$: i번째 보강재 층에서 전면벽체의 저항력(kN/m)

a_u : 전면벽체 전단저항력의 점착성분(kN/m)

$W_{w(i)}$: i번째 보강재 층에서 전면벽체의 무게(kN/m)

λ_u : 전면벽체의 접촉면 마찰각(°)

(4) 내적활동에 대한 안정성 검토

일반적으로 내적활동에 대한 안정성 검토 시 전면벽체의 저항력($V_{u(i)}$)은 별도로 고려하지 않으며, 내적활동에 대한 안정성은 다음과 같이 검토한다.

$$FS_{sl(i)} = \frac{R_{H(i)}}{P_{H(i)}} \tag{4.48}$$

여기서, $FS_{sl(i)}$: i번째 보강재 층에서 내적활동에 대한 안전율

$R_{H(i)}$: i번째 보강재 층을 따른 저항력(kN/m)

$P_{H(i)}$: i번째 보강재 층에 작용하는 수평토압(kN/m)

6) 전면벽체-보강재 연결부 안정성 검토

(1) 연결부에 작용하는 하중(T_0)

전면벽체와 보강재 연결부에는 층별 보강재의 최대유발인장력(T_{max})과 같은 하중이 작용하는 것으로 가정하여 연결부에 대한 안정성을 검토한다(Elias 등, 2001; Berg 등, 2009a; AASHTO, 2020).

(2) 연결부 강도

전면벽체와 보강재 연결부 강도와 관련해서는 본 매뉴얼 3.6절을 참고한다.

연결부 강도는 본 매뉴얼 3.6.2 전면벽체/보강재 연결부 강도에서 설명한 바와 같이, 장기 연결부 강도(Long-term connection strength)를 사용하며, 장기 연결부 강도 시험으로부터 결정하거나, 단기 연결부 강도 시험 결과에 크리프 특성을 고려하여 장기 연결부 강도로 환산한 값을 사용할 수 있다. 전면벽체와 보강재 사이 연결부 주위의 환경은 일반적으로 보강토체 내부의 환경과 다르므로, 연결부 주변의 환경을 고려하여 내구성에 대한 강도 감소를 고려하여야 한다.

연결부 강도는 개별 보강재의 연결부 강도가 아닌 단위 폭당의 연결부 강도, 즉 kN/m 단위로 계산하여야 한다. 즉, 띠형 보강재의 경우에는 포설면적비(R_c)를 고려하여 단위 폭당 연결부 강도의 단위(kN/m)로 환산하여 층별 최대유발인장력(T_{max})와 직접 비교할 수 있도록 한다.

(3) 연결부 안정성 검토

연결부의 안정성은 다음과 같이 검토할 수 있다.

$$FS_{cs} = \frac{T_{ac}}{T_0} \geq 1.5 \tag{4.49}$$

여기서, FS_{cs} : 연결부 강도에 대한 안전율

T_{ac} : 장기 연결부 강도(kN/m)

T_0 : 전면벽체/보강재 연결부에 작용하는 하중(kN/m)

7) 상부전도(Crest Toppling)에 대한 안정성 검토

콘크리트 블록을 전면벽체로 사용하는 경우, 최상단 보강재 위의 보강되지 않은 전면벽체는 일종의 중력식 옹벽과 같이 자립할 수 있는지 확인하여야 한다. 보강토옹벽 상단의 보강되지 않은 전면벽체의 안전성 확보를 위하여 최상단 보강재의 설치 위치를 옹벽 상단에서 0.5m 이내로 제한하고 있으므로, 이 규정을 지킬 때는 상부전도에 대하여 별도로 평가하지 않아도 되지만, 현장 상황에 따라 이러한 규정을 지키지 못할 경우가 있으며, 비보강 높이가 높아지면 블록과 블록 경계면의 활동(전단) 또는 전도에 의한 파괴가 발생할 가능성이 커진다.

전면벽체의 비보강 높이(Z_u)에 작용하는 토압은 다음과 같이 계산된다.

$$P_{s(z)} = \frac{1}{2}\gamma_r z^2 K_{ai} \tag{4.50}$$

$$P_{q(z)} = (q_d + q_l)z K_{ai} \tag{4.51}$$

여기서, $P_{s(z)}$: 깊이 z에서 주동토압(kN/m)

γ_r : 보강토체의 단위중량(kN/m³)

z : 검토 대상 깊이(m)

K_{ai} : 주동토압계수

$P_{q(z)}$: 깊이 z에서 상재하중에 의한 토압(kN/m)

q_d : 등분포 상재 사하중(kPa)

q_l : 등분포 상재 활하중(kPa)

전면벽체에 작용하는 배면토압을 계산하기 위한 토압계수는 식 (4.52)와 같은 쿨롱(Coulomb)의 주동토압계수를 사용한다. 전면벽체와 보강토체 사이 경계면은 콘크리트와 흙의 접촉면으로, 블록의 뒷길이가 일정한 단일깊이의 모듈형 중력식 옹벽(Prefabricated modular wall)에 대한 AASHTO(2020)의 규정에 따라 벽면마찰각 $\delta_i = \phi_r/2$를 사용한다.

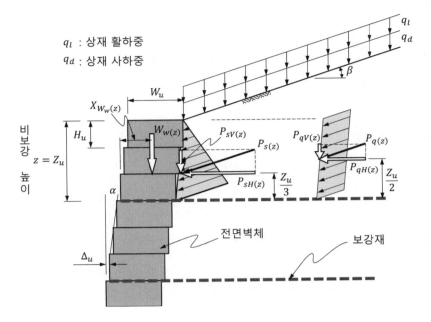

q_l : 상재 활하중
q_d : 상재 사하중

그림 4.48 상부전도에 대한 안정성 검토 시의 하중 분포

$$K_{ai} = \frac{\cos^2(\phi_r + \alpha)}{\cos^2\alpha\cos(\alpha - \delta_i)\left[1 + \sqrt{\dfrac{\sin(\phi_r + \delta_i)\sin(\phi_r - \beta)}{\cos(\alpha - \delta_i)\cos(\alpha + \beta)}}\right]^2} \tag{4.52}$$

여기서, K_{ai} : 주동토압계수

ϕ_r : 보강토 뒤채움흙의 내부마찰각(°)

α : 벽면 경사(수직으로부터)(°)

δ_i : 벽면마찰각(°)

β : 상부 사면경사각(°)

식 (4.50) 및 식 (4.51)로부터 전면벽체에 작용하는 토압의 수직 및 수평성분은 다음과 같이 계산된다.

187

✓ 토압의 수평성분

$$P_{sH(z)} = P_{s(z)}\cos(\delta_i - \alpha) = \frac{1}{2}\gamma_r z^2 \cos(\delta_i - \alpha) \tag{4.53}$$

$$P_{qH(z)} = P_{q(z)}\cos(\delta_i - \alpha) = (q_d + q_l)z K_{ai}\cos(\delta_i - \alpha) \tag{4.54}$$

✓ 토압의 수직성분

$$P_{sV(z)} = P_{s(z)}\sin(\delta_i - \alpha) = \frac{1}{2}\gamma_r z^2 K_{ai}\sin(\delta_i - \alpha) \tag{4.55}$$

$$P_{qdV(z)} = P_{qd(z)}\sin(\delta_i - \alpha) = q_d z K_{ai}\sin(\delta_i - \alpha) \tag{4.56}$$

$$P_{qlV(z)} = P_{ql(z)}\sin(\delta_i - \alpha) = q_l z K_{ai}\sin(\delta_i - \alpha) \tag{4.57}$$

상부전도에 대한 안정성은 다음과 같이 평가할 수 있다.

$$FS_{ct(z)} = \frac{M_{r(z)}}{M_{o(z)}} \geq 1.5 \tag{4.58}$$

$$M_{r(z)} = M_{Ww(z)} + M_{PsV(z)} + M_{PqdV(z)} \tag{4.59}$$

$$= W_{w(z)}X_{Ww(z)} + P_{sV(z)}X_{PsV(z)} + P_{qdV(z)}X_{PqV(z)}$$

$$W_{w(z)} = \sum_{i=1}^{n} W_{u(i)}H_{u(i)} \tag{4.60}$$

$$X_{Ww(z)} = G_u + \frac{z}{2}\tan\alpha - 0.5\Delta_u \tag{4.61}$$

$$X_{PsV(z)} = W_u + \frac{z}{3}\tan\alpha \tag{4.62}$$

$$X_{PqV(z)} = W_u + \frac{z}{2}\tan\alpha \tag{4.63}$$

$$M_{o(z)} = M_{PsH(z)} + M_{PqH(z)} \tag{4.64}$$

$$= P_{sH(z)}Y_{PsH(z)} + P_{qH(z)}Y_{PqH(z)} = P_{sH(z)} \times \frac{z}{3} + P_{qH(z)} \times \frac{z}{2}$$

여기서, $FS_{ct(z)}$: 깊이 z에서 전면벽체의 전도에 대한 안전율

$M_{r(z)}$: 깊이 z에서 전면벽체의 저항모멘트(kN · m/m)

$M_{o(z)}$: 깊이 z에서 전도모멘트(kN · m/m)

$M_{Ww(z)}$: 깊이 z에서 전면벽체의 저항모멘트(kN · m/m)

$M_{PsV(z)}$: 깊이 z에서 토압의 수직성분에 의한 저항모멘트(kN · m/m)

$M_{PqdV(z)}$: 깊이 z에서 상재 사하중에 의한 토압의 수직성분에 의한 저항모멘트(kN · m/m)

$W_{w(z)}$: 깊이 z에서 전면벽체의 자중(kN/m)

$P_{sV(z)}$: 깊이 z에서 토압의 수직성분(kN/m)

$P_{qdV(z)}$: 깊이 z에서 상재 사하중에 의한 토압의 수직성분(kN/m)

$X_{Ww(z)}$: 깊이 z에서 전면벽체의 모멘트 팔길이(m)

$X_{PsV(z)}$: 깊이 z에서 토압의 수직성분에 대한 모멘트 팔길이(m)

$X_{PqV(z)}$: 깊이 z에서 상재 사하중에 의한 토압의 수직성분에 대한 모멘트 팔길이(m)

$P_{sH(z)}$: 깊이 z에서 토압의 수평성분(kN/m)

$P_{qH(z)}$: 깊이 z에서 상재하중에 의한 토압의 수직성분(kN/m)

$Y_{PsH(z)}$: 깊이 z에서 토압의 수평성분에 대한 모멘트 팔길이(m)

$Y_{PqH(z)}$: 깊이 z에서 상재하중에 의한 토압의 수평성분에 대한 모멘트 팔길이(m)

G_u : 전면블록의 무게중심까지의 거리(m)

Δ_u : 전면블록의 뒤물림(Setback) 거리(m)

4.4.5 전체/복합안정성 검토

1) 전체안정성(Global Stability)

전체안정성 검토는, 그림 4.49에서와 같이, 보강토옹벽 배면 지반과 하부지반을 동시에 통과하는 활동면에 대한 안정성 검토로 원호 또는 쐐기 형태의 활동면에 대하여 안정성을 검토한다.

전체안정성 검토는 일반적인 사면안정해석 방법을 사용하여 수행할 수 있다.

일반적으로 전체 높이에 걸쳐 보강재 길이가 일정하고, 보강재 수직간격이 균등한, 수직 또는 수직에 가까운 보강토옹벽에서는 보강토체 내부를 통과하는 활동파괴가 발생할 가능성이 낮으므로, 전체안정성 검토 시 보강토옹벽을 하나의 강성구조체로 보고 활동파괴면이 보강토체를 통과하지 않는 것으로 고려할 수 있다.

보강토옹벽이 사면 위에 설치되거나 보강토옹벽 상부에 높은 성토사면이 있는 경우, 또는 보강토옹벽 하부지반이 연약지반이면 보강토옹벽을 포함하는 전체사면활동에 의한 파괴가 발생할 가능성이 크다.

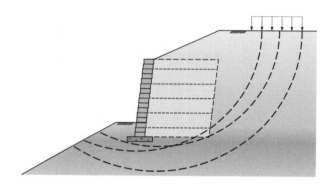

그림 4.49 전체안정성

2) 복합안정성(Compound Stability)

복합안정성 검토는 그림 4.50에서와 같이 보강토체와 배면토를 동시에 통과하는 활동면에 대한 안정성 검토로, 전체안정성 검토와 마찬가지로 일반적인 사면안정해석법을 사용하여 검토할 수 있다. 다만, 복합안정성 검토에서는 전체안정성 검토에서와는 달리, 보강재의 효과를 고려할 수 있도록 수정된 사면안정해석법을 사용하여야 하며, 활동면과 교차하는 층별 보강재의 저항력(장기인장강도(T_l)와 인발저항력(P_r) 중 작은 값)을 고려하여야 한다.

보강토옹벽의 높이에 비해서 보강재 수직간격이 비교적 큰 경우, 또는 보강재의 길이가 변하는 경우, 상당히 큰 상재하중이 작용하는 경우, 벽면이 경사진 경우, 다단식 보강토옹벽의 경우, 보강토옹벽 전면 또는 배면에 상당한 높이의 사면이 있는 경우 등에는 보강토체와 배면토를 동시에 통과하는 복합활동파괴가 발생한 가능성이 있다.

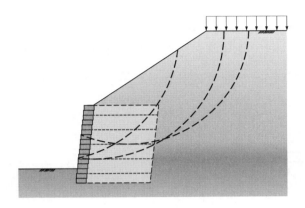

그림 4.50 복합안정성

3) 전체안정성 및 복합안정성 검토

다음과 같은 경우에는 특히 주의하여야 하며, 반드시 전체안정성 및 복합안정성에 대한 검토를 수행하여야 한다.

① 기초지반이 연약지반인 경우
② 보강토옹벽이 높은 비탈면 위에 위치하는 경우
③ 보강토옹벽 상부에 쌓기 높이가 높은 비탈면이 계획된 경우
④ 2단 이상의 다단식 보강토옹벽인 경우
⑤ 우각부에 보강토옹벽이 설치될 경우
⑥ 수변부에 보강토옹벽이 설치되거나 지하수의 영향을 받는 경우
⑦ 기타 비탈면 활동이 발생할 가능성이 있다고 생각되는 경우

KDS 11 70 05 (4.3.1)에 따르면 일반적으로 건기 시에는 쌓기체 내에 지하수가 없는 것으로 해석하지만, 현장 조사 결과 보강토옹벽에 영향을 미칠 수 있는 것으로 예상되는 지하수위가 있는 경우에는 전체안정성 및 복합안정성 검토 시 현장 조사 결과에 따른 지하수위를 고려할 수 있다.

KDS 11 80 10 : 보강토옹벽이나 기타 보강토옹벽에 대한 설계기준에서는 우기 시의 안정성

검토에 관한 규정이 없으나, 최근 기후변화로 인한 집중 강우 발생빈도가 높아지고 있으며, 강우 시 피해를 당하는 사례가 늘어나고 있으므로, 필요시 KDS 11 70 05 (4.3.1)에 따라 우기 시의 안정성 검토를 수행한다. 이때 설계기준 안전율은 KDS 11 70 05 (4.3.1)에 따라 1.3으로 한다.

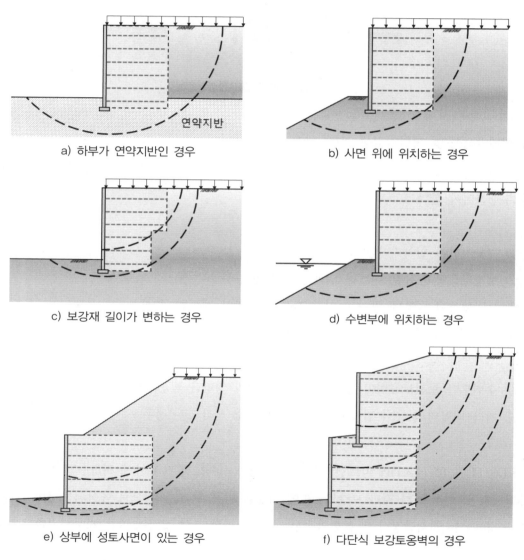

a) 하부가 연약지반인 경우   b) 사면 위에 위치하는 경우

c) 보강재 길이가 변하는 경우   d) 수변부에 위치하는 경우

e) 상부에 성토사면이 있는 경우   f) 다단식 보강토옹벽의 경우

그림 4.51 전체안정성 검토가 반드시 필요한 경우의 예(김경모, 2017 수정)

전체안정성 및 복합안정성을 검토한 결과 설계기준 안전율을 만족하지 못할 때는 보강재 길이를 증가시키거나, 더 높은 강도의 보강재로 교체하거나, 보강재의 간격을 조정하거나 보강 토옹벽 기초고를 더 낮게(깊게) 조정하는 등 전체 및 복합안정성을 확보할 수 있도록 하여야 한다.

4) 보강재의 효과를 고려한 사면안정해석법

전체안정성 및 복합안정성은 보강재의 효과를 고려할 수 있도록 수정된 전통적인 사면안정해 석법(예, Fellenius 방법, Bishop의 간편법, Spencer 방법 등)을 사용하여 평가할 수 있다.

보강재의 효과를 고려할 수 있도록 수정된 사면안정해석법의 한 예로, 김경모 등(2005)은 힘과 모멘트의 평형방정식을 모두 만족할 수 있는 사면안정성에 대한 방정식을 제안하였다. 지진하중과 상재하중을 고려하여 수정하면 다음과 같으며, 수식에 사용된 기호는 그림 4.52에서 와 같다.

✓ 모멘트 평형방정식으로부터

$$F_m = \frac{\Sigma\{c'l + (P-ul)\tan\phi'\}\,R}{\Sigma Wx - \Sigma Pf + \Sigma k_h Wy + \Sigma Qd + \Sigma T_N f - \Sigma T_T R} \tag{4.65}$$

$$P = \left\{W + (X_R - X_L) + T_N\cos\alpha - T_T\sin\alpha - \frac{1}{F}(c'l\sin\alpha - ul\tan\phi'\sin\alpha)\right\}/m_\alpha \tag{4.66}$$

$$m_\alpha = \cos\alpha\left(1 + \tan\alpha\frac{\tan\phi'}{F}\right) \tag{4.67}$$

여기서, F_m : 모멘트 평형방정식에 의한 사면활동에 대한 안전율

c' : 흙의 유효점착력(kPa)

l : 절편 바닥면의 길이(m)

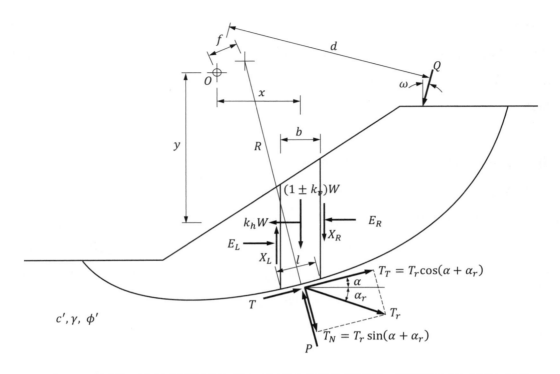

그림 4.52 전체안정성 및 복합안정성 검토 시 활동 토체에 작용하는 힘(김경모 등, 2005 수정)

P : 절편 바닥면에 직각 방향으로 작용하는 힘(kN/m)

u : 절편 바닥면에 작용하는 수압(kPa)

ϕ' : 흙의 내부마찰각(°)

R : 활동면의 반경(m)

W : 절편의 무게(kN/m)

x : 활동면의 중심에서 절편의 무게중심까지의 수평 거리(m)

f : 활동면의 중심에 대한 P의 모멘트 팔길이(m)

k_h : 수평 방향 지진계수(g)

y : 활동면의 중심에서 절편의 무게중심까지의 수직 거리(m)

Q : 사면에 작용하는 하중(kN/m)

d : 활동면의 중심에서 하중 Q까지의 거리(m)

T_N : 활동면의 직각 방향으로 작용하는 보강재 저항력(kN/m)

T_T : 활동면의 접선 방향으로 작용하는 보강재 저항력(kN/m)

α : 절편 바닥면의 경사각(°)

F : 가정된 안전율

먼저 식 (4.67)의 F를 가정하여 F_m을 계산하며, 계산된 F_m과 가정된 F가 오차범위 내에 들어올 때까지 반복 계산하여 사면활동에 대한 안전율을 결정한다.

활동면이 원호인 경우, $f = 0$이고 $x = R\sin\alpha$(R은 상수)이므로, 식 (4.65)는 식 (4.68)과 같이 표현된다.

$$F_m = \frac{\Sigma\{c'l + (P - ul)\tan\phi'\}}{\Sigma\left(W\sin\alpha + k_h W\dfrac{y}{R} + Q\dfrac{d}{R} - T_T\right)} \tag{4.68}$$

✓ 힘의 평형방정식으로부터

$$F_f = \frac{\Sigma\{c'l + (P - ul)\tan\phi'\}\cos\alpha}{\Sigma P\sin\alpha + \Sigma k_h W + Q\cos\omega - \Sigma T_N\sin\alpha - \Sigma T_T\cos\alpha} \tag{4.69}$$

여기서, F_f : 힘의 평형방정식에 의한 사면활동에 대한 안전율

식 (4.65), 식 (4.68) 및 (4.69)의 F_m과 F_f를 얻기 위해서는 P를 알아야 하며, P를 알기 위해서는 절편들 사이의 전단력 X_R과 X_L을 알아야 한다. 여기서 미지수의 수가 방정식의 수보다 많으므로 적절한 가정이 필요하며, 일반적으로 절편들 사이의 힘에 대하여 다음과 같이 가정할 수 있다.

$$X_R - X_L = 0 \qquad \text{Bishop(1955)} \tag{4.70}$$

$$\frac{X}{E} = constant \qquad \text{Spencer(1967)} \tag{4.71}$$

$$\frac{X}{E} = \lambda f(x) \qquad \qquad \text{Morgenstern과 Price(1965)} \qquad\qquad (4.72)$$

4.4.6 침하에 대한 안정성 검토

1) 침하량의 산정

보강토옹벽의 침하량은 전통적인 침하해석을 통하여 기초지반의 즉시침하, 압밀침하 등을 계산함으로써 산정할 수 있다.

일반적으로 보강토옹벽이 전체적으로 균등하게 침하가 발생한다면 보강토옹벽의 구조적인 안정에 영향을 미치지 않으나, 총침하량이 크면 여러 가지 요인에 의해 부등침하가 발생할 수 있으므로 이에 대한 고려가 필요하다.

보강토옹벽은 유연성이 큰 구조로 되어 있어 부등침하에 대한 저항이 크다고 평가되고 있으나, 구조적인 허용침하량을 초과하는 변위가 발생할 때는 전면벽체에 국부적인 변형(예, 전면벽체의 균열 등)이 발생할 수 있다.

2) 침하에 대한 대책

일반적으로 예상 침하량이 75mm 이하면 별도의 처리 없이 보강토옹벽을 시공할 수 있으며, 예상 침하량이 300mm 이하일 때는 상부 구조물을 시공하기 전에 일정 시간 동안 방치하여 침하가 발생한 다음 상부 구조물을 시공하면 침하 또는 부등침하에 따른 피해를 최소화할 수 있다.

예상 침하량이 300mm를 초과할 때는 기초지반을 치환하거나 보강한 후 보강토옹벽을 시공해야 하며, 치환 또는 보강이 어려운 때에는 프리로딩 공법에 의하여 미리 침하를 유발시킨 후 보강토옹벽을 설치하거나, 연성 벽면을 가진 보강토체를 먼저 시공하여 침하가 발생한 다음 전면벽체를 시공하는 단계시공법(Staged construction 또는 분리시공법)을 적용하여 시공하는 것이 좋다.

보강토옹벽 하부지반의 치환 범위는 본 매뉴얼 5.12.4를 참고할 수 있으며, 단계시공법에 대해서는 본 매뉴얼 5.12.5를 참고할 수 있다.

4.4.7 지진 시 안정성 검토

1) 지진 시 외적안정성 검토

지진 시 보강토옹벽의 외적안정성 검토에서는 정적하중에 지진하중을 추가하여 저면활동, 전도, 지지력 및 전체안정성에 대하여 검토하며, 이때 상재 활하중의 영향은 제외한다.

지진 시 외적안정성 검토에서 추가로 고려하는 하중은 지진에 의한 보강토체의 지진관성력(P_{IR})과 동적토압 증가분(ΔP_{AE})이며, 보강토체 전체를 하나의 강체로 간주하여 외적안정성을 검토한다.

지진 시 추가되는 하중은 본 매뉴얼 4.3.4의 7) 지진하중을 참고한다.

(1) 지진 시 저면활동에 대한 안정성 검토

지진 시 저면활동에 대한 안전율은 다음과 같이 계산할 수 있다.

$$FS_{slid\_Seis} = \frac{R_{H_{Seis}}}{P_{H_{Seis}}} \geq 1.1 \tag{4.73}$$

$$R_{H_{Seis}} = \min \begin{cases} c_f L + \Sigma P_{v_{Seis}} \tan\phi_f \\ \Sigma P_{v_{Seis}} \tan\phi_r \end{cases} \tag{4.74}$$

$$\Sigma P_{v_{seis}} = \Sigma P_v + 0.5 \Delta P_{AEV} + \cdots \tag{4.75}$$

여기서, FS_{slid_Seis} : 지진 시 저면활동에 대한 안전율

$\quad\quad\quad R_{H_{Seis}}$: 지진 시 저면활동에 대한 보강토체의 저항력(kN/m)

$\quad\quad\quad P_{H_{Seis}}$: 지진 시 보강토옹벽에 작용하는 활동력(kN/m)

$\quad\quad\quad \Sigma P_{v_{Seis}}$: 지진 시 보강토옹벽 바닥면에 작용하는 수직력의 합(kN/m)

$\quad\quad\quad c_f$: 기초지반의 점착력(kN/m²)

$\quad\quad\quad \phi_f$: 기초지반의 내부마찰각(°)

$\quad\quad\quad L$: 보강재 길이(m)

$\quad\quad\quad \Delta P_{AEV}$: 동적토압 증가분의 수직성분(kN/m)

ΣP_v : 평상시 보강토옹벽 바닥면에 작용하는 수직력의 합(kN/m)

(단, 상재 활하중의 영향은 제외)

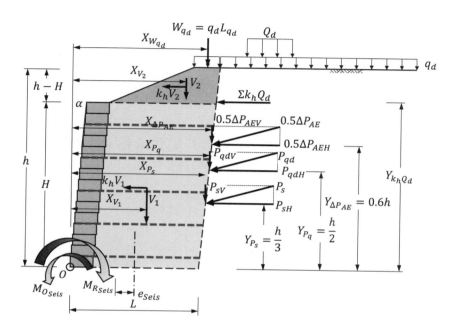

그림 4.53 지진 시 외적안정성 검토에 고려하는 하중

최하단 보강재가 보강토옹벽 바닥면에 설치될 때는 흙과 보강재 접촉면의 마찰효율(C_{ds})을 고려하여야 하며, 식 (4.74)는 식 (4.76)과 같이 수정되어야 한다.

$$R_{H_{Seis}} = \min\begin{cases} C_{ds}\left(c_f L + \Sigma P_{v_{Seis}} \tan\phi_f\right) \\ \Sigma P_{v_{Seis}} C_{ds}\tan\phi_r \end{cases} \tag{4.76}$$

식 (4.73)에서 지진 시 보강토옹벽에 작용하는 활동력($P_{H_{Seis}}$)은 상재 활하중의 영향을 제외하고, 상재 사하중의 관성력($\Sigma k_h Q_d$)에 의한 토압과 지진 시 배면토압 증가분의 50%($0.5\Delta P_{AEH}$) 및 보강토체의 지진관성력(P_{IR})을 추가하여 다음과 같이 계산된다.

$$P_{H_{Seis}} = P_H + 0.5\Delta P_{AEH} + P_{IR} + \Sigma k_h Q_d + \cdots \tag{4.77}$$

여기서, $P_{H_{Seis}}$: 지진 시 보강토옹벽 배면에 작용하는 수평력의 합(kN/m)

P_H : 평상시 보강토옹벽 배면에 작용하는 수평력의 합(kN/m)

(단, 상재 활하중의 영향은 제외)

ΔP_{AEH} : 동적토압 증가분의 수평성분(kN/m)

P_{IR} : 보강토체의 관성력(kN/m)

$\Sigma k_h Q_d$: 상재 사하중의 관성력에 의한 배면토압(계산 방법은 그림 4.22 참조)

(2) 지진 시 전도에 대한 안정성 검토

지진 시 전도에 대한 안정성은 다음과 같이 검토한다.

$$FS_{over\_Seis} = \frac{M_{R_{Seis}}}{M_{O_{Seis}}} \geq 1.5 \tag{4.78}$$

$$M_{R_{Seis}} = M_R + M_{0.5\Delta P_{AEV}} + \cdots \tag{4.79}$$

지진 시 전도모멘트는 상재 활하중의 영향을 제외하고 다음과 같이 계산할 수 있다.

$$M_{O_{Seis}} = M_{P_{sH}} + M_{P_{qdH}} + M_{F_p} + M_{P_{H2}} + M_{0.5\Delta P_{AEH}} + M_{P_{IR}} + \Sigma M_{k_h Q_d} + \cdots \tag{4.80}$$

여기서, FS_{over_Seis} : 지진 시 전도에 대한 안전율

$M_{R_{Seis}}$: 지진 시 저항모멘트의 합(kN·m/m)

M_R : 정적하중에 의한 저항모멘트의 합(kN·m/m)

$M_{O_{Seis}}$: 지진 시 전도모멘트의 합(kN·m/m)

$M_{P_{sH}}, M_{P_{qdH}}$: 배면토압의 수평성분에 의한 전도모멘트(kN·m/m)

M_{F_p} : 상재하중에 의한 배면토압에 의한 전도모멘트(kN·m/m)

$M_{P_{H2}}$: 상재 수평하중에 의한 전도모멘트(kN·m/m)

$M_{0.5\Delta P_{AE}}$: 동적토압 증가분($0.5\Delta P_{AE}$)에 의한 전도모멘트(kN·m/m)

$M_{P_{IR}}$: 지진관성력(P_{IR})에 의한 전도모멘트(kN·m/m)

$\Sigma M_{k_h Q_d}$: 상재 사하중의 관성력에 의한 전도모멘트(kN·m/m)

(3) 지진 시 지지력에 대한 안정성 검토

지진 시 지반지지력에 대안 안정성은 다음과 같이 검토한다.

$$FS_{bear\_Seis} = \frac{q_{ult_{Seis}}}{q_{ref_{Seis}}} \geq 2.0 \tag{4.81}$$

$$q_{ult_{Seis}} = c_f N_c + 0.5\gamma_f (L - 2e_{Seis}) N_\gamma + \gamma_f D_f N_q \tag{4.82}$$

$$q_{ref_{Seis}} = \frac{\Sigma P_{v_{Seis}}}{L - 2e_{Seis}} \tag{4.83}$$

$$e_{bear_{Seis}} = \frac{L}{2} - \frac{M_{R_{Seis}} + M_{O_{Seis}}}{\Sigma P_{v_{Seis}}} \tag{4.84}$$

여기서, FS_{bear_Seis} : 지진 시 지반지지력에 대한 안전율(보통 2.0)

         $q_{ult_{Sesi}}$: 지진 시 기초지반의 극한지지력(kN/m²)

         $q_{ref_{Seis}}$: 지진 시 기초지반의 소요지지력(kN/m²)

         c_f : 기초지반의 점착력(kN/m²)

         γ_f : 기초지반의 단위중량(kN/m³)

         L : 보강재의 길이(m)

         $e_{bear_{Seis}}$: 지진 시 편심거리(m)

         D_f : 보강토옹벽의 근입깊이(m)

         N_c, N_γ, N_q : 지지력 계수(표 4.7 참조)

$\Sigma P_{v_{Seis}}$: 지진 시 보강토옹벽 바닥면에 작용하는 수직력의 합(kN/m)

$M_{R_{seis}}$: 지진 시 저항모멘트의 합(kN·m/m)

$M_{O_{seis}}$: 지진 시 전도모멘트의 합(kN·m/m)

2) 지진 시 내적안정성 검토

지진 시 내적안정성 검토에서는 활동영역의 지진관성력(P_{IA})을 층별 보강재 유효길이(L_e)에 비례하여 분배한 지진 시 추가되는 유발인장력(T_{md})을 추가로 고려한다. 따라서 지진 시 층별 보강재에 작용하는 하중은 정적하중에 의한 최대유발인장력(T_{max})과 활동영역의 관성력에 의해 추가되는 하중(T_{md})이며, 지진 시 내적안정 검토에서는 보강재 파단과 인발파괴에 대하여 안전하도록 설계하여야 한다.

(1) 지진 시 추가되는 하중
① 내적안정성 검토 시의 지진관성력

지진 발생 시에도 보강토옹벽의 활동영역은 평상시와 같은 것으로 가정하며, 내적안정성 검토 시의 지진관성력(P_{IA})은 그림 4.54의 빗금 친 부분으로 표시된 보강토체 활동영역의 자중(W_A)

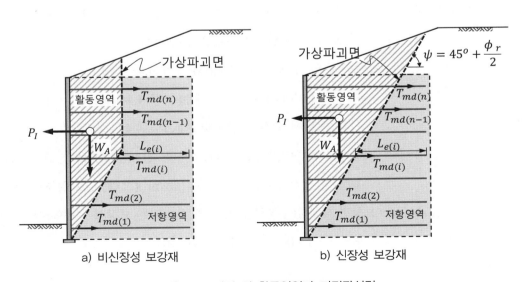

a) 비신장성 보강재   b) 신장성 보강재

그림 4.54 지진 시 활동영역과 지진관성력

에 보강토체의 최대지진계수(A_m)를 곱하여 다음과 같이 계산한다.

$$P_I = W_A \cdot A_m \tag{4.85}$$

여기서, P_I : 내적안정성 검토 시의 지진관성력(Internal inertial force)(kN/m)

W_A : 활동영역의 중량(kN/m)

A_m : 벽체의 지진계수($A_m = (1.45 - A)A$)

A : 최대지반가속도계수

② 지진 시 정적하중에 의한 최대유발인장력

지진 시 정적하중에 의한 보강재 최대유발인장력($T_{\max}$)은 다음과 같이 계산할 수 있다. 이때 상재 활하중은 제외한다.

$$T_{\max} = \sigma_h S_v \tag{4.86}$$

$$\sigma_h = K_r(\gamma_r Z + \sigma_2 + \Delta\sigma_v) + \Delta\sigma_h \tag{4.87}$$

여기서, $T_{\max}$: 정적하중에 의한 층별 보강재의 최대유인장력(kN/m)

σ_h : 각 보강재 층에서의 수평응력(kN/m²)

S_v : 보강재의 수직 설치 간격(m)(그림 4.43 참조)

K_r : 보강토체 내부의 수평토압계수(그림 4.44 참조)

σ_2 : 상재 성토에 의한 하중(kN/m²)(그림 4.45 참조)

$\Delta\sigma_v$: 상재 사하중(띠하중, 독립기초하중, 선하중 등; 1H : 2V 분포로 계산)에 의한 수직토압 증가분(kN/m²)(그림 4.19 참조)

$\Delta\sigma_h$: 상재 사하중(수평하중)에 의해 유발되는 보강재 위치에서의 수평 토압 증가분(kN/m²)(그림 4.21 참조)

③ 지진 시 추가되는 유발인장력

활동영역의 지진관성력(P_I)에 의해 층별 보강재에 추가되는 유발인장력(T_{md})은 저항영역 내에서 각각의 보강재가 차지하는 면적 비율에 지진관성력을 곱하여 산정한다. 보강재의 수직 설치간격이 같은 경우에는 다음 식과 같이 보강재의 길이 비율에 지진관성력을 곱하여 산정할 수 있다.

$$T_{md} = P_I \cdot \frac{L_{ei}}{\sum_{i=1}^{n} L_{ei}} \tag{4.88}$$

여기서, T_{md} : 지진 시 각 보강재 층에 추가되는 유발인장력(kN/m)

P_I : 활동영역의 지진관성력(kN/m)

L_{ei} : i번째 보강재의 저항영역 내의 길이(m)

$\sum_{i=1}^{n} L_{ei}$: 모든 층 보강재의 저항영역 내의 길이의 합(m)

※ 참고 – AASHTO(2020)의 개정된 방법

현행 국내 보강토옹벽 설계기준은 미국 FHWA(Elias 등, 2001)의 지침에 따라 앞에서 설명한 것과 같이 지진 시 층별 보강재에 추가되는 유발인장력을 계산하지만, 개정된 FHWA(Berg 등, 2009a) 지침과 AASHTO(2020)에서는 이와 관련된 내용이 수정되었으며, 그 내용을 소개하면 다음과 같다.

FHWA-NHI-10-024(Berg 등, 2009a)에서는 식 (4.89)에서와 같이 활동영역의 지진관성력(P_{IA})이 모든 보강재 층에 동일하게 분포하는 것으로 가정한다.

$$T_{md} = \frac{P_I}{n} \tag{4.89}$$

여기서, T_{md} : 지진 시 각 보강재 층에 추가되는 유발인장력(kN/m)

$$P_I \quad : \text{활동영역의 지진관성력(kN/m)}$$

$$n \quad : \text{보강재 층수}$$

AASHTO(2020)에서는, 지진 시 층별 보강재에 추가되는 인장력(T_{md})은 보강재의 강성(Stiffness)이 감소할수록 더 균등해진다는 Bathurst와 Hatami(1999)의 연구 결과를 바탕으로, 신장성 보강재와 비신장성 보강재를 구분하여 활동영역의 지진관성력에 의해 층별 보강재에 추가되는 인장력(T_{md})을 서로 다르게 계산하도록 규정하고 있다.

비신장성 보강재의 경우에는 저항영역 내의 보강재 길이의 비에 따라 다음과 같이 계산한다.

$$T_{md} = P_I \frac{L_{ei}}{\sum_{i=1}^{n} L_{ei}} \tag{4.90}$$

여기서, T_{md} : 지진 시 각 보강재 층에 추가되는 유발인장력(kN/m)

$\quad\quad\quad P_I$: 활동영역의 지진관성력(kN/m)

$\quad\quad\quad L_{ei}$: i번째 보강재의 저항영역 내의 길이(m)

$\quad\quad\quad \sum_{i=1}^{n} L_{ei}$: 모든 층 보강재의 저항영역 내의 길이의 합(m)

신장성 보강재의 경우에는 모든 층에 같게 분포하는 것으로 계산한다.

$$T_{md} = \frac{P_I}{n} \tag{4.91}$$

여기서, T_{md} : 지진 시 각 보강재 층에 추가되는 유발인장력(kN/m)

$\quad\quad\quad P_I$: 활동영역의 지진관성력(kN/m)

$\quad\quad\quad n$: 보강재 층수

④ 지진 시 최대유발인장력

지진 시 층별 보강재에 작용하는 최대유발인장력(T_{total})은 다음과 같이 계산할 수 있다.

$$T_{total} = T_{\max} + T_{md} \tag{4.92}$$

여기서, T_{total} : 지진 시 층별 보강재에 작용하는 최대유발인장력(kN/m)

$T_{\max}$: 정적하중에 의한 층별 보강재의 최대유인장력(kN/m)

T_{md} : 지진 시 각 위치의 보강재 층에 추가되는 유발인장력(kN/m)

(2) 지진 시 보강재 파단에 대한 안정성 검토

지진 시 보강재 파단에 대한 안전율은 다음과 같이 계산할 수 있다.

$$FS_{rupture\_Seis} = \frac{T_a R_c}{0.75\,T_{total}} \geq 1.0 \tag{4.93}$$

여기서, $FS_{rupture\_Seis}$: 지진 시 보강재 파단에 대한 안전율

T_a : 보강재의 장기설계인장강도(kN/m)

R_c : 포설면적비

T_{total} : 지진 시 보강재에 작용하는 최대유발인장력(kN/m)

식 (4.93)을 일부 상용 보강토옹벽 구조계산 프로그램에서와 같이 장기설계인장강도(T_a) 대신 장기인장강도(T_l)을 사용하여 다시 쓰면,

$$FS_{ru\_Seis} = \frac{T_l R_c}{T_{total}} \geq 0.75\,FS \tag{4.94}$$

식 (4.94)에서 $0.75FS$는 보강재 종류별 재질, 형상 등을 고려한 지진 시 보강재 안전율이다.

KDS 11 80 10 : 보강토옹벽에는 지진 시 보강재 파단에 대한 안전율은 제시되어 있지 않다. 미국 FHWA 지침(Elias 등, 2001)에서는 지진 시 설계안전율을 모든 항목에 대해 평상시 설계안 전율의 75%로 제시하고 있다. 따라서 보강재 종류에 따른 지진 시 보강재 파단에 대한 안전율은 표 4.8과 같다.

표 4.8 지진 시 보강재 종류에 따른 안전율(한국지반신소재학회, 2024)

보강재 종류	안전율	
	평상시(FS)	지진 시($0.75FS$)
강재 띠형 보강재	1.82	1.35
강재 그리드형 보강재	2.08	1.55
지오신세틱스 보강재	1.50	1.10

보강재는 보강토옹벽 설계수명 중 임의의 시간에서 지진 시 보강재에 작용하는 최대유발인장 력(T_{total})을 지지할 수 있도록 설계하여야 하며, 금속성 보강재의 경우에는 식 (4.93) 또는 식 (4.94)를 그대로 적용할 수 있다.

한편, 지오신세틱스 보강재는 장기적인 안정성을 확보하기 위하여 보강재의 장기인장강도 (T_l) 산정 시 보강재의 내구성에 대한 감소계수(RF_D), 시공 시 손상에 대한 감소계수(RF_{ID}), 크리프에 대한 감소계수(RF_{CR})를 모두 고려하며, 여기서 크리프 감소계수는 장기 지속 하중이 작용할 때의 강도 감소를 고려한다. 그런데 지진은 비교적 짧은 시간에 발생하므로 지진 시 추가되는 하중(T_{md})은 장기 지속 하중이 아니므로, 지오신세틱스 보강재의 경우 크리프의 영향 을 배제해야 한다.

그러므로 지오신세틱스 보강재의 경우에는 정적하중($T_{\max}$)을 지지하는 데 필요한 보강재 인장강도(S_{sr})와 지진 시 추가되는 하중(T_{md})을 지지하는 데 필요한 보강재 인장강도(S_{rt})를 각각 별도로 산정하여 적용해야 하며, 정적하중을 지지하는 부분에 대해서는 크리프 감소계수를 고려해야 하지만, 짧은 시간 동안 작용하는 지진 시 추가되는 하중을 지지하는 부분에서는 크리프 감소계수를 배제하여야 한다(Elias 등, 2001; Berg 등, 2009a; AASHTO, 2020). 즉,

✓ 정적 성분($T_{\max}$)에 대하여

$$\frac{S_{rs} \times R_c}{0.75 FS \times RF} \geq T_{\max} \tag{4.95}$$

✓ 동적 성분(T_{md})에 대하여

$$\frac{S_{rt} \times R_c}{0.75 FS \times RF_D \times RF_{ID}} \geq T_{md} \tag{4.96}$$

따라서 지진 시 필요한 지오신세틱스 보강재의 극한인장강도(T_{ult})는 다음과 같이 계산된다.

$$T_{ult} = S_{rs} + S_{rt} \tag{4.97}$$

여기서, T_{ult} : 보강재의 극한인장강도(kN/m)

　　　　S_{rs} : 정적하중을 지지하는 데 필요한 보강재 인강강도(kN/m)

　　　　S_{rt} : 동적하중을 지지하는 데 필요한 보강재 인장강도(kN/m)

식 (4.95)과 식 (4.96)을 식 (4.97)에 대입하여 정리하면, 지오신세틱스 보강재의 지진 시 파단에 대한 안전율은 정적하중($T_{\max}$)과 지진 시 추가되는 하중(T_{md})을 구분하여 다음과 같이 계산할 수 있다.

$$FS_{rupture\_Seis} = \frac{T_a R_c}{0.75\left(T_{\max} + \dfrac{T_{md}}{RF_{CR}}\right)} \geq 1.0 \tag{4.98}$$

여기서, $FS_{rupture\_Seis}$: 지진 시 보강재 파단에 대한 안전율

　　　　T_a　　　　 : 보강재의 장기설계인장강도(kN/m)

　　　　R_c　　　　 : 보강재 포설면적비($= b/S_h$)

　　　　$T_{\max}$　　　 : 정적하중에 의한 층별 보강재의 최대유인장력(kN/m)

　　　　T_{md}　　　 : 지진 시 각 보강재 층에 추가되는 유발인장력(kN/m)

RF_{CR} : 보강재의 크리프에 대한 감소계수(금속성 보강재의 경우 1.0)

식 (4.98)을 일부 상용 구조계산 프로그램에서와 같이 장기설계인장강도(T_a) 대신 장기인장강도(T_l)를 사용하여 다시 쓰면,

$$FS_{ru\_Seis} = \frac{T_l R_c}{\left(T_{\max} + \dfrac{T_{md}}{RF_{CR}}\right)} \geq 0.75 FS \tag{4.99}$$

여기서, FS_{ru_Seis} : 지진 시 보강재 파단에 대한 안전율

$\quad\quad T_l$: 보강재의 장기인장강도(kN/m)

$\quad\quad R_c$: 보강재 포설면적비($= b/S_h$)

$\quad\quad T_{\max}$: 정적하중에 의한 층별 보강재의 최대유인장력(kN/m)

$\quad\quad T_{md}$: 지진 시 각 보강재 층에 추가되는 유발인장력(kN/m)

$\quad\quad RF_{CR}$: 보강재의 크리프에 대한 감소계수(금속성 보강재의 경우 1.0)

(3) 지진 시 보강재 인발에 대한 안정성 검토

지진 시 보강재의 인발저항력은 지진동으로 인하여 흙과 보강재 사이의 마찰저항력이 감소하므로 정적 설계에서 사용하는 인발저항계수(F^*)를 80%로 감소시켜 적용한다. 따라서 지진 시 보강재 인발파괴에 대한 안전율은 다음과 같이 계산할 수 있다.

$$FS_{po\_Seis} = \frac{\alpha C \gamma Z_p L_e (0.8 F^*) R_c}{T_{\max} + T_{md}} \geq 1.1 \tag{4.100}$$

여기서, FS_{po_Seis}: 지진 시 보강재 인발에 대한 안전율

$\quad\quad \alpha$: 크기보정계수(Scale correction factor)

$\quad\quad\quad$ 비신장성 보강재 : $\alpha = 1.0$,

$\quad\quad\quad$ 지오그리드 : $\alpha = 0.8$,

$\quad\quad\quad$ 신장성 시트 : $\alpha = 0.6$

C : 흙/보강재 접촉면의 수(띠형, 그리드형, 시트형 보강재의 경우 C = 2 적용)

Z_p : 상재 성토를 고려한 보강재까지의 깊이(m)(그림 4.46 참조)

L_e : 저항영역 내의 보강재 길이(m)

F^* : 보강재와 흙 사이의 인발저항계수

R_c : 보강재 적용면적비($= b/S_h$)

T_{max} : 정적하중에 의해 유발되는 층별 보강재의 최대유인장력(kN/m)

T_{md} : 지진 시 각 위치에서의 보강재 층에 추가되는 유발인장력(kN/m)

(4) 지진 시 내적활동에 대한 안정성 검토

지진 시 내적활동에 대한 안정성 검토는 지진 시 저면활동에 대한 안정성 검토와 같은 방법으로 검토하며, 각 보강재 깊이에 대한 동적토압 증가분($\Delta P_{AE(i)}$)의 50%와 보강토체의 관성력($P_{IR(i)}$)을 추가로 고려한다. 지진 시 내적활동에 대한 안정성은 다음과 같이 평가한다.

$$FS_{sl\_Seis(i)} = \frac{R_{H_{Seis(i)}}}{P_{H_{Seis(i)}}} \geq 1.1 \tag{4.101}$$

$$R_{H_{Seis(i)}} = R_{H(i)} + 0.5\Delta P_{AEV(i)} C_{ds}\tan\phi_r \tag{4.102}$$

$$P_{H_{Seis(i)}} = P_{H(i)} + 0.5\Delta P_{AEH(i)} + P_{IR(i)} + \cdots \tag{4.103}$$

여기서, $FS_{sl\_Seis(i)}$: 지진 시 i번째 보강재 층에서 내적활동에 대한 안전율

$R_{H_{Seis(i)}}$: 지진 시 i번째 보강재 층에서 내적활동에 대한 저항력 (kN/m)

$P_{H_{Seis(i)}}$: 지진 시 i번째 보강재 층에서 정적하중에 의한 활동력 (kN/m)

$R_{H(i)}$: 평상시 i번째 보강재 층에서 내적활동에 대한 저항력(kN/m)

$\Delta P_{AEV(i)}$: i번째 보강재 층에서 동적토압 증가분의 수직성분(kN/m)

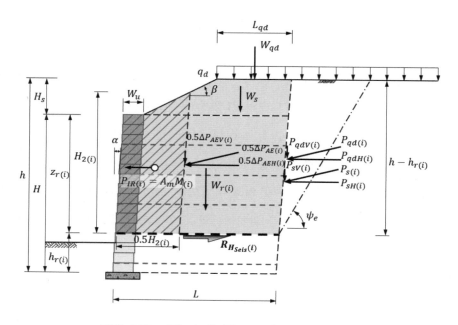

그림 4.55 지진 시 내적활동에 대한 안정성 검토

$$C_{ds} \quad : \text{흙/보강재 접촉면 마찰효율}$$

$$\phi_r \quad : \text{뒤채움흙의 내부마찰각(°)}$$

$$P_{H(i)} \quad : \text{평상시 } i \text{번째 보강재 층에 작용하는 수평토압(kN/m)}$$

$$\text{(단, 상재 활하중의 영향은 제외)}$$

$$\Delta P_{AEH(i)} \quad : i \text{번째 보강재 층에서 동적토압 증가분의 수평성분(kN/m)}$$

$$P_{IR(i)} \quad : i \text{번째 보강재 층에서 보강토체의 관성력(kN/m)}$$

4.5 보강토옹벽의 한계상태설계법 소개

4.5.1 한계상태설계법(Limit State Design Method) 개요

앞에서 설명한 보강토옹벽 설계법은 허용응력설계법(Allowable stress design method)이라고 할 수 있으며, 허용응력설계법에서는 보강토옹벽에 작용하는 하중, 보강재의 인장강도 및 흙과

보강재 사이의 상호작용과 같은 저항력 등과 관련된 불확실성을 전체적인 안전율 FS로 고려한다. 이러한 전체적인 안전율은 절대적인 값이 아니며, 다분히 경험적인 값이다. 이러한 허용응력설계법의 기본 식은 다음과 같이 표현할 수 있다(Withiam 등, 2001).

$$\frac{R_n}{FS} \geq \Sigma Q \tag{4.104}$$

여기서, R_n : 저항력
FS : 안전율
ΣQ : 작용력의 합

보강토옹벽에서는 보강재의 장기인장강도(T_l)와 인발저항력(P_r), 보강토체 바닥면에서 활동에 대한 저항력(R_H) 기초지반의 극한지지력(q_{ult}) 등이 저항력 R_n에 해당하며, 보강재의 최대유발인장력(T_{max}), 보강토체 배면에 작용하는 활동력(P_H), 보강토옹벽의 바닥면에 작용하는 수직력의 합력(ΣP_v) 등이 작용력의 합(ΣQ)에 해당한다.

이러한 허용응력설계법에서는 단순하게 저항력에만 안전율을 적용함으로써 하중과 저항력의 변화성을 적절하게 반영하지 못하며, 안전율의 선택이 다분히 주관적이고 사용하는 설계 모델과 선택한 재료의 설계 매개변수에 따라 그 값이 달라지며, 본질적으로 구성요소의 고장 확률과는 상관이 없다.

한계상태설계법(Limit state design method)은 안전성의 척도를 구조물이 파괴될 확률(파괴확률) 또는 신뢰성(Reliability) 이론에 의해 구조물이 파괴되지 않을 확률(신뢰성)로 나타내는 설계법, 즉 구조물이 한계상태로 되는 확률을 구조물의 모든 부재에 대하여 일정한 값이 되도록 하려는 설계법으로, 미국에서는 하중계수(Load factor)와 저항계수(Resistance factor)를 사용하여 하중저항계수설계법(Load Resistance Factor Design, LRFD)이라고 한다.

KDS 24 10 11에 따르면 저항계수는 부재나 재료의 공칭값에 곱하는 통계 기반 계수로, 일차적으로 재료와 치수 및 시공의 변동성과 저항 예측의 불확실성을 고려하기 위한 계수이지만, 보정 과정을 통하여 저항의 통계와도 연관된다. 하중계수는 하중효과(Load effect)에 곱하는 통계에 기반한 계수이며, 일차적으로 하중의 가변성(Variability of loads), 해석의 정확성 부족 (Lack of accuracy in analysis) 및 다양한 하중의 동시 작용 확률을 고려하며 보정 과정을 통하여 저항의 통계와도 연관된다. 하중수정계수(Load modifier)는 구조물의 연성(Ductility), 여용성(Redundancy) 및 중요도를 고려한 계수이다.

하중저항계수설계법(LRFD)의 안전성 규준은 다음 식과 같이 표현된다(AASAHTO, 2020).

$$R_r = \phi R_n \geq \Sigma \eta_i \gamma_i Q_i \tag{4.105}$$

여기서, R_r : 계수저항(Factored resistance), 저항계수를 곱한 저항력

ϕ : 저항계수

R_n : 공칭(극한)저항력(Nominal resistance)

η_i : 하중수정계수

γ_i : 하중계수

Q_i : 하중 또는 응력(Force effect)

식 (4.105)에서 저항계수 ϕ는 1보다 작거나 같은 값이고, 하중계수 γ_i는 1보다 크거나 같은 값이다.

유럽에서는 하중계수와 저항계수 대신 부분계수(Partial factor)를 사용하며, 기본방정식은 다음과 같다.

$$\frac{R_n}{f_m} \geq f_f Q_i \tag{4.106}$$

여기서, R_n : 공칭(극한)저항력

Q_i : 하중 또는 응력

f_m : 부분재료계수(Partial material factor)

f_f : 부분하중계수(Partial load factor)

식 (4.105)와 식 (4.106)을 비교해 보면 하중계수(γ_i)와 부분하중계수(f_f)는 같은 의미이며, 저항계수(ϕ)는 부분재료계수(f_m)의 역수의 의미인 것을 알 수 있다.

한계상태(Limit state)는 기초 또는 기타 구조 요소가 설계된 제 기능을 발휘하지 못하게 되는 조건이며, 한계상태의 종류에는 극한한계상태(Ultimate Limit State, ULS)와 사용한계상태(Serviceability Limit State, SLS)가 있다. 극한한계상태는 구조물이나 부재가 파괴 또는 파괴에 가까운 상태로 되어 그 기능을 완전히 상실한 상태를 말하며, 사용한계상태는 처짐, 균열, 진동 등이 과대하게 발생하여 정상적인 사용 상태를 만족하지 못하는 상태를 말한다.

한계상태설계법은 하중과 저항력의 변화성을 고려할 수 있고, 서로 다른 한계상태에 대해서 상대적으로 균등한 수준의 안정성을 얻을 수 있으며, 같은 하중과 파괴 확률로 설계된 상부 및 하부 구조물에 대해서 유사한 수준의 안정성을 제공해 준다는 장점이 있다. 반면, 한계상태설계법에 적용하는 저항계수는 설계 방법에 따라서 변화하여 일정하지 않고, 각각의 상황에 부합하는 저항계수를 더 엄밀한 방법으로 개발하고 조정하기 위해서는 통계 데이터와 확률론적 설계법이 필요하다는 단점이 있다. 무엇보다도 기존의 허용응력설계법에 익숙한 기술자들이 설계 절차를 바꾸어야 하고 설계 개념 자체가 익숙하지 못하고 어렵다는 것이 한계평형법의 적용에 있어서 가장 큰 단점이다.

4.5.2 보강토옹벽의 한계상태설계법

표 4.9에서는 보강토옹벽의 설계를 위하여 사용하는 나라별 설계기준을 허용응력설계법과 한계상태설계법으로 분류하여 정리한 것이다. 전반적으로 미국과 유럽 및 영국의 영향을 받은 홍콩에서는 한계상태설계법을 적용하고 있고, 우리나라에서는 주로 허용응력설계법을 적용하고 있으나, KDS 24 14 51 : 교량하부구조설계기준(한계상태설계법)에서는 한계상태설계법의 개념이 도입되어 있다.

우리나라에서는 보강토 공법이 프랑스, 영국으로부터 도입되어, 보강토옹벽의 한계상태설계법(영국 또는 프랑스의 설계법)이 적용되었으나, 한계상태설계법에 대한 이해의 부족으로 정착되지 못하고, 하중계수를 적용하면서도 허용응력설계법의 안전율을 그대로 적용하는 오류를 범하기도 하였다.

표 4.9 나라별 보강토옹벽 설계 방법

구분	기준 / 지침	허용응력설계법	한계상태설계법
미국	FHWA-NHI-00-043(Elias 등, 2001)	●	
	FHWA-NHI-10-024/025(Berg 등, 2009a, b)		●
	NCMA 매뉴얼(NCMA, 2012)	●	
	AASHTO LRFD Specification(AASHTO, 2020)		●
영국	BS 8006-1(BSI, 2010)		●
프랑스	NF P 94-270(AFNOR, 2009)		●
독일	EBGEO(DGGT, 2011)		
홍콩	GEOGUIDE 6(GEO, 2022)		●
우리나라	KDS 11 80 10 : 보강토옹벽(국토교통부, 2021)	●	
	KDS 24 14 51 : 교량하부구조설계기준 (한계상태설계법)(국토교통부, 2021)		●
	건설공사 비탈면 설계기준(국토교통부, 2016)	●	
	구조물 기초설계기준(국토교통부, 2016)	●	
	철도설계기준(노반편)(국토교통부, 2017)	●	
	도로설계편람(II)(국토해양부, 2012)	●	

한계상태설계법에서는 보강토옹벽이 다음과 같은 조건이 발생하였을 때 한계상태에 도달한 것으로 가정한다(GEO, 2022).

✓ 전체 또는 부분적인 붕괴

✓ 허용한계를 초과한 변형의 발생

✓ 기타 다른 형태의 피로 또는 심각하지는 않지만 구조물의 미관을 해치거나, 예상치 않은 유지관리가 필요하거나 구조물의 예상수명을 단축할 수 있는 손상의 발생

보강토옹벽에서 극한한계상태는 지반 또는 보강토옹벽 내에서 파괴 메커니즘이 형성될 수 있거나, 보강토옹벽의 변형이 그 구조 요소 또는 근처의 구조물이나 부대시설에 심각한 손상을 유발할 수 있는 상태를 말한다. 사용한계상태는 보강토옹벽의 변형이 그 외형이나 사용성 또는

보강토옹벽 위의 구조물이나 부대시설에 영향을 미치는 상태를 말한다(GEO, 2020).

그림 4.56에서는 허용응력설계법과 한계상태설계법에 의한 보강토옹벽의 설계 순서를 비교하여 보여주며, 허용응력설계법과 한계상태설계법에 의한 보강토옹벽의 설계 순서는 유사하지만 약간의 차이점을 보인다.

보강토옹벽의 허용응력설계법이나 한계상태설계법은 모두 같은 파괴 메커니즘을 사용한다. 두 방법 모두 보강재 파단 및 인발, 연결부 강도 등의 내적안정성을 만족하여야 하며, 보강토체를 일체로 된 구조물로 보고 저면활동, 전도, 지지력에 대한 안정을 만족하여야 한다. FHWA-NHI-10-024(Berg 등, 2009a)에 따르면 LRFD의 목표는 계수하중(Factored load)보다 더 큰 계수저항력(Factored resistance)을 갖도록 설계하는 것이며, 허용응력설계법(ASD)에서 사용하는 안전율(FS)과 유사한 개념으로, 계수하중에 대한 계수저항의 비율을 정량화하는 수요 대비 용량 비율(Capacity to Demand Ratio, CDR)이라는 용어를 사용하며, CDR은 한계상태를 식별하고 제어하는 데 유용하다.

1) 하중계수와 저항계수

교량 및 하부구조의 설계에서 고려할 필요가 있는 다양한 하중과 하중조합 및 하중계수는 KDS 24 12 11 교량 설계하중조합(한계상태설계법)에 제시되어 있다.

보강토옹벽의 하중저항계수설계법(LRFD)에서 설계 시 고려하는 하중조합 및 하중계수는 표 4.10에서와 같으며, 영구하중에 대한 하중계수(γ_p)는 표 4.11과 같다.

표 4.10 보강토옹벽에서 하중조합과 하중계수(Berg 등, 2009a)

하중조합 한계상태	EH / ES / EV	LL / LS	한번에 이들 중 하나만 사용	
			EQ	CT
극한 I	γ_p	1.75	–	–
극단상황 I	γ_p	γ_{EQ}	1.00	–
극단상황 II	γ_p	0.50	–	1.00
사용 I	1.00	1.00	–	–

주) γ_p는 영구하중에 대한 하중계수. $\gamma_{p_{EV}}$, $\gamma_{p_{EH}}$와 같이 표시
γ_{EQ}는 지진하중과 동시에 작용하는 활하중에 대한 하중계수

EH : 수평토압	ES : 상재성토하중	EV : 성토의 자중에 의한 수직토압	
CT : 차량 충돌하중	EQ : 지진하중	LL : 차량 활하중	LS : 상재 활하중

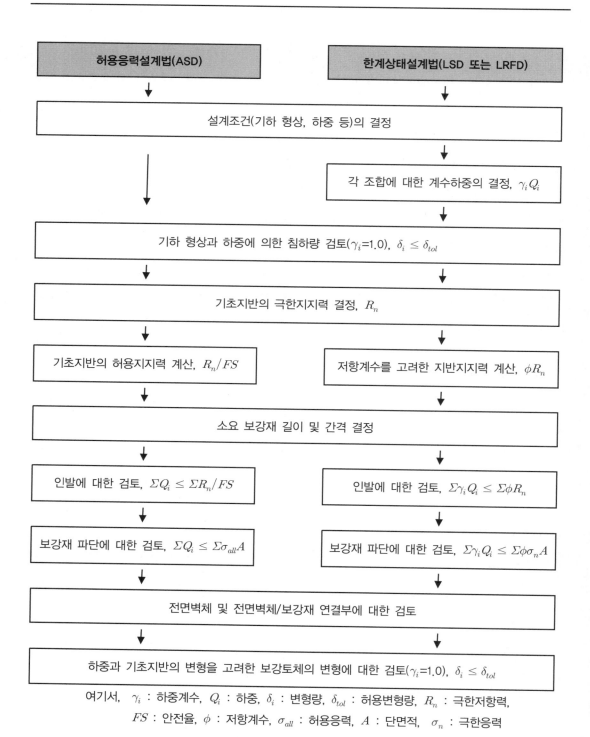

그림 4.56 허용응력설계법과 한계상태설계법에 의한 보강토옹벽 설계 순서 비교(Withiam 등, 2001)

표 4.11 보강토옹벽에서 영구하중에 대한 하중계수, γ_p(Berg 등, 2009a)

하중의 종류	하중계수	
	최댓값	최솟값
DC : 구조부재 및 비구조적 부착물	1.25	0.90
EH : 수평토압 • 주동토압	1.50	0.90
EV : 수직토압(자중) • 전체안정성 • 옹벽 및 교대	1.00 1.35	N/A 1.00
ES : 상재성토하중	1.50	0.75

주) $\gamma_{EV_{MIN}}$, $\gamma_{EV_{MAX}}$, $\gamma_{EH_{MIN}}$, $\gamma_{EH_{MAX}}$ 등과 같이 표시

표 4.11에는 하중계수의 최댓값과 최솟값이 제시되어 있으며, 보강토옹벽에서 이러한 하중계수의 적용을 이해하는 것이 중요하다. AASAHTO(2020)에서는 다음과 같이 명시하고 있다.

"하중계수는 전체 극단적인 계수하중 효과(Extreme factored load effect)를 생성하도록 선택되어야 하고, 각 하중조합에 대해 극대치와 극소치 모두에 대해 검토해야 한다. 하나의 하중효과(Force effect)가 다른 효과를 감소시키는 하중조합에서는 하중효과를 감소시키는 하중에 최솟값을 적용해야 한다. 영구적인 하중효과의 경우, 더 중요한 조합을 생성하는 하중계수를 선택해야 한다. 영구하중이 구성요소나 교량의 안정성이나 하중 지지 능력을 증가시킬 때는 해당

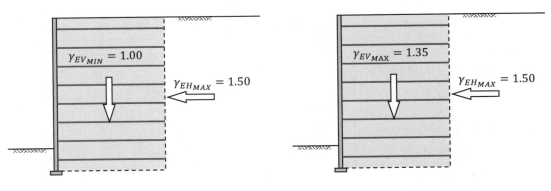

a) 활동 및 편심거리에 대한 검토 시   b) 지지력에 대한 검토 시

그림 4.57 외적안정성 검토 시의 하중계수(Berg 등, 2009a)

217

영구하중에 대한 하중계수의 최솟값에 대해서도 검토해야 한다."

일반적으로 영구하중이 안정성을 증가시킬 때는 하중계수의 최솟값을 사용하고, 영구하중이 안정성을 감소시킬 때는 하중계수의 최댓값을 사용한다.

보강토옹벽 외적안정성 및 내적안정성 검토 시 적용하는 저항계수는 표 4.12 및 표 4.13과 같다.

표 4.12 보강토옹벽 외적안정성 검토 시의 저항계수(Berg 등, 2009a)

구분	조건	저항계수
지지력	.	0.65
저면활동		1.00
전체안정성	지반정수들이 분명하고, 사면이 구조적 요소를 지지하거나 포함하지 않는 곳	0.75
	지반정수들이 분명하지 않거나, 경사면이 구조적 요소를 지지하거나 포함하는 곳	0.65

표 4.13 보강토옹벽 내적안정성 검토 시의 저항계수(Berg 등, 2009a)

보강재의 종류 및 하중 조건		저항계수
금속성 보강재 및 연결재	띠형 보강재[주1]	
	정적하중	0.75
	정적하중과 지진하중의 조합	1.00
	정적하중과 차량 충돌하중의 조합[주2]	1.00
금속성 보강재 및 연결재	그리드형 보강재[주1], [주3]	
	정적하중	0.65
	정적하중과 지진하중의 조합	0.85
	정적하중과 차량 충돌하중의 조합[주2]	0.85
지오신세틱스 보강재 및 연결재	정적하중	0.90
	정적하중과 지진하중의 조합	1.20
	정적하중과 차량 충돌하중의 조합[주2]	1.20
보강재 (금속성 및 지오신세틱스)의 인발저항력	정적하중	0.90
	정적하중과 지진하중의 조합	1.20
	정적하중과 차량 충돌하중의 조합[주2]	1.00

주1) 부식면적이 적은 전체 단면적에 대해 적용. 구멍이 있는 단면의 경우 구멍 크기만큼 단면적을 감소시키고 부식면적을 제외한 순단면적에 적용.
주2) AASHTO(2007)에는 정적하중과 차량 충돌하중의 조합에 대한 저항계수가 제시되어 있지 않음.
주3) 콘크리트 패널이나 블록과 같은 견고한 전면벽체에 연결된 그리드형 보강재에 적용. 연성 전면벽체에 연결 되거나 전면벽체와 일체인 그리드형 보강재의 경우 띠형 보강재에 대한 저항계수 적용.

2) 한계상태설계법에 의한 외적안정성 검토

(1) 저면활동에 대한 안정성 검토

저면활동에 대한 CDR은 다음과 같이 표현된다.

$$CDR = \frac{R_r}{P_d} \geq 1.0 \tag{4.107}$$

$$R_r = \mu_{ds}\left[\gamma_{EV}(V_1 + V_2) + \gamma_{EH}F_T\sin\beta\right] \tag{4.108}$$

$$P_d = \gamma_{EH}F_H = \gamma_{EH}F_T\cos\beta \tag{4.109}$$

여기서, CDR : 수요 대비 용량 비율(Capacity to demand ratio)

$\qquad\quad R_r$: 계수저항력(Factored resistance)(kN/m)

$\qquad\quad P_d$: 계수활동력(Factored sliding force)(kN/m)

$\qquad\quad \mu_{ds}$: 마찰계수

$\qquad\quad \gamma_{EV}$: 하중계수(표 4.11 참조)

$\qquad\quad \gamma_{EH}$: 하중계수(표 4.11 참조)

$\qquad\quad F_T$: 배면토압(kN/m)

$\qquad\quad F_H$: 배면토압의 수평성분(kN/m)

$\qquad\quad V_1$: 보강토체의 자중(kN/m)

$\qquad\quad V_2$: 상재 성토의 자중(kN/m)

(2) 편심거리(e) 대한 검토

보강토옹벽이 토사 지반 위에 설치될 때는 반력의 합력이 저판 폭의 중앙부 1/2 범위(즉, $e \leq L/4$)에 있도록 하여야 하고, 암반 위에 설치될 때는 반력의 합력이 저판 폭의 중앙부 3/4 범위(즉, $e \leq 3L/8$)에 있도록 하여야 하며, 편심거리(e)는 다음과 같이 계산한다.

$$e = \frac{\Sigma M_R - \Sigma M_O}{\Sigma V} \tag{4.110}$$

여기서, ΣM_R : 저항모멘트의 합$(kN \cdot m/m)$

$\quad\quad\quad$ ΣM_O : 전도모멘트의 합$(kN \cdot m/m)$

$\quad\quad\quad$ ΣV $\quad$: 수직력의 합(kN/m)

벽면이 수직이고 상부가 수평이며, 등분포하중이 작용하는 경우. 편심거리(e)는 다음과 같이 계산할 수 있다.

$$e = \frac{\gamma_{EH} \, F_1 \, \dfrac{H}{3} + \gamma_{LS} \, F_{q_{LS}} \, \dfrac{H}{2}}{\gamma_{EV_{MIN}} \, V_1} \tag{4.111}$$

여기서, γ_{EH}, γ_{LS}, γ_{EV}는 하중계수로 표 4.10 및 표 4.11을 참조한다.

벽면이 수직이고 상부가 사면이며 상재하중이 없는 경우 편심거리(e)는 다음과 같이 계산할 수 있다.

$$e = \frac{\gamma_{EH_{MAX}} \, F_T \, \cos\beta \, \dfrac{h}{3} - \gamma_{EH_{MAX}} \, F_T \, \sin\beta \, \dfrac{L}{2} - \gamma_{EV_{MIN}} \, V_2 \, \dfrac{L}{6}}{\gamma_{EV_{MIN}} \, V_1 + \gamma_{EV_{MIN}} \, V_2 + \gamma_{EH_{MAX}} \, F_T \, \sin\beta} \tag{4.112}$$

단순한 옹벽의 경우에는 EV에 대한 최댓값과 EH에 대한 최솟값의 하중계수를 적용한 하중조합에 대해서만 평가해도 충분하지만, 복잡한 옹벽의 경우에는 가장 불리한 하중조합을 찾기 위하여 영구하중에 대한 최대 하중계수와 최소 하중계수 및 전체 극단하중(Total extreme loads)에 대하여 평가하여야 한다.

(3) 지반지지력에 대한 검토

지지력에 대해서는 다음과 같이 검토한다.

$$q_R \geq q_{uniform} \tag{4.113}$$

여기서, q_R은 계수저항력(Factored bearing capacity)으로 다음과 같이 계산한다.

$$q_R = \phi q_n \tag{4.114}$$

여기서, ϕ는 저항계수로 표 4.12를 참고할 수 있으며, q_n은 지반의 공칭지지력(Nominal bearing capacity)으로, 일반적으로 근입깊이의 영향을 제외하고 얕은기초의 지지력 공식을 사용하여 다음과 같이 계산된다.

$$q_n = c_f N_c + 0.5 L' \gamma_f N_\gamma \tag{4.115}$$

여기서, c_f : 기초지반의 점착력(kPa)

    γ_f : 기초지반의 단위중량(kN/m³)

    L' : 유효폭($= L - 2e_B$)(m)

    $N_c,\ N_\gamma$: 지지력 계수(표 4.7 참조)

지지력 검토를 위한 편심거리(e_B)는 편심거리에 대한 검토에서 사용한 식 (4.111)의 편심거리(e)와는 다르며, 상재 활하중의 영향을 고려하여야 한다. 상부가 수평이고 등분포하중이 작용하는 경우 e_B는 다음과 같이 계산한다.

$$e_B = \frac{\gamma_{EH_{MAX}} F_1 \dfrac{H}{3} + \gamma_{LS} F_{q_{LS}} \dfrac{H}{2}}{\gamma_{EV_{MAX}} V_1 + \gamma_{LS} q L} \tag{4.116}$$

상부가 사면이면 앞의 식 (4.112)를 사용할 수 있다.

보강토옹벽 저면의 하중계수를 고려한 접지압은 다음과 같이 계산한다.

– 상부가 수평이고 등분포하중이 작용하는 경우

$$q_{uniform} = q_{v_F} = \frac{\gamma_{EV_{MAX}} V_1 + \gamma_{LS} q L}{L - 2e_B} \tag{4.117}$$

221

- 상부가 사면인 경우

$$q_{uniform} = q_{v_F} = \frac{\gamma_{EV_{MAX}} V_1 + \gamma_{EV_{MAX}} V_2 + \gamma_{EH_{MAX}} F_T \sin\beta}{L - 2e_B} \tag{4.118}$$

식 (4.117)과 식 (4.118)에서 편심거리(e_B)가 음($-$)의 값이면 ($L - 2e_B$) 대신 L을 적용한다. 다양한 하중계수와 하중조합에 대하여 검토할 때 편심거리(e_B)의 값은 변할 것이며, 적용할 수 있는 모든 하중조합에 대하여 평가한 후 가장 불리한 값을 결정하여야 한다.

보강토옹벽 상부에 띠하중, 독립기초하중 등이 작용할 때는 하중계수를 적용하여 이들 하중을 고려하여야 한다.

3) 한계상태설계법에 의한 내적안정성 검토

(1) 층별 보강재 최대유발인장력(T_{max})

층별 보강재의 최대유발인장력은 다음과 같이 계산한다.

$$T_{max} = \sigma_H S_v \tag{4.119}$$

여기서, T_{max} : 하중계수가 포함된 층별 보강재 최대유발인장력(kN/m)

σ_H : 하중계수가 포함된 보강토체 내부의 수평응력(kN/m)

S_v : 보강재의 수직간격(m)(그림 4.43 참조)

식 (4.119)는 허용응력설계법에서 보강재 최대유발인장력을 계산하기 위한 식 (4.33)과 같지만, 식 (4.119)의 수평응력(σ_H)은 하중계수를 고려한 수평응력이라는 점이 다르다. 보강토체 내부의 수평응력 계산 시의 하중계수는 다음과 같은 원칙으로 적용한다.

✓ 보강토체의 자중에 의한 수직력은 "EV"형 하중으로 $\gamma_{p_{EV}} = 1.35$를 적용하고, 항상 하중계수의 최댓값을 적용한다.

✓ 보강토체 위의 성토 또는 등가성토고(h_{eq})로 환산된 상재 교통 하중에 의한 수직하중은

"EV"형 하중으로 $\gamma_{p_{EV}}$ = 1.35를 적용하며, 상재 활하중을 "LS"형 하중으로 취급하는 외적안정해석과 다르다.

✓ 띠하중과 같이 성토 이외의 상재하중은 "ES"형 하중으로 취급하며, 하중계수를 적용하지 않은 수직하중에 대해서는 $\gamma_{p_{ES}}$ = 1.50을 적용하고 이미 하중계수를 적용하여 계산된 수직하중에 대해서는 $\gamma_{p_{ES}}$ = 1.00을 적용한다.

✓ 보강토옹벽 상부에 작용하는 수평하중은 "ES"형 하중으로, 하중계수를 고려하지 않은 수평하중에 대해서는 $\gamma_{p_{ES}}$ = 1.50을 적용하고, 이미 하중계수를 적용하여 계산된 수평하중에 대해서는 $\gamma_{p_{ES}}$ = 1.00을 적용한다.

따라서 보강토체 내부의 수평응력(σ_H)은 다음과 같이 계산한다.

① 상부가 수평이고 상재하중이 없는 경우
$$\sigma_H = K_r \left[\gamma_r Z \gamma_{EV_{MAX}} \right] \tag{4.120}$$

② 상부가 수평이고 상재 활하중이 있는 경우
$$\sigma_H = K_r \left[\gamma_r (Z + h_{eq}) \gamma_{EV_{MAX}} \right] \tag{4.121}$$

③ 상부가 성토사면인 경우
$$\sigma_H = K_r \left[\gamma_r (Z + S_{eq}) \gamma_{EV_{MAX}} \right] \tag{4.122}$$

④ 상부에 수직 및 수평하중이 작용하는 경우
$$\sigma_H = K_r \left[\gamma_r (Z + h + h_{eq}) \gamma_{EV_{MAX}} + \Delta \sigma_{v_{footing}} \gamma_{p_{ES}} \right] + \Delta \sigma_H \gamma_{P_{ES}} \tag{4.123}$$

식 (4.120)~식 (4.123)에서 보강토체 내부의 토압계수(K_r)는 그림 4.44를 참고하여 결정하고, $\gamma_{EV_{MAX}}$ = 1.35를 적용한다. 띠하중, 독립기초하중 등의 수직하중에 의하여 증가하는 수직응력($\Delta \sigma_{v_{footing}}$)과 수평하중에 의하여 증가하는 수평응력($\Delta \sigma_H$)은 각각 그림 4.19 및 그림 4.21을

223

참고하여 결정할 수 있다. $\gamma_{p_{ES}}$는 하중계수가 적용되지 않은 하중에 대해서는 $\gamma_{p_{ES}}$ = 1.5, 하중계수가 적용된 하중에 대해서는 $\gamma_{p_{ES}}$ = 1.0을 적용한다.

(2) 보강재 파단에 대한 안정성 검토

보강재 파단에 대한 안정성은 다음과 같이 검토한다.

$$T_r = \phi T_l R_c \geq T_{\max} \tag{4.124}$$

여기서, ϕ는 내적안정성 검토 시 보강재의 저항계수로 표 4.13에서와 같으며, R_c는 보강재의 포설면적비($=b/S_h$)이며, 보강재의 장기인장강도(T_l)에 대해서는 본 매뉴얼 3.3.4를 참고한다.

(3) 보강재 인발파괴에 대한 안정성 검토

보강재의 인발파괴에 대한 안정성을 확보하기 위해서는 감소계수가 적용된 보강재 인발저항력이 하중계수가 적용된 최대유발인장력($T_{\max}$)보다 커야 한다.

$$\phi F^* \alpha \sigma_v C L_e R_c \geq T_{\max} \tag{4.125}$$

여기서, ϕ : 보강재의 저항계수(표 4.13 참조)

      F^* : 보강재의 인발저항계수(본 매뉴얼 3.5.3 및 그림 3.23 참조)

      α : 크기보정계수(Scale correction factor)

           비신장성 보강재   : α = 1.0,

           지오그리드   : α = 0.8,

           신장성 시트   : α = 0.6

      σ_v : 보강재 위에 작용하는 수직응력(kN/m)(그림 4.46 참조)

      C : 흙/보강재 접촉면의 수

           (띠형, 그리드형, 시트형 보강재의 경우 C = 2 적용)

      L_e : 저항영역 내의 보강재 유효길이(m)

$$R_c \quad\quad : \text{포설면적비}(=b/S_h)$$

$$T_{\max} \quad : \text{층별 보강재의 최대유발인장력(kN/m)}$$

따라서, 저항영역 내에 요구되는 최소 보강재 유효길이(L_e)는 다음과 같이 계산할 수 있다.

$$L_e = \frac{T_{\max}}{\phi F^* \alpha \sigma_v C R_c} \geq 1.0\text{m} \tag{4.126}$$

교통하중이나 상재 활하중이 있는 경우에는, 층별 보강재의 최대유발인장력($T_{\max}$)의 계산에는 상재 활하중의 영향을 고려하여야 하고, 인발저항력의 계산에는 상재 활하중의 영향을 배제하여야 하며, 이는 상재 활하중은 전면벽체 근처에는 작용하고 저항영역의 보강재 유효길이 위에는 작용하지 않을 수 있기 때문이다.

4.6 계산 예

본 절에서는 보강토옹벽 상부가 수평인 경우(계산 예 1)와 상부에 사다리꼴 성토가 있는 경우(계산 예 2)에 대한 보강토옹벽 구조계산 예를 정리하였다.

4.6.1 계산 예 1 – 상부가 수평인 경우

1) 설계조건

(1) 기하 형상

본 예제는 높이 6.1m이고 상부가 수평인 블록식 보강토옹벽에 대한 계산 예로서 단면은 그림 4.58과 같다.

(2) 상재하중

보강토옹벽 상부에는 교통하중으로 13kPa의 등분포 활하중이 작용한다.

(3) 토질 특성

본 계산 예에 적용한 토질 특성은 표 4.14와 같다.

표 4.14 토질 특성 - 계산 예 1

구분	점착력 c (kN/m²)	내부마찰각 ϕ (deg)	단위중량 γ_t (kN/m³)	비고
보강토체	N/A	30.00	19.00	
배 면 흙	N/A	30.00	19.00	
기초지반	0.00	30.00	19.00	

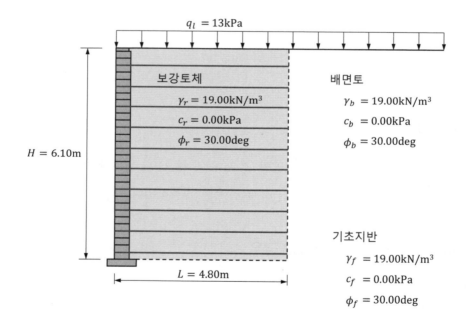

그림 4.58 계산단면 - 계산 예 1

(4) 보강재 특성

본 계산 예에서는 직조된 폴리에스터 섬유를 PVC로 코팅한 지오그리드를 보강재로 사용하며, 그 특성은 표 4.15에서와 같다. 여기서, 보강재의 장기인장강도는 다음 식과 같이 계산한다.

$$T_l = \frac{T_{ult}}{RF_D RF_{ID} RF_{CR}}$$

인발저항계수 C_i = 0.8을 적용하며, 흙/보강재 접촉면 마찰계수 $\tan\delta = C_{ds}\tan\phi_r = 0.8\tan\phi_r$ 값을 적용한다.

표 4.15 보강재의 특성 - 계산 예 1

이름	극한인장강도, T_{ult} (kN/m)	감소계수(Reduction factor)			장기인장강도, T_l (kN/m)
		RF_D	RF_{ID}	RF_{CR}	
GRID 60kN	60.00	1.10	1.20	1.60	28.44
GRID 80kN	80.00	1.10	1.20	1.60	37.91
GRID 100kN	100.00	1.10	1.20	1.60	47.39

(5) 내진설계 - 지반가속도계수

본 계산 예에서 검토하는 보강토옹벽은 지진구역 I의 보통암 지반 위에 설치되며, 내진 1등급으로 설계한다. 기초지반의 지반가속도계수는 KDS 17 10 00 내진설계 일반에 따라 표 4.16과 같이 결정하였다.

표 4.16 지진계수의 계산 - 계산 예 1

구분	값	비고
지진구역계수, Z	0.11	지진구역 I
위험도계수, I	1.4	내진 1등급
유효수평지반가속도, S	0.11 × 1.4 = 0.154	$S = Z \times I$
지반증폭계수, F_a	1.00	단주기증폭계수, 보통암 지반
지반가속도계수, A	0.154 × 1.00 = 0.154	$A = F_a \times S$

2) 외적안정성 검토 결과

(1) 보강토옹벽에 작용하는 하중

① 배면토압

벽면 경사, $\alpha = 0.00° < 10°$고, 상부 사면경사각 $\beta = 0°$이므로, 보강토체 배면 주동토압계수 K_a는 다음과 같이 계산할 수 있다.

$$K_a = \tan^2\left(45° - \frac{\phi_r}{2}\right)$$

$$= \tan^2\left(45° - \frac{30.00°}{2}\right) = 0.333$$

따라서 보강토옹벽 배면에 작용하는 배면토압은 다음과 같이 계산된다.

$$P_s = \frac{1}{2}\gamma_b H^2 K_a$$

$$= \frac{1}{2} \times 19.00 \times 6.10^2 \times 0.333$$

$$= 117.71\,\text{kN/m}$$

$$P_{ql} = q_l H K_a$$

$$= 13.00 \times 6.10 \times 0.333$$

$$= 26.41\,\text{kN/m}$$

② 보강토체의 자중

전면벽체와 보강토체의 단위중량 차이를 무시하고 보강토체의 자중을 계산하면 다음과 같다.

$$V_1 = W_r = \gamma_r H L$$

$$= 19.00 \times 6.10 \times 4.80 = 556.32\ \text{kN/m}$$

보강토체에 작용하는 하중 분포는 그림 4.59와 같다.

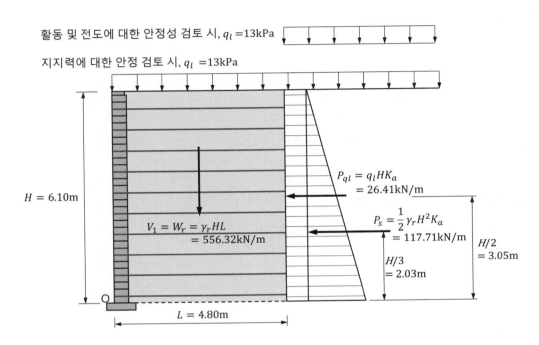

활동 및 전도에 대한 안정성 검토 시, $q_l = 13\text{kPa}$

지지력에 대한 안정 검토 시, $q_l = 13\text{kPa}$

$H = 6.10\text{m}$

$V_1 = W_r = \gamma_r HL$
$= 556.32\text{kN/m}$

$L = 4.80\text{m}$

$P_{ql} = q_l H K_a$
$= 26.41\text{kN/m}$

$P_s = \dfrac{1}{2}\gamma_r H^2 K_a$
$= 117.71\text{kN/m}$

$H/3 = 2.03\text{m}$

$H/2 = 3.05\text{m}$

그림 4.59 보강토체에 작용하는 하중 분포 – 계산 예 1

(2) 저면활동에 대한 안정성 검토

저면활동에 대한 안전율은 다음과 같이 계산할 수 있다.

$$FS_{slid} = \frac{R_H}{P_H}$$

$$R_H = W_r \tan\delta$$

$$= 556.32 \times \tan 30.00° = 321.19 \ \text{kN/m}$$

$$P_H = P_s + P_{ql}$$

$$= 117.71 + 26.41 = 144.12 \ \text{kN/m}$$

이때 주의할 것은 저면활동에 대한 저항력 계산 시 보강토체의 전단저항력과 기초지반의 전단저항력 중 작은 값을 사용해야 한다는 것이다.

따라서 저면활동에 대한 안전율은 다음과 같이 계산된다.

$$FS_{slid} = \frac{R_H}{P_H}$$

$$= \frac{321.19}{144.12} = 2.23 \quad > \quad 1.5 \quad \therefore O.K.$$

(3) 전도에 대한 안정성 검토

전도에 대한 안전율은 다음과 같이 계산할 수 있다.

$$FS_{over} = \frac{M_R}{M_O}$$

그림 4.59에서 점 O에 대한 모멘트를 취하면 저항모멘트 M_R과 전도모멘트 M_O는 각각 다음과 같이 계산된다.

$$M_R = W_r \frac{L}{2}$$

$$= 556.32 \times \frac{4.80}{2} = 1,335.17 \ kN \cdot m/m$$

$$M_O = P_s \times \frac{H}{3} + P_{ql} \times \frac{H}{2}$$

$$= 117.71 \times \frac{6.10}{3} + 26.41 \times \frac{6.10}{3}$$

$$= 239.34 + 80.55 = 319.89 \ kN \cdot m/m$$

따라서 전도에 대한 안전율은 다음과 같이 계산된다.

$$FS_{over} = \frac{M_R}{M_O}$$

$$= \frac{1,335.17}{319.89} = 4.17 \quad > 2.0 \quad \therefore \quad O.K.$$

(4) 지반지지력에 대한 안정성 검토

지지력에 대한 안전율은 다음과 같이 계산할 수 있다.

$$FS_{bear} = \frac{q_{ult}}{q_{ref}}$$

위 식에서 q_{req}는 보강토체에 의하여 기초지반에 가해지는 접지압이며, 상재 활하중을 포함하여 계산해야 한다. 따라서 상재 활하중에 의한 하중 W_q와 모멘트 M_{Wq}는

$$W_{ql} = q_l L$$

$$= (13.00 + 0.00) \times 4.80 = 62.40 \ \text{kN/m}$$

$$M_{Wql} = W_{ql} \times \frac{L}{2}$$

$$= 62.40 \times \frac{4.80}{2} = 149.76 \ \text{kN·m/m}$$

소요지지력 계산을 위한 편심거리 e_{bear}는

$$e_{bear} = \frac{L}{2} - \frac{\Sigma M + M_{Wql}}{\Sigma P_v + W_{ql}}$$

$$= \frac{4.80}{2} - \frac{1,335.17 - 319.89 + 149.76}{556.32 + 62.40} = 0.52 \ \text{m}$$

소요지지력 q_{ref}는

231

$$q_{ref} = \frac{\Sigma P_v + W_{ql}}{L - 2e_{bear}}$$

$$= \frac{556.32 + 62.40}{4.80 - 2 \times 0.52} = 164.55 \ \text{kN/m}^2$$

기초지반의 극한지지력은 다음과 같이 계산할 수 있다.

$$q_{ult} = \ c_f N_c \ + \ 0.5 \ \gamma_f \left(L - 2 \ e_{bear} \right) N_\gamma$$

$$N_q = e^{\pi \tan\phi_f} \ \tan^2 \left(45° + \frac{\phi_f}{2} \right) = e^{\pi \tan 30.00°} \times \tan^2 \left(45° + \frac{30.00°}{2} \right) = 18.40$$

$$N_c = \frac{N_q - 1}{\tan\phi_f} = \frac{18.40 - 1}{\tan 30.00^o} = 30.14$$

$$N_\gamma = 2(N_q + 1)\tan\phi_f = 2 \times (18.40 + 1) \times \tan 30.00° = 22.40$$

따라서 기초지반의 극한지지력은

$$q_{ult} = c_f N_{c+0.5} \ \gamma_f \left(L - 2 \ e_{bear} \right) N_\gamma$$

$$= 0.00 \times 30.14 + 0.5 \times 19.00 \times (4.80 - 2 \times 0.52) \times 22.40$$

$$= 800.13 \ \text{kN/m}^2$$

지지력에 대한 안전율은

$$FS_{bear} = \frac{q_{ult}}{q_{ref}}$$

$$= \frac{800.13}{164.55} = 4.86 \ > 2.5 \qquad \therefore \ O.K.$$

3) 내적안정성 검토

(1) 보강토체 내부의 토압 분포

그림 4.44로부터 지오신세틱스 보강재의 경우 전체 높이에 대하여 $K_r/K_a = 1.0$이며, 벽면 경사가 수직이므로 보강토체 내부의 토압계수는 다음과 같이 계산된다.

$$K_r = K_a = \tan^2\left(45° - \frac{\phi_r}{2}\right)$$

$$= \tan^2\left(45.00° - \frac{30.00°}{2}\right) = 0.333$$

(2) 보강재 최대유발인장력(T_{max})

층별 보강재의 최대유발인장력 T_{max}는 다음과 같이 계산할 수 있다.

$$T_{max} = \sigma_h S_v S_h$$
$$\sigma_h = K_r(\sigma_v + \Delta\sigma_v) + \Delta\sigma_h$$
$$\sigma_v = \gamma_r z + \sigma_2$$

본 계산 예에서는 상부가 수평이므로 상재성토에 의한 하중 $\sigma_2 = 0$이며, 층별 보강재의 최대유발인장력(T_{max})을 계산하면 표 4.17과 같다.

(3) 보강재 파단에 대한 안정성 검토

보강토옹벽에서 보강재의 장기설계인장강도(T_a)는 최대유발인장력(T_{max})보다 커야 한다. 그런데 대부분의 보강토옹벽 구조계산 프로그램에서 장기인장강도(T_l)와 최대유발인장력(T_{max})의 비로 보강재 파단에 대한 안전율을 나타내고, 장기설계인강강도(T_a)의 계산에는 안전율 FS =1.5가 포함되어 있으므로 보강재 파단에 대한 안전율은 다음과 같이 계산할 수 있다.

$$FS_{ru} = \frac{T_l}{T_{max}} \geq 1.5$$

표 4.17 보강재 최대유발인장력 계산 결과 – 계산 예 1

번호 i	높이, h_r (m)	깊이, z_c (m)	γZ (kN/m²)	q (kN/m²)	σ_v (kN/m²)	K_r	σ_h (kN/m²)	$\Delta\sigma_h$ (kN/m²)	T_{max} (kN/m)
10	5.60	0.40	7.60	13.00	20.60	0.333	6.86	0.00	5.49
9	5.00	1.10	20.90	13.00	33.90	0.333	11.29	0.00	6.77
8	4.40	1.70	32.30	13.00	45.30	0.333	15.08	0.00	9.05
7	3.80	2.30	43.70	13.00	56.70	0.333	18.88	0.00	11.33
6	3.20	2.90	55.10	13.00	68.10	0.333	22.68	0.00	13.61
5	2.60	3.50	66.50	13.00	79.50	0.333	26.47	0.00	15.88
4	2.00	4.10	77.90	13.00	90.90	0.333	30.27	0.00	18.16
3	1.40	4.70	89.30	13.00	102.30	0.333	34.07	0.00	20.44
2	0.80	5.30	100.70	13.00	113.70	0.333	37.86	0.00	22.72
1	0.20	5.85	111.15	13.00	124.15	0.333	41.34	0.00	20.67

전체 높이에 대하여 GRID 60kN 보강재를 배치하는 경우 보강재 파단에 대한 안전율은 표 4.18과 같이 계산된다.

표 4.18 보강재 파단에 대한 안정성 검토 결과 – 계산 예 1

번호 i	높이 (m)	보강재 종류	T_{max} (kN/m)	T_l (kN/m)	FS_{ru}	기준 안전율	비고
10	5.60	GRID 60kN	5.49	28.44	5.180	≥ 1.5	O.K.
9	5.00	GRID 60kN	6.77	28.44	4.201	≥ 1.5	O.K.
8	4.40	GRID 60kN	9.05	28.44	3.143	≥ 1.5	O.K.
7	3.80	GRID 60kN	11.33	28.44	2.510	≥ 1.5	O.K.
6	3.20	GRID 60kN	13.61	28.44	2.090	≥ 1.5	O.K.
5	2.60	GRID 60kN	15.88	28.44	1.791	≥ 1.5	O.K.
4	2.00	GRID 60kN	18.16	28.44	1.566	≥ 1.5	O.K.
3	1.40	GRID 60kN	20.44	28.44	**1.391**	< 1.5	**N.G.**
2	0.80	GRID 60kN	22.72	28.44	**1.252**	< 1.5	**N.G.**
1	0.20	GRID 60kN	20.67	28.44	**1.376**	< 1.5	**N.G.**

그런데 하부 3개 층은 파단에 대한 기준안전율 1.5를 만족시키지 못한다. 따라서 모든 층에서 보강재 파단에 대한 기준안전율을 만족시킬 수 있게 하려면, 보강재 파단에 대한 안정성을 만족시키지 못하는 하부 3층에 대하여 한 단계 위인 GRID 80kN을 적용하여 다시 계산한다. 결과는 표 4.19에서와 같다.

표 4.19 보강재 파단에 대한 안정성 검토 결과 - 계산 예 1

번호 i	높이 (m)	보강재 종류	T_{max} (kN/m)	T_l (kN/m)	FS_{ru}	기준 안전율	비고
10	5.60	GRID 60kN	5.49	28.44	5.180	≥ 1.5	O.K.
9	5.00	GRID 60kN	6.77	28.44	4.201	≥ 1.5	O.K.
8	4.40	GRID 60kN	9.05	28.44	3.143	≥ 1.5	O.K.
7	3.80	GRID 60kN	11.33	28.44	2.510	≥ 1.5	O.K.
6	3.20	GRID 60kN	13.61	28.44	2.090	≥ 1.5	O.K.
5	2.60	GRID 60kN	15.88	28.44	1.791	≥ 1.5	O.K.
4	2.00	GRID 60kN	18.16	28.44	1.566	≥ 1.5	O.K.
3	1.40	GRID 80kN	20.44	37.91	1.855	≥ 1.5	O.K.
2	0.80	GRID 80kN	22.72	37.91	1.669	≥ 1.5	O.K.
1	0.20	GRID 80kN	20.67	37.91	1.834	≥ 1.5	O.K.

(4) 보강재 인발파괴에 대한 안정성 검토

① 가상파괴면

벽면 경사각, $\alpha = 0.00 < 10°$이므로,

$$\psi = 45° + \frac{\phi_r}{2}$$

$$= 45° + \frac{30.00°}{2} = 60.00° \text{ (수평선으로부터)}$$

② 보강재의 인발저항력

보강재의 인발저항력은 다음 식과 같이 계산할 수 있다.

235

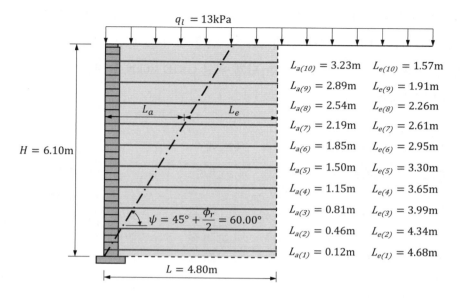

그림 4.60 가상파괴면 – 계산 예 1

$$P_r = 2\,\alpha\,L_e\,R_c\,F^*\,\gamma\,Z_p$$

위 식에서 α는 보강재의 크기효과 보정계수로서 지오신세틱스 지오그리드 보강재의 경우 0.8을 적용한다. 지오신세틱스 보강재의 인발저항계수 $F^* = C_i\tan\phi$로 계산하며, 본 예제에서 C_i는 0.8을 적용한다. γZ_p는 인발저항력 계산 시 보강재 위에 작용하는 수직응력이다.

층별 보강재 인발저항력을 계산하면 표 4.20과 같다.

③ 인발파괴에 대한 안전율

인발파괴에 대한 안전율은 다음과 같이 계산할 수 있다.

$$FS_{po} = \frac{P_r}{T_{\max}} \geq 1.5$$

인발파괴에 대한 안정성 검토 결과를 정리하면 표 4.20과 같다.

표 4.20 인발파괴에 대한 안정성 검토 결과 – 계산 예 1

번호 i	높이 (m)	L (m)	L_a (m)	L_e (m)	γZ_p (kN/m²)	F^*	P_r (kN/m)	T_{max} (kN/m)	FS_{po}	기준 안전율	비고
10	5.60	4.80	3.23	1.57	9.50	0.462	11.03	5.49	2.009	≥ 1.5	O.K.
9	5.00	4.80	2.89	1.91	20.90	0.462	29.51	6.77	4.359	≥ 1.5	O.K.
8	4.40	4.80	2.54	2.26	32.30	0.462	53.96	9.05	5.962	≥ 1.5	O.K.
7	3.80	4.80	2.19	2.61	43.70	0.462	84.31	11.33	7.441	≥ 1.5	O.K.
6	3.20	4.80	1.85	2.95	55.10	0.462	120.15	13.61	8.828	≥ 1.5	O.K.
5	2.60	4.80	1.50	3.30	66.50	0.462	162.22	15.88	10.215	≥ 1.5	O.K.
4	2.00	4.80	1.15	3.65	77.90	0.462	210.18	18.16	11.574	≥ 1.5	O.K.
3	1.40	4.80	0.81	3.99	89.30	0.462	263.38	20.44	12.886	≥ 1.5	O.K.
2	0.80	4.80	0.46	4.34	100.70	0.462	323.06	22.72	14.219	≥ 1.5	O.K.
1	0.20	4.80	0.12	4.68	112.10	0.462	387.81	20.67	18.762	≥ 1.5	O.K.

(5) 내적활동에 대한 안정성 검토

① 활동력

앞에서 외적안정성 검토 시 계산된 토압계수는 $K_a = 0.333$이며, 따라서 i번째 보강재 층 위의 보강토체 배면에 작용하는 활동력은 다음과 같이 계산된다.

$$P_{H(i)} = P_{a(i)} = P_{s(i)} + P_{q(i)} = \frac{1}{2}\gamma_b z_{r(i)}^2 K_a + q_l z_{r(i)} K_a$$

② 보강토체의 자중

전면벽체와 보강토체의 단위중량 차이를 무시하고 i번째 보강재 층 위의 보강토체의 자중을 계산하면 다음과 같다.

$$V_{1(i)} = W_{r(i)} = \gamma_r z_{r(i)} L_{(i)}$$

③ 내적활동에 대한 저항력

흙과 보강재 접촉면 마찰효율 C_{ds} = 0.8이라 하면, i번째 보강재 층에서 작용하는 저항력은 다음과 같이 계산된다.

$$R_{H(i)} = P_{v(i)} C_{ds} \tan\phi_r = 0.8\,W_{r(i)} \tan\phi_r$$

첫 번째 보강재 층 위의 보강토체에 작용하는 하중 분포는 그림 4.61과 같다.

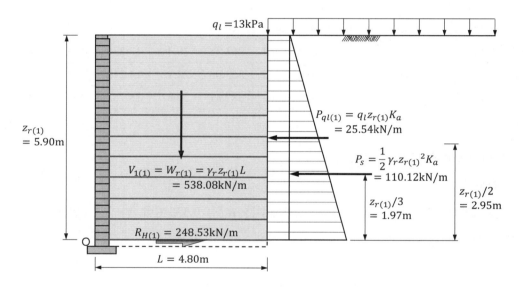

그림 4.61 내적활동에 대한 안정성 검토 – 계산 예 1

④ 내적활동에 대한 안전율

전면벽체의 저항력을 무시하면, 내적활동에 대한 안정성은 다음과 같이 계산된다.

$$FS_{sl(i)} = \frac{R_{H(i)}}{P_{H(i)}}$$

보강재 층별 내적활동에 대한 안정성 검토 결과를 정리하면 표 4.21과 같다.

표 4.21 내적활동에 대한 안정성 검토 결과 – 계산 예 1

번호 i	높이 (m)	L (m)	W_r (kN/m)	P_s (kN/m)	P_{ql} (kN/m)	P_H (kN/m)	R_H (kN/m)	FS_{sl}	기준 안전율	비고
10	5.60	4.80	45.60	0.79	2.16	2.95	21.06	7.139	≥ 1.5	O.K.
9	5.00	4.80	100.32	3.83	4.76	8.59	46.34	5.395	≥ 1.5	O.K.
8	4.40	4.80	155.04	9.14	7.36	16.50	71.61	4.340	≥ 1.5	O.K.
7	3.80	4.80	209.76	16.73	9.96	26.69	96.88	3.630	≥ 1.5	O.K.
6	3.20	4.80	264.48	26.61	12.55	39.16	122.16	3.120	≥ 1.5	O.K.
5	2.60	4.80	319.20	38.75	15.15	53.90	147.43	2.735	≥ 1.5	O.K.
4	2.00	4.80	373.92	53.18	17.75	70.93	172.71	2.435	≥ 1.5	O.K.
3	1.40	4.80	428.64	69.88	20.35	90.23	197.98	2.194	≥ 1.5	O.K.
2	0.80	4.80	483.36	88.86	22.94	111.80	223.25	1.997	≥ 1.5	O.K.
1	0.20	4.80	538.08	110.12	25.54	135.66	248.53	1.832	≥ 1.5	O.K.

최하단 보강재 층에서 내적활동에 대한 안전율은 $FS_{s(i)}$ = 1.832로, 앞의 외적안정성 검토에서 계산한 저면활동에 대한 안전율 FS_{slid}= 2.23보다 작으므로, 보강재 길이는 저면활동이 아니라 내적활동에 의하여 결정된다는 것을 알 수 있으며, 보강토옹벽 설계 시에는 반드시 내적활동에 대한 안정성을 검토하여야 함을 알 수 있다.

(6) 상부전도에 대한 안정성 검토

상부전도에 대한 안정성은 최상단 보강재 위의 보강되지 않은 전면벽체의 전도에 대한 안정성을 검토한다. 본 예제에서 상부 무보강 전면벽체에 작용하는 하중은 그림 4.62에서와 같다.

① 토압계수

전면벽체와 보강토체 사이 경계면은 콘크리트와 흙의 접촉면으로, 블록의 뒷길이가 일정한 단일깊이의 모듈형 중력식 옹벽(Prefabricated modular wall)에 대한 AASHTO(2020)의 규정에 따라 벽면마찰각 $\delta_i = \phi_r/2 = 30.00°/2 = 15.00°$를 사용하여 토압계수를 계산하면 다음과 같다.

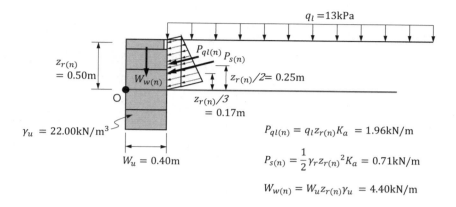

그림 4.62 상부전도에 대한 안정성 검토 - 계산 예 1

$$K_{ai} = \frac{\cos^2(\phi_r + \alpha)}{\cos^2\alpha\cos(\alpha - \delta_i)\left[1 + \sqrt{\dfrac{\sin(\phi_r + \delta_i)\sin(\phi_r - \beta)}{\cos(\alpha - \delta_i)\cos(\alpha + \beta)}}\right]^2}$$

$$= \frac{\dfrac{\cos^2(30.00° + 0.00°)}{\cos^2 0.00°\cos(0.00° - 15.00°)}}{\left[1 + \sqrt{\dfrac{\sin(30.00° + 15.00°)\sin(30.00° - 0.00°)}{\cos(0.00° - 15.00°)\cos(0.00° + 0.00°)}}\right]^2} = 0.301$$

② 주동토압

$$P_{a(n)} = P_{s(n)} + P_{ql(n)}$$

$$= \frac{1}{2}\gamma_r z_{r(n)}^2 K_{ai} + q_l z_{r(n)} K_{ai}$$

$$= \frac{1}{2} \times 19.00 \times 0.50^2 \times 0.301 + 13.00 \times 0.50 \times 0.301$$

$$= 0.71 + 1.96 = 2.67 \ \text{kN} \cdot \text{m/m}$$

③ 주동토압의 수평성분

$$P_{sH(n)} = P_{s(n)}\cos(\delta_i - \alpha)$$

$$= 0.71 \times \cos(15.00° - 0.00°) = 0.69 \ \text{kN/m}$$

$$P_{qlH(n)} = P_{ql(n)}\cos(\delta_i - \alpha)$$

$$= 1.96 \times \cos(15.00° - 0.00°) = 1.89 \ \text{kN/m}$$

④ 주동토압의 수직성분

$$P_{sV(n)} = P_{s(n)}\sin(\delta_i - \alpha)$$

$$= 0.71 \times \sin(15.00° - 0.00°) = 0.18 \ \text{kN/m}$$

$$P_{qlV(n)} = P_{ql(n)}\sin(\delta_i - \alpha)$$

$$= 1.96 \times \sin(15.00° - 0.00°) = 0.51 \ \text{kN/m}$$

⑤ 전도모멘트

$$M_{o(n)} = P_{sH(n)}\frac{z_{r(n)}}{3} + P_{qlH(n)}\frac{z_{r(n)}}{2}$$

$$= 0.69 \times \frac{0.50}{3} + 1.89 \times \frac{0.50}{2} = 0.47 + 0.12 = 0.59 \ \text{kN·m/m}$$

⑥ 저항모멘트

저항모멘트에는 상재 활하중에 의한 토압의 수직성분에 의한 저항모멘트는 제외한다.

$$M_{r(n)} = W_{w(n)}\frac{W_u}{2} + P_{sV(n)}W_u$$

$$= 0.40 \times 0.50 \times 22.00 \times \frac{0.40}{2} + 0.18 \times 0.40 = 0.95 \ \text{kN·m/m}$$

⑦ 상부전도에 대한 안전율

$$FS_{ct(n)} = \frac{M_{r(n)}}{M_{o(n)}}$$

$$= \frac{0.95}{0.59} = 1.610 > 1.5 \quad \therefore \ O.K.$$

4) 지진 시 안정성 검토

지진 시 안정성 검토에서 상재 활하중의 영향은 제외하며, 동적토압 증가분의 50%와 보강토체의 관성력을 추가하고 고려하여 안정성을 검토한다.

(1) 지진 시 외적안정성 검토
① 지진 시 배면토압 증가분

지진 시 배면토압은 Mononobe-Okabe의 방법에 따라 계산하며, 동적토압 증가분(ΔP_{AE})은 다음과 같이 계산한다.

$$\Delta P_{AE} = \frac{1}{2}\gamma_b H_2^2 \Delta K_{AE}$$

$$\Delta K_{AE} = K_{AE} - K_A$$

$$K_{AE} = \frac{\cos^2(\phi_b + \alpha - \theta)}{\cos\theta\cos^2\alpha\cos(\delta - \alpha + \theta)\left[1 + \sqrt{\dfrac{\sin(\phi_b + \delta)\ \sin(\phi_b - \beta - \theta)}{\cos(\delta - \alpha + \theta)\cos(\alpha + \beta)}}\right]^2}$$

그런데 설계 지반가속도 A = 0.154이므로, 배면토압 계산 시 수평지진계수(k_h)는 다음과 같이 계산된다.

$$k_h = A_m = (1.45 - A)A$$
$$= (1.45 - 0.154) \times 0.154 = 0.200$$

지진관성각(θ)은

$$\theta = \tan^{-1}\left(\frac{k_h}{1 \pm k_v}\right)$$
$$= \tan^{-1}\left(\frac{0.200}{1 \pm 0.00}\right) = 11.31°$$

동적토압 증가분(ΔP_{AE})을 계산하기 위하여 A=0.154를 적용한 동적토압계수와 A=0.00을 적용한 토압계수를 각각 다음과 같이 계산한다.

✓ A = 0.154 적용 시의 동적토압계수

$$K_{AE(A\,=\,0.154)} = \dfrac{\dfrac{\cos^2(\phi_b + \alpha - \theta)}{\cos\theta\ \cos^2\alpha\ \cos(\delta - \alpha + \theta)}}{\left\{1 + \sqrt{\dfrac{\sin(\phi_b + \delta)\ \sin(\phi_b - i - \theta)}{\cos(\delta - \alpha + \theta)\ \cos(i + \alpha)}}\right\}^2}$$

$$= \dfrac{\dfrac{\cos^2(30.00° + 0.00° - 11.31°)}{\cos 11.31°\ \cos^2 0.00°\ \cos(0.00° - 0.00° + 11.31°)}}{\left\{1 + \sqrt{\dfrac{\sin(30.00° + 0.00°)\ \sin(30.00° - 0.00° - 11.31°)}{\cos(0.00° - 0.00° + 11.31)\ \cos(0.00° + 0.00°)}}\right\}^2}$$

$$= 0.473$$

✓ A = 0.000 적용 시의 동적토압계수

$$K_{AE(A\,=\,0)} = \dfrac{\dfrac{\cos^2(\phi_b + \alpha - \theta)}{\cos\theta\ \cos^2\alpha\ \cos(\delta - \alpha + \theta)}}{\left\{1 + \sqrt{\dfrac{\sin(\phi_b + \delta)\ \sin(\phi_b - i - \theta)}{\cos(\delta - \alpha + \theta)\ \cos(i + \alpha)}}\right\}^2}$$

$$= \dfrac{\dfrac{\cos^2(30.00° + 0.00° - 0.00°)}{\cos 0.00°\ \cos^2 0.00°\ \cos(0.00° - 0.00° + 0.00°)}}{\left\{1 + \sqrt{\dfrac{\sin(30.00° + 0.00°)\ \sin(30.00° - 0.00° - 0.00°)}{\cos(0.00° - 0.00° + 0.00)\ \cos(0.00° + 0.00°)}}\right\}^2}$$

$$= 0.333$$

✓ 동적토압계수 증가분

$$\Delta K_{AE} = K_{AE(A\,=\,0.514)} - K_{AE(A\,=\,0)}$$

$$= 0.473 - 0.333 = 0.140$$

✓ 동적토압 증가분

$$\Delta P_{AE} = \frac{1}{2}\gamma_b H_2^2 \Delta K_{AE}$$

$$= \frac{1}{2} \times 19.00 \times 6.10^2 \times 0.140 = 49.49 \ \text{kN/m}$$

② **지진관성력**

보강토체의 최대가속도계수(A_m)는 다음과 같이 계산된다.

$$A_m = (1.45 - A)A$$

$$= (1.45 - 0.154) \times 0.154 = 0.200$$

지진관성력은 지진 시의 배면토압이 작용하는 높이(H_2)의 50%에 해당하는 폭에 대해서만 작용하는 것으로 계산하며, 본 예제에서는 상부가 수평이므로 지진 시 배면토압이 작용하는 높이는 보강토옹벽의 높이와 같다. 따라서 지진관성력을 받는 보강토체의 자중은 다음과 같이 계산된다.

$$M = 0.5\gamma_r H_2^2$$

$$= 0.5 \times 19.00 \times 6.10^2 = 353.50 \ \text{kN/m}$$

보강토체의 지진관성력(P_{IR})은 다음과 같이 계산된다.

$$P_{IR} = A_m M$$

$$= 0.200 \times 353.50 = 70.70 \ \text{kN/m}$$

따라서 지진 시 보강토옹벽에 작용하는 하중은 그림 4.63에서와 같다.

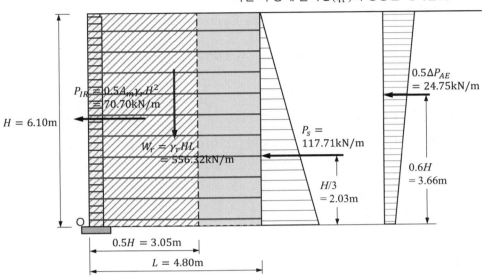

그림 4.63 지진 시 보강토체에 작용하는 하중 – 계산 예 1

③ 저면활동에 대한 안정성 검토

지진 시 토압 증가분(ΔP_{AE})의 50%와 보강토체의 관성력(P_{IR})을 추가로 고려하여 지진 시 저면활동에 대한 안전율은 다음과 같이 계산할 수 있다.

$$FS_{slid\_Seis} = \frac{R_{H_{Seis}}}{P_{H_{Seis}}}$$

$$R_{H_{Seis}} = W_r \tan\delta$$

$$= 556.32 \times \tan 30.00° = 321.19 \ \text{kN/m}$$

$$P_{H_{Seis}} = P_{sH} + P_{qdH} + 0.5\Delta P_{AEH} + P_{IR}$$

$$= 117.71 + 0.00 + 24.75 + 70.70 = 213.16 \ \text{kN/m}$$

따라서 저면활동에 대한 안전율은 다음과 같이 계산된다.

$$FS_{slid\_Seis} = \frac{R_{H_{Seis}}}{P_{H_{seis}}}$$

$$= \frac{321.19}{213.16} = 1.51 > 1.1 \quad \therefore O.K.$$

④ 전도에 대한 안정성 검토

전도에 대한 안전율은 다음과 같이 계산할 수 있다.

$$FS_{over\_Seis} = \frac{M_{R_{Seis}}}{M_{O_{Seis}}}$$

지진 시 토압 증가분의 50%와 지진관성력을 추가로 고려하여 점 O에 대한 모멘트를 취하면 저항모멘트 $M_{R_{Seis}}$ 와 전도모멘트 $M_{O_{Seis}}$ 는 각각 다음과 같이 계산된다.

$$M_{R_{Seis}} = W_r \frac{L}{2}$$

$$= 556.32 \times \frac{4.80}{2} = 1,335.17 \ \mathrm{kN \cdot m/m}$$

$$M_{O_{Seis}} = P_s \times \frac{H}{3} + P_{qd} \times \frac{H}{2} + 0.5\Delta P_{AE} \times 0.6H + P_{IR} \times \frac{H}{2}$$

$$= 117.71 \times \frac{6.10}{3} + 0.00 \times \frac{6.10}{3} + 24.75 \times 0.6 \times 6.10 + 70.70 \times \frac{6.10}{2}$$

$$= 239.34 + 0.00 + 90.59 + 215.64 = 545.57 \ \mathrm{kN \cdot m/m}$$

따라서 전도에 대한 안전율은 다음과 같이 계산된다.

$$FS_{over\_Seis} = \frac{M_{R_{Seis}}}{M_{O_{Seis}}}$$

$$= \frac{1,335.17}{545.57} = 2.45 > 1.5 \quad \therefore O.K.$$

⑤ 지반지지력에 대한 안정성 검토

지지력에 대한 안전율은 다음과 같이 계산할 수 있다.

$$FS_{bear\_Seis} = \frac{q_{ult_{Seis}}}{q_{ref_{Seis}}}$$

위 식에서 $q_{ref_{Seis}}$는 보강토체에 의하여 기초지반에 가해지는 접지압이다.

소요지지력 계산을 위한 편심거리 $e_{bear_{Seis}}$는

$$e_{bear_{Seis}} = \frac{L}{2} - \frac{M_{R_{Seis}} - M_{O_{Seis}}}{\Sigma P_{v_{Seis}}}$$

$$= \frac{4.80}{2} - \frac{1,335.17 - 5453.57}{556.32} = 0.98 \text{ m}$$

지진 시 소요지지력 $q_{ref_{seis}}$는

$$q_{ref_{Seis}} = \frac{\Sigma P_v}{L - 2 e_{bear_{Seis}}}$$

$$= \frac{556.32}{4.80 - 2 \times 0.98} = 195.89 \text{ kN/m}^2$$

기초지반의 지진 시 극한지지력은 다음과 같이 계산할 수 있다.

$$q_{ult_{Seis}} = c_f N_c + 0.5\,\gamma_f\,(L - 2\,e_{bear_{Seis}})\,N_\gamma + \gamma_f D_f N_q$$

여기서, $N_q = e^{\pi \tan\phi_f} \tan^2\left(45° + \frac{\phi_f}{2}\right)$

$$= e^{\pi \tan 30.00°} \times \tan^2\left(45° + \frac{30.00°}{2}\right) = 18.40$$

$$N_c = \frac{N_q - 1}{\tan\phi_f} = \frac{18.40 - 1}{\tan 30.00°} = 30.14$$

$$N_\gamma = 2(N_q + 1)\tan\phi_f$$

$$= 2 \times (18.40 + 1) \times \tan 30.00° = 22.40$$

일반적으로 근입깊이의 영향은 제외하므로, 지진 시 기초지반의 극한지지력은 다음과 같이 계산된다.

$$q_{ult_{Seis}} = c_f N_c + 0.5\,\gamma_f (L - 2\,e_{bear_{Seis}}) N_\gamma$$

$$= 0.00 \times 30.14 + 0.5 \times 19.00 \times (4.80 - 2 \times 0.98) \times 22.40$$

$$= 604.35 \ \text{kN/m}^2$$

따라서, 지진 시 지지력에 대한 안전율은 다음과 같이 계산된다.

$$FS_{bear_{Seis}} = \frac{q_{ult_{Seis}}}{q_{ref_{Seis}}}$$

$$= \frac{604.35}{195.89} = 3.09 \ > \ 2.0 \qquad \therefore \ O.K.$$

(2) 지진 시 내적안정성 검토

① 지진 시 보강재에 추가되는 하중(T_{md})

지진 시 보강재에는 활동영역의 관성력이 보강재 유효길이의 비에 비례하여 추가로 작용한다. 즉,

$$T_{md} = P_I \frac{L_{ei}}{\Sigma L_{ei}}$$

보강토체의 최대지진가속도계수는

$$A_{\max} = (1.45 - A)A$$

$$= (1.45 - 0.154) \times 0.154 = 0.200$$

이고, 활동영역의 무게(W_A)는

$$W_A = 0.5\gamma_r H^2 \tan(90.00° - \psi)$$

$$= 0.5 \times 19.00 \times 6.10^2 \times \tan(90.00° - 60.00°) = 204.09 \ \text{kN/m}$$

따라서 활동영역의 관성력(P_I)은

$$P_I = A_m W_A$$

$$= 0.200 \times 204.09 = 40.82 \ \text{kN/m}$$

활동영역 내의 보강재 길이($L_{a(i)}$) 및 저항영역 내의 보강재 유효길이($L_{e(i)}$)는 다음과 같이 계산할 수 있다(그림 4.64 참조).

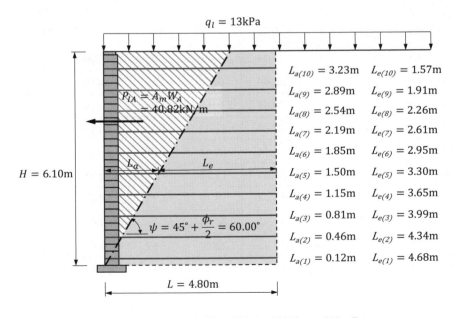

그림 4.64 지진 시 활동영역의 관성력 – 계산 예 1

$$L_{a(i)} = h_{r(i)} \tan(90° - \psi)$$

$$L_{e(i)} = L_{r(i)} - L_{a(i)}$$

지진 시 층별 보강재에 추가되는 하중(T_{md})을 계산하면, 표 4.22에서와 같다.

② 지진 시 보강재 파단에 대한 안정성 검토

지오신세틱스 보강재의 지진 시 파단에 대한 안전율은 다음 식과 같이 계산할 수 있다.

$$FS_{ru\_Seis} = \frac{T_l R_c}{T_{\max} + T_{md}/RF_{CR}}$$

본 계산 예에서 사용한 보강재는 전체 면적에 대하여 포설되므로, $R_c = 1$이고, 지진 시 보강재 파단에 대한 안정성 검토 결과를 정리하면 표 4.22와 같다.

표 4.22 지진 시 보강재 파단에 대한 안정성 검토 결과 – 계산 예 1

번호 i	높이 (m)	L (m)	L_a (m)	L_e (m)	T_l (kN/m)	$T_{\max}$ (kN/m)	T_{md} (kN/m)	FS_{ru_Seis}	기준 안전율	비고
10	5.60	4.80	3.23	1.57	28.44	5.49	2.05	4.200	≥ 1.1	O.K.
9	5.00	4.80	2.89	1.91	28.44	6.77	2.49	3.416	≥ 1.1	O.K.
8	4.40	4.80	2.54	2.26	28.44	9.05	2.95	2.611	≥ 1.1	O.K.
7	3.80	4.80	2.19	2.61	28.44	11.33	3.41	2.113	≥ 1.1	O.K.
6	3.20	4.80	1.85	2.95	28.44	13.61	3.85	1.776	≥ 1.1	O.K.
5	2.60	4.80	1.50	3.30	28.44	15.88	4.31	1.531	≥ 1.1	O.K.
4	2.00	4.80	1.15	3.65	28.44	18.16	4.77	1.345	≥ 1.1	O.K.
3	1.40	4.80	0.81	3.99	37.91	20.44	5.21	1.600	≥ 1.1	O.K.
2	0.80	4.80	0.46	4.34	37.91	22.72	5.67	1.443	≥ 1.1	O.K.
1	0.20	4.80	0.12	4.68	37.91	20.67	6.11	1.548	≥ 1.1	O.K.
			$\Sigma L_e =$	31.26						

③ 지진 시 인발파괴에 대한 안정성 검토

지진 시 인발파괴에 대한 안전율은 다음 식과 같이 계산할 수 있다.

$$FS_{po\_Seis} = \frac{P_{r_{Seis}}}{T_{\max} + T_{md}}$$

여기서, 지진 시 보강재의 인발저항력($P_{r_{Seis}}$)은 평상시 인발저항계수(F^*)의 80%를 적용하여 다음 식과 같이 계산할 수 있다.

$$P_{r_{Seis}} = 2\,\alpha\,L_e\,R_c\,(0.8F^*)\,\gamma\,Z_p$$

지진 시 인발파괴에 대한 안정성 검토 결과를 정리하면 표 4.23과 같다.

표 4.23 지진 시 보강재 인발파괴에 대한 안정성 검토 결과 – 계산 예 1

번호 i	높이 (m)	L (m)	L_a (m)	L_e (m)	P_{r_Seis} (kN/m)	$T_{\max}$ (kN/m)	T_{md} (kN/m)	FS_{po_Seis}	기준 안전율	비고
10	5.60	4.80	3.23	1.57	8.82	5.49	2.05	1.17	≥ 1.1	O.K.
9	5.00	4.80	2.89	1.91	23.61	6.77	2.49	2.55	≥ 1.1	O.K.
8	4.40	4.80	2.54	2.26	43.17	9.05	2.95	3.598	≥ 1.1	O.K.
7	3.80	4.80	2.19	2.61	67.45	11.33	3.41	4.576	≥ 1.1	O.K.
6	3.20	4.80	1.85	2.95	96.12	13.61	3.85	5.505	≥ 1.1	O.K.
5	2.60	4.80	1.50	3.30	129.78	15.88	4.31	6.428	≥ 1.1	O.K.
4	2.00	4.80	1.15	3.65	168.14	18.16	4.77	7.333	≥ 1.1	O.K.
3	1.40	4.80	0.81	3.99	210.7	20.44	5.21	8.214	≥ 1.1	O.K.
2	0.80	4.80	0.46	4.34	258.45	22.72	5.67	9.104	≥ 1.1	O.K.
1	0.20	4.80	0.12	4.68	310.25	20.67	6.11	11.585	≥ 1.1	O.K.
			$\Sigma L_e =$	31.26						

④ 지진 시 내적활동에 대한 안정성 검토

지진 시 내적활동에 대한 안정성 검토는 지진 시 저면활동에 대한 안정성 검토와 같은 방법으로 검토하며, 각 보강재 깊이에 대한 동적토압 증가분($\Delta P_{AE(i)}$)의 50%와 보강토체의 관성력($P_{IR(i)}$)을 추가로 고려한다.

$$FS_{sl\_Seis(i)} = \frac{R_{H_{Seis(i)}}}{P_{H_{Seis(i)}}}$$

$$R_{H_{Seis(i)}} = W_{r(i)} C_{ds} \tan\phi_r$$

$$P_{H_{Seis}} = P_{s(i)} + P_{qd(i)} + 0.5\Delta P_{AEH(i)} + P_{IR(i)}$$

그림 4.65에서는 지진 시 5번째 층 위의 보강토옹벽에 작용하는 하중을 보여준다. 따라서 지진 시 내적활동에 대한 안정성 검토 결과는 표 4.24와 같다.

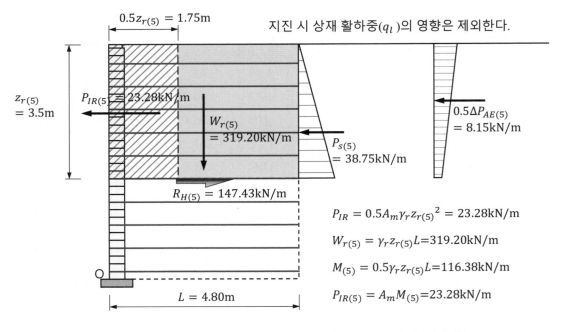

그림 4.65 지진 시 내적활동에 대한 안정성 검토 – 계산 예 1(5번째 층)

표 4.24 지진 시 내적활동에 대한 안정성 검토 결과 - 계산 예 1

번호 i	높이 (m)	P_s (kN/m)	P_{qd} (kN/m)	$0.5\Delta P_{AE}$ (kN/m)	P_{IR} (kN/m)	$P_{H_{Seis}}$ (kN/m)	$R_{H_{Seis}}$ (kN/m)	FS_{sl_Seis}	기준 안전율	비고
10	5.60	0.79	0.00	0.17	0.48	1.44	21.06	14.625	≥ 1.1	O.K.
9	5.00	3.83	0.00	0.80	2.30	6.93	46.34	6.687	≥ 1.1	O.K.
8	4.40	9.14	0.00	1.92	5.49	16.55	71.61	4.327	≥ 1.1	O.K.
7	3.80	16.73	0.00	3.52	10.05	30.30	96.88	3.197	≥ 1.1	O.K.
6	3.20	26.61	0.00	5.59	15.98	48.18	122.16	2.535	≥ 1.1	O.K.
5	2.60	38.75	0.00	8.15	23.28	70.18	147.43	2.101	≥ 1.1	O.K.
4	2.00	53.18	0.00	11.18	31.94	96.30	172.71	1.793	≥ 1.1	O.K.
3	1.40	69.88	0.00	14.69	41.97	126.54	197.98	1.565	≥ 1.1	O.K.
2	0.80	88.86	0.00	18.68	53.37	160.91	223.25	1.387	≥ 1.1	O.K.
1	0.20	110.12	0.00	23.15	66.14	199.41	248.53	1.246	≥ 1.1	O.K.

⑤ **지진 시 상부전도에 대한 안정성 검토**

상부전도에 대한 안정성은 최상단 보강재 위의 보강되지 않은 전면벽체의 전도에 대한 안정성을 검토한다. 본 예제에서 상부 무보강 전면벽체에 작용하는 하중은 그림 4.66에서와 같다.

지진 시 상재 활하중(q_l)의 영향은 제외한다.

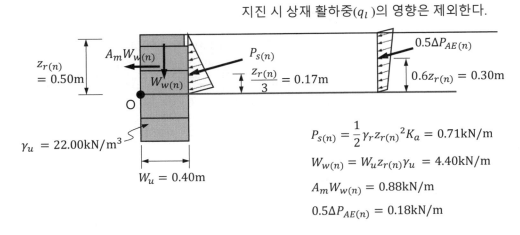

$$P_{s(n)} = \frac{1}{2}\gamma_r z_{r(n)}{}^2 K_a = 0.71\text{kN/m}$$

$$W_{w(n)} = W_u z_{r(n)} \gamma_u = 4.40\text{kN/m}$$

$$A_m W_{w(n)} = 0.88\text{kN/m}$$

$$0.5\Delta P_{AE(n)} = 0.18\text{kN/m}$$

그림 4.66 지진 시 상부전도에 대한 안정성 검토 - 계산 예 1

✓ 지진 시 주동토압계수

전면벽체와 보강토체 사이 경계면은 콘크리트와 흙의 접촉면으로, 블록의 뒷길이가 일정한 단일깊이의 모듈형 중력식 옹벽(Prefabricated modular wall)에 대한 AASHTO(2020)의 규정에 따라 벽면마찰각 $\delta_i = \phi_r/2 = 30°/2 = 15°$를 사용하여 토압계수를 계산하면 다음과 같다.

$$K_{AE(A=0.154)} = \frac{\cos^2(\phi_r + \alpha - \theta)}{\cos\theta \; \cos^2\alpha \; \cos(\delta - \alpha + \theta) \left\{1 + \sqrt{\dfrac{\sin(\phi_r + \delta) \; \sin(\phi_r - \beta - \theta)}{\cos(\delta - \alpha + \theta) \; \cos(\beta + \alpha)}}\right\}^2}$$

$$= \frac{\cos^2(30.00° + 0.00° - 11.31°)}{\cos 11.31° \; \cos^2 0.00° \; \cos(15.00° - 0.00° + 11.31°) \left\{1 + \sqrt{\dfrac{\sin(30.00° + 15.00°) \; \sin(30.00° - 0.00° - 11.31°)}{\cos(15.00° - 0.00° + 11.31) \; \cos(0.00° + 0.00°)}}\right\}^2}$$

$$= 0.452$$

$$K_{AE(A=0)} = \frac{\cos^2(\phi_r + \alpha - \theta)}{\cos\theta \; \cos^2\alpha \; \cos(\delta - \alpha + \theta) \left\{1 + \sqrt{\dfrac{\sin(\phi_r + \delta) \; \sin(\phi_r - \beta - \theta)}{\cos(\delta - \alpha + \theta) \; \cos(\beta + \alpha)}}\right\}^2}$$

$$= \frac{\cos^2(30.00° + 0.00° - 0.00°)}{\cos 0.00° \; \cos^2 0.00° \; \cos(15.00° - 0.00° + 0.00°°) \left\{1 + \sqrt{\dfrac{\sin(30.00° + 15.00°) \; \sin(30.00° - 0.00° - 0.00°)}{\cos(15.00° - 0.00° + 0.00) \; \cos(0.00° + 0.00°)}}\right\}^2}$$

$$= 0.301$$

$$\Delta K_{AE} = K_{AE(A=0.514)} - K_{AE(A=0)}$$

$$= 0.452 - 0.301 = 0.151$$

254

✓ 동적토압 증가분

$$0.5 \Delta P_{AE(n)} = 0.5 \times \frac{1}{2} \gamma_r z_{r(n)}^2 \Delta K_{AE}$$

$$= 0.5 \times \frac{1}{2} \times 19.00 \times 0.50^2 \times 0.151 = 0.18 \ \text{kN/m}$$

✓ 동적토압 증가분의 수평성분

$$0.5 \Delta P_{AEH(n)} = 0.5 \Delta P_{AE(n)} \cos(\delta_i - \alpha)$$

$$= 0.18 \times \cos(15.00° - 0.00°) = 0.17 \ \text{kN/m}$$

✓ 주동토압의 수직성분

$$0.5 \Delta P_{AEV(n)} = 0.5 \Delta P_{AE(n)} \sin(\delta_i - \alpha)$$

$$= 0.18 \times \sin(15.00° - 0.00°) = 0.05 \ \text{kN/m}$$

✓ 전면벽체의 관성력

$$P_{IR(n)} = A_m W_{w(n)}$$

$$= 0.200 \times 4.40 = 0.88 \ \text{kN/m}$$

✓ 전도모멘트

$$M_{o_{Seis(n)}} = P_{sH(n)} \frac{z_{r(n)}}{3} + P_{qdH(n)} \frac{z_{r(n)}}{2} + 0.5 \Delta P_{AEH(n)} \cdot 0.6 z_{r(n)} + A_m W_{w(n)} \frac{z_{r(n)}}{2}$$

$$= 0.69 \times \frac{0.50}{3} + 0.00 \times \frac{0.50}{2} + 0.17 \times 0.6 \times 0.50 + 0.200 \times 4.40 \times \frac{0.50}{2}$$

$$= 0.12 + 0.00 + 0.05 + 0.22 = 0.39 \ \text{kN·m/m}$$

✓ 저항모멘트

저항모멘트의 계산에는 상재 활하중에 의한 토압의 수직성분에 의한 저항모멘트는 제외한다.

$$M_{r_{Seis(n)}} = W_{w(n)} \frac{W_u}{2} + P_{s\,V(n)} W_u + 0.5 \Delta P_{ae\,V(n)} W_u$$

$$= 0.40 \times 0.5 \times 22.00 \times \frac{0.40}{2} + 0.18 \times 0.40 + 0.05 \times 0.40 = 0.97 \text{ kN·m/m}$$

✓ 상부전도에 대한 안전율

$$FS_{ct\_Seis(n)} = \frac{M_{r_{Seis(n)}}}{M_{o_{Seis(n)}}}$$

$$= \frac{0.97}{0.39} = 2.487 > 1.1 \quad \therefore \ O.K.$$

4.6.2 계산 예 2 – 상부에 성토사면이 있는 경우

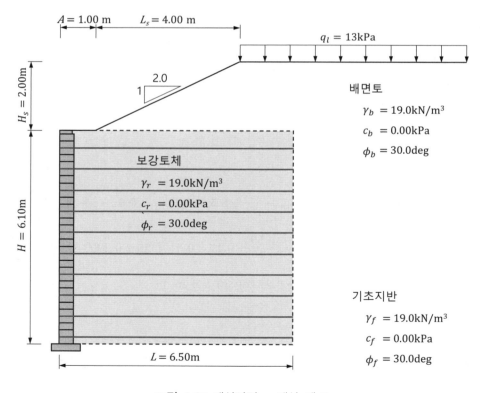

그림 4.67 계산단면 – 계산 예 2

1) 설계조건

(1) 기하 형상

높이 6.1m이고 상부에 높이 3.0m의 성토가 있는 블록식 보강토옹벽에 대한 계산 예이다.

(2) 토질 특성

본 계산 예에 적용한 토질 특성은 표 4.25와 같다.

표 4.25 토질 특성 - 계산 예 2

구분	점착력 c(kN/m²)	내부마찰각 ϕ(deg)	단위중량 γ_t(kN/m³)	비고
보강토체	N/A	30.00	19.00	
배 면 흙	N/A	30.00	19.00	
기초지반	0.00	30.00	19.00	

(3) 보강재 특성

보강재의 특성은 앞의 계산 예 1에서 사용한 것과 같으며, 인발저항계수 $C_i = 0.8$을 적용하고, 흙/보강재 접촉면 마찰계수 $\tan\delta = 0.8\tan\phi_r$ 값을 적용한다.

표 4.26 보강재의 특성 - 계산 예 2

이름	극한인장강도, T_{ult}(kN/m)	감소계수(Reduction factor)			장기인장강도, T_l(kN/m)
		RF_D	RF_{ID}	RF_{CR}	
GRID 60kN	60.00	1.10	1.20	1.60	28.44
GRID 80kN	80.00	1.10	1.20	1.60	37.91
GRID 100kN	100.00	1.10	1.20	1.60	47.39

2) 외적안정성 검토 결과

(1) 보강토옹벽에 작용하는 하중

① 배면토압

보강토옹벽 상부에 높이 H_s=3.0m의 성토사면이 있으므로 가상 무한사면 경사각(i)을 계산하면

$$i = \tan^{-1}\left(\frac{H_s}{2H}\right)$$

$$= \tan^{-1}\left(\frac{2.00}{2 \times 6.10}\right) = 9.31°$$

벽면 경사, $\alpha = 0.00°\ <\ 10°$고, 상부 사면경사각 $i = 9.31° >\ 0.00°$이므로, 보강토체 배면의 주동토압계수는 다음과 같이 계산된다.

$$K_a = \cos i \left[\frac{\cos i - \sqrt{\cos^2 i - \cos^2 \phi_b}}{\cos i + \sqrt{\cos^2 i - \cos^2 \phi_b}}\right]$$

$$= \cos 9.31° \left[\frac{\cos 9.31° - \sqrt{\cos^2 9.31° - \cos^2 30.00°}}{\cos 9.31° + \sqrt{\cos^2 9.31° - \cos^2 30.00°}}\right] = 0.347$$

따라서 보강토옹벽 배면에 작용하는 배면토압은 다음과 같이 계산된다.

$$P_s = \frac{1}{2}\gamma_b h^2 K_a$$

$$= \frac{1}{2} \times 19.00 \times 9.10^2 \times 0.347 = 216.28 \text{ kN/m}$$

$$P_{ql} = q_l h K_a$$

$$= 13.00 \times 9.10 \times 0.347 = 36.54 \text{ kN/m}$$

배면토압의 수평성분은 다음과 같이 계산된다.

$$P_{sH} = P_s \cos(\delta - \alpha)$$

$$= 216.28 \times \cos(9.31° - 0.00°) = 210.02 \ \text{kN/m}$$

$$P_{qlH} = P_{ql} \cos(\delta - \alpha)$$

$$= 36.54 \times \cos(9.31° - 0.00°) = 35.48 \ \text{kN/m}$$

배면토압의 수직성분은 다음과 같이 계산된다.

$$P_{sV} = P_s \sin(\delta - \alpha)$$

$$= 216.28 \times \sin(9.31° - 0.00°) = 34.99 \ \text{kN/m}$$

$$P_{qlV} = P_{ql} \sin(\delta - \alpha)$$

$$= 36.54 \times \sin(9.31° - 0.00°) = 5.91 \ \text{kN/m}$$

② 보강토체의 자중

전면벽체와 보강토체의 단위중량 차이를 무시하고 보강토체의 자중을 계산하면 다음과 같다.

$$W_r = \gamma_r HL$$

$$= 19.0 \times 6.1 \times 6.5 = 753.35 \ \text{kN/m}$$

상재 성토의 무게는

$$W_A = \gamma_b \frac{H_s L_s}{2}$$

$$= 19.00 \times \frac{2.00 \times 4.00}{2} = 76.00 \ \text{kN/m}$$

$$W_B = \gamma_b H_s (L - A - L_s)$$

$$= 19.00 \times 2.00 \times (6.50 - 1.00 - 4.00) = 57.00 \ \text{kN/m}$$

보강토체에 작용하는 하중 분포는 그림 4.68과 같다.

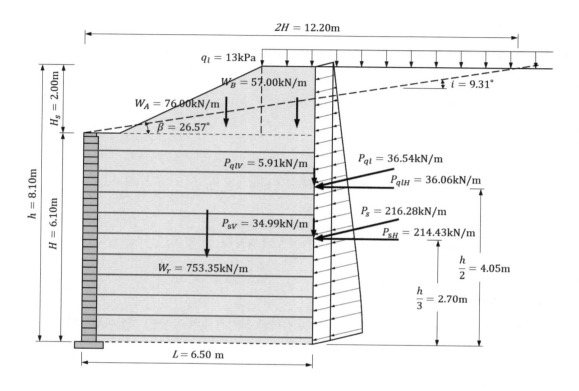

그림 4.68 보강토체에 작용하는 하중 분포 – 계산 예 2

(2) 저면활동에 대한 안정성 검토

저면활동에 대한 안전율은 다음과 같이 계산할 수 있다.

$$FS_{slid} = \frac{R_H}{P_H}$$

$$R_H = (W_r + W_A + W_B + P_{sV} + P_{qdV})\tan\delta$$

$$= (753.35 + 76.00 + 57.00 + 34.99 + 0.00) \times \tan30° = 531.94 \ \text{kN/m}$$

$$P_H = P_{sH} + P_{qlH}$$

$$= 213.43 + 36.06 = 249.49 \ \text{kN/m}$$

이때 주의할 것은 저면활동에 대한 저항력 계산 시 보강토체의 전단저항력과 기초지반의 전단저항력 중 작은 값을 사용해야 한다는 것이다.

따라서 저면활동에 대한 안전율은 다음과 같이 계산된다.

$$FS_{slid} = \frac{R_H}{P_H}$$

$$= \frac{531.94}{249.49} = 2.13 \ > \ 1.5 \quad \therefore O.K.$$

(3) 전도에 대한 안정성 검토

전도에 대한 안전율은 다음과 같이 계산할 수 있다.

$$FS_{over} = \frac{M_R}{M_O}$$

점 O에 대한 모멘트를 취하면 저항모멘트 M_R과 전도모멘트 M_O는 각각 다음과 같이 계산된다.

$$
\begin{aligned}
M_R &= W_r \frac{L}{2} + W_A\left(A + \frac{2}{3}L_s\right) + W_B\left\{A + L_s + \frac{1}{2}(L - A - L_s)\right\} + P_{sV}L + P_{qdV}L \\
&= 753.35 \times \frac{6.50}{2} + 76.00 \times \left(1.00 + \frac{2}{3} \times 4.00\right) \\
&\quad + 57.00 \times \left\{1.00 + 4.00 + \frac{1}{2} \times (6.50 - 1.00 - 4.00)\right\} \\
&\quad + 34.99 \times 6.50 + 0.00 \times 6.50 \\
&= 2,448.39 + 278.67 + 327.75 + 227.44 + 0.00 = 3,282.25 \ \text{kN} \cdot \text{m/m}
\end{aligned}
$$

$$
\begin{aligned}
M_O &= P_{sH} \times \frac{h}{3} + P_{qlH} \times \frac{h}{2} \\
&= 213.43 \times \frac{8.10}{3} + 36.06 \times \frac{8.10}{2} \\
&= 576.26 + 146.04 = 722.30 \ \text{kN} \cdot \text{m/m}
\end{aligned}
$$

따라서 전도에 대한 안전율은 다음과 같이 계산된다.

$$FS_{over} = \frac{M_R}{M_O}$$

$$= \frac{3,282.25}{722.30} = 4.54 > 2.0 \quad \therefore \; O.K.$$

(4) 지반지지력에 대한 안정성 검토

지지력에 대한 안전율은 다음과 같이 계산할 수 있다.

$$FS_{bear} = \frac{q_{ult}}{q_{ref}}$$

위 식에서 q_{ref}는 보강토체에 의하여 기초지반에 가해지는 접지압이며, 상재 활하중의 영향을 포함하여 계산해야 한다. 상재 활하중에 의한 하중 W_q와 모멘트 M_{Wq}는

$$W_{ql} = q_l(L - A - L_s)$$

$$= 13.00 \times (6.50 - 1.00 - 4.00) = 19.50 \; kN/m$$

$$M_{Wql} = W_{ql} \times \left(A + L_s + \frac{L - A - L_s}{2}\right)$$

$$= 19.50 \times \left(1.00 + 4.00 + \frac{6.50 - 1.00 - 4.00}{2}\right) = 112.13 \; kN \cdot m/m$$

상재 활하중에 의한 배면토압의 수직성분 P_{qlV}와 이에 의한 모멘트 $M_{q_{ql}V}$는

$$P_{qlV} = 5.91 \; kN/m$$

$$M_{P_{qlV}} = P_{qlV}L$$

$$= 5.91 \times 6.50 = 38.42 \; kN \cdot m/m$$

소요지지력 계산을 위한 편심거리 e_{bear}는

$$e_{bear} = \frac{L}{2} - \frac{\Sigma M + M_{Wq} + M_{P_{qlV}}}{\Sigma P_v + W_q + P_{qlV}}$$

$$= \frac{6.50}{2} - \frac{3,282.25 - 722.30 + 112.13 + 38.42}{921.34 + 19.50 + 5.91} = 0.39 \text{ m}$$

소요지지력 q_{ref} 는

$$q_{ref} = \frac{\Sigma P_v + W_q + P_{qlV}}{L - 2e_{bear}}$$

$$= \frac{921.34 + 19.50 + 5.91}{6.50 - 2 \times 0.39} = 165.52 \text{ kN/m}^2$$

기초지반의 극한지지력은 다음과 같이 계산할 수 있다.

$$q_{ult} = c_f N_c + 0.5 \gamma_f (L - 2 e_{bear}) N_\gamma$$

여기서, $N_q = e^{\pi \tan\phi_f} \tan^2\left(45° + \frac{\phi_f}{2}\right) = e^{\pi \tan 30.00°} \times \tan^2\left(45° + \frac{30.00°}{2}\right) = 18.40$

$$N_c = \frac{N_q - 1}{\tan\phi_f} = \frac{18.40 - 1}{\tan 30.00°} = 30.14$$

$$N_\gamma = 2(N_q + 1) \tan\phi_f = 2 \times (18.40 + 1) \times \tan 30.00° = 22.40$$

따라서 기초지반의 극한지지력은

$$q_{ult} = c_f N_c + 0.5 \gamma_f (L - 2 e_{bear}) N_\gamma$$

$$= 0.00 \times 30.14 + 0.5 \times 19.00 \times (6.50 - 2 \times 0.39) \times 22.40$$

$$= 1,217.22 \text{ kN/m}^2$$

지지력에 대한 안전율은

$$FS_{bear} = \frac{q_{ult}}{q_{ref}}$$

$$= \frac{1,217.22}{165.52} = 7.35 > 2.5 \qquad \therefore \ O.K.$$

3) 내적안정성 검토

(1) 보강토체 내부의 토압 분포

그림 4.44로부터 지오신세틱스 보강재의 경우 전체 높이에 대하여 K_r/K_a = 1.0이며, 벽면 경사가 수직이므로 보강토체 내부의 토압계수는 다음과 같이 계산된다.

$$K_r = K_a = \tan^2\left(45° - \frac{\phi_r}{2}\right)$$

$$= \tan^2\left(45.00° - \frac{30.00°}{2}\right) = 0.333$$

(2) 보강재 최대유발인장력($T_{\max}$)

층별 보강재의 최대유발인장력($T_{\max}$)는 다음과 같이 계산할 수 있다.

$$T_{\max} = \sigma_h S_v S_h$$
$$\sigma_h = K_r(\sigma_v + \Delta\sigma_v) + \Delta\sigma_h$$
$$\sigma_v = \gamma_r z + \sigma_2$$

상재 성토로 인해 추가되는 수직응력은 다음과 같이 계산된다.

✓ 등가 등분포상재성토고(S_{eq})

그림 4.69에서와 같이 0.7H까지 상재성토하중을 등분포하중으로 환산하여 적용한다.

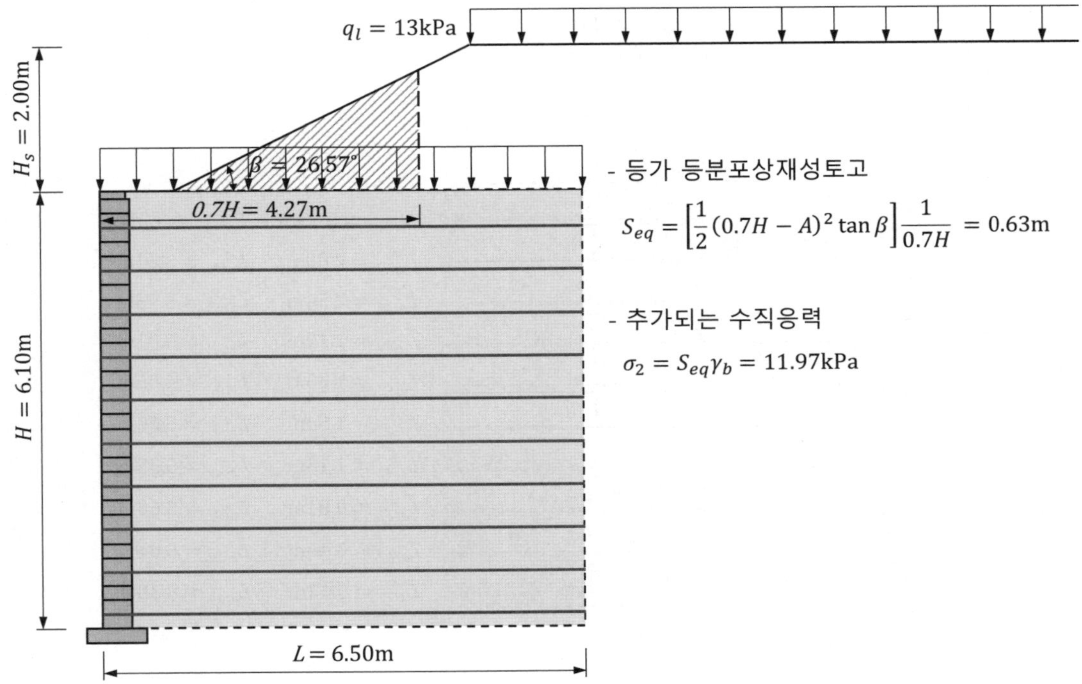

그림 4.69 상재 성토로 인해 추가되는 수직응력, σ_2

$$S_{eq} = \left\{\frac{1}{2}(0.7H - A)^2 \tan\beta\right\}\frac{1}{0.7H}$$
$$= \left\{\frac{1}{2} \times (0.7 \times 6.10 - 1.00)^2 \times \tan 26.57°\right\} \times \frac{1}{0.7 \times 6.10} = 0.63 \text{ m}$$

$$\sigma_2 = \gamma_b S_{eq}$$
$$= 19.00 \times 0.63 = 11.97 \text{ kN/m}^2$$

등분포 상재하중에 의해 층별 보강재에 추가되는 수직응력($\Delta\sigma_v$)은 그림 4.70에서와 같은 방법으로 계산한다. 계산 결과는 표 4.27에 정리하였다.

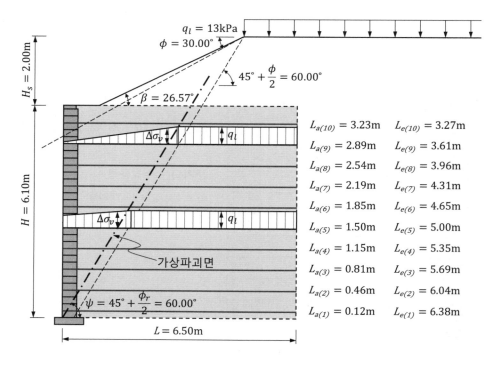

그림 4.70 상재하중에 의하여 추가되는 수직응력, $\Delta \sigma_v$

표 4.27 보강재 최대유발인장력 계산 결과 – 계산 예 2

번호 i	높이, h_r (m)	깊이, z_c (m)	σ_2 (kPa)	γZ (kPa)	σ_v (kPa)	$\Delta \sigma_v$ (kPa)	K_r	$\Delta \sigma_h$ (kPa)	σ_h (kPa)	T_{max} (kN/m)
10	5.60	0.40	11.97	7.60	19.57	11.50	0.333	0.00	10.35	8.28
9	5.00	1.10	11.97	20.90	32.87	11.84	0.333	0.00	14.89	8.93
8	4.40	1.70	11.97	32.30	44.27	12.03	0.333	0.00	18.75	11.25
7	3.80	2.30	11.97	43.70	55.67	12.14	0.333	0.00	22.58	13.55
6	3.20	2.90	11.97	55.10	67.07	12.27	0.333	0.00	26.42	15.85
5	2.60	3.50	11.97	66.50	78.47	12.34	0.333	0.00	30.24	18.14
4	2.00	4.10	11.97	77.90	89.87	12.39	0.333	0.00	34.05	20.43
3	1.40	4.70	11.97	89.30	101.27	12.46	0.333	0.00	37.87	22.72
2	0.80	5.30	11.97	100.70	112.67	12.49	0.333	0.00	41.68	25.01
1	0.20	5.85	11.97	111.15	123.12	12.53	0.333	0.00	45.17	22.59

(3) 보강재 파단에 대한 안정성 검토

보강토옹벽에서 보강재의 장기설계인장강도(T_a)는 최대유발인장력(T_{max})보다 커야 한다. 그런데 대부분의 보강토옹벽 구조계산 프로그램에서 장기인장강도(T_l)와 최대유발인장력(T_{max})의 비로 보강재 파단에 대한 안전율을 나타내고, 장기설계인장강도(T_a)의 계산에는 안전율 FS =1.5가 포함되어 있으므로 보강재 파단에 대한 안전율은 다음과 같이 계산할 수 있다.

$$FS_{ru} = \frac{T_l}{T_{max}} \geq 1.5$$

보강재 파단에 대한 안전율은 표 4.28과 같이 계산된다.

표 4.28 보강재 파단에 대한 안정성 검토 결과 – 계산 예 2

번호 i	높이 (m)	보강재 종류	T_{max} (kN/m)	T_l (kN/m)	FS_{ru}	기준 안전율	비고
10	5.60	GRID 60kN	8.28	28.44	3.435	$\geq$ 1.5	O.K.
9	5.00	GRID 60kN	8.93	28.44	3.185	$\geq$ 1.5	O.K.
8	4.40	GRID 60kN	11.25	28.44	2.528	$\geq$ 1.5	O.K.
7	3.80	GRID 60kN	13.55	28.44	2.099	$\geq$ 1.5	O.K.
6	3.20	GRID 60kN	15.85	28.44	1.794	$\geq$ 1.5	O.K.
5	2.60	GRID 60kN	18.14	28.44	1.568	$\geq$ 1.5	O.K.
4	2.00	GRID 80kN	20.43	37.91	1.856	$\geq$ 1.5	O.K.
3	1.40	GRID 80kN	22.72	37.91	1.669	$\geq$ 1.5	O.K.
2	0.80	GRID 80kN	25.01	37.91	1.516	$\geq$ 1.5	O.K.
1	0.20	GRID 80kN	22.59	37.91	1.678	$\geq$ 1.5	O.K.

(4) 보강재 인발파괴에 대한 안정성 검토

① 가상파괴면

벽면 경사각, $\alpha = 0.00 < 10°$ 이므로,

$$\psi = 45° + \frac{\phi_r}{2}$$

$$= 45° + \frac{30.00°}{2} = 60.00° \ (수평선으로부터)$$

② 보강재의 인발저항력

보강재의 인발저항력은 다음 식과 같이 계산할 수 있다.

$$P_r = \ 2\alpha \ L_e \ R_c \ F^* \ \gamma Z_p$$

위 식에서 α는 보강재의 크기효과(Scale effect)를 고려하기 위한 계수로서 지오신세틱스 지오그리드 보강재의 경우 0.8을 적용한다. 지오신세틱스 보강재의 인발저항계수 $F^* = C_i \tan\phi$ 로 계산하며, 본 예제에서 C_i는 0.8을 적용한다. σ_{vp}는 인발저항력 계산 시 보강재 위에 작용하는 수직응력이며, 이때 Z_p는 그림 4.71에서와 같이 결정한다.

층별 보강재 인발저항력 P_r을 계산하면 표 4.29와 같다.

표 4.29 보강재 인발저항력 계산 결과 – 계산 예 2

번호 i	높이, h_r (m)	깊이, z_r (m)	L (m)	L_a (m)	L_e (m)	깊이, Z_p (m)	γZ_p (kN/m²)	F^*	P_r (kN/m)
10	5.60	0.50	6.50	3.23	3.27	2.44	46.36	0.462	112.06
9	5.00	1.10	6.50	2.89	3.61	2.95	56.05	0.462	149.57
8	4.40	1.70	6.50	2.54	3.96	3.46	65.74	0.462	192.44
7	3.80	2.30	6.50	2.19	4.31	3.98	75.62	0.462	240.92
6	3.20	2.90	6.50	1.85	4.65	4.49	85.31	0.462	293.23
5	2.60	3.50	6.50	1.50	5.00	5.00	95.00	0.462	351.12
4	2.00	4.10	6.50	1.15	5.35	5.52	104.88	0.462	414.77
3	1.40	4.70	6.50	0.81	5.69	6.03	114.57	0.462	481.89
2	0.80	5.30	6.50	0.46	6.04	6.54	124.26	0.462	554.79
1	0.20	5.90	6.50	0.12	6.38	7.06	134.14	0.462	632.62

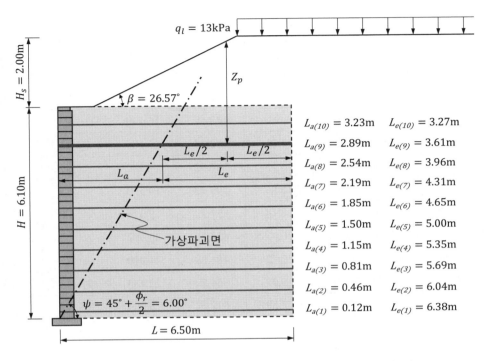

그림 4.71 가상파괴면과 인발저항력 계산 시 토피고 Z_p – 계산 예 2

③ 인발파괴에 대한 안전율

인발파괴에 대한 안전율은 다음 식과 같이 계산할 수 있다.

$$FS_{po} = \frac{P_r}{T_{\max}} \geq 1.5$$

인발파괴에 대한 안정성 검토 결과를 정리하면 표 4.30과 같다.

(5) 내적활동에 대한 안정성 검토

① 배면토압

앞에서 외적안정성 검토 시 계산된 토압계수는 $K_a = 0.347$이며, 따라서 i번째 보강재 층 위의 보강토체 배면에 작용하는 활동력은 다음과 같이 계산된다.

표 4.30 보강재 인발파괴에 대한 안정성 검토 결과 - 계산 예 2

번호 i	높이 (m)	보강재 종류	$T_{\max}$ (kN/m)	P_r (kN/m)	FS_{po}	기준 안전율	비고
10	5.60	GRID 60kN	8.28	112.06	13.534	≥ 1.5	O.K.
9	5.00	GRID 60kN	8.93	149.57	16.749	≥ 1.5	O.K.
8	4.40	GRID 60kN	11.25	192.44	17.106	≥ 1.5	O.K.
7	3.80	GRID 60kN	13.55	240.92	17.780	≥ 1.5	O.K.
6	3.20	GRID 80kN	15.85	293.23	18.500	≥ 1.5	O.K.
5	2.60	GRID 80kN	18.14	351.12	19.356	≥ 1.5	O.K.
4	2.00	GRID 80kN	20.43	414.77	20.302	≥ 1.5	O.K.
3	1.40	GRID 100kN	22.72	481.89	21.210	≥ 1.5	O.K.
2	0.80	GRID 100kN	25.01	554.79	22.183	≥ 1.5	O.K.
1	0.20	GRID 100kN	22.59	632.62	28.004	≥ 1.5	O.K.

$$P_{s(i)} = \frac{1}{2}\gamma_b\big(z_{r(i)} + H_s\big)^2 K_a$$

$$P_{q(i)} = q\big(z_{r(i)} + H_s\big)K_a$$

✓ 배면토압의 수평성분

$$P_{sH(i)} = P_{s(i)}\cos(\delta - \alpha)$$

$$= \frac{1}{2}\gamma_b\big(z_{r(i)} + H_s\big)^2 K_a\cos(\delta - \alpha)$$

$$P_{qlH(i)} = P_{ql(i)}\cos(\delta - \alpha)$$

$$= q_l\big(z_{r(i)} + H_s\big)K_a\cos(\delta - \alpha)$$

✓ 배면토압의 수직성분

$$P_{sV(i)} = P_{s(i)}\sin(\delta - \alpha)$$

$$= \frac{1}{2}\gamma_b\big(z_{r(i)} + H_s\big)^2 K_a\sin(\delta - \alpha)$$

$$P_{qlV(i)} = P_{ql(i)}\sin(\delta - \alpha)$$

$$= q_l(z_{r(i)} + H_s)K_a\sin(\delta - \alpha)$$

② 보강토체의 자중

전면벽체와 보강토체의 단위중량 차이를 무시하고 i번째 보강재 층 위의 보강토체의 자중을 계산하면 다음과 같다.

$$V_{1(i)} = W_{r(i)} = \gamma_r z_{r(i)} L_{(i)}$$

③ 상재성토의 자중

보강토옹벽 상부 사다리꼴 성토의 자중은 △부분과 □부분으로 나누어 다음과 같이 계산된다.

✓ △부분

$$W_A = \frac{1}{2}\gamma_b L_s H_s$$

$$= \frac{1}{2} \times 19.00 \times 4.00 \times 2.00 = 76.00 \text{ kN/m}$$

✓ □부분

$$W_B = \frac{1}{2}\gamma_b(L - L_s - A)H_s$$

$$= \frac{1}{2} \times 19.00 \times (6.50 - 4.00 - 1.00) \times 2.00 = 57.00 \text{ kN/m}$$

④ 내적활동에 대한 안정성 검토 시의 활동력

내적활동에 대한 안정성 검토 시 활동력은 다음과 같이 계산된다.

$$P_{H(i)} = P_{aH(I)} = P_{sH(i)} + P_{qlH(i)}$$

⑤ 내적활동에 대한 저항력

흙과 보강재 접촉면 마찰효율을 $C_{ds} = 0.8$이라 하면, i번째 보강재 층에서 작용하는 저항력은 다음과 같이 계산된다.

$$R_{H(i)} = P_{v(i)}C_{ds}\tan\phi_r = 0.8(W_{r(i)} + W_A + W_B)\tan\phi_r$$

첫 번째 보강재 층 위의 보강토체에 작용하는 하중 분포는 그림 4.72와 같다.

⑥ 내적활동에 대한 안전율

전면벽체의 저항력을 무시하면, 내적활동에 대한 안정성은 다음과 같이 계산된다.

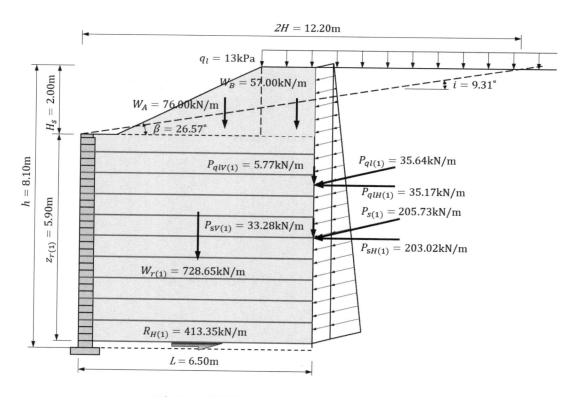

그림 4.72 내적활동에 대한 안정성 검토 - 계산 예 2

$$FS_{sl(i)} = \frac{R_{H(i)}}{P_{H(i)}}$$

보강재 층별 내적활동에 대한 안정성 검토 결과를 정리하면 표 4.31과 같다.

최하단 보강재 층에서 내적활동에 대한 안전율은 $FS_{sl(1)}$ = 1.735로, 앞의 외적안정성 검토에서 계산한 저면활동에 대한 안전율 FS_{slid}= 2.13보다 작으므로, 보강재 길이는 저면활동이 아니라 내적활동에 의하여 결정된다는 것을 알 수 있으며, 보강토옹벽 설계 시에는 반드시 내적활동에 대한 안정성을 검토하여야 함을 알 수 있다.

표 4.31 내적활동에 대한 안정성 검토 결과 – 계산 예 2

번호 i	높이 (m)	L (m)	W_r (kN/m)	P_{sV} (kN/m)	P_{qlV} (kN/m)	P_{sH} (kN/m)	P_{qlH} (kN/m)	P_H (kN/m)	R_H (kN/m)	FS_{sl}	기준 안전율	비고
10	5.60	6.50	61.75	3.33	1.82	20.33	11.13	31.46	91.49	2.908	≥ 1.5	O.K.
9	5.00	6.50	135.85	5.13	2.26	31.26	13.80	45.06	126.55	2.808	≥ 1.5	O.K.
8	4.40	6.50	209.95	7.30	2.70	44.54	16.47	61.01	161.77	2.652	≥ 1.5	O.K.
7	3.80	6.50	284.05	9.86	3.14	60.15	19.14	79.29	197.18	2.487	≥ 1.5	O.K.
6	3.20	6.50	358.15	12.80	3.58	78.11	21.81	99.92	232.76	2.329	≥ 1.5	O.K.
5	2.60	6.50	432.25	16.13	4.01	98.41	24.48	122.89	268.53	2.185	≥ 1.5	O.K.
4	2.00	6.50	506.35	19.84	4.45	121.04	27.16	148.20	304.47	2.054	≥ 1.5	O.K.
3	1.40	6.50	580.45	23.94	4.89	146.03	29.82	175.85	340.59	1.937	≥ 1.5	O.K.
2	0.80	6.50	654.55	28.42	5.33	173.36	32.50	205.86	376.88	1.831	≥ 1.5	O.K.
1	0.20	6.50	728.65	33.28	5.77	203.02	35.17	238.19	413.35	1.735	≥ 1.5	O.K.

4) 지진 시 안정성 검토

(1) 지진 시 외적안정성 검토

① 지진 시 배면토압 증가분

지진 시 배면토압은 Mononobe-Okabe의 방법에 따라 계산하며, 동적토압 증가분(ΔP_{AE})은 다음과 같이 계산한다.

$$\Delta P_{AE} = \frac{1}{2} \gamma_b H_2^2 \Delta K_{AE}$$

$$\Delta K_{AE} = K_{AE} - K_A$$

$$K_{AE} = \frac{\cos^2(\phi_b + \alpha - \theta)}{\cos\theta \cos^2\alpha \cos(\delta - \alpha + \theta)\left[1 + \sqrt{\dfrac{\sin(\phi_b + \delta) \, \sin(\phi_b - \beta - \theta)}{\cos(\delta - \alpha + \theta)\cos(\alpha + \beta)}}\right]^2}$$

그런데 설계 지반가속도 $A = 0.154$이므로, 배면토압 계산 시 수평지진계수(k_h)는 다음과 같이 계산된다.

$$k_h = A_m = (1.45 - A)A$$
$$= (1.45 - 0.154) \times 0.154 = 0.200$$

지진관성각(θ)은

$$\theta = \tan^{-1}\left(\frac{k_h}{1 \pm k_v}\right)$$
$$= \tan^{-1}\left(\frac{0.200}{1 \pm 0.00}\right) = 11.31°$$

동적토압 증가분(ΔP_{AE})을 계산하기 위하여 $A = 0.154$를 적용한 동적토압계수와 $A = 0.00$을 적용한 토압계수를 각각 다음과 같이 계산한다.

$A = 0.154$ 적용 시의 동적토압계수

$$K_{AE(A=0.154)} = \frac{\cos^2(\phi_b + \alpha - \theta)}{\cos\theta \, \cos^2\alpha \, \cos(\delta - \alpha + \theta)\left\{1 + \sqrt{\dfrac{\sin(\phi_b + \delta) \, \sin(\phi_b - i - \theta)}{\cos(\delta - \alpha + \theta) \, \cos(i + \alpha)}}\right\}^2}$$

$$= \frac{\cos^2(30.00° + 0.00° - 11.31°)}{\cos 11.31° \ \cos^2 0.00° \ \cos(9.31° - 0.00° + 11.31°)}{\left\{1 + \sqrt{\dfrac{\sin(30.00° + 9.31°) \ \sin(30.00° - 9.31° - 11.31°)}{\cos(9.31° - 0.00° + 11.31°) \ \cos(9.31° + 0.00°)}}\right\}^2}$$

$$= \ 0.549$$

$A = 0.0$ 적용 시의 동적토압계수

$$K_{ae(A=0)} = \frac{\cos^2(\phi_r + \alpha - \theta)}{\cos\theta \ \cos^2\alpha \ \cos(\delta - \alpha + \theta)}{\left\{1 + \sqrt{\dfrac{\sin(\phi_r + \delta) \ \sin(\phi_r - i - \theta)}{\cos(\delta - \alpha + \theta) \ \cos(i + \alpha)}}\right\}^2}$$

$$= \frac{\cos^2(30.00° + 0.00° - 0.00°)}{\cos 0.00° \ \cos^2 0.00° \ \cos(9.31° - 0.00° + 0.00°)}{\left\{1 + \sqrt{\dfrac{\sin(30.00° + 9.31°) \ \sin(30.00° - 9.31° - 0.00°)}{\cos(9.31° - 0.00° + 0.00°) \ \cos(9.31°° + 0.00°)}}\right\}^2}$$

$$= \ 0.347$$

동적토압계수 증가분(ΔK_{AE})의 계산

$$\Delta K_{AE} = K_{AE(A=0.514)} - K_{AE(A=0)}$$
$$= 0.549 - 0.347 = 0.202$$

지진 시 동적토압은 지진관성력의 영향을 받는 보강토체 배면에 작용하는 것으로 가정하며, 보강토체의 지진관성력은 지진관성력을 받는 보강토체 높이의 50%에 해당하는 폭에 대해서만 작용하며, 본 계산 예에서는 상부에 성토사면이 있으므로, 동적토압 작용 높이(H_2)는 다음과 같이 계산된다.

$$H_2 = \frac{A\tan\beta - H}{0.5\tan\beta - 1}$$
$$= \frac{1.00 \times \tan 26.57° - 6.10}{0.5 \times \tan 26.57° - 1} = 7.47 \ m$$

동적토압 증가분의 50%$(0.5\Delta P_{AE})$의 계산

$$0.5\Delta P_{AE} = 0.5\frac{1}{2}\gamma_b H_2^2 \Delta K_{AE}$$

$$= 0.5 \times \frac{1}{2} \times 19.00 \times 7.47^2 \times 0.202 = 53.54 \ \text{kN/m}$$

동적토압 증가분의 50%의 수평성분$(0.5\Delta P_{AEH})$

$$0.5\Delta P_{AEH} = 0.5\Delta P_{AE}\cos(\delta - \alpha)$$

$$= 53.54 \times \cos(9.31° - 0.00°) = 52.83 \ \text{kN/m}$$

동적토압 증가분의 50%의 수직성분$(0.5\Delta P_{AEV})$

$$0.5\Delta P_{AEH} = 0.5\Delta P_{AE}\sin(\delta - \alpha)$$

$$= 83.54 \times \sin(9.31° - 0.00°) = 8.66 \ \text{kN/m}$$

② 지진관성력

보강토체의 최대가속도계수(A_m)는 다음과 같이 계산된다.

$$A_m = (1.45 - A)A$$

$$= (1.45 - 0.154) \times 0.154 = 0.200$$

보강토옹벽의 지진관성력은 지진 시의 배면토압이 작용하는 높이(H_2) 50%에 해당하는 폭에 대해서만 작용하는 것으로 계산하며, 본 예제에서는 상부가 성토사면이므로 지진 시의 지진관성력이 작용하는 높이는 다음과 같이 계산된다.

$$H_2 = \frac{A\tan\beta - H}{0.5\tan\beta - 1}$$

$$= \frac{1.00 \times \tan 26.57° - 6.10}{0.5 \times \tan 26.57° - 1} = 7.47 \text{ m}$$

지진관성력을 받는 부분의 질량은 다음과 같이 계산된다.

$$M = 0.5\gamma_r H_2 H + \frac{1}{2}\gamma_b(H_2 - H)(0.5H_2 - A)$$

$$= 0.5 \times 19.00 \times 7.47 \times 6.10 + \frac{1}{2} \times 19.00 \times (7.47 - 6.10) \times (0.5 \times 7.47 - 1.00)$$

$$= 432.89 + 35.60 = 468.49 \text{ kN/m}$$

보강토체의 지진관성력(P_{IR})은 다음과 같이 계산된다.

$$P_{IR} = A_m M$$

$$= 0.200 \times 468.49 = 93.70 \text{ kN/m}$$

따라서 지진 시 보강토옹벽에 작용하는 하중은 그림 4.73에서와 같다.

③ 저면활동에 대한 안정성 검토

지진 시 토압 증가분(ΔP_{AE})의 50%와 보강토체의 관성력(P_{IR})을 추가로 고려하여 지진 시 저면활동에 대한 안전율은 다음과 같이 계산할 수 있다.

$$FS_{slid\_Seis} = \frac{R_{H_{Seis}}}{P_{H_{Seis}}}$$

$$R_{H_{Seis}} = P_v\tan\delta = (W_r + W_A + W_B + P_{sV} + 0.5\Delta P_{AEV})\tan\delta$$

$$= (753.35 + 76.00 + 57.00 + 34.99 + 8.66) \times \tan 30.00° = 536.94 \text{ kN/m}$$

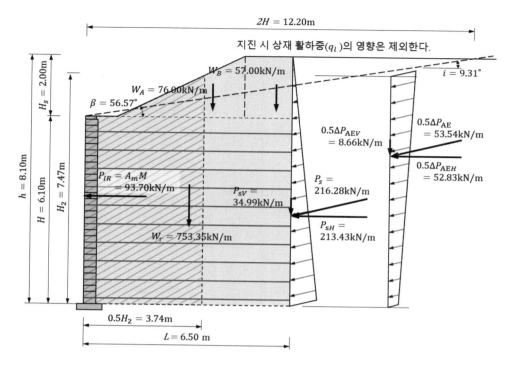

그림 4.73 지진 시 보강토체에 작용하는 하중 – 계산 예 2

$$P_{H_{Seis}} = P_{sH} + 0.5 P_{AEH} + P_{IR}$$

$$= 213.43 + 52.83 + 93.70 = 359.96 \ \text{kN/m}$$

따라서 저면활동에 대한 안전율은 다음과 같이 계산된다.

$$FS_{slid\_Seis} = \frac{R_{H_{Seis}}}{P_{H_{Seis}}}$$

$$= \frac{536.94}{359.96} = 1.49 \ > \ 1.1 \quad \therefore O.K.$$

④ 전도에 대한 안정성 검토

전도에 대한 안전율은 다음과 같이 계산할 수 있다.

$$FS_{over\_Seis} = \frac{M_{R_{Seis}}}{M_{O_{Seis}}}$$

지진 시 토압 증가분의 50%와 지진관성력을 추가로 고려하여 점 O에 대한 모멘트를 취하면 저항모멘트 $M_{R_{Seis}}$과 전도모멘트 $M_{O_{Seis}}$는 각각 다음과 같이 계산된다.

$$M_{R_{Seis}} = W_r\frac{L}{2} + W_A\left(A + \frac{2}{3}L_s\right) + W_B\left\{A + L_s + \frac{1}{2}(L - A - L_s)\right\}$$

$$+ P_{sV}L + 0.5\Delta P_{AEV} \cdot 0.5H_2$$

$$= 753.35 \times \frac{6.50}{2} + 76.00 \times \left(1.00 + \frac{2}{3} \times 4.00\right)$$

$$+ 57.00 \times \left\{1.00 + 4.00 + \frac{1}{2} \times (6.50 - 1.00 - 4.00)\right\}$$

$$+ 34.99 \times 6.50 + 8.66 \times 0.5 \times 7.47$$

$$= 2,448.39 + 278.67 + 327.75 + 227.44 + 32.35 = 3,314.60 \ \text{kN} \cdot \text{m/m}$$

$$M_{O_{Seis}} = P_{sH} \times \frac{h}{3} + 0.5\Delta P_{AEH} \cdot 0.6H_2 + P_{ir}\frac{H}{2} + P_{is}\left\{H + \frac{1}{3}(H_2 - H)\right\}$$

$$= 213.43 \times \frac{8.10}{3} + 52.83 \times 0.6 \times 7.47$$

$$+ 86.58 \times \frac{6.10}{2} + 7.12 \times \left\{6.10 + \frac{1}{3} \times (7.47 + 6.10)\right\}$$

$$= 576.26 + 236.68 + 264.07 + 46.68 = 1,123.69 \ \text{kN} \cdot \text{m/m}$$

따라서 전도에 대한 안전율은 다음과 같이 계산된다.

$$FS_{over\_Seis} = \frac{M_{R_{seis}}}{M_{O_{seis}}}$$

$$= \frac{3,314.60}{1,123.69} = 2.95 \ > 1.5 \quad \therefore \ O.K.$$

⑤ 지반지지력에 대한 안정성 검토

지지력에 대한 안전율은 다음과 같이 계산할 수 있다.

$$FS_{bear\_Seis} = \frac{q_{ult_{Seis}}}{q_{ref_{Seis}}}$$

위 식에서 $q_{ref_{Seis}}$는 보강토체에 의하여 기초지반에 가해지는 접지압이며, 지진 시 안정성 검토에서는 상재 활하중의 영향을 제외한다.

소요지지력 계산을 위한 편심거리 $e_{bear_{Seis}}$는

$$e_{bear_{Seis}} = \frac{L}{2} - \frac{\Sigma M_{Seis}}{\Sigma P_v + 0.5\Delta P_{AEV}}$$

$$= \frac{6.50}{2} - \frac{3,314.60 - 1,123.69}{921.34 + 8.66} = 0.89 \text{ m}$$

지진 시 소요지지력 $q_{ref_{Seis}}$는

$$q_{ref_{Seis}} = \frac{\Sigma P_v}{L_r - 2e_{bear_{Seis}}}$$

$$= \frac{921.34 + 8.66}{6.50 - 2 \times 0.89} = 197.03 \text{ kN/m}^2$$

기초지반의 지진 시 극한지지력 $q_{ult_{Seis}}$은 다음과 같이 계산할 수 있다.

$$q_{ult_{Seis}} = c_f N_c + 0.5\gamma_f (L - 2\, e_{bear_{Seis}}) N_\gamma$$

여기서, $N_q = e^{\pi \tan\phi_f} \tan^2\left(45° + \frac{\phi_f}{2}\right) = e^{\pi \tan 30.00°} \times \tan^2\left(45° + \frac{30.00°}{2}\right) = 18.40$

$$N_c = \frac{N_q - 1}{\tan\phi_f} = \frac{18.40 - 1}{\tan 30.00°} = 30.14$$

$$N_\gamma = 2(N_q + 1)\,\tan(\phi_f) = 2 \times (18.40 + 1) \times \tan 30.00° = 22.40$$

따라서 기초지반의 극한지지력은

$$q_{ult_{Seis}} = c_f N_c + 0.5\,\gamma_f\,(L - 2\,e_{bear_{Seis}})\,N_\gamma$$

$$= 0.00 \times 30.14 + 0.5 \times 19.00 \times (6.50 - 2 \times 0.89) \times 22.40$$

$$= 1.004.42 \ \mathrm{kN/m^2}$$

지지력에 대한 안전율은

$$FS_{bear\_Seis} = \frac{q_{ult_{Seis}}}{q_{ref_{Seis}}}$$

$$= \frac{1,004.42}{197.03} = 5.10 \ > 2.0 \qquad \therefore \ \ O.K.$$

(2) 지진 시 내적안정성 검토

① 지진 시 보강재에 추가되는 하중(T_{md})

지진 시 보강재에는 활동영역의 관성력이 보강재 유효길이의 비에 비례하여 추가로 작용한다. 즉,

$$T_{md} = P_I \frac{L_{ei}}{\Sigma L_{ei}}$$

보강토체의 최대지진가속도계수는

$$A_{\max} = (1.45 - A)A$$

$$= (1.45 - 0.154) \times 0.154 = 0.200$$

활동쐐기의 상재 성토 부분의 높이($H_s{'}$)은 다음과 같이 계산된다.

$$H_s{'} = \dfrac{\left\{ H - A\tan\left(45° + \dfrac{\phi_r}{2}\right)\right\}\tan\beta}{\tan\left(45° + \dfrac{\phi_r}{2}\right) - \tan\beta}$$

$$= \dfrac{\left\{ 6.10 - 1.00 \times \tan\left(45° + \dfrac{30.00°}{2}\right)\right\} \times \tan 26.57°}{\tan\left(45.00° + \dfrac{30.00°}{2}\right) - \tan 26.57°} = 1.77 \ \text{m}$$

이고, 활동영역의 무게(W_A)는

$$W_A = \frac{1}{2}\gamma_r H^2 \tan\left(90° - \psi\right) + \frac{1}{2}\gamma_b \left\{ H\tan\left(90° - \psi\right) - A\right\}H_s{'}$$

$$= \frac{1}{2} \times 19.00 \times 6.10^2 \times \tan\left(90.00° - 60.00°\right)$$

$$+ \frac{1}{2} \times 19.00 \times \left\{ 6.10 \times \tan\left(90.00° - 60.00°\right) - 1.00\right\} \times 1.77$$

$$= 204.09 + 42.40 = 246.49 \ \text{kN/m}$$

따라서 활동영역의 관성력(P_I)은

$$P_I = A_m W_A$$

$$= 0.200 \times 246.49 = 49.30 \ \text{kN/m}$$

활동영역 내의 보강재 길이($L_{a(i)}$) 및 저항영역 내의 보강재 유효길이($L_{e(i)}$)는 다음과 같이 계산할 수 있다(그림 4.74 참조).

$$L_{a(i)} = h_{r(i)}\tan\left(90° - \psi\right)$$

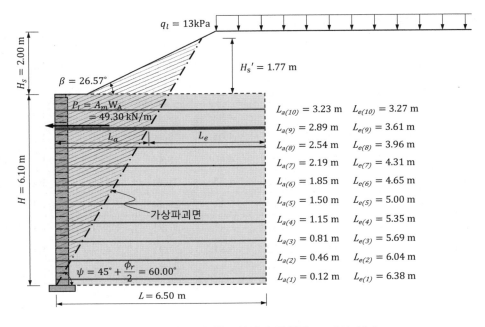

그림 4.74 지진 시 활동영역의 관성력 − 계산 예 1

$$L_{e(i)} = L_{r(i)} - L_{a(i)}$$

지진 시 층별 보강재에 추가되는 하중(T_{md})을 계산하면, 표 4.32에서와 같다.

② 지진 시 보강재 파단에 대한 안정성 검토

지오신세틱스 보강재의 지진 시 파단에 대한 안전율은 다음 식과 같이 계산할 수 있다.

$$FS_{ru\_Seis} = \frac{T_l}{T_{\max} + T_{md}/RF_{CR}}$$

지진 시 보강재 파단에 대한 안정성 검토 결과를 정리하면 표 4.32와 같다.

표 4.32 지진 시 보강재 파단에 대한 안정성 검토 결과 – 계산 예 2

번호 i	높이 (m)	L (m)	L_a (m)	L_e (m)	T_{max} (kN/m)	T_{md} (kN/m)	T_l (kN/m)	FS_{ru_Seis}	기준 안전율	비고
10	5.60	6.50	3.23	3.27	8.28	3.34	28.44	2.743	≥ 1.1	O.K.
9	5.00	6.50	2.89	3.61	8.93	3.69	28.44	2.531	≥ 1.1	O.K.
8	4.40	6.50	2.54	3.96	11.25	4.05	28.44	2.064	≥ 1.1	O.K.
7	3.80	6.50	2.19	4.31	13.55	4.40	28.44	1.745	≥ 1.1	O.K.
6	3.20	6.50	1.85	4.65	15.85	4.75	28.44	1.511	≥ 1.1	O.K.
5	2.60	6.50	1.50	5.00	18.14	5.11	28.44	1.333	≥ 1.1	O.K.
4	2.00	6.50	1.15	5.35	20.43	5.47	37.91	1.590	≥ 1.1	O.K.
3	1.40	6.50	0.81	5.69	22.72	5.81	37.91	1.439	≥ 1.1	O.K.
2	0.80	6.50	0.46	6.04	25.01	6.17	37.91	1.313	≥ 1.1	O.K.
1	0.20	6.50	0.12	6.38	22.59	6.52	37.91	1.422	≥ 1.1	O.K.
			$\Sigma L_e =$	48.26						

③ 지진 시 인발파괴에 대한 안정성 검토

지진 시 인발파괴에 대한 안전율은 다음 식과 같이 계산할 수 있다.

$$FS_{po\_Seis} = \frac{P_{r_{Seis}}}{T_{max} + T_{md}}$$

여기서, 지진 시 보강재의 인발저항력($P_{r_{Seis}}$)은 평상시 인발저항계수(F^*)의 80%를 적용하여 다음 식과 같이 계산할 수 있다.

$$P_{r_{Seis}} = 2\,\alpha\,L_e\,R_c\,(0.8F^*)\,\gamma\,Z_p$$

지진 시 인발파괴에 대한 안정성 검토 결과를 정리하면 표 4.33과 같다.

표 4.33 지진 시 보강재 인발파괴에 대한 안정성 검토 결과 – 계산 예 2

번호 i	높이 (m)	L (m)	L_a (m)	L_e (m)	T_{max} (kN/m)	T_{md} (kN/m)	$P_{r_{Seis}}$ (kN/m)	FS_{po_Seis}	기준 안전율	비고
10	5.60	6.50	3.23	3.27	8.28	3.34	89.65	7.715	≥ 1.1	O.K.
9	5.00	6.50	2.89	3.61	8.93	3.69	119.66	9.482	≥ 1.1	O.K.
8	4.40	6.50	2.54	3.96	11.25	4.05	153.95	10.062	≥ 1.1	O.K.
7	3.80	6.50	2.19	4.31	13.55	4.40	192.74	10.738	≥ 1.1	O.K.
6	3.20	6.50	1.85	4.65	15.85	4.75	234.58	11.387	≥ 1.1	O.K.
5	2.60	6.50	1.50	5.00	18.14	5.11	280.90	12.082	≥ 1.1	O.K.
4	2.00	6.50	1.15	5.35	20.43	5.47	331.82	12.812	≥ 1.1	O.K.
3	1.40	6.50	0.81	5.69	22.72	5.81	385.51	13.512	≥ 1.1	O.K.
2	0.80	6.50	0.46	6.04	25.01	6.17	443.83	14.234	≥ 1.1	O.K.
1	0.20	6.50	0.12	6.38	22.59	6.52	506.10	17.386	≥ 1.1	O.K.
			$\Sigma L_e =$	48.26						

④ 지진 시 내적활동에 대한 안정성 검토

지진 시 내적활동에 대한 안정성 검토는 지진 시 저면활동에 대한 안정성 검토와 같은 방법으로 검토하며, 각 보강재 깊이에 대한 동적토압 증가분($\Delta P_{AE(i)}$)의 50%와 보강토체의 관성력($P_{IR(i)}$)을 추가로 고려한다.

$$FS_{sl\_Seis(i)} = \frac{R_{H_{Seis(i)}}}{P_{H_{Seis(i)}}}$$

$$R_{H_{Seis(i)}} = \left(W_{r(i)} + W_s + P_{sV(i)} + P_{qdV(i)} + 0.5\Delta P_{AEV(i)} \right) C_{ds}\tan\phi_r$$

$$P_{H_{Seis}} = P_{sH(i)} + P_{qdH(i)} + 0.5\Delta P_{AEH(i)} + P_{IR(i)}$$

그림 4.75에서는 지진 시 내적활동에 대한 안정성 검토를 위하여 5번째 보강재 층에서 대하여 계산된 하중을 보여준다.

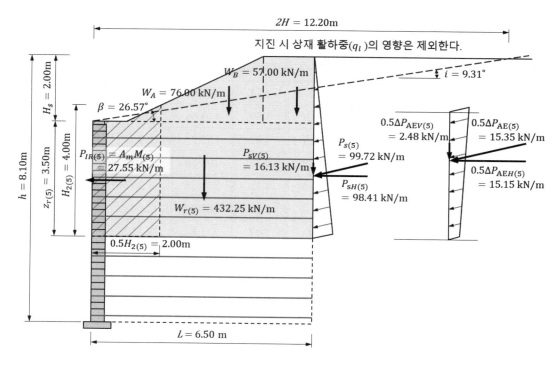

그림 4.75 지진 시 내적활동에 대한 안정성 검토 - 계산 예 2(5번째 층)

표 4.34 지진 시 내적활동에 대한 활동력 계산 결과 - 계산 예 2

번호 i	높이 (m)	L (m)	P_{sV} (kN/m)	P_{qlV} (kN/m)	P_{sH} (kN/m)	P_{qlH} (kN/m)	$0.5\Delta P_{AEV}$ (kN/m)	$0.5\Delta P_{AEH}$ (kN/m)	P_{IR} (kN/m)	$P_{H_{Seis}}$ (kN/m)
10	5.60	6.50	3.33	1.82	20.33	11.13	0.04	0.24	0.48	21.05
9	5.00	6.50	5.13	2.26	31.26	13.80	0.19	1.14	2.30	34.70
8	4.40	6.50	7.30	2.70	44.54	16.47	0.45	2.73	5.49	52.76
7	3.80	6.50	9.86	3.14	60.15	19.14	0.89	5.46	10.53	76.14
6	3.20	6.50	12.80	3.58	78.11	21.81	1.59	9.70	17.97	105.78
5	2.60	6.50	16.13	4.01	98.41	24.48	2.48	15.15	27.55	141.11
4	2.00	6.50	19.84	4.45	121.04	27.16	3.58	21.82	39.25	182.11
3	1.40	6.50	23.94	4.89	146.03	29.82	4.87	29.69	53.09	228.81
2	0.80	6.50	28.42	5.33	173.36	32.50	6.36	38.78	69.05	281.19
1	0.20	6.50	33.28	5.77	203.02	35.17	8.05	49.08	87.13	339.23

지진 시 층별 활동력 계산 결과는 표 4.34에 정리하였으며, 내적활동에 대한 안정성 검토 결과는 표 4.35와 같다.

표 4.35 내적활동에 대한 안정성 검토 결과 – 계산 예 2

번호 i	높이 (m)	L (m)	W_r (kN/m)	P_{sV} (kN/m)	P_{qlV} (kN/m)	$0.5\Delta P_{AEV}$ (kN/m)	$P_{H_{Seis}}$ (kN/m)	$R_{H_{Seis}}$ (kN/m)	FS_{sl_Seis}	기준 안전율	비고
10	5.60	6.50	61.75	3.33	1.82	0.04	21.05	91.51	4.347	≥ 1.1	O.K.
9	5.00	6.50	135.85	5.13	2.26	0.19	34.70	126.63	3.649	≥ 1.1	O.K.
8	4.40	6.50	209.95	7.30	2.70	0.45	52.76	161.98	3.070	≥ 1.1	O.K.
7	3.80	6.50	284.05	9.86	3.14	0.89	76.14	197.59	2.595	≥ 1.1	O.K.
6	3.20	6.50	358.15	12.80	3.58	1.59	105.78	233.50	2.207	≥ 1.1	O.K.
5	2.60	6.50	432.25	16.13	4.01	2.48	141.11	269.67	1.911	≥ 1.1	O.K.
4	2.00	6.50	506.35	19.84	4.45	3.58	182.11	306.12	1.681	≥ 1.1	O.K.
3	1.40	6.50	580.45	23.94	4.89	4.87	228.81	342.84	1.498	≥ 1.1	O.K.
2	0.80	6.50	654.55	28.42	5.33	6.36	281.19	379.82	1.351	≥ 1.1	O.K.
1	0.20	6.50	728.65	33.28	5.77	8.05	339.23	417.07	1.229	≥ 1.1	O.K.

참고문헌

국토교통부 (2016), 건설공사 비탈면 설계기준.

국토교통부 (2016), 구조물 기초설계기준.

국토교통부 (2017), 철도설계기준(노반편).

국토해양부 (2012), 도로설계편람 제3편 토공 및 배수 307 옹벽, pp.307-1~307-76.

국토해양부 (2013), 건설공사 보강토옹벽 설계, 시공 및 유지관리 잠정지침.

김경모 (2016), "보강토옹벽의 설계, 시공 및 감리 개요", 기초 실무자를 위한 보강토옹벽 설계 및 시공 기술교육 자료집, 한국지반신소재학회, pp.1~46.

김경모 (2017), "보강토옹벽의 설계 실무", 기초 실무자를 위한 보강토옹벽 설계 및 시공 기술교육 자료집, 한국지반신소재학회, pp.19~116.

김경모 (2019), "보강토옹벽의 설계 및 시공", 지반신소재 이론 및 활용 실무교육(II) 자료집, 한국지반신소재학회, pp.35~128.

김경모, 김홍택, 이형규 (2005), "토목섬유의 보강효과를 고려한 사면안정해석", 한국지반환경공학회 논문집, 제6권, 제1호, pp.73~82.

한국도로공사 (2020), 도로설계요령 제3권 교량 제8편 교량 제8-7편 옹벽.

한국지반신소재학회 (2024), 국가건설기준 KDS 11 80 10 : 2021 보강토옹벽 해설.

KCS 44 50 05 동상방지층, 보조기층 및 기층공사.

KDS 11 10 10 지반조사.

KDS 11 70 05 쌓기 깍기.

KDS 11 80 05 콘크리트옹벽.

KDS 17 10 00 내진설계 일반.

KDS 24 10 11 교량 설계 일반사항(한계상태설계법).

KDS 24 12 11 교량 설계하중조합(한계상태설계법).

KDS 24 14 51 교량 하부구조 설계기준(한계상태설계법).

KS F 2103 흙의 pH값 측정 방법.

KS F 2302 흙의 입도 시험방법.

KS F 2303 흙의 액성 한계·소성 한계 시험방법.

KS F 2306 흙의 함수비 시험 방법.

KS F 2307 표준 관입 시험방법.

KS F 2312 흙의 실내 다짐 시험방법.

KS F 2314 흙의 일축 압축 시험방법.

KS F 2316 흙의 압밀 시험방법.

KS F 2317 얇은 관에 의한 흙의 시료 채취 방법.

KS F 2319 오거 보링에 의한 토질 조사 및 시료 채취 방법.

KS F 2322 흙의 투수 시험 방법.

KS F 2324 흙의 공학적 분류 방법.

KS F 2343 압밀 배수 조건에서 흙의 직접 전단 시험방법.

KS F 2346 삼축 압축 시험에서 점성토의 비압밀,비배수 강도 시험방법.

KS F 4009 레디믹스트 콘크리트.

AASHTO (2007), LRFD Bridge Design Specifications (4th Ed.), American Association of State Highway and Transportation Officials, Washington, D.C.

AASHTO (2020), LRFD Bridge Design Specifications (9th Ed.), American Association of State Highway and Transportation Officials, Washington, D.C.

AASHTO T 288, Standard Method of Test for Determining Minimum Laboratory Soil Resistivity.

AASHTO T 289, Standard Method of Test for Determining pH of Soil for Use in Corrosion Testing.

AASHTO T 290, Standard Method of Test for Determining Water-Soluble Sulfate Ion Content in Soil.

AFNOR (2009), NF P 94-270 Geotechnical Design - Retaining Structures - Reinforced Fill and Soil Nailing Structures, Translation of the French Standard, French Standard Approved by Decision of the General Director of AFNOR.

Al-Atik, L. and Sitar, N. (2010), "Seismic Earth Pressures on Cantilever Retaining Structures", Journal of Geotechnical and Geoenvironmental Engineering, American Society of Civil Engineers, October, (136) 10, pp.1324~1333.

Allen, T., Christopher, B. R., Elias, V. E. and DiMaggio, J. (2001), Development of the Simplified Method for Internal Stability Design of Mechanically Stabilized Earth(MSE) Walls, Washington State Department of Transportation Research Report WA-RD 513.1.

ASTM D4327, Standard Test Method for Anions in Water by Suppressed Ion Chromatography.

ASTM D4972, Standard Test Method for pH of Soils.

ASTM D6992, Standard Test Method for Accelerated Tensile Creep and Creep-Rupture of Geosynthetic Materials Based on Time-Temperature Superposition Using the Stepped Isothermal Method1

Bathurst, R. J. and K. Hatami, K. (1999), "Numerical Study on the Influence of Base Shaking on Reinforced-Soil Retaining Walls", Proceeding of Geosynthetics '99, Boston, MA, pp.963~976.

Berg, R. R., Christopher, B. R. and Samtani, N. C. (2009a), Design of Mechanically Stabilized Earth Walls and Reinforced Soil Slopes - Volume I, Publication No. FHWA-NHI-10-024, U.S. Department of Transportation, Federal Highway Administration.

Berg, R. R., Christopher, B. R. and Samtani, N. C. (2009b), Design of Mechanically Stabilized Earth Walls and Reinforced Soil Slopes - Volume II, Publication No. FHWA-NHI-10-025, U.S. Department of Transportation, Federal Highway Administration.

Bishop, A. W. (1955), "The Use of the Slip Circle in the Stability Analysis of Slopes", Géotechnique, Vol.5, No.1, pp.7~17.

Bray, J. D., Travasarou, T. and Zupan, J. (2010), "Seismic Displacement Design of Earth Retaining Structures". Proceedings of ASCE Earth Retention Conference 3, American Society of Civil Enginers, pp.638~655.

BSI (2010), BS 8006-1 : 2010 Code of Practice for Strengthened/Reinforced Soils and Other Fills, BSI Standards Publication, British Standards Institution (BSI).

Christopher, B. R., Gill, S. A., Giroud, J. P., Juran, I., Mitchell, J. K., Schlosser, F. and Dunnicliff, J. (1990), Design and Construction Guidelines for Reinforced Soil Structure - Volume 1, FHWA-RD-89-043, Federal Highway Administration, Washington, D.C.

Collin, J. G. (1986), Earth Wall Design, Doctor of Philosophy Dissertation, University of Berkeley.

DGGT (2011), Recommendations for Design and Analysis of Earth Structures using Geosynthetic Reinforcements - EBGEO, Translation of the 2nd German Edition Published by the German Geotechnical Society (Deutsche Gesellschaft für Geotechnik e.V., DGGT)

Elias, V., Christopher, B. R. and Berg, R. R. (2001), Mechanically Stabilized Earth Walls and Reinforced Soil Slopes Design and Construction Guidelines, Publication No. FHWA-NHI-00-043, U.S. Department of Transportation Federal Highway Administration.

GEO (2022), Geoguide 6 Guide to Reinforced Fill Structure and Slope Design, Geotechnical Engineering Office(GEO), Civil Engineering and Development Department, The Government of the Hong Kong Special Administrative Region.

Lew, M., Sitar, N. and Al-Atik, L. (2010), "Seismic Earth Pressures: Fact or Fiction", Proceedings of ASCE Earth Retention Conference 3, American Society of Civil Engineers, Reston, VA, pp.656~673.

Mononobe, N. and Matsuo, O. (1929), "On the Determination of Earth Pressure During Earthquakes", In Proceeding of the World Engineering Congress, Vol.9, Tokyo, Japan, pp.179~187.

Morgenstern, N. R. and Price, V. E. (1965), "The Analysis of the Stability of General Slip Surfaces", Géotechnique, Vol.15, pp.79~93.

Nakamura, S. (2006), "Reexamination of Mononobe–Okabe Theory of Gravity Retaining Walls Using Centrifuge Model Tests", Soils and Foundations, Vol.46, No.2. Japanese Geotechnical Society, Tokyo, Japan, pp.135~146.

NCMA (2012), Design Manual for Segmental Retaining Walls (3rd Ed.), National Concrete Masonry Association, Herndon, VA.

O'Rourke, T. D. and Jones, C. J. F. P. (1990), "Overview of Earth Retention Systems: 1970-1990", Proceedings of Conference on Design and Performance of Earth Retaining Structures, American Society of Civl Engineers, New York, NY, 22~51.

Samtani, N. C. and Nowatzki, E. A. (2006), Soils and Foundations – Reference Manual – Volume II, Publication No. FHWA-NHI-06-089, U.S. Department of Transportation, Federal Highway Administration.

ScDOT (2022), Geotechnical Design Manual - Appendix C. MSE Walls, South Carolina Department of Transportation (SCDOT), pp.C-1~C-61.

Seed, H. B. and Whitman, R. V. (1970), "Design of Earth Retaining Structures for Dynamic Loads", Proceedings of ASCE Specialty Conference on Lateral Stresses in the Ground and Design of Earth Retaining Structures. American Society of Civil Engineers, Reston, VA, pp.103~147.

Spencer, E. E. (1967), "A Method of the Analysis of the Stability of Embankment Assuming Parallel Inter-slice Forces", Géotechnique, Vol.17, pp.11~26.

Vesic, A. S. (1973), "Analysis of Ultimate Loads of Shallow Foundations", Journal of the Soil Mechanics and Foundations Division, Vol.99, No.SM1, American Society of Civil Engineers, pp.45~73.

Withiam, J. L., Voytko, E. P., Barker, R. M., Duncan, J. M., Kelly, B. C., Musser, S. C. and Elias, V. (2001), Load and Resistance Factor Design (LRFD) for Highway Bridge Substructures – Reference Manual and Partipant Workbook, Publication No. FHWA HI-98-032, NHI Course No.132068, Fedral Highway Administration, Washington, D.C.

Wood, J. H. (1973), Earthquake-Induced Soil Pressures on Structures, Report No. EERL 73-05. Earthquake Engineering Research Lab, California Institute of Technology, Pasadena, CA, 1973.

土木研究センター (1990), 補強土(テールアルメ)壁工法設計・施工マニュアル, pp.192~224.

CHAPTER 05

특수한 경우의 보강토옹벽

CHAPTER 05 특수한 경우의 보강토옹벽

5.1 개요

앞의 제4장에서는 보강토옹벽 설계와 관련한 일반적인 사항에 대하여 설명하였고, 본 장에서는 다음과 같은 특수한 경우의 보강토옹벽에 대하여 설명한다.

- ✓ 상부에 L형 옹벽이 설치되는 경우
- ✓ 방호벽/가드레일 하중의 고려
- ✓ 사다리꼴 형태의 보강토옹벽
- ✓ 양단(Back-to-Back) 보강토옹벽
- ✓ 다단식 보강토옹벽
- ✓ 보강토 교대
- ✓ 안정화된 지반(혹은 구조물) 전면에 설치되는 보강토옹벽
- ✓ 우각부 및 곡선부의 보강토옹벽
- ✓ 구조물 접속부의 보강토옹벽
- ✓ 지장물이 있는 경우의 대책
- ✓ 침하 및 부등침하에 대한 대책
- ✓ 보강토옹벽의 배수 및 차수

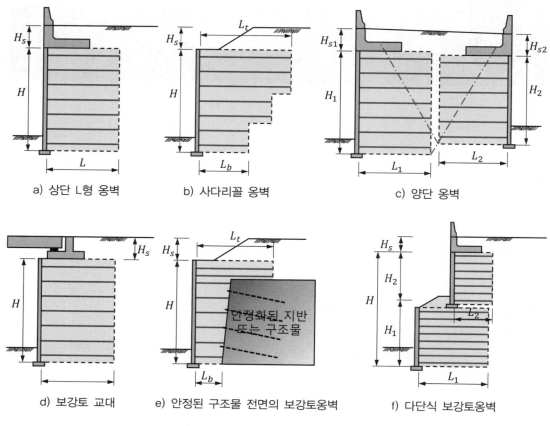

a) 상단 L형 옹벽 b) 사다리꼴 옹벽 c) 양단 옹벽

d) 보강토 교대 e) 안정된 구조물 전면의 보강토옹벽 f) 다단식 보강토옹벽

그림 5.1 특수한 경우의 보강토옹벽의 예

5.2 상부에 L형 옹벽이 설치되는 경우의 보강토옹벽

보강토옹벽 상부에 방음벽 기초 또는 방호벽 기초로서 L형 옹벽을 설치하는 경우가 많다(그림 5.2 참조). 이러한 경우의 보강토옹벽 설계 시에는 보강토옹벽 위의 성토하중과 L형 옹벽 배면에 작용하는 토압에 의한 수평력, L형 옹벽 저면의 접지압 등을 고려하여 보강토옹벽을 설계하여야 한다. 보강토옹벽 위에 L형 옹벽이 설치되는 경우의 보강토옹벽의 설계는 김경모(2011)가 잘 설명하고 있으며, 이를 요약하여 정리하면 다음과 같다.

a) 패널식 보강토옹벽

b) 블록식 보강토옹벽

그림 5.2 보강토옹벽 상부에 L형 옹벽을 설치한 사례

5.2.1 방호벽/방음벽 기초의 설치로 인해 보강토옹벽에 추가되는 하중

보강토옹벽 상부에 방호벽 또는 방음벽 기초로서 L형 옹벽이 설치되는 경우, 보강토옹벽의 설계에는 차량 활하중을 고려하는 등분포 활하중과 상재성토고를 고려한 등분포 사하중만 재하

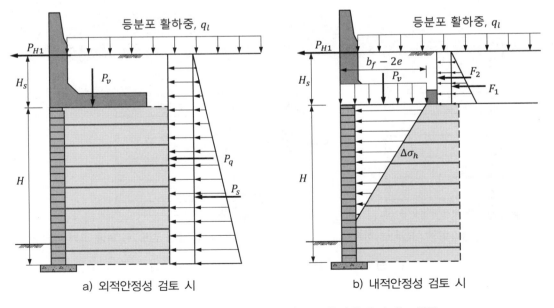

a) 외적안정성 검토 시

b) 내적안정성 검토 시

그림 5.3 상부 L형 옹벽으로 인해 보강토옹벽에 추가되는 하중

297

하여 안정성을 검토하는 경우가 많다. 그러나 보강토옹벽 상부에 방음벽 기초 또는 방호벽 기초로서 L형 옹벽이 설치될 경우, 보강토옹벽에 작용하는 하중은 그림 5.3에서 같다.

외적안정성 검토 시에는 보강토옹벽 상부 L형 옹벽 배면의 성토 자중이 저항력에 추가되고 내적안정성 검토 시에는 L형 옹벽의 접지압에 의한 수직응력의 증가분을 추가로 고려하여야 하며, L형 옹벽의 배면에 작용하는 토압으로 인해 보강토체 내부에 추가되는 수평응력도 고려하여야 한다.

보강토옹벽 상부에 L형 옹벽을 설치함으로써 보강토옹벽 위에 작용하는 하중 분포는 그림 5.4의 a)에서와 같으며, 이대로 하중을 부과하여 안정성을 검토하면 상재하중의 고려 방법에 따라 상재하중이 적절하게 반영되지 않을 수 있다. 따라서 그림 5.4의 b)에서와 같이 상재 성토에 의한 등분포 사하중(γH_s)과 등분포 활하중(q_l) 및 L형 옹벽의 접지압으로 인해 추가되는 하중($\Delta \sigma_{v0}$)으로 구분하여 적용해야 한다.

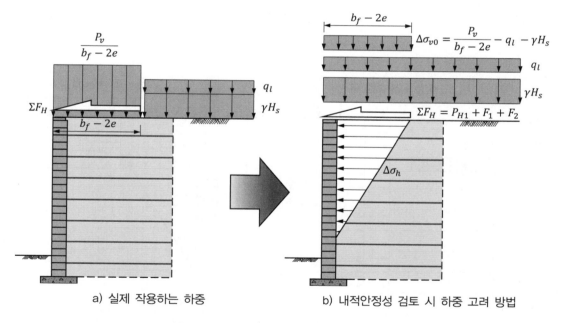

a) 실제 작용하는 하중   b) 내적안정성 검토 시 하중 고려 방법

그림 5.4 L형 옹벽에 의한 추가 하중 고려 방법

5.2.2 층별 보강재의 최대유발인장력

보강토옹벽 상부에 L형 옹벽이 있는 경우의 층별 보강재의 최대유발인장력(T_{max})은, 앞의 4장에서 설명한 바와 같은 방법으로, 각 보강재 위치에서의 수평응력(σ_h)과 보강재 부담면적 (A_t, 폭 1m인 경우 S_v)을 고려하여 다음과 같이 계산할 수 있다.

$$T_{max} = \sigma_h S_v \tag{5.1}$$

$$\sigma_h = K_r \sigma_v + \Delta\sigma_h \tag{5.2}$$

$$\sigma_v = \gamma_r z + \sigma_2 + q_d + q_l + \Delta\sigma_v \tag{5.3}$$

여기서, T_{max} : 층별 보강재의 최대유발인장력(kN/m)

σ_h : 보강토체 내부의 수평응력(kPa)

S_v : 보강재의 수직 설치 간격(m)(그림 4.43 참조)

K_r : 보강토체 내부의 토압계수(그림 4.44 참조)

σ_v : 보강재 위에 작용하는 수직응력(kPa)

$\Delta\sigma_h$: 수평하중에 의하여 추가되는 수평응력(kPa)

γ_r : 보강토체의 단위중량(kN/m³)

σ_2 : 상재 성토에 의한 수직응력(kPa)

q_d, q_l : 등분포 사하중과 활하중(kPa)

$\Delta\sigma_v$: 수직하중에 의하여 추가되는 수직응력(kPa)

1) 추가 수직하중 고려 방법

보강토옹벽 상부에 추가로 작용하는 수직력을 고려하는 방법은 미국 FHWA 지침(Elias 등, 2001; Berg 등, 2009a) 및 토목섬유 설계 및 시공요령(한국지반공학회, 1998)에 잘 설명되어 있으며, 상부 L형 옹벽에 의하여 보강토옹벽 상부에 추가로 부과된 수직응력($\Delta\sigma_{v0}$)은 그림 5.5와 같이 2V : 1H 분포로 층별 보강재 층에 분포하는 것으로 가정한다.

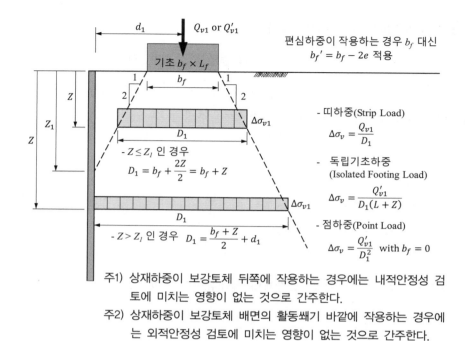

편심하중이 작용하는 경우 b_f 대신
$b_f' = b_f - 2e$ 적용

- 띠하중(Strip Load)
$$\Delta\sigma_v = \frac{Q_{v1}}{D_1}$$

- 독립기초하중
(Isolated Footing Load)
$$\Delta\sigma_v = \frac{Q_{v1}'}{D_1(L+Z)}$$

- 점하중(Point Load)
$$\Delta\sigma_v = \frac{Q_{v1}'}{D_1^2} \text{ with } b_f = 0$$

- $Z \le Z_l$ 인 경우
$$D_1 = b_f + \frac{2Z}{2} = b_f + Z$$

- $Z > Z_l$ 인 경우 $D_1 = \dfrac{b_f + Z}{2} + d_1$

주1) 상재하중이 보강토체 뒤쪽에 작용하는 경우에는 내적안정성 검
토에 미치는 영향이 없는 것으로 간주한다.
주2) 상재하중이 보강토체 배면의 활동쐐기 바깥에 작용하는 경우에
는 외적안정성 검토에 미치는 영향이 없는 것으로 간주한다.

그림 5.5 추가 수직하중에 의한 층별 수직응력 증가분, $\Delta\sigma_v$(Elias 등, 2001; Berg 등, 2009a; 한국지반공학회, 1998)

2) 추가 수평하중 고려 방법

미국 FHWA 지침(Elias 등, 2001; Berg 등, 2009a) 및 토목섬유 설계 및 시공요령(한국지반공학회, 1998)에 따르면, 보강토옹벽 상부에 추가로 작용하는 수평력은 그 아래 보강재 층에 그림 5.6과 같이 분포하는 것으로 가정하여 층별 수평응력 증가분($\Delta\sigma_h$)을 계산한다.

5.2.3 보강토옹벽의 설계에 적용 방안

앞에서 설명한 바와 같이 보강토옹벽 상부에 구조물의 설치 등으로 인하여 하중이 추가될 때는 이러한 하중을 적절하게 고려하여 설계해야 하지만, 국내에서 보강토옹벽의 설계에 일반적으로 사용하는 상용 프로그램에서는 이를 직접적으로 고려할 수 있게 되어 있지 않은 경우가 많으므로 적용상 오류를 범하는 경우가 많다. 가장 대표적인 예로, 보강토옹벽 상부에 방호벽 기초로서 L형 옹벽이 설치될 경우, 보강토옹벽 상부에는 차량 활하중에 의한 등분포 활하중과

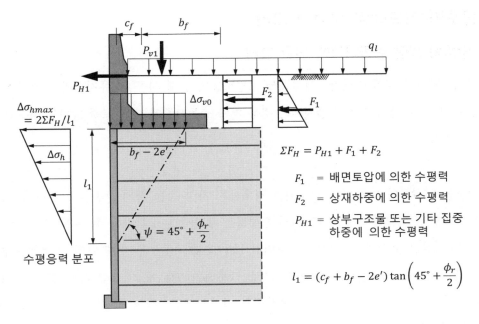

그림 5.6 추가 수평하중에 의한 토체 내 수평응력 증가분, $\Delta\sigma_h$(Elias 등, 2001; 한국지반공학회, 1998 수정)

추가성토고(H_s)에 따른 등분포 사하중만을 부과시켜 구조계산하는 경우가 많다.

그러나 상부 L형 옹벽에 의해 보강토옹벽에 부과되는 하중은 추가성토고(H_s)에 따른 수직력뿐만 아니라 L형 옹벽의 배면에 작용하는 토압(F_H)과 편심에 따른 추가 수직력도 있으므로, 이를 고려하여 설계해야 한다.

보강토옹벽 구조계산용 상용 프로그램에서 보강토옹벽 상부의 L형 옹벽에 의한 하중을 직접적으로 고려할 수 없는 경우에는, L형 옹벽에 의해 추가로 작용하는 하중을 각각의 하중 종류별로 구분하여 적용할 필요가 있다.

- 교통 하중에 의한 등분포 활하중   : $CL = q_l$
- 추가성토고에 따른 등분포 사하중   : $DL = \gamma H_s$
- 배면토압을 포함한 추가수평력   : $F_H = P_{H1} + F_1 + F_2$
- 편심에 따른 추가수직력   : $\Delta\sigma_{v0} = P_v / (b_f - 2e) - DL - CL$

5.3 방호벽/가드레일 하중의 고려

5.3.1 방호벽 차량 충돌하중에 대한 고려

국토해양부(2013)에서 마련한 『건설공사 보강토옹벽 설계 시공 및 유지관리 잠정지침』에서는 보강토옹벽 상부에 방호벽이 설치되는 경우 차량 충돌하중에 대한 고려 방법을 다음과 같이 제시하고 있다.

"보강토옹벽 상부에 방호벽이 설치되는 경우에는 차량 충돌 시의 하중을 고려하여, 설계 시 상부 2개 열의 보강재에 29 kN/m의 수평력을 부가시킨다. 부가된 총 수평력의 2/3(19.3 kN/m)는 최상단 보강재가 부담하고, 나머지 1/3(9.7 kN/m)은 두 번째 단의 보강재가 부담한다. 한편, 차량의 충돌하중은 일시적으로 작용하기 때문에, 지오신세틱스를 보강재로 사용한 경우에는 충돌하중 고려 시 보강재의 장기설계인장강도 산정에서 크리프(Creep) 감소계수를 제외한다. 따라서 지오신세틱스 보강재를 사용한 경우에는, (설계 시 산정된 최상단 및 두 번째 단 보강재의 유발인장력 + 차량 충돌로 인해 부가된 수평력)과 (크리프 감소계수를 제외한 장기설계인장강도)를 비교하여 설계의 적정성을 평가한다."

따라서 방호벽에 의한 차량 충돌하중을 고려하는 경우, 보강재 파단 및 인발파괴에 대한 안정성은 다음과 같이 검토할 수 있다. 이때 차량 충돌하중은 지진하중과 마찬가지로 일시적인 하중이므로, 기준안전율(0.75FS)은 앞의 표 4.8의 지진 시의 안전율과 같은 값을 적용한다.

$$FS_{ru,I} = \frac{T_l}{T_{max} + T_I} \geq 0.75FS \tag{5.4}$$

$$FS_{po,I} = \frac{P_{r,I}}{T_{max} + T_I} \geq 0.75FS \tag{5.5}$$

여기서, $FS_{ru,I}$: 차량 충돌하중 작용 시 보강재 파단에 대한 안전율

$FS_{po,I}$: 차량 충돌하중 작용 시 보강재 인발에 대한 안전율

T_l : 보강재의 장기인장강도(kN/m)

$T_{\max}$: 층별 보강재의 최대유발인장력(kN/m)

T_I : 차량 충돌하중에 의해 각 층에 분배된 추가 수평력(kN/m)

$P_{r,I}$: 차량 충돌하중 작용 시 보강재 인발저항력(kN/m)

차량 충돌하중 작용 시 보강재 인발에 대한 안정성 검토 시의 보강재 인발저항력($P_{r,I}$)은 저항영역 내의 유효길이(L_e)가 아닌 전체 보강재 길이(L_r)에 대하여 계산해야 한다(Elias 등, 2001). 또한 방호벽이 콘크리트 포장 슬래브와 일체로 시공될 때는 상기 차량 충돌하중에 의해 추가되는 수평력(T_I)을 무시할 수 있다(Elias 등, 2001).

한편, 지오신세틱스(Geosynthetics) 보강재를 사용하는 경우의 "크리프 감소계수를 제외한 장기설계인장강도"는 해석상의 이견이 존재하여 잘못 적용하고 있는 사례가 많다.

이와 관련하여, 미국 FHWA지침(Elias 등, 2001)에서는 다음과 같이 규정하고 있다.

"지오신세틱스 보강재의 경우, 4.3d 섹션의 내적안정성에 대한 내진 설계와 마찬가지로, 크리프에 대한 감소계수를 제거하여 충격 하중에 저항하기 위해 보강재를 구조적으로 크기를 정하는 데 사용되는 지오신세틱스의 허용 강도를 증가시킬 수 있다(For geosynthetic reinforcements, the geosynthetic allowable strength used to structurally size the reinforcements to resist the impact load may be increased by eliminating the reduction factor for creep, as was done for internal seismic design in section 4.3d.)."

따라서 지진하중과 마찬가지로 일시적인 하중인 차량 충돌하중 작용 시 지오신세틱스 보강재의 파단에 대한 안정성을 검토할 때, 차량 충돌하중에 의한 추가수평력(T_I)에 대해서는 크리프 특성에 대한 감소계수(RF_{CR})를 고려하지 않는다.

따라서 지오신세틱스 보강재를 사용하는 경우 보강재 파단에 대한 안전율은 다음과 같이 계산할 수 있다.

✓ 평상시

$$FS_{ru,I} = \frac{T_l}{T_{max} + T_I/RF_{CR}} \geq 0.75FS \qquad (5.6)$$

✓ 지진 시

$$FS_{ru\_Seis,I} = \frac{T_l}{T_{max} + (T_{md} + T_I)/RF_{CR}} > 0.75FS \qquad (5.7)$$

여기서, $FS_{ru,I}$: 차량 충돌하중 작용 시 보강재 파단에 대한 안전율

$FS_{ru\_Seis,I}$: 지진 시 차량 충돌하중 작용 시 보강재 파단에 대한 안전율

T_l : 보강재의 장기설계인장강도(kN/m)

T_{max} : 층별 보강재의 최대유발인장력(kN/m)

T_{md} : 지진 시 각 위치에서의 보강재 층에 추가되는 유발인장력(kN/m)

T_I : 차량 충돌하중에 의해 각 층에 분배된 추가 수평력(kN/m)

5.3.2 가드레일 등 지주의 수평하중에 대한 고려

국토해양부(2013)에서 마련한 『건설공사 보강토옹벽 설계 시공 및 유지관리 잠정지침』에서는 보강토옹벽 위에 가드레일 등의 지주가 설치되는 경우의 안정성 검토 방법에 대하여 다음과 같이 제시하고 있다.

"보강토옹벽 상부에 가드레일, 방음벽 등의 지주(Flexible post, Beam barriers)를 설치할 필요가 있을 경우, 이 지주는 보강토옹벽의 전면에서 1m 이상 떨어진 위치에 설치한다. 또한 가급적 보강재에 손상이 가지 않도록 하여야 하며, 지주 설치로 인해 보강재에 손상이 있을 경우 보강재의 파단안정 검토 시 이를 고려한다. 한편, 설계 시 상부 2개 열의 보강재에는 4.4kN/m의 수평력을 부가시킨다. 부가된 총 수평력의 2/3(2.9kN/m)는 최상단 보강재가 부담하고, 나머지 1/3(1.5kN/m)은 두 번째 단의 보강재가 부담한다. 따라서 (설계 시 산정된

최상단 및 두 번째 단 보강재의 유발인장력 + 부가된 수평력)과 장기설계인장강도를 비교하여 설계의 적정성을 평가한다."

박권 등(2009)의 연구 결과에 따르면 보강토 블록과 가드레일 사이의 이격거리가 가까우면 차량 충돌 시 발생하는 변위로 인해 블록이 탈락할 우려가 있으며, 전면블록 배면에서 가드레일까지의 이격거리가 최소 600mm 이상되어야 전면블록의 탈락을 방지할 수 있다. 이와 관련하여 건설공사 보강토옹벽 설계 시공 및 유지관리 잠정지침(국토해양부, 2013)에서는 가드레일, 방음벽 등의 지주는 보강토옹벽의 전면에서 1m 이상 떨어진 위치에 설치하도록 규정하고 있다.

FHWA 지침(Elias 등, 2001; Berg 등, 2009a)에서는 가드레일의 지주 등은 그림 5.7에서와 같이 전면벽체에서 최소 1m 이상 이격된 거리에, 최소 1.5m 이상 깊이로 묻히도록 설치하도록 규정하고 있으며, 가드레일 등의 지주는 보강토옹벽의 시공이 완료된 후에 타입하여 설치하는 것이 일반적이다. 그런데 보강토옹벽에서 최상단 보강재는 전면벽체 상단에서 0.5m 이내에 설치하여야 하므로, 가드레일 등의 지주를 타입하면 보강재에 손상을 입힐 수 있다. 지오그리드나 지오텍스타일(Geotextile)과 같이 전체 면적에 대하여 포설되는 보강재는 이러한 지주의 설치로 인한 손상을 피할 수 없으며, 이러한 경우에는 보강재의 장기인장강도 산정 시 시공손상에 대한 감소계수를 적용할 때와 유사하게 지주의 설치로 인하여 손상된 부분을 제외하여야 한다(그림 5.8의 a) 참조).

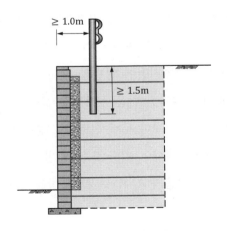

그림 5.7 가드레일 등의 지주의 설치 위치

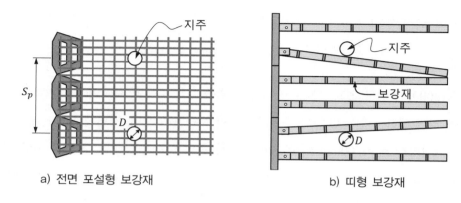

a) 전면 포설형 보강재   b) 띠형 보강재

그림 5.8 겉보기 점착력의 발생(Hausmann, 1976)

띠형 보강재를 사용할 때는 지주 설치 시 보강재가 손상되면 보강재의 역할을 할 수 없게
되므로, 그림 5.8의 b)에서와 같이 지주 설치 위치를 피할 수 있도록 보강재를 설치하여 보강재가
손상되는 것을 방지하여야 한다.

한편, 가드레일에 작용하는 수평력은 차량 충돌하중과 마찬가지로 일시적인 하중이기 때문에,
차량 충돌하중 작용 시와 같은 방법으로 파단 및 인발파괴에 대한 안정성을 검토한다.

5.4 사다리꼴 형태의 보강토옹벽

우리가 실무에서 보강토옹벽을 적용하다 보면, 원지반을 굴착한 다음 보강토옹벽을 시공해야
하는 경우가 종종 발생한다. 이러한 경우 원지반의 굴착이 쉬운 지반일 때는 큰 무리 없이
시공할 수 있겠지만, 보강토옹벽 기초지반이 암반과 같이 견고한 지층일 때는 보강토옹벽을
시공하기 위하여 암반을 발파하여 굴착한 다음 성토재로 성토하는 경우가 일반적이다. 그러나
이럴 때 양질의 지반을 굴착한 다음 그보다 못한 성토재로 성토하는 불합리한 경우가 발생한다.

따라서 표준관입시험 N치가 50 이상인 지반 또는 암반과 같이 견고한 지층을 굴착한 후
보강토옹벽을 시공해야 할 때는 다음과 같이 보강토옹벽을 설계할 수 있다.

5.4.1 사다리꼴 형태 보강토옹벽의 적용 기준

하단의 보강재 길이가 보강재 최소길이인 $0.7H$보다 짧은 사다리꼴 형태의 보강토옹벽의 적용 기준은 다음과 같다.

① 표준관입시험 N치가 50 이상인 지반 또는 암반을 굴착한 후 보강토옹벽을 시공할 때 적용 가능
② 하단 보강재의 길이는 $0.4H$ 이상이고, 최소 2.5m 이상이라야 한다.
③ 상단 보강재의 길이는 $0.7H$ 이상이라야 한다.
④ 각 단 보강재 길이의 차이는 $0.15H$ 이내라야 한다.

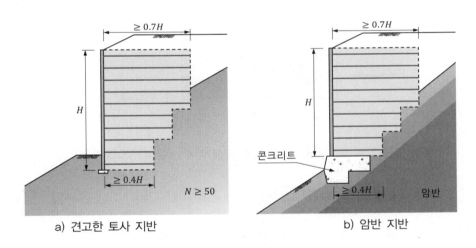

a) 견고한 토사 지반   b) 암반 지반

그림 5.9 사다리꼴 형태 보강토옹벽의 적용 기준

5.4.2 사다리꼴 형태 보강토옹벽의 안정성 검토

1) 안정성 검토 개요

사다리꼴 형태의 보강토옹벽은 다음과 같은 2단계로 안정성을 검토한다.

① 다음 절에서 설명하는 것과 같은 방법으로 보강토옹벽의 외적안정성 및 내적안정성 검토
② 보강재의 효과를 고려할 수 있는 사면안정해석법을 사용하여 복합안정성 및 전체안정성 검토

2) 외적안정성 검토

사다리꼴 형태의 보강토옹벽의 외적안정성 검토는 그림 5.10에서와 같이 가상의 등가 사각형 (폭 L_0, 높이 H) 단면으로 가정하여 외적안정성을 검토한다. 이때 가상 등가 사각형의 면적 $(L_0 \times H)$은 사다리꼴 형태 보강토옹벽의 면적과 같고, 그 무게중심이 같다.

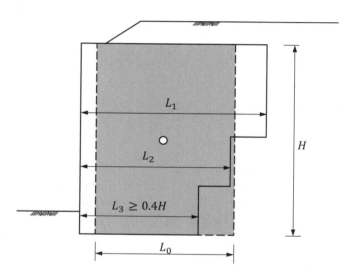

그림 5.10 사다리꼴 보강토옹벽의 설계(국토해양부, 2013 수정)

※ 참고 – French Standard NF P94–270의 방법

한편, 실무에서 보강토옹벽 구조계산에 많이 사용하고 있는 MSEW 프로그램에서는 사다리꼴 형태의 보강토옹벽의 외적안정성 검토 시 그림 5.11과 같이 최하단 보강재 길이에 대해서만 검토하여 FHWA 지침(Elias 등, 2001)의 기준과 다른 점이 있다. 또 외적안정성 검토 시 상부의 더 긴 보강재 길이의 효과를 무시하고 계산하여 사다리꼴 형태의 보강토옹벽을 적용할 때의 장점을 발휘할 수 없다는 단점이 있다.

참고로, French Standard NF P94-270(AFNOR, 2009)에서는 저항력 계산 시, 그림 5.12의 빗금친 부분으로 표시된, 사다리꼴 형태의 보강토옹벽의 자중과 그 위의 상재

성토하중을 고려하며, 사다리꼴 보강토옹벽 배면에 작용하는 토압은 상부 사면경사각 (β_1)의 영향을 받는 깊이(X)와 그 위 사면경사각(β_2)의 영향을 받는 깊이(Y)에 대하여 각각 상부 사면경사각을 고려하여 쿨롱(Coulomb)토압으로 계산한다(그림 5.12 참조).

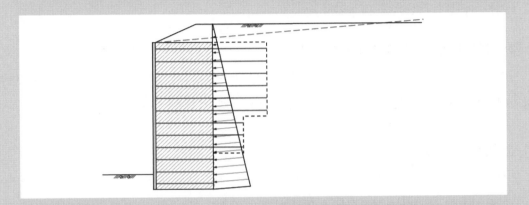

그림 5.11 MSEW 프로그램에서 사다리꼴 형태 보강토옹벽의 외적안정성 검토 시의 배면토압

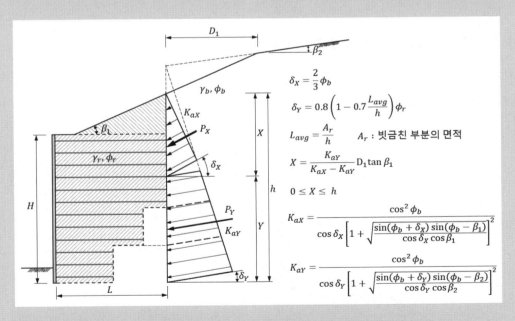

$$\delta_X = \frac{2}{3}\phi_b$$

$$\delta_Y = 0.8\left(1 - 0.7\frac{L_{avg}}{h}\right)\phi_r$$

$$L_{avg} = \frac{A_r}{h} \qquad A_r : \text{빗금친 부분의 면적}$$

$$X = \frac{K_{aY}}{K_{aX} - K_{aY}}D_1\tan\beta_1$$

$$0 \leq X \leq h$$

$$K_{aX} = \frac{\cos^2\phi_b}{\cos\delta_X\left[1 + \sqrt{\dfrac{\sin(\phi_b + \delta_X)\sin(\phi_b - \beta_1)}{\cos\delta_X\cos\beta_1}}\right]^2}$$

$$K_{aY} = \frac{\cos^2\phi_b}{\cos\delta_Y\left[1 + \sqrt{\dfrac{\sin(\phi_b + \delta_Y)\sin(\phi_b - \beta_2)}{\cos\delta_Y\cos\beta_2}}\right]^2}$$

그림 5.12 사다리꼴 형태 보강토옹벽의 배면토압(AFNOR, 2009)

3) 내적안정성 검토

(1) 가상파괴면

사다리꼴 형태의 보강토옹벽의 가상파괴면은 일반적인 보강토옹벽의 가상파괴면과 같은 것으로 가정한다. 즉, 비신장성 보강재의 경우에는 두 개의 직선으로 가정하고, 신장성 보강재의 경우에는 하나의 직선으로 가정한다.

(2) 보강재 인발 및 파단에 대한 검토

사다리꼴 형태의 보강토옹벽의 내적안정성은 앞의 4장에서 설명한 방법으로 검토하며, 인발파괴에 대한 안정성 검토 시에는 층별 보강재의 실제 길이를 사용하여 검토한다.

4) 전체안정성 검토

보강토옹벽의 높이에 따라 보강재의 길이가 변하는 사다리꼴 형태의 보강토옹벽은 활동면이 보강토체 내부를 통과하는 복합활동에 의한 파괴가 발생할 가능성이 있으므로, 반드시 보강재의 저항효과를 고려하여 전체안정성 및 복합활동에 대한 안정성을 검토하여야 한다.

5.4.3 비탈면 보강공에 정착한 보강토옹벽

깎기비탈면 전면부에 보강토옹벽을 축조하는 경우, 소요 보강재 길이를 확보하기 위한 굴착이 어려운 경우에는 그림 5.13에서와 같이 보강재를 비탈면 보강공(예, 락볼트 또는 소일네일)에

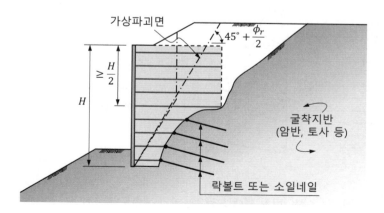

그림 5.13 사다리꼴 보강토옹벽의 단면 형상 – 굴착 사면에 보강재를 정착하는 방법

정착시키는 방법을 병용할 수 있다.

이럴 때 비탈면 보강공에 정착된 보강재 층은 정지토압계수 K_0를 사용하여 층별 보강재 최대유발인장력(T_{max})을 계산하여 보강재 파단에 대한 안정성을 검토해야 하며, 층별 비탈면 보강공은 그 층의 보강재 최대유발인장력(T_{max})을 지지할 수 있어야 한다.

이러한 형태의 보강토옹벽에서는 전체안정성 및 복합안정성이 더욱 중요해지므로, 반드시 전체안정성 및 복합활동에 대한 안정성을 검토하여야 한다.

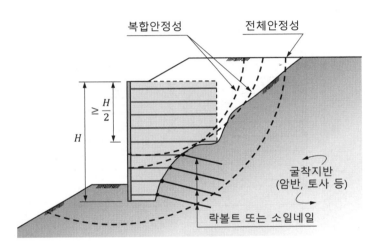

그림 5.14 사다리꼴 보강토옹벽의 전체안정성 및 복합안정성 검토

5.5 양단(Back-to-Back) 보강토옹벽

5.5.1 양단 보강토옹벽의 거동 특성

도로의 램프 부분 같은 경우에는 도로 양단에 보강토옹벽을 설치하는 경우가 종종 있다. 이러한 형태의 보강토옹벽을 양단 보강토옹벽이라 한다. 양단 보강토옹벽의 거동 특성은 기하학 적 특성과 배치된 보강재의 영향을 크게 받는다(Zheng 등, 2022). 양단 보강토옹벽의 기하학적 특성은 양단 보강토옹벽의 보강재 끝단 사이의 이격거리(D) 또는 양단 보강토옹벽의 높이와 폭의 비($R_{WH} = W_b/H$)로 나타낼 수 있다(그림 5.15 참조).

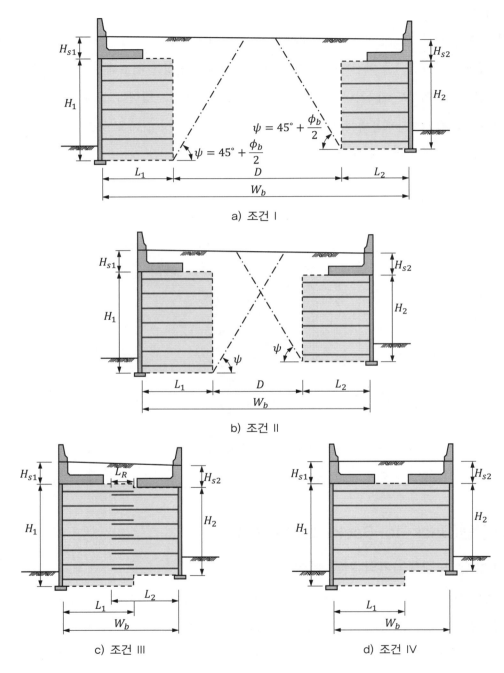

a) 조건 I

b) 조건 II

c) 조건 III

d) 조건 IV

그림 5.15 양단 보강토옹벽

그림 5.15의 a)와 같이 도로 양단에 설치되는 보강토옹벽의 이격거리(D)가 충분하다면 서로 간섭하지 않으므로 일반적인 보강토옹벽으로 설계할 수 있지만, 그림 5.15의 b)와 같이 이격거리가 작은 경우에는 양단의 보강토옹벽이 서로 간섭받을 수 있다.

FHWA 지침(Elias 등, 2001; Berg 등, 2009a)에서는 양단 보강토옹벽의 이격거리(D)에 따라 두 가지로 구분하며, 이격거리가 $H_1\tan(45°+\phi_b/2)$(H_1는 높은 쪽 보강토옹벽의 높이)보다 큰 경우에는 서로 간섭되지 않으므로 전체 주동토압을 작용시켜 별개의 옹벽으로 외적안정성을 검토하며, 양단 보강토옹벽의 보강재가 서로 겹치는 길이(L_R)가 $0.3H_2$(H_2는 보강재 길이가 짧은 쪽 보강토옹벽의 높이)보다 큰 경우에는 배면토압을 0으로 하여 외적안정성을 검토하며, 그 사이의 이격거리에 대해서는 직선보간법으로 계산하도록 제시하고 있지만 명확한 근거는 제시되어 있지 않다.

그러나 현재까지의 연구 결과에 의하면, 그림 5.16과 같이 양단 보강토옹벽 사이의 이격거리 (D)가 $H(45°-\phi_b/2)$(≒$0.5H$)보다 작은 경우에는 상호 간섭의 영향으로 배면토압이 감소하는 경향이 있기는 하지만, 그 크기는 FHWA 지침(Elias 등, 2001; Berg 등, 2009a)의 방법으로 계산한 값보다 상당히 크며, Zheng 등(2022)의 연구 결과에 의하면 보강재 겹침 길이(L_R)가 $0.5H$

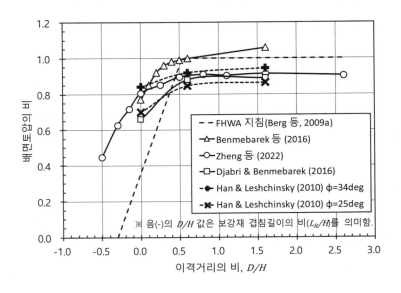

그림 5.16 양단 보강토옹벽의 이격거리에 따른 배면토압 비교

인 경우에도 배면토압은 0이 되지는 않는다. 그림 5.16에서 보는 바와 같이, FHWA 지침(Berg 등, 2009a)의 방법은 양단 보강토옹벽의 배면토압을 과소평가하는 것으로 알려져 있다(Benmebarek 등, 2016; Zheng 등, 2022; Li 등, 2023).

양단 보강토옹벽이 상호간섭을 받는 경우 보강재 길이의 비는, 일반적으로 요구되는 $0.7H$보다 짧은, $0.6H$ 이상이면 벽체의 변위를 제어하는 데 큰 문제가 없다(유충식과 김재왕, 2009; El-Sherbiny 등, 2013; 공민석, 2014).

양단 보강토옹벽에서 이격거리(D)가 가까워짐에 따라 층별 보강재의 최대유발인장력(T_{max})이 약간 감소하는 경향이 있기는 하지만 그 영향은 크지는 않으며(Han과 Leshchinsky, 2008; El-Sherbiny 등, 2013; Benmebarek 등, 2016; Mouli 등, 2016; Li 등, 2023), 이격거리가 가까운 양단 보강토옹벽에 대해서 기존 설계법은 층별 보강재 최대유발인장력(T_{max})을 과대평가하는 경향이 있다(Benmebarek 등, 2016; Djabri와 Benmebarek, 2016; Zheng 등, 2022; Li 등, 2023).

5.5.2 양단 보강토옹벽의 안정성 검토

1) 외적안정성 검토

양단으로 보강토옹벽을 설치하면, 양단 보강토옹벽 보강재 끝단 사이의 이격거리(D)가 감소할 때 상호 간섭의 영향으로 배면토압이 감소하는 경향이 있기는 하지만, 현재까지의 연구 결과에 의하면 FHWA 지침(Elias 등, 2001; Berg 등, 2009a)의 이격거리(D)에 따른 배면토압 계산 방법은 양단 보강토옹벽의 배면토압을 과소평가하는 경향이 있다. 따라서 양단 보강토옹벽의 경우라도 보수적으로 일반적인 보강토옹벽과 같은 방법으로 배면토압을 계산하고 외적안정성을 검토한다.

2) 내적안정성 검토

양단 보강토옹벽의 이격거리가 가까워질수록 층별 보강재의 최대유발인장력(T_{max})이 약간 감소하는 경향이 있기는 하지만 그 감소량은 많지 않으므로, 양단 보강토옹벽이더라도 보수적으로 일반 보강토옹벽과 같은 방법으로 층별 보강재 최대유발인장력(T_{max})을 계산하여 내적안정성을 검토한다.

5.5.3 양단 보강토옹벽의 적용 기준

양단 보강토옹벽의 서로 겹치는 보강재의 길이(L_R)가 $0.3H_2$보다 큰 경우에는 보강토옹벽 배면에 작용하는 배면토압이 주동토압보다 작으므로 보강재 길이는 $0.6H$ 이상이면 되고, 여기서 H는 각각 양단 보강토옹벽의 높이이다. 또한 양단 보강토옹벽의 폭(W_b)은 $1.1H_1$보다 커야 하며, 여기서 H_1은 높은 쪽 보강토옹벽의 높이이다.

양단으로 보강토옹벽이 설치될 경우, 그림 5.15의 d)와 같이 양단의 보강재를 서로 연결하여 하나의 보강재로 설계 및 시공할 수 있다. 이러한 경우에는 양단 보강토옹벽의 변형이 억제되어 보강재에는 주동 상태보다 큰 보강재 인장력이 작용할 가능성이 있으므로, 층별 보강재의 최대 유발인장력(T_{max})을 산정할 때 보강토체 내부의 토압계수를 주동토압계수(K_a)가 아니라 정지 토압계수(K_0)를 적용하여야 한다. 또한 다짐 시에 보강재 및 전면벽체와 보강재 연결부에 더 큰 하중이 작용할 수 있으므로 주의해야 한다. 신장성 보강재를 사용하면 응력이 완화될 가능성이 있으나, 이에 대해 실증적으로 확인된 사항이 없으므로, 신장성 보강재를 사용할 때도 보수적으로 정지토압계수(K_0)를 사용할 것을 권고한다(Berg 등, 2009a).

5.6 다단식 보강토옹벽의 설계

보강토옹벽의 높이가 높은 경우에는 2단 이상의 다단식 보강토옹벽으로 설계 및 시공할 수 있다. 높이가 높은 보강토옹벽을 다단식 보강토옹벽으로 시공하면, 다음과 같은 장점이 있다.

- ✓ 전면벽체의 기초를 다시 설치하여 시작하므로 보강토옹벽의 누적 변위를 감소시킬 수 있다.
- ✓ 전면벽체에 작용하는 하중을 경감시킬 수 있다.
- ✓ 수직 선형의 제어가 쉽다.
- ✓ 단별 이격거리(Offsets)에 따라 등가 벽면 경사가 완만해짐에 따라 전체 보강토옹벽 시스템에서 횡방향 토압을 감소시키는 효과를 얻을 수 있다.

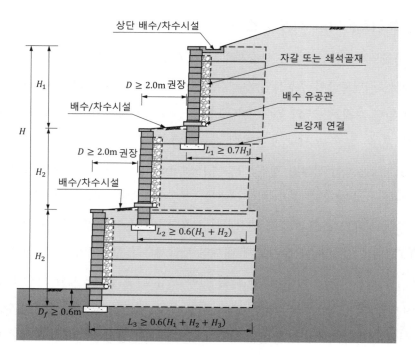

그림 5.17 다단식 보강토옹벽의 구성

5.6.1 다단식 보강토옹벽의 적용 기준

1) 보강재 길이

다단식으로 보강토옹벽을 설계하는 경우 최상단 옹벽의 보강재 길이는 최상단 옹벽 높이의 0.7배 이상이라야 하고, 2단부터는 그 윗단 보강토옹벽을 포함한 전체 높이의 0.6배 이상이라야 한다. 즉,

$$\text{최상단} \quad : L_1 \geq 0.7H_1$$

$$\text{2단} \quad : L_2 > 0.6(H_1 + H_2)$$

$$\vdots$$

$$n\text{번째 단} \quad : L_n \geq 0.6(H_1 + H_2 + \cdots + H_n)$$

다단식 보강토옹벽 시공 시 소단 부분에서는 상단 옹벽의 근입깊이로 인하여 상·하단 옹벽의

보강재 간섭 구간이 발생할 수 있으며, 그림 5.18의 a)에서와 같이 하단 옹벽의 최상단 보강재를 누락시키는 경우가 있는데, 이럴 때 보강되지 않은 전면벽체의 높이가 과도하게 높아짐에 따라 상부전도(Crest toppling)에 의하여 전면블록이 탈락하는 등의 피해를 입는 경우가 종종 발생한다. 따라서, 그림 5.18의 b)에서와 같이 하단 옹벽의 상단부에도 반드시 전면벽체의 최상부 표면에서 0.5m 이내에 보강재를 설치하도록 하여야 한다.

하단 옹벽의 상단부 보강재를 연결할 수 없는 경우에는 안정성을 검토하여 상부전도에 의한 파괴가 발생하지 않도록 설계하여야 한다.

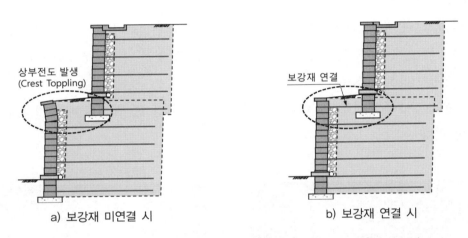

a) 보강재 미연결 시   b) 보강재 연결 시

그림 5.18 하단 옹벽 상단부의 보강재 배치(한국지반신소재학회, 2024)

2) 소단의 이격거리

다단식 보강토옹벽에서 소단의 이격거리에 대하여 엄밀히 규정된 바는 없으나, 「산지관리법 시행규칙」[별표 1의 3]에 따르면, 비탈면(옹벽을 포함한다)의 수직높이가 5m 이상이면 5m 이하의 간격으로 너비 1m 이상의 소단을 설치하도록 사업계획에 반영해야 한다.

일반적으로 전면벽체 배면에서 1~2m 구간은 다짐 시 전면벽체의 과도한 밀림을 방지하기 위하여 소형의 다짐 롤러를 사용한다는 점에서 다짐이 불충분할 수 있고, 이 부분에 상단 옹벽의 전면벽체를 설치하면 장기적으로 침하가 발생할 가능성이 있으며, 이러한 침하가 발생하면 하단 옹벽의 상단부 전면벽체에 과도한 변형을 발생시킬 수도 있다. 따라서 다단식 보강토옹벽의 소단부에는 어느 정도 이격거리를 두는 것이 좋다.

또한 다단식 보강토옹벽에서 소단부는 유지관리 시 점검로의 역할도 할 수 있으므로 최소 2m 이상의 이격거리를 둘 것을 권고한다(한국지반신소재학회, 2024). 이때 소단의 이격거리(D)는 하단 옹벽 전면벽체의 전면에서 상단 옹벽 전면벽체의 전면까지의 거리로 정의한다(그림 5.17 참조).

이격거리(D)가 짧을 때, 상단 옹벽의 콘크리트 기초패드(Leveling pad)를 하단 옹벽의 전면벽체에 접속하여 타설하면, 장기적인 침하로 인해 하단 옹벽의 전면벽체에 영향을 미칠 수 있으므로, 상단 옹벽의 콘크리트 기초패드는 하단 옹벽 전면벽체와 분리하여 타설하여야 한다.

3) 배수 및 차수시설

다단식 보강토옹벽에서는 1단 보강토옹벽과 마찬가지로 단별로 전면벽체 배면의 자갈 배수 필터층 하단에는 배수 유공관을 두고, 옹벽 길이 방향으로 일정 거리(보통 20m)마다 유출구를 두어야 한다(그림 5.17 참조).

보강토옹벽 상단에는 지표수의 유입을 방지하기 위하여 경사를 두거나 배수 및 차수시설을 설치해야 한다.

a) 사면 처리   b) 콘크리트 차수층

그림 5.19 다단식 보강토옹벽의 소단부 처리 예(한국지반신소재학회, 2024)

다단식 보강토옹벽의 소단부에서 우수가 침투하여 피해를 보는 사례가 종종 발생하고 있으므로, 소단부에는 그 윗단 보강토옹벽의 배수 유공관 유출구에서 배수되는 물과 지표수의 유입으로 인한 피해를 방지하기 위하여 배수 및 차수시설을 설치해야 한다. 그림 5.19에서는 다단식 보강토옹벽 소단부 처리 예를 보여준다.

5.6.2 2단 보강토옹벽의 설계

상·하 2단의 보강토옹벽으로 구성된 2단 보강토옹벽은 상·하단 옹벽의 위치에 따라 안정성 검토 방법을 달리하여야 하며, 일반적인 구성은 그림 5.20과 같이 구분할 수 있다.

먼저, 그림 5.20의 a)와 같이 상단 옹벽이 하단 옹벽의 활동영역 안쪽에 위치할 때는 하나의 옹벽으로 설계할 수 있으며, 이때 가상파괴면은 이격거리에 따라 달라진다. 다만, 이격거리(D)

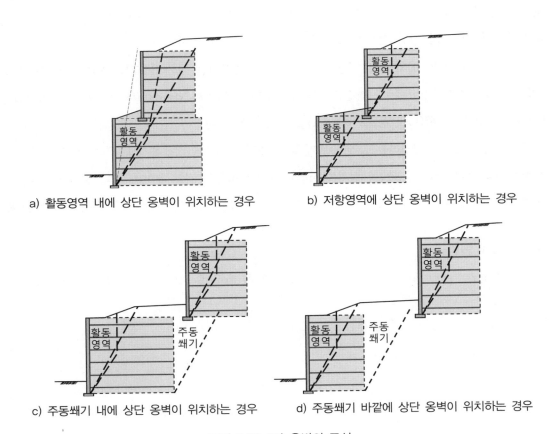

a) 활동영역 내에 상단 옹벽이 위치하는 경우

b) 저항영역에 상단 옹벽이 위치하는 경우

c) 주동쐐기 내에 상단 옹벽이 위치하는 경우

d) 주동쐐기 바깥에 상단 옹벽이 위치하는 경우

그림 5.20 2단 옹벽의 구성

가 $(H_1 + H_2)/20$보다 작은 경우에는 1단 옹벽으로 설계하고 단순하게 상단 옹벽을 이격거리만큼 이동시킨다.

그림 5.20의 b)와 같이 상단 옹벽이 하단옹벽 위에 위치하기는 하지만 하단 옹벽의 활동영역 바깥에 위치할 때는 외적안정성 검토 시에는 하나의 옹벽으로 가정하고, 내적안정성 검토 시의 가상파괴면은 상·하단 옹벽 각각 별개인 것으로 가정한다. 이때 이격거리(D)가 $H_2 \tan(90° - \phi_r)$ 보다 작은 경우에는 상단 옹벽으로 인한 사하중을 고려하여 하단 옹벽의 내적안정성을 검토하여야 한다. 다만, 상단 옹벽이 하단 옹벽의 보강토체 바깥에 위치할 때는 내적안정성 검토 시 상단 옹벽의 영향을 고려하지 않는다.

그림 5.20의 c) 및 d)와 같이 하단 옹벽의 보강토체 바깥에 상단 옹벽이 위치할 때는 각각 별개의 옹벽으로 안정성을 검토하며, 내적안정성 검토 시에는 상단 옹벽의 영향을 고려하지 않는다. 그림 5.20의 c)와 같이 하단 옹벽 배면의 주동쐐기 영역 내에 상단 옹벽이 위치할 때는 외적안정성 검토 시 상단 옹벽으로 인한 사하중을 고려하여야 한다.

그림 5.20의 a) 및 b)와 같은 2단 보강토옹벽의 설계법은 국가건설기준 KDS 11 80 10 : 2021 보강토옹벽 해설(한국지반신소재학회, 2024), FHWA-NHI-00-043(Elias 등, 2001)과 FHWA-NHI-10-024(Berg 등, 2009a)에 잘 설명되어 있다.

2단 옹벽은 여기서 설명하는 설계 방법에 따라 내적 및 외적안정성을 검토한 후 반드시 전체안정성(Global stability) 및 복합안정성(Compound stability)을 검토하여야 하며, 전체 및 복합안정성 검토 시에는 보강토체의 저항효과를 고려할 수 있는 사면안정해석법을 사용하여야 한다.

1) 예비설계 단면

이격거리(D)가 $1/20(H_1 + H_2)$보다 큰 경우에 대하여 다음과 같이 단면을 가정한다.

① 상단 옹벽 : $L_1 \geq 0.7H_1$
② 하단 옹벽 : $L_2 \geq 0.6H$

여기서, H는 2단 옹벽 전체의 높이($= H_1 + H_2$)이며, H_1은 상단 옹벽의 높이이고, H_2는 하단의 높이이다.

2) 가상파괴면

이격거리(D)에 따라 가상파괴면을 다음과 같이 설정한다(그림 5.21의 a) 참조).

① 이격거리(D)가 $1/20(H_1 + H_2)$보다 작은 경우에는 하나의 옹벽인 것처럼 가상파괴면을 설정하고 내적안정성을 검토한다.

② 이격거리(D)가 $H_2\tan(45° - \phi_r/2)$보다 큰 경우에는 각각은 독립적으로 가상파괴면을 설정한다.

③ 이격거리(D)가 $1/20(H_1 + H_2)$보다 크고 $H_2\tan(45° - \phi_r/2)$보다 작은 경우에는 가상벽면 경사(θ)에 따라 가상파괴면을 설정한다.

3) 외적안정성 검토

2단 옹벽의 상단 옹벽에 대해서는 일반적인 보강토옹벽의 외적안정성 검토와 같은 방법으로 외적안정성을 검토하고, 하단 옹벽은 일반적인 보강토옹벽의 저면활동에 대한 안정성 검토 대신 사면안정해석을 수행하여 보강재 길이를 결정한다(Elias 등, 2001; Berg 등, 2009a). 이때 보강 토체의 저면을 따라 형성되는 쐐기 파괴면에 대한 안정성 검토를 통하여 보강재 길이를 결정하고, 반드시 전체안정성 검토를 수행하여야 하며, 전체안정성 및 쐐기 파괴에 대한 최소안전율은 1.5 이상이라야 한다.

4) 내적안정성 검토

2단 보강토옹벽의 가상파괴면(최대인장력선)은 이격거리에 따라 그림 5.21의 a)와 같이 설정하며, 이러한 가상파괴면은 약간은 경험적이고 기하학적으로 유도된 것이다(Elias 등, 2001; Berg 등, 2009a).

이격거리(D)가 $H_2\tan(90 - \phi_r)$보다 작은 경우에는 그림 5.21 b)의 Case II에서와 같이 상단 옹벽의 하중에 의하여 층별 보강재에 증가한 수직응력을 고려하여 내적안정성을 검토한다.

이격거리(D)가 $H_2\tan(90 - \phi_r)$보다 큰 경우에는 내적안정성 검토에서 각각 독립된 옹벽으로 보고 상단 옹벽의 영향을 무시하고 내적안정성을 검토한다.

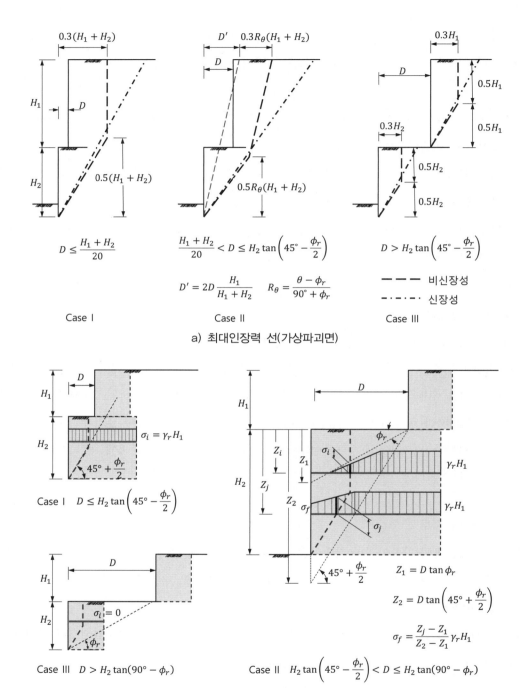

a) 최대인장력 선(가상파괴면)

b) 추가수직응력의 계산

그림 5.21 2단 보강토옹벽의 내적안정성 검토 시 가상파괴면과 추가수직응력(Elias 등, 2001; Berg 등, 2009a; 수정)

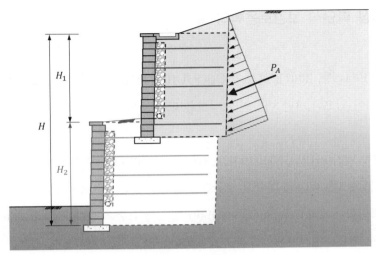

a) 최상단 보강토옹벽

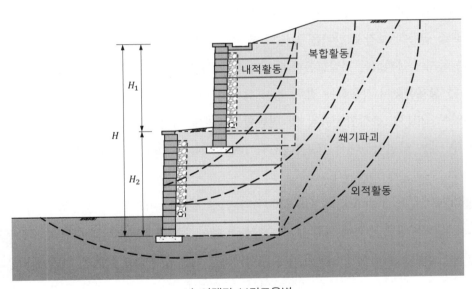

b) 아랫단 보강토옹벽

그림 5.22 다단식 보강토옹벽의 외적안정성 검토

5.6.3 3단 이상 다단식 보강토옹벽의 설계

1) 일반사항

FHWA 지침(Elias 등, 2001), 홍콩의 GEOGUIDE 6(GEO, 2002) 등에서 2단 옹벽에 대한 설계법은 제시되어 있으나, 3단 이상인 보강토옹벽의 설계 방법에 대해서는 구체적으로 제시되어 있지 않다.

개정된 FHWA 지침(FHWA-NHI-10-024; Berg 등, 2009a)에 따르면 앞에서 설명한 2단 옹벽에 대한 설계기준을 2단 이상의 다단식 보강토옹벽에도 확장하여 적용할 수 있다. 다단식 보강토옹벽의 경우, 복합활동파괴(Compound stability) 및 전반활동파괴(Global stability)에 대한 안정성 검토가 더욱 중요하게 된다.

일반적으로 보강토옹벽을 포함한 전반활동에 대한 안정성 검토는 보강토옹벽을 하나의 구조체로 보고 활동파괴면이 보강토체를 통과하지 않는 것으로 고려한다(국토해양부, 2013). 일반적으로 비교적 균등한 보강재 간격을 갖는 수직 보강토옹벽에서는 활동파괴면이 보강영역과 비보강영역을 동시에 통과하는 복합활동파괴가 발생하지 않으나, 보강재의 종류 혹은 길이의 변화가 있거나, 큰 상재하중이 작용하는 경우, 경사 옹벽의 경우 등에는 복합활동파괴도 고려해야 한다(국토해양부, 2013). 복합활동파괴 및 전반활동파괴에 대한 안정성 검토는 보강재의 효과를 고려할 수 있는 사면안정해석 프로그램(예, TALREN, SLOPE/W 등)을 사용하여 수행할 수 있다.

Wright(2005), Leshchinsky와 Han(2004)의 연구 결과에 따르면, 내적안정성 검토를 위한 그림 5.21의 b)의 상단 옹벽에 의한 추가 수직응력 계산 방법을 2단 이상의 다단식 보강토옹벽에도 적용할 수 있다. 다단식 보강토옹벽의 내적안정성 검토에서 중요한 것은 상단 옹벽으로부터 하단 옹벽으로 점진적으로 계산을 진행하여 상단 옹벽에 의한 하중이 하단 옹벽으로 적절하게 누적되어 고려되느냐이다.

다단식 보강토옹벽에서 최상단 보강토옹벽의 보강재 길이 L_1은 최상단 보강토옹벽 높이 H_1의 0.7배 이상이라야 하고, 그 아랫단부터는 고려하는 대상 단 보강토옹벽 상부 전체 보강토옹벽 높이의 $0.6H(H = H_1 + H_2 + \cdots + H_n)$ 이상 보강재 최소길이를 확보해야 한다(그림 5.17 참조).

2) 다단식 보강토옹벽의 설계에 대한 제안

현재까지는 3단 이상의 다단식 보강토옹벽을 설계할 수 있는 상용 프로그램은 거의 없으며, MSEW 프로그램을 보강토옹벽의 설계에 많이 사용하므로, 이를 이용한 다단식 보강토옹벽의 설계방법을 제안하면 다음과 같다.

① 최상부 2단 보강토옹벽은 MSEW의 2단 옹벽 설계 방법에 따라 내적 및 외적안정성을 검토한다. 다만, 보강토옹벽 구조계산 프로그램이 2단 옹벽을 계산할 수 없다면, 최상단 옹벽부터 순차적으로 안정성을 검토하며, 이때 상단 옹벽의 접지압(성토하중)을 하단 옹벽에 상재하중(등분포 사하중)으로 고려하고 1단 및 2단 옹벽 전체에 대하여 전체안정성 및 복합안정성을 검토한다.

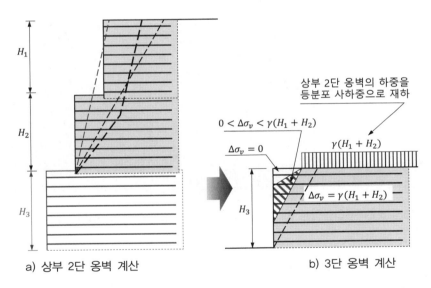

그림 5.23 3단 이상 다단식 옹벽의 계산 방법 개요(한국지반신소재학회, 2024)

② 그림 5.23에서와 같이, 앞에서 계산한 상부 2단 보강토옹벽의 접지압을 그 아랫단(세 번째 단) 보강토옹벽에 상재하중(등분포 사하중)으로 부과하여 세 번째 단 보강토옹벽의 내적안정성을 검토하고, TALREN이나 SLOPE/W과 같은 보강재의 효과를 고려할 수 있는 사면

안정해석 프로그램을 사용하여 외적안정성(전반활동에 대한 안정성)을 검토하여 최소안전
율 1.5를 만족하는 보강재 길이를 산정한다. 이때 보강재 길이는 1~3단 옹벽 전체 높이
($H = H_1 + H_2 + H_3$)의 0.6배 이상이라야 한다.

③ 상기 ②의 방법을 반복하여 4단 이하 옹벽에 대하여 내적 및 외적안정성을 검토한다.

④ 다단식 보강토옹벽 전체에 대하여, 보강재의 효과를 고려한 사면안정해석법을 사용하여
복합안정성 및 전체안정성을 검토하며, 그림 5.24에서는 복합안정성 및 전체안정성 검토
시 고려해야 할 활동면의 예를 보여준다.

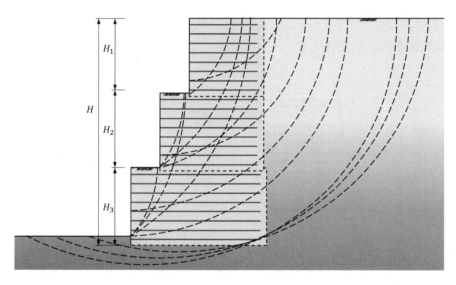

그림 5.24 복합안정성 및 전체안정성 검토 시 검토해야 할 활동파괴면의 예

5.6.4 다단식 보강토옹벽 설계 및 시공 시 주의사항

① 다단식 보강토옹벽은 하단 옹벽의 높이가 상단 옹벽의 높이보다 가능한 크게 하는 것이
바람직하고, 전체안정성 검토는 반드시 수행하여야 한다.

② 일반적으로 보강토옹벽은 전면벽체에서 1~2m 구간은 전면벽체의 과도한 변형을 방지하기
위하여 소형다짐기를 사용하여 침하가 크게 발생할 수 있으므로, 가급적 소단의 폭은 2m
이상으로 넓게 하는 것이 바람직하고, 부득이 소단의 폭을 2m보다 작게 할 때는 침하

등 보강토옹벽에 해로운 환경이 조성되지 않도록 해야 한다.

③ 소단부에 물이 침투하면 보강토체의 침하가 발생하는 등의 피해를 당할 수 있으므로, 소단부에는 경사지게 성토하여 상부에서 흘러내린 물이 자연적으로 배수될 수 있도록 하는 것이 좋다. 이때 전면벽체 배면의 자갈 배수/필터층으로 지표수가 유입되지 않도록 적절한 차수시설을 설치해야 한다. 또 다른 대안으로 소단부에 콘크리트를 타설하여 물이 보강토체 내부로 유입되지 않도록 하는 방법도 있다(그림 5.19 참조).

④ 하단 옹벽의 상부 근처 보강재는 상단 옹벽의 근입깊이 부분과 중첩되어 보강재를 설치하지 않는 경우가 종종 있는데, 보강토옹벽 상단에서 0.5m 이내에 보강재가 반드시 설치되어야 한다는 규정을 지키는 것이 바람직하다(그림 5.25 참조).

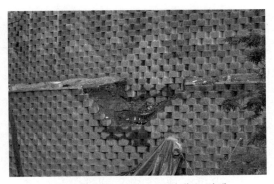

a) 하단 옹벽 상단부 보강재 누락에
따른 블록 탈락 사례

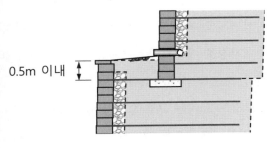

0.5m 이내

b) 하단 옹벽의 상단부
보강재 설치 예

그림 5.25 하단 옹벽의 상단부 피해사례 및 보강재 설치 예

5.7 보강토 교대

교대(Abutment)는 교량의 하부구조로서 교량의 양단에 설치되며, 상부구조로부터의 하중을 하방의 지반으로 전달함과 동시에 뒷면에 작용하는 토압을 받아내는 구조물이다(네이버 지식백과). 이러한 교대는 대부분 철근콘크리트 구조물이며, 배면토압과 교량 상부구조의 하중을 동시에 받아야 하므로 단면이 커지고 공사비가 고가인 경우가 대부분이다.

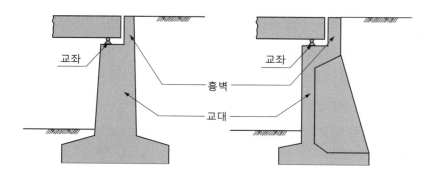

그림 5.26 교대(출처: 네이버 지식백과)

이러한 교대 구조물을 보강토옹벽으로 대체할 수 있다면, 기존 교대보다 경제성을 확보할 수 있을 것이며, 이러한 관점에서 외국에서는 보강토 교대의 적용과 관련한 연구가 이루어져 실제 적용된 사례들이 많다. 국내에서도 보강토 교대의 적용성에 관한 연구가 수행되었으며, 시험 시공한 사례도 있다. 한국도로공사(남문석 등, 2016)에서는 토압 분리형 일체식 교대 교량 설계지침을 마련하였고, LH공사(심영종 등, 2018)에서는 보강토 일체형 교대 구조물 설계 및 시공 기준을 개발하였다.

보강토 교대는 그림 5.27의 b)와 같이 보강토체 위에 놓인 확대기초가 교량 상부구조의 하중을 직접 지지하도록 설계하는 경우와, 그림 5.27의 c) 및 d)와 같이 보강토옹벽 내부 또는 외부에 설치된 말뚝이 교량 상부구조의 하중을 지지하고 보강토옹벽을 배면토압에 대해서만 저항하도록 설계하는 경우가 있다. 앞에서 말한 한국도로공사(남문석 등, 2016)의 설계지침은 그림 5.27 의 d)의 Case III에 대한 설계지침이다.

보강토옹벽 상부에 놓인 확대기초가 교량 상부구조의 하중을 지지하는 경우가 보강토체 내부 또는 외부 설치된 파일 기초가 교량 상부구조의 하중을 지지하는 경우보다 더 경제적일 수 있으나, 보강토체가 교량 상부구조를 직접 지지할 때에는 기초지반과 보강토체의 침하가 교량 상부구조를 설치하기 전에 완료되어야 한다. AASHTO(2007)에서는 실제 구조물에 대한 연구에 근거하여 교대와 교대 사이 또는 교대와 피어 사이 부등침하(각변위)의 한계를 단순교(Simple span)인 경우에는 0.008라디안(Radian), 연속교(Continuous spans)인 경우에는 0.004라디안으로 제안하였다 (Berg 등, 2009a).

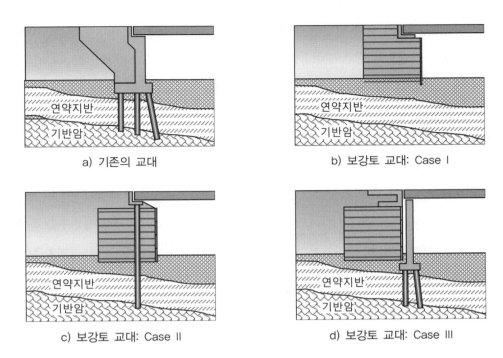

a) 기존의 교대

b) 보강토 교대: Case Ⅰ

c) 보강토 교대: Case Ⅱ

d) 보강토 교대: Case Ⅲ

그림 5.27 보강토 교대의 적용 형태

a) 보강토체가 상부구조 지지

b) 파일 기초가 상부구조 지지

그림 5.28 보강토 교대 적용 사례

이러한 기준을 적용하는 경우 경간 30m인 단순교를 예로 들면 허용 부등침하량은 240mm이며, 같은 경간의 연속교일 때는 허용 부등침하량이 120mm 정도이다. 한편, AASHTO(2020)에서는 교량의 주행성을 위하여 인접한 경간 또는 경간과 접속 슬래브 사이의 부등침하에 의한 각변위를 0.004라디안으로 제한되어야 하고, 이러한 기준은 단순교(Simple supported bridges)에 적용되며, 연속교(Continuous bridges)에도 적용될 수 있다고 규정하고 있다.

여기서는 교량 상부구조의 하중을 파일 기초가 부담하는 경우의 보강토 교대에 대한 설명은 제외한다.

보강토 교대에 작용하는 하중은 그림 5.29에서와 같으며, 여기서, LL은 교량 상부구조에서 오는 활하중이고, DL은 교량 상부구조에 의한 사하중이며, V는 확대기초에 의하여 작용하는 수직하중이다. F_1과 F_2는 확대기초 배면에 작용하는 토압이고, P_H는 교량 상부구조 등에 의하여 작용하는 수평하중이다. 내적안정성 검토 시 보강토 교대 상단에 놓인 확대기초에 의한 수직하중(LL, DL, V 등)과 수평하중(P_H, F_1, F_2 등)은 제4장의 그림 4.19 및 그림 4.21과 같이 보강토옹벽의 설계에 고려할 수 있다.

보강토 교대 위에 놓인 확대기초가 교량 상부구조의 하중을 지지할 때에는 그림 5.30에서와

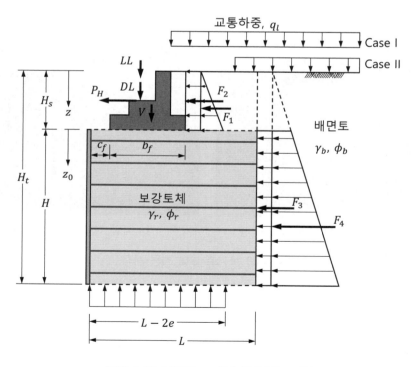

그림 5.29 보강토 교대에 작용하는 하중

같이 확대기초의 폭에 따라 가상파괴면의 형상이 달라진다. 비신장성 보강재의 경우 일반적으로 가상파괴면을 두 개의 직선으로 가정하며 그 폭은 $0.3H_t$ 정도이지만, 확대기초의 폭이 $0.3H_t$를 초과하면 그림 5.30의 a)에서와 같이 가상파괴면의 형상이 달라진다. 신장성 보강재의 경우 가상파괴면의 경사각은 보통 $45° + \phi_r/2$이지만, 확대기초의 폭이 그 범위를 넘을 때에는 그림 5.30의 b)에서와 같이 가상파괴면이 변화한다.

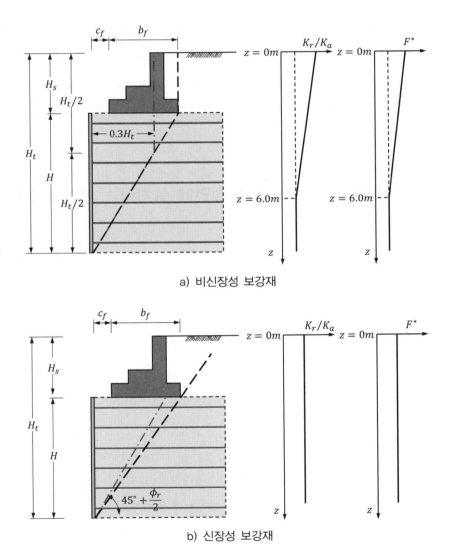

a) 비신장성 보강재

b) 신장성 보강재

그림 5.30 상부 구조물에 따른 가상파괴면의 변화

보강토 교대는 일반적인 보강토옹벽보다 침하 및 변형에 대하여 민감하므로, 기초지반이 연약지반이면 보강토 교대의 적용이 제한될 수 있다.

보강토 교대의 뒤채움재료는 본 매뉴얼 3.4절에서 설명한 바와 같은 보강토옹벽 뒤채움재료의 선정 기준을 따르지만, 표 3.4의 예외 규정은 적용하지 않는 것이 좋다. 즉, 보강토 교대의 뒤채움재료는 No.200체 통과율을 15% 이하로 제한하고, 소성지수(PI)는 6 이하라야 하며, 균등계수(C_U)는 4 이상인 흙을 사용해야 한다.

기타 보강토 교대와 관련한 사항은 FHWA 지침(FHWA-NHI-00-043; Elias 등, 2001)과 개정된 FHWA 지침(FHWA-NHI-10-024/025; Berg 등, 2009a, b)을 참고할 수 있으며, 보강토체 외부에 설치된 파일이 상부구조의 하중을 분담하는 경우의 설계법은 한국도로공사의 토압 분리형 일체식 교대 교량 설계지침(남문석 등, 2017)을 참고할 수 있다.

5.8 안정화된 지반(혹은 구조물)의 전면에 설치되는 보강토옹벽

5.8.1 개요

안정화된 지반(혹은 구조물)의 전면에 설치되는 보강토옹벽에 관한 내용은 개정된 FHWA 지침인 FHWA-NHI-10-024(Berg 등, 2009a)에 잘 설명되어 있으며, 그 내용은 아래와 같다.

급경사지에서 보강토옹벽을 시공할 때, $0.7H$ 또는 최소 2.5m 이상의 보강재 최소길이를 확보하기 위해서 굴착이 불가피할 수 있다. 어떤 경우에는 보강토옹벽을 시공하는 기간에도 상부의 도로는 통행을 차단할 수 없고, 흙막이 가시설을 사용하지 않고는 굴착하기 어려운 경우도 있을 수 있다. 이러한 굴착면을 지지하기 위하여 소일네일(Soil nail)이나 어스앵커(Earth anchor) 등을 사용할 수 있다.

이렇게 안정화된 지반의 전면에 보강토옹벽을 시공할 때는 배면토압이 일반적인 보강토옹벽에 작용하는 배면토압보다 상당히 작을 수 있으며, 굴착면을 지지하는 소일네일 또는 어스앵커로 보강된 절취사면을 영구구조물로 설계한다면 보강토옹벽 배면에 작용하는 배면토압을 상당히 감소시켜 설계할 수 있다. 그림 5.31에서는 안정화된 지반의 전면에 보강토옹벽을 시공하는 경우의 일반적인 단면을 보여준다.

이러한 경우의 설계에 대한 상세한 내용은 FHWA-CFL/TD-06-001(Morrison 등, 2006)의 지침에 잘 설명되어 있으며, 여기서는 그 내용을 요약하여 설명한다.

5.8.2 권고사항

안정화된 지반의 전면에 설치되는 보강토옹벽을 성공적으로 적용하기 위해서는 다음과 같은 지침을 충족시켜야 하며, 본 지침의 내용은 정적하중 조건이나 기초지반의 최대지반가속도계수(A)가 0.05 이하일 때에만 적용할 수 있다. 최대지반가속도계수(A)가 0.05 이상이면, 보강토옹벽과 배면의 안정화된 지반의 지진관성력 등의 영향을 포함한, 보다 더 상세한 해석을 수행하여 설계하여야 한다.

① 안정화된 지반은 반드시 그 설계수명이 보강토옹벽의 설계수명과 같거나 더 긴 영구구조물로 설계되어야 한다.

② 보강토옹벽과 그 배면의 안정화된 지반에는 배수시설을 확실히 설치하여 수압이 발생하지 않도록 해야 한다(그림 5.31 참조).

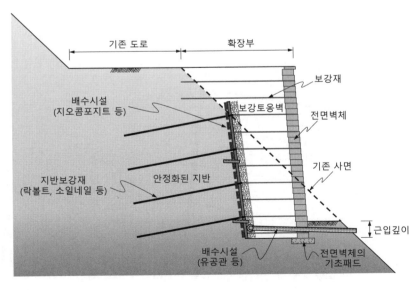

그림 5.31 안정화된 지반의 전면에 설치되는 보강토옹벽의 단면 구성(예)(Morrison 등, 2006 수정)

③ 그림 5.32에서는 안정화된 지반의 전면에 설치되는 보강토옹벽의 최소 단면을 보여준다. 보강재의 최소길이는 $0.3H$ 또는 1.5m 이상이라야 한다. 안정화된 지반과 그 전면의 보강토옹벽 사이에서 인장균열이 발생하는 것을 방지하고 횡방향 하중에 저항할 수 있게 하려면, 적절한 시공 공간을 확보할 수 있는 경우에는, 적어도 최상부 2개 층 이상의 보강재를

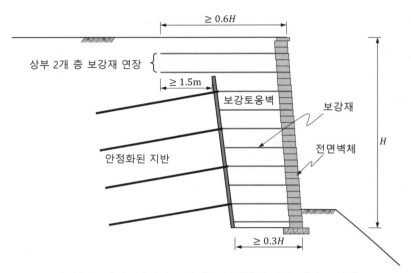

a) 상부 2개 층 이상의 보강재를 안정화된 지반 너머로 연장

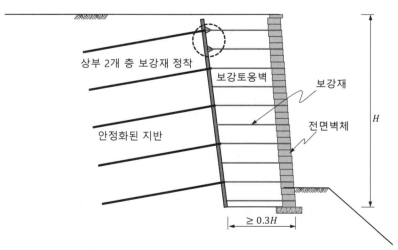

b) 상부 2개 층 이상의 보강재를 안정화된 지반에 정착

그림 5.32 안정화된 지반의 전면에 시공되는 보강토옹벽의 최소 단면 구성(Morrison 등, 2006 수정)

최소 0.6H까지 연장하고, 이때 안정화된 지반 너머로 최소 1.5m 이상 연장할 것을 권고한 다(그림 5.32의 a) 참조). 이 방법은 배면의 안정화된 지반의 높이가 전면의 보강토옹벽 높이의 2/3 이상인 경우에 적용할 수 있다.

④ 안정화된 지반의 높이가 보강토옹벽 높이의 2/3보다 작은 경우에는 안정화된 지반 위에 설치되는 보강재의 길이가 일반적인 보강토옹벽에서 요구하는 보강재 최소길이인 0.7H 이상 확보되어야 한다.

⑤ 상부 2개 층의 보강재 길이를 안정화된 지반 너머로 연장하는 것이 불가능한 경우에는, 그림 5.32의 b)에서 보여주는 바와 같이, 상부 2개 또는 그 이상의 보강재 층을 안정화된 지반에 느슨하지 않게 결속시켜 안정화된 지반과 보강토옹벽 사이의 불균등한 변형을 제한하고 안정화된 지반과 보강토옹벽 사이의 인장균열의 발생을 억제할 수 있도록 한다. 상부 2개 층 이상의 보강재 층을 안정화된 지반에 결속시키는 것보다는 상부 2개 층 이상의 보강재를 안정화된 지반 너머로 연장하는 방안을 먼저 고려하여야 한다.

⑥ 안정화된 지반의 전면에 설치되는 보강토옹벽의 가상파괴면은, 신장성 보강재와 비신장성 보강재에 대하여 각각 그림 5.33에 나타내었다. 가상파괴면은 보강토체 내에서 랭킨 (Rankine)의 주동토압이론을 사용하여 설정되었으며, 나머지 부분은 안정화된 지반과 보 강토옹벽 사이에 놓인다고 가정하였다. 가상파괴면은 일반적인 보강토옹벽의 가상파괴면 과 일치한다. 내적안정성에 대한 검토에서는 안정화된 지반 너머로 연장된 상부 2개 층 이상의 보강재 길이(그림 5.32의 a) 참조) 또는 안정화된 지반에 정착된 보강재(그림 5.32 의 b) 참조)의 추가저항력은 고려하지 않는다.

⑦ 안정화된 지반의 전면에 설치되는 보강토옹벽에서, 횡토압은 본질적으로 안정화된 지반에 대한 보강토체의 반작용으로서 보강토체 내부에서 발생한다. 가상파괴면을 따른 각각의 보강재 층에서 수평응력(σ_h)은 일반적인 보강토옹벽에서 계산하는 것과 같은 방법으로 계산한다. 상부에 하중이 있는 경우에는 그림 5.34에서 보여주는 바와 같이 수정된 2:1 분포법을 사용하여 증가한 수직응력($\Delta\sigma_v$)을 계산할 수 있다.

⑧ 보강재의 인발파괴와 관련한 내적안정성 검토는 일반적인 보강토옹벽과 약간 다르다. 일반 적인 보강토옹벽에서는 가상파괴면 배면으로 연장된 각 층의 보강재가 인발파괴에 대하여

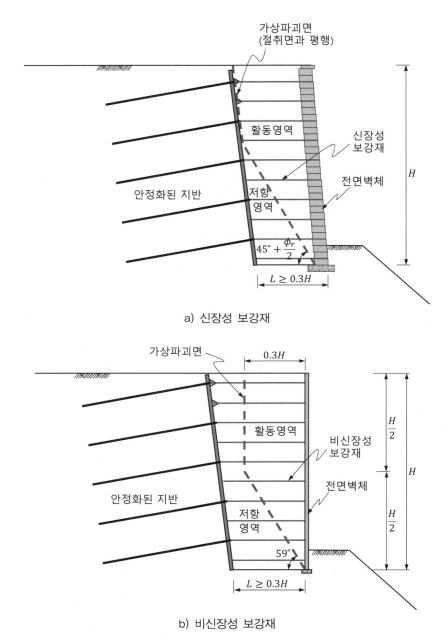

a) 신장성 보강재

b) 비신장성 보강재

그림 5.33 가상파괴면(Morrison 등, 2006 수정)

저항하도록 설계하지만, 안정화된 지반의 전면에 설치되는 보강토옹벽의 경우에는 하단부의 보강재 층만(즉, 저항영역으로 연장된 보강재 층만) 전체 활동영역에 대한 인발파괴에

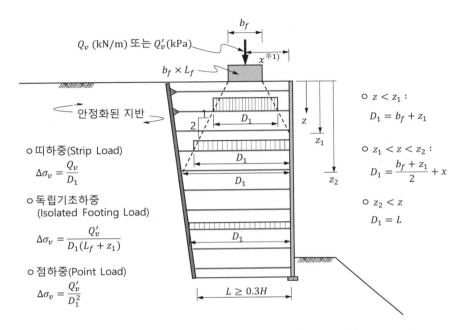

주1) 거리 x는 보강토옹벽 전면벽체 또는 안정화된 지반의 전면벽체에서 측정할 수 있다.

주2) 벽면경사가 있는 경우에는 벽면경사를 고려하여 D_1을 계산해야 한다.

그림 5.34 상재하중의 영향(Morrison 등, 2006 수정)

저항하도록 설계한다. 최대유발인장력의 합($\Sigma T_{\max}$) 및 인발저항력의 합(ΣF_{po})과 관련된 식은 그림 5.35에서 보여준다. 보강재의 인장저항력과 연결부 강도는 일반적인 보강토옹벽과 같은 방법으로 평가한다. 인발파괴에 대한 안전율 기준은 L/H가 0.4보다 큰 경우에는 1.5 이상, 0.4보다 작거나 같은 경우에는 2.0 이상이라야 한다.

⑨ 안정화된 지반의 전면에 설치되는 보강토옹벽의 보강토체에 대한 외적안정성은 지지력과 침하에 대하여 검토한다. 배면의 안정화된 지반에 의하여 안정성이 제공되기 때문에 편심거리(또는 전도)와 활동에 대한 안정성은 파괴 양상으로 고려하지 않는다. 또한 내부의 배수시설을 설치함으로써 정수압은 고려하지 않는다. 지지력 및 침하에 대한 검토는 일반적인 보강토옹벽에서와 같은 방법으로 수행한다. 다만, 그림 5.36에서와 같이 배면의 안정화된 지반 위에 있는 토체의 중량(빗금 친 부분)은 기초지반에 작용하는 수직응력(σ_v)의 계산 시 고려하지 않는다.

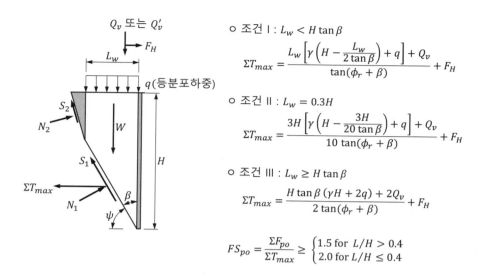

○ 조건 I : $L_w < H \tan\beta$

$$\Sigma T_{max} = \frac{L_w \left[\gamma \left(H - \frac{L_w}{2\tan\beta} \right) + q \right] + Q_v}{\tan(\phi_r + \beta)} + F_H$$

○ 조건 II : $L_w = 0.3H$

$$\Sigma T_{max} = \frac{3H \left[\gamma \left(H - \frac{3H}{20\tan\beta} \right) + q \right] + Q_v}{10\tan(\phi_r + \beta)} + F_H$$

○ 조건 III : $L_w \geq H \tan\beta$

$$\Sigma T_{max} = \frac{H\tan\beta\,(\gamma H + 2q) + 2Q_v}{2\tan(\phi_r + \beta)} + F_H$$

$$FS_{po} = \frac{\Sigma F_{po}}{\Sigma T_{max}} \geq \begin{cases} 1.5 \text{ for } L/H > 0.4 \\ 2.0 \text{ for } L/H \leq 0.4 \end{cases}$$

주1) 신장성 보강재의 경우 $\psi = 45° + \phi_r/2$ 이고, 비신장성 보강재의 경우 $\psi = 59°$ 이다.

주2) 인장균열이 발생하는 것으로 가정하고 N_2와 S_2는 무시한다.

주3) 상부의 회색으로 표시된 쐐기는 평형상태에 있는 것으로 가정한다.

그림 5.35 ΣT_{max}의 계산과 인발저항력의 평가(Morrison 등, 2006 수정)

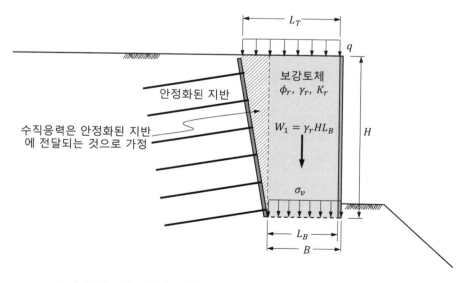

그림 5.36 기초지반에 작용하는 수직응력(Morrison 등, 2006 수정)

⑩ 보강토옹벽과 안정화된 지반은 각각의 구성요소의 내적안정성이 확보되어야 하며, 복합된 구조물로서 안정화된 지반과 그 전면에 설치되는 보강토옹벽의 전반활동에 대한 안정성 또한 확보되어야 한다. 그림 5.37에서는 검토되어야 할 다양한 파괴면을 보여주며, 이 중 가장 위험한 파괴 메커니즘은 안정화된 지반과 보강토체 사이를 따라 발생하는 파괴이며(그림 5.37의 Mode 4), 그림 5.37의 Mode 1과 같이 안정화된 지반과 보강토체 전체를 포함하는 전반활동 파괴에 대한 안정성이 반드시 검토되어야 한다. Morrison 등(2006)은 전반활동에 대한 안정성 검토 방법과 안정성 개선 수단을 제시하였다. 안정화된 지반의 전면에 설치되는 보강토옹벽의 전반활동에 대한 안정성 해석은 보강재의 효과를 포함한 전통적인 사면안정해석법을 사용하며, 해석 시 보강토체와 기초지반 및 배면 지반에 대하여 적절한 토질정수 값을 선택하는 것이 무엇보다 중요하다.

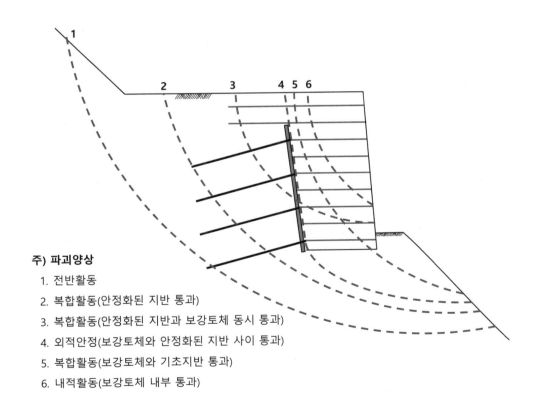

주) 파괴양상

1. 전반활동
2. 복합활동(안정화된 지반 통과)
3. 복합활동(안정화된 지반과 보강토체 동시 통과)
4. 외적안정(보강토체와 안정화된 지반 사이 통과)
5. 복합활동(보강토체와 기초지반 통과)
6. 내적활동(보강토체 내부 통과)

그림 5.37 검토해야 할 활동 파괴면(Morrison 등, 2006 수정)

안정화된 지반의 전면에 설치되는 보강토옹벽의 설계기준을 요약하면 표 5.1과 같다.

표 5.1 안정화된 지반의 전면에 설치되는 보강토옹벽의 설계기준

검토항목 또는 요구조건	권고사항
보강재 길이의 비, L/H	0.3 이상
최소 보강재 길이	1.5m 이상
보강재의 최대 수직간격	0.6m 이하
내적안정 – 인발파괴	앞에서 설명한 인발파괴에 대한 안정성 검토 참조
내적안정 – 보강재 파단	일반적인 보강토옹벽과 동일
인발파괴에 대한 안전율, FS_{po}	$L/H > 0.4$인 경우 1.5 이상 $L/H \leq 0.4$인 경우 2.0 이상
안정화된 벽체의 벽면 경사각	1H : 14V 또는 그 이상
상부 2개 또는 그 이상의 보강재 층	$0.6H$ 이상이고 안정화된 지반 너머로 1.5m까지 연장 또는 안정화된 지반에 정착
뒤채움재료	양질의 사질토(보강토옹벽 뒤채움재료 기준 적용. 단, No.200체 통과율 15% 이하, 소성지수(PI) 6 이하, 균등계수(C_U) 4 이상)
안정화된 지반	영구구조물로 설계

5.8.3 안정성 검토

1) 안전율 기준

안정화된 지반의 전면에 설치되는 보강토옹벽의 설계안전율 기준은 다음과 같다.

① 전반활동 파괴에 대한 안전율, FS_g : 1.5

② 복합활동 파괴에 대한 안전율, FS_c : 1.5

③ 지지력에 대한 안전율, FS_{bc} : 2.5

④ 보강재 파단에 대한 안전율, FS_{ru} : 1.5

⑤ 보강재 인발에 대한 안전율, FS_{po} : 1.5 for $L/H > 0.4$,

2.0 for $L/H \leq 0.4$

⑥ 연결부 강도, FS_{cs} : 1.5

⑦ 지진 시 안전율(모든 검토항목) : 평상시 안전율의 75%

안정화된 지반의 전면에 설치되는 보강토옹벽의 외적안정성 검토에서 활동 및 전도(또는 편심거리)에 대해서는 검토하지 않는다. 안정화된 지반의 전면에 설치되는 보강토옹벽에 작용하는 토압은 보강토체 자체의 토압뿐이며, 실제로 토압은 거의 발생하지 않기 때문에 활동, 전도(또는 편심거리)의 문제는 발생하지 않는다.

2) 내적안정성 검토

안정화된 지반의 전면에 설치되는 보강토옹벽의 내적안정성에 대한 검토는 보강재 파단과 보강재 인발에 대하여 검토하며, 보강재 파단에 대한 안정성 검토는 일반적인 보강토옹벽에서와 같다.

① 보강재의 종류(신장성 또는 비신장성) 선정 및 보강토옹벽의 기하 형상 결정
② 가상파괴면의 설정 : 가상파괴면은 보강재의 신장성에 따라 그림 5.33에서와 같이 설정한다.
③ 보강재 파단에 대한 안정성 검토 : 일반적인 보강토옹벽에서와 같은 방법으로 검토하며, 층별 보강재의 파단에 대한 안정성은 다음과 같이 평가한다.

$$FS_{ru} = \frac{T_l}{T_{\max}} \geq 1.5 \tag{5.8}$$

$$T_{\max} = \sigma_h S_v \tag{5.9}$$

$$\sigma_h = K_r \sigma_v + \Delta \sigma_h \tag{5.10}$$

$$\sigma_v = \gamma Z + q_d + q_l + \Delta \sigma_v \tag{5.11}$$

여기서, FS_{ru} : 층별 보강재 파단에 대한 안전율
T_l : 층별 보강재의 장기인장강도(kN/m)
$T_{\max}$: 층별 보강재의 최대유발인장력(kN/m)

σ_h : 보강재 층에서 수평응력(kPa)

S_v : 보강재의 수직간격(m)

K_r : 보강토체 내부에서의 토압계수(그림 4.44 참조)

σ_v : 층별 보강재 위에 작용하는 수직응력(kPa)

$\Delta\sigma_h$: 수평하중에 의하여 추가되는 수평응력(kPa)

γ : 흙의 단위중량(kN/m³)

Z : 보강재 층까지의 깊이(m)

q_d, q_l : 등분포 상재 사하중과 활하중(kPa)

$\Delta\sigma_v$: 상재하중(띠하중, 독립기초하중, 선하중, 점하중 등)에 의하여 추가되는 수직응력(kPa)

④ 보강재 인발파괴에 대한 안정성 검토 : 보강재 인발파괴에 대한 안전율은 다음과 같이 계산한다.

$$FS_{po} = \frac{\Sigma F_{po}}{\Sigma T_{\max}} \geq \begin{cases} 1.5 & \text{for } L/H > 0.4 \\ 2.0 & \text{for } L/H \leq 0.4 \end{cases} \tag{5.12}$$

여기서, ΣF_{po} : 층별 보강재 인발저항력의 합(kN/m)

$\Sigma T_{\max}$: 보강재 최대유발인장력의 합(그림 5.35 참조)

⑤ 보강재 최대유발인장력의 합($\Sigma T_{\max}$)의 계산 : 그림 5.35에서와 같이 L_w의 크기에 따라 $\Sigma T_{\max}$를 계산한다.

⑥ 보강재 인발저항력의 계산 : 저항영역 내 층별 보강재 길이에 대한 인발저항력 F_{po}를 계산한다.

$$F_{po} = F^* \sigma_{vi}{}' L_{ei} C R_c \alpha \leq T_l \tag{5.13}$$

$$L_{ei} = L - \frac{H-z}{\tan\psi} \tag{5.14}$$

$$R_c = \frac{b}{S_h} \tag{5.15}$$

여기서, F_{po} : 층별 보강재의 인발저항력(kN/m)

$\qquad$ F^* : 보강재 인발저항계수

$\qquad$ $\sigma_{vi}{}'$: 보강재 위에 작용하는 수직응력(kPa)

$\qquad$ L_{ei} : 층별 보강재의 유효길이(m)

$\qquad$ C : 흙/보강재 접촉면의 수

$\qquad$ R_c : 보강재 포설면적비

$\qquad$ α : 크기효과 보정계수(Scale effect correction factor)(표 3.11 참조)

$\qquad$ T_l : 층별 보강재의 장기인장강도(kN/m)

$\qquad$ L : 층별 보강재 길이(m)

$\qquad$ H : 보강토옹벽의 높이(m)

$\qquad$ z : 보강토옹벽 상단에서 층별 보강재까지의 깊이(m)

$\qquad$ ψ : 가상파괴면의 경사각(°)

$\qquad$ b : 보강재의 폭(m)

$\qquad$ S_h : 층별 보강재의 수평간격(m)

3) 외적안정성 검토 - 지지력에 대한 안정성 검토

지지력에 대한 안정성은 다음과 같이 검토한다. 이때 σ_v의 계산은 그림 5.36을 참조한다.

$$FS_{bc} = \frac{q_{ult}}{\sigma_v} \tag{5.16}$$

$$\sigma_v = \frac{W_1 + qL_B}{L_B} \tag{5.17}$$

$$q_{ult} = c_f N_{cq} + \frac{1}{2}\gamma_f L_B N_{\gamma q} \tag{5.18}$$

여기서, FS_{bc} : 지지력에 대한 안전율

q_{ult} : 기초지반의 극한지지력(kPa)

σ_v : 소요지지력(kPa)

W_1 : 보강토체의 자중(kN/m)(그림 5.36 참조)

q : 등분포 상재하중(kPa)

L_B : 하단 보강재 길이(m)

c_f : 기초지반의 점착력(kPa)

γ_f : 기초지반의 단위중량(kN/m³)

N_{cq}, $N_{\gamma q}$: 지지력 계수

이 식에서 N_{cq} 및 $N_{\gamma q}$는 사면에 인접한 기초의 지지력 계수로, 보강토옹벽 전면의 지반이 수평이면 본 매뉴얼 4장 표 4.7의 N_c 및 N_q를 사용하고, 보강토옹벽 전면의 지반이 사면일 때는 그림 5.38이나 『구조물기초설계기준 해설』(한국지반공학회, 2018) 등을 참고하여 결정한다. 보강토옹벽 배면에 안정화된 지반이 있어 편심거리의 효과는 거의 없으므로, 편심거리에 대한 검토는 생략한다.

4) 침하에 대한 안정성 검토

No.200체 통과율이 15% 이하이고 균등계수 C_U가 4 이상인 뒤채움재료 선정 기준에 적합한 재료로 다짐 규정에 맞게 시공한다면 보강토체 자체의 침하는 크지 않을 것이다. 그러나 규정에 맞지 않은 재료를 사용하거나 다짐이 불충분할 경우 보강토체 자체의 압축변형에 따른 침하가 발생하고, 따라서 보강토체와 배면의 안정화된 지반 사이에 인장균열이 발생할 수 있다.

안정화된 지반의 전면에 설치되는 보강토옹벽은 보강재 길이가 일반적인 보강토옹벽보다 짧으므로 기초지반이 연약한 경우 부등침하가 발생할 가능성이 더 커질 수 있으며, 이러한 부등침하는 보강토체와 배면의 안정화된 지반 사이에 인장균열을 발생시킬 수 있다.

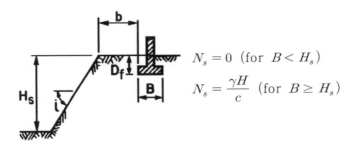

$$N_s = 0 \quad (\text{for } B < H_s)$$

$$N_s = \frac{\gamma H}{c} \quad (\text{for } B \geq H_s)$$

a) 기호설명

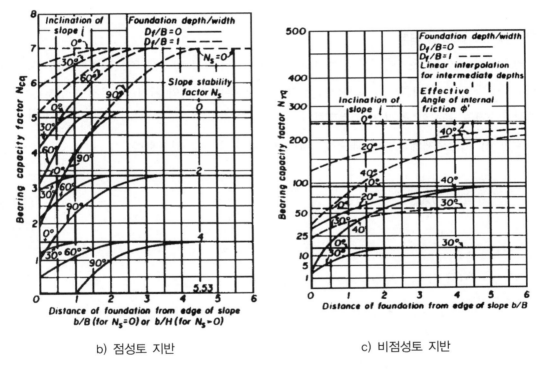

b) 점성토 지반   c) 비점성토 지반

그림 5.38 사면에 인접한 기초의 지지력 계수(Meyerhof, 1957; Morrison 등, 2006)

보강토옹벽 전면벽체를 경사를 두고 시공하면 이러한 부등침하의 영향을 완화할 수 있을 것이다. 벽면 경사는 1 : 0.07 또는 그 이상이 권고된다.

5) 전반활동에 대한 안정성 검토

전반활동에 대한 안정성 검토는 그림 5.37에 나타낸 것과 같은 모든 발생 가능한 형태의 가상파괴면에 대하여 수행하여야 하며, 보강토옹벽과 안정화된 지반 사이의 접촉면을 통과하는 파괴에 대한 검토는 일반적으로 접촉면의 전단강도와 상부의 연장된(또는 정착된) 보강재의 효과를 고려하지 않고 검토한다. 그 결과 안정성이 확보되지 않을 때는 접촉면의 전단강도를 고려하여 재검토하고, 그래도 안정성이 확보되지 않을 때는 연장된 상부 보강재 층의 효과를 고려하여 다시 검토한다.

6) 지진 시 안정성 검토

안정화된 지반의 전면에 설치되는 보강토옹벽의 지진 시 안정성 검토는 안정화된 지반과 보강토옹벽 모두에 대하여 검토하여야 한다. 보강토옹벽 부분의 지진 시 안정성 검토는 일반 보강토옹벽과 유사한 방법으로 검토한다.

지진 시 보강토체에는 다음과 같은 지진관성력이 추가로 작용한다.

$$P_{IR} = MA_m \tag{5.19}$$

$$A_m = (1.45 - A)A \tag{5.20}$$

여기서, P_{IR} : 보강토체의 관성력(kN/m)

M : 보강토체의 활동영역의 질량(kN/m)

A_m : 보강토옹벽 중심에서 최대지진계수

A : 기초지반의 최대지반가속도계수

지진 시 보강토체의 관성력은 보강재의 최대유발인장력(T_{max})과 소요인발저항력을 증가시킨다. 내적안정성 검토 시 가상파괴면은 정적안정해석 시와 같은 것으로 가정한다. 보강재의 장기인장강도(T_l)는 지진하중의 짧은 작용 시간을 고려하여 크리프 특성에 대한 감소계수를 배제하고 계산한다. 설계기준 안전율은 평상시 안전율의 75%로 한다.

5.9 우각부 및 곡선부의 보강토옹벽

5.9.1 우각부 및 곡선부 일반사항

특수한 패널이나 블록을 사용하여 보강토옹벽의 각이 진 부위를 우각부라 하고, 평면상에서 부드러운 곡선 형태를 한 부분을 곡선부라 한다(그림 5.39 참조). 이러한 우각부 또는 곡선부는 여러 가지 문제가 발생할 수 있으며 설계 및 시공 시에 세심한 주의가 필요하다.

a) 우각부

b) 곡선부

그림 5.39 우각부와 곡선부

전면벽체(콘크리트 패널 또는 콘크리트 블록)의 크기 및 줄눈(Joint)의 폭에 따라 형성할 수 있는 보강토옹벽 곡선부의 반경이 달라지며, 블록식의 경우에는 특수한 블록 없이도 반경 2m 이하의 곡선부도 형성할 수 있다. 패널식 보강토옹벽에서 일반적으로 많이 사용하는 폭이 1.5m 이고 줄눈간격 20mm인 콘크리트 패널을 사용할 때는 특수패널 없이 최소 곡선반경 약 15m 정도까지 시공할 수 있다.

우각부 및 곡선부에서도 보강재는 항상 전면벽체의 선형에 대하여 직각 방향으로 설치되어야 한다(그림 5.40~그림 5.44 참조). 지오그리드 및 지오텍스타일과 같은 전면포설형 보강재의 경우 곡선부 및 우각부에서 인접한 보강재 사이에 덮이지 않는 부분 혹은 보강재가 중첩되는 부분이 발생한다.

그림 5.41에서와 같이 볼록한 곡선부에서는 보강재가 겹치는 부분은 그 사이에 최소 75mm

이상의 토사를 포설하여 흙과 보강재 사이 결속력의 저하를 방지하여야 한다. 그림 5.42에서와 같이 오목한 곡선부의 보강재가 덮이지 않은 부분은 다음 층에서 덮이도록 조치하는 것이 좋으며, 오목한 곡선부에서 보강재 사이의 각이 20°를 넘을 때에는 그림 5.43에서와 같이 추가보강재를 설치해 주는 것이 좋다.

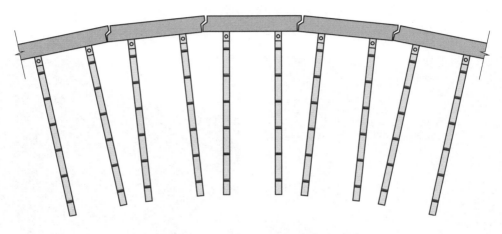

그림 5.40 곡선부에서 띠형 보강재 설치

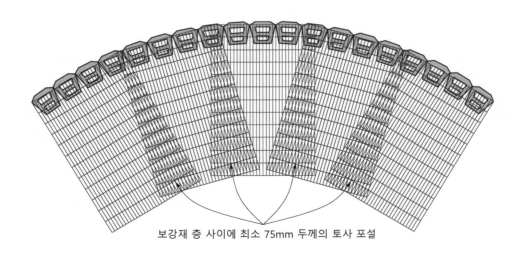

보강재 층 사이에 최소 75mm 두께의 토사 포설

그림 5.41 볼록한 곡선부에서 보강재 설치의 예(KCS 11 80 10 수정)

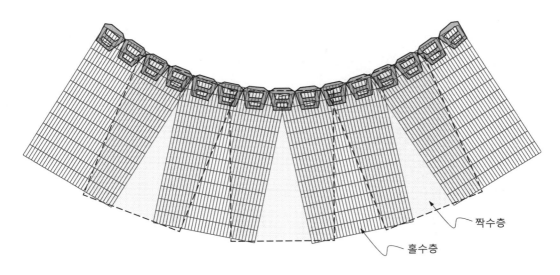

그림 5.42 오목한 곡선부에서 보강재 설치의 예(KCS 11 80 10 수정)

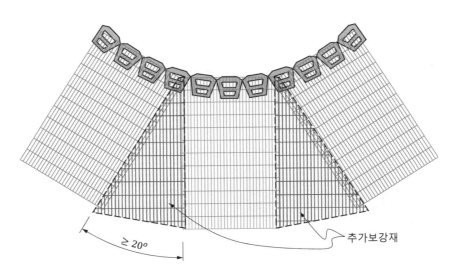

그림 5.43 오목한 곡선부에서 추가보강재 설치의 예(KCS 11 80 10 수정)

그림 5.44의 a)에서와 같이 급격하게 각이 진 부위에서는 보강재가 서로 겹치는 부분에 75mm 이상의 토사를 포설하여 흙/보강재 결속력의 저하를 방지하거나, 또는 짝수 층 및 홀수 층의 주 보강 방향을 교대로 포설한다.

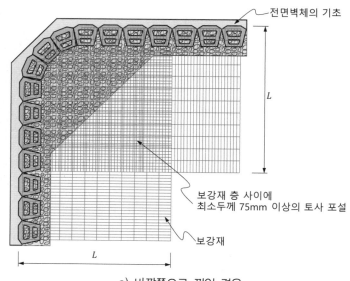

a) 바깥쪽으로 꺾인 경우

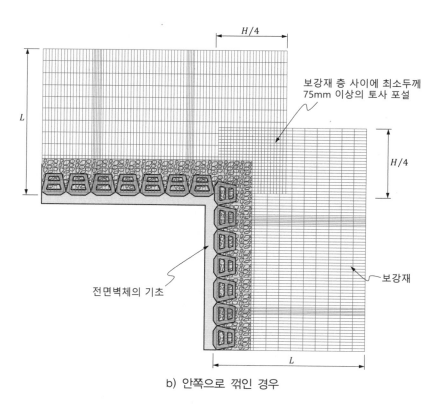

b) 안쪽으로 꺾인 경우

그림 5.44 우각부에서의 보강재 설치의 예(KCS 11 80 10 수정)

5.9.2 우각부 및 곡선부 보강토옹벽의 문제점

보강토옹벽은 일종의 흙구조물이기 때문에 벽면 변위의 발생은 필연적이며(한국지반공학회, 1998), 그림 5.45에서는 보강토옹벽의 높이에 따른 전면벽체의 변위 발생 경향을 보여준다.

그동안의 보강토옹벽의 변형 특성을 연구한 결과에 의하면 보강토옹벽의 변형은 그림 5.45에서 보는 바와 같이, 벽체의 형태에 상관없이 벽체 중앙에서 가장 크게 발생하여 직선부보다는 곡선부에서 더 크게 발생한다. 또한 그림 5.45의 b)에서 보는 바와 같이 볼록한 곡선부에서 오목한 곡선부보다 더 큰 변형이 발생한다.

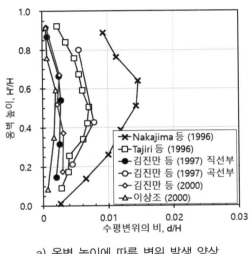
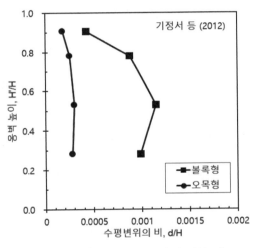

a) 옹벽 높이에 따른 변위 발생 양상   b) 곡선 형태에 따른 변위 발생 양상 비교

그림 5.45 보강토옹벽의 변위 발생 양상(한국지반신소재학회, 2024)

오목한 곡선부에서는 벽면 변위가 진행됨에 따라 전면벽체 사이의 간격이 좁아져 결국에는 전면벽체가 서로 접촉하여 압축력이 발생하고 이러한 전면벽체의 저항 때문에 보강토옹벽의 변형이 제한되지만, 볼록한 곡선부에서는 보강토옹벽의 변형이 진행됨에 따라 전면벽체 사이의 간격이 점점 넓어지고, 오목한 곡선부에서와 같은 전면벽체의 추가저항력의 발생이 없으므로, 변형이 커지면 전면벽체에 인장응력이 발생하고 결국에는 전면벽체의 균열로 이어질 수 있다(그림 5.46 참조).

보강토옹벽은 필연적으로 균열이 발생하지만 보통은 그 폭이 작으며, 어느 정도의 손상이 발생하면 균열의 발생을 수반하는 경우가 많다(국토해양부, 2013). 그러나 보강토옹벽에 과도한 변형이 발생하면 이러한 균열은 특정 부위에 집중적으로 발생할 수 있으며 결국에는 보강토옹벽의 국부적인 붕괴로까지 이어질 수 있다.

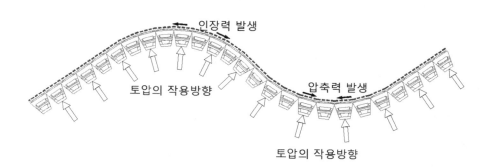

그림 5.46 곡선부 보강토옹벽의 변형에 대한 개요도(김경모, 2018)

5.9.3 우각부 및 곡선부 보완 방안

보강토옹벽에서 변형량의 크기는 뒤채움재의 다짐도, 세립분 함유량, 함수비 등의 영향을 받는다. 그런데 우각부 및 반경이 작은 곡선부의 경우 다짐 장비의 진입이 곤란하여 보강토옹벽 뒤채움재의 다짐 요구조건을 충족시키기 어려운 경우가 많으며, 특히 세립분의 함유량이 많고, 함수비가 높은 뒤채움재를 사용할 때는 더욱 다짐도를 얻기 어려워 변형이 과도하게 발생하는 피해를 볼 가능성이 크다. 또한 뒤채움흙의 소성지수(PI)가 크면 장기적인 크리프 변형이 발생할 가능성이 크다.

1) 우각부 및 곡선부 뒤채움재료 선정 기준

두 벽체의 교차각이 120° 이내인 우각부 및 반경이 작은 곡선부에서 피해를 줄이기 위해서 No.200체 통과율이 15% 이하고 균등계수(C_U)가 4 이상이며, 소성지수(PI)가 6 이하인 양질의 사질토를 보강토옹벽 뒤채움재로 사용할 것을 권고한다.

또한 교차각이 120° 이내인 우각부 및 반경이 작은 곡선부에서는 다짐이 어려울 수 있으므로, 그림 5.47에서와 같이 블록 뒤의 자갈 배수/필터층의 폭을 옹벽 높이의 1/2까지 확장하여 포설하면 우각부 및 곡선부의 다짐 불량에 따른 피해를 줄일 수 있을 것이다.

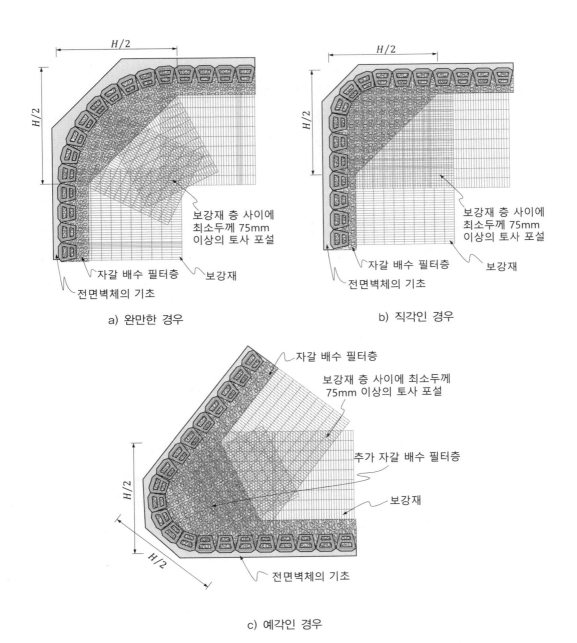

a) 완만한 경우

b) 직각인 경우

c) 예각인 경우

그림 5.47 우각부 및 곡선부 자갈 배수/필터층의 폭 확장 예(김경모, 2018 수정)

2) 내진설계 여부

두 벽면의 교차각이 120° 이내인 우각부 및 곡선부에 대해서는 지진 시의 안정성 검토를 수행하여야 한다.

3) 두 벽체의 교차각 70° 이내인 예각부의 안정성 검토

두 벽체의 교차각이 70° 이내인 예각의 우각부 또는 곡선부는 다짐이나 보강재의 설치가 어렵기 때문에 되도록 피해야 한다. 두 벽체의 교차각이 70° 이내인 예각의 우각부 또는 곡선부의 설계가 불가피한 경우에는 다음 사항을 고려하여 설계하여야 한다.

- ✓ 두 벽체 사이의 간격이 소요 보강재 길이보다 작은 부분은 하나의 보강재로 두 벽체를 서로 연결하도록 설계하고 정지토압계수를 적용하여 내적안정성을 검토하여야 한다. 보강재 설치를 위한 적절한 공간이 있는 경우에는 두 벽체 각각 보강재를 설치하고 서로 겹치게 할 수 있다.
- ✓ 패널식 보강토옹벽의 경우에는 예각 코너부와 일반 구간 사이에 수직 방향의 슬립조인트 (Slip joint)를 둔다.
- ✓ 예각 코너부는 뒤채움 다짐이 어려우므로 경량 콘크리트로 채움할 수 있다.

두 벽체의 교차각이 70° 이내인 우각부 및 곡선부의 외적안정성 검토는 두 벽체 사이의 보강재가 서로 연결된 부분을 중력식 옹벽으로 가정하고, 그 배면의 주동토압에 대하여 저항할 수 있도록 설계하여야 한다. 또한 두 벽체 사이의 보강재가 서로 연결된 부분 배면의 주동영역 뒤쪽에 보강재 길이가 최소 1.0m 이상 확보되도록 설계하여야 한다(그림 5.48 참조).

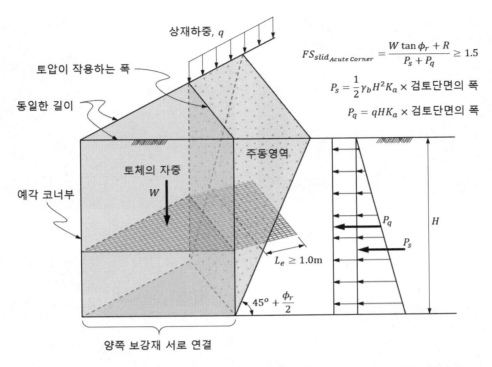

$$FS_{slid_{Acute\ Corner}} = \frac{W \tan\phi_r + R}{P_s + P_q} \geq 1.5$$

$$P_s = \frac{1}{2}\gamma_b H^2 K_a \times 검토단면의\ 폭$$

$$P_q = qHK_a \times 검토단면의\ 폭$$

그림 5.48 두 벽체의 교차각이 70° 이하인 예각부의 안정성 검토 방법(김경모, 2018 수정)

5.10 구조물 접속부의 보강토옹벽

5.10.1 구조물 접속부 보강토옹벽의 문제점

보강토옹벽을 교대나 건물, 통로 또는 수로 박스 등의 구조물과 접속하여 시공하는 경우가 많다(그림 5.49 참조).

보강토옹벽과 접속하는 구조물은 일반적으로 철근콘크리트 구조물로서 변형이 거의 발생하지 않지만, 보강토옹벽은 일종의 흙구조물이기 때문에 벽면 변위의 발생은 필연적이다(한국지반공학회, 1998). 이러한 구조물 접속부에서는 구조물에 대한 전면벽체의 상대적인 변위의 발생이나 뒤채움재의 누출 등과 같은 문제가 발생할 수 있다.

355

a)

b)

c)

d)

e)

f)

그림 5.49 구조물 접속부 보강토옹벽 시공 사례

a) 지반 침하로 접속부 벌어짐

b) a)의 보수 후

c) 보강토옹벽의 변형 1

d) 보강토옹벽의 변형 2

그림 5.50 구조물 접속부 피해 발생 사례

보강토옹벽은 최대 $0.03H$ 정도의 수직 선형의 오차가 발생하여도 안정성에는 문제가 없는 것으로 평가되고 있으나, 구조물 접속부의 경우 그림 5.50에서와 같이 과도한 보강토옹벽의 변형은 미관상 좋지 않다.

보강토옹벽과 구조물 접속부를 시멘트 모르타르(Mortar) 및 다웰바(Dowel bar)를 설치해

변위를 억제하는 경우가 있었으나, 이는 강성구조물 간의 접합 방법으로 연성구조물인 보강토옹벽과 강성구조물의 접합부에 사용하면 보강토옹벽의 변형으로 인해 접속부의 파괴가 발생할 수 있다. 현장타설 구조물에 턱을 두고자 할 때는 그림 5.51에서와 같이 현장타설 구조물의 턱에 철근을 배근하여 보강토옹벽의 변형에 따른 현장타설 구조물의 피해를 최소화할 필요가 있다.

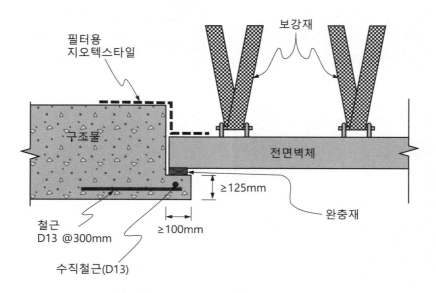

그림 5.51 구조물 접속부에 턱을 두어 처리한 예

5.10.2 보완 방안

1) 구조물 접속부 처리 방안

구조물 접속부에서는 전면벽체 배면과 구조물 사이 뒤채움재 유실을 방지하기 위하여 지오텍스타일 필터재를 설치하여야 하고, 전면벽체와 구조물 사이에는 충전재로 채워야 한다.

구조물 접속부의 전면은 실란트(Sealant)로 마무리하거나, 구조물에 L형 가이드를 부착하여 마감할 수 있다(그림 5.52 참조).

다만, 실란트로 마무리할 때는 보강토옹벽의 변형이 완료된 다음에 실시하는 것이 좋으며, 전면벽체 설치 전에 L형 가이드를 부착할 때는 L형 가이드와 전면벽체 사이에 약간의 틈새를 두어 보강토옹벽의 변형 발생 시 L형 가이드에 과도한 하중이 작용하지 않도록 하는 것이 좋다.

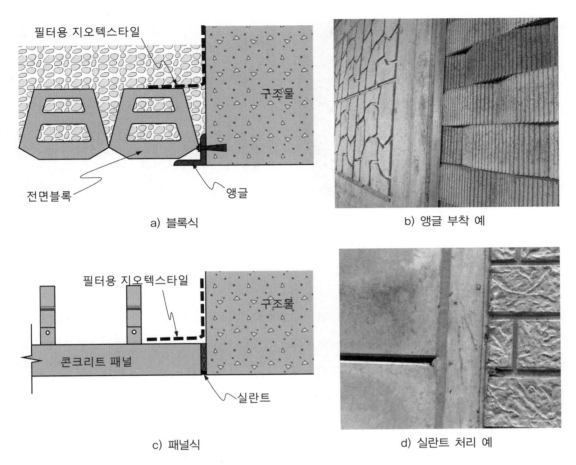

a) 블록식

b) 앵글 부착 예

c) 패널식

d) 실란트 처리 예

그림 5.52 구조물 접속부의 처리 방안(김경모, 2018 수정)

또한 교대 날개벽으로 보강토옹벽을 시공하는 경우, 교대 구조물을 시공하고 나서 교대 배면에 성토를 한 후 그 위에 보강토옹벽을 시공하는 경우가 많으나, 교대 배면 성토체의 다짐 불량으로 인하여 보강토옹벽에 침하가 발생하는 사례가 종종 있다(그림 5.53 참조). 성토체 위에 보강토옹벽을 시공해야 할 때는 보강토옹벽 하부의 성토체는 층 다짐하여 압축변형이 발생하지 않도록 하여야 하고, 보강토옹벽 시공 완료 후 하부지반의 압축변형에 의한 침하가 발생할 수 있도록 일정 기간 방치한 후 상부 구조물을 시공하면 이러한 피해를 예방할 수 있다.

a)   b)

그림 5.53 구조물 접속부 보강토옹벽 침하 발생 사례(김경모, 2018)

2) 구조물 접속부 보강 방안

국가건설기준 KCS 11 80 10에 따르면, No.200체 통과율이 15% 이상이더라도 0.015mm 통과율이 10% 이하이거나 또는 0.015mm 통과율이 10~20%이고 내부마찰각이 30° 이상이며 소성지수(PI)가 6 이하면 보강토옹벽 뒤채움재로 사용이 가능하다. 그러나 뒤채움재료의 세립분(No.200체 통과분)이 많으면 보강토옹벽의 변형은 더 크게 발생하는 경향이 있으며, 이러한 과도한 변형은 구조물 접속부에서는 더욱 두드러지게 보일 수 있다.

따라서 구조물 접속부에서는 보강토옹벽의 변형을 억제하기 위하여, No.200체 통과율을 15% 이하로 제한하고, 균등계수(C_U)가 4 이상이고 소성지수(PI)가 6 이하인 흙을 사용하여 다짐 관리를 철저히 한다면 변형을 효과적으로 억제할 수 있을 것이다.

Leshchinsky와 Vulova(2002)의 연구 결과에 따르면 보강토옹벽의 거동 특성에 영향을 미치는 주요 요소 중의 하나가 보강재의 설치 간격이며, 보강재 설치 간격이 증가할수록 보강토옹벽의 안정성은 저하된다. 또한 보강재 간격이 좁을수록 강도가 작은 흙을 더 효과적으로 보강할 수 있다.

Ling 등(2005)의 연구 결과에 따르면 보강토옹벽 전면벽체의 횡방향 변위는 흙의 거동과 보강재 배치의 영향을 받으며, 보강재 간격의 영향이 보강재 길이의 영향보다 더 크고, 보강재 간격이 좁아질수록 전면벽체의 변형과 보강재 최대인장력을 감소시키는 효과가 있다(그림 5.54 참조).

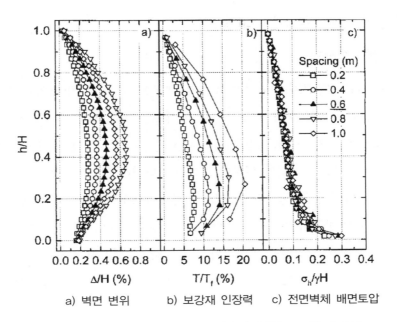

a) 벽면 변위   b) 보강재 인장력   c) 전면벽체 배면토압

그림 5.54 시공 완료 직후 보강재 간격의 영향(Ling 등, 2005)

따라서 구조물 접속부 보강토옹벽의 일정 구간은 그림 5.55에서와 같이 보강재 설치 간격을 일반적인 보강재 간격보다 더 좁게 설치하면, 보강토체의 보강 효과를 높일 수 있고 전면벽체의 변위를 효과적으로 억제할 수 있을 것이다.

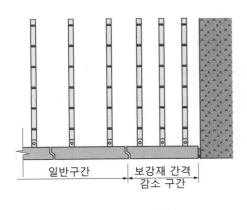

a) 띠형 보강재의 경우

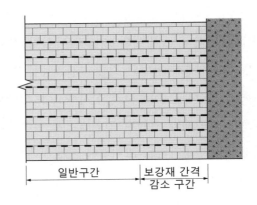

b) 전면포설형 보강재의 경우

그림 5.55 구조물 접속부 보강재 간격 조정 예

5.11 지장물이 있는 경우의 대책

5.11.1 수직 방향 지장물

수직 방향 지장물은 보강토체 내부에 매설되거나 보강토체를 수직 방향으로 관통하여 설치되는 지장물을 말하여, 이러한 수직 방향 지장물의 예로는 집수정, 표지판의 기초, 가드레일의 지주, 컬버트(Culvert), 파일 기초 등이 있다. 어떤 경우에도 보강재가 전면벽체에 연결되지 않으면 안 되며, 지장물을 회피하기 위하여 보강재를 급격하게 구부리거나 잘라서는 안 된다.

이러한 지장물이 있는 경우에는 이를 고려한 시공상세도를 제공해야 하며, 만약 이들 지장물에 의하여 보강토체에 하중이 추가로 작용할 때는 이를 고려하여 설계하여야 한다. 가장 좋은 방법은 지장물과 보강재의 위치를 조정하여 서로 간섭이 생기지 않도록 하는 것이다.

보강재와 지장물의 상호간섭을 피할 수 없는 경우에는 다음과 같은 방법으로 수정하여야 한다.

1) 대안 1 - 보강재를 지장물의 주변에 맞추어 재배치하는 방법

먼저 보강재를 절단하지 않고 수직 방향 지장물의 위치에 맞추어 보강재를 재배치하는 방법을 생각해 볼 수 있다. 이 방법은 전면포설형이 아닌 띠형 보강재의 경우에 적용할 수 있다.

우선 수직 방향 지장물의 위치를 피해서 보강재를 설치할 수 있도록 보강재의 위치를 조정한다. 보강재 위치의 조정이 어려운 경우에는 그림 5.56의 a)에서와 같이 수직 방향 지장물을 피해서 보강재를 벌려서 설치하는 방법을 생각해 볼 수 있으며, 이때 보강재의 설치 경사각은 15° 이내라야 하며, 보강재의 저항력은 설치 경사각을 고려하여 재산정해야 한다.

앞에서 설명한 방법의 적용이 불가능한 경우에는 그림 5.56의 b)에서와 같이 수직 지장물을 피해서 보강재를 이동시켜 설치하고 보강재에 연결되지 않은 전면벽체는 아연 도금된 앵글 등으로 보강재와 연결된 전면벽체에 결속시키는 방법을 생각해 볼 수 있다. 이때 보강재의 저항력은 수평간격을 고려하여 재산정해야 한다.

수직 방향 지장물을 피해서 보강재를 설치하는 경우, 전면벽체에 회전 변위가 발생하지 않도록 주의해야 한다.

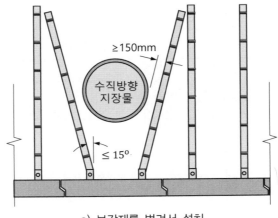

a) 보강재를 벌려서 설치

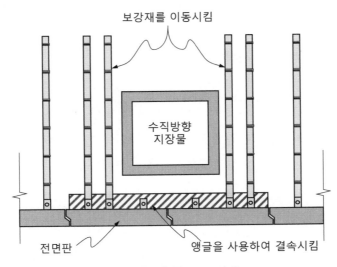

b) 지장물의 폭 1.5m 이내

그림 5.56 수직 방향 지장물을 피해 보강재를 재배치하는 방법(예)(Berg 등, 2009a)

2) 대안 2 – 추가보강재를 설치하는 방법

앞의 대안 1의 방법을 적용할 수 없고 수직 방향 지장물의 위치에서 보강재를 전체 또는 부분적으로 잘라내야 할 필요가 있는 경우에는, 잘려진 보강재의 하중을 분담할 수 있도록 수직 방향 지장물 근처에 추가 보강재를 설치한다. 이때 수직 방향 지장물 앞쪽의 전면벽체는 상부전도 또는 활동에 대하여 안정성을 확보해야 한다.

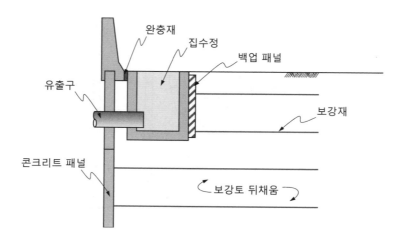

그림 5.57 수직 방향 지장물 배면에 Backup Panel 배치(Berg 등, 2009a)

3) 대안 3 – 구조적 프레임을 사용하는 방법

수직 방향 지장물을 우회해서 보강재의 하중을 전달할 수 있도록 구조적 프레임을 사용할 수 있다(그림 5.58 참조). 이러한 구조적 프레임은 수직 방향 지장물 전면의 하중을 후면으로 적절하게 전달할 수 있어야 하고, 보강재 또는 전면벽체와의 연결부에서 모멘트하중이 발생하지 않도록 해야 한다.

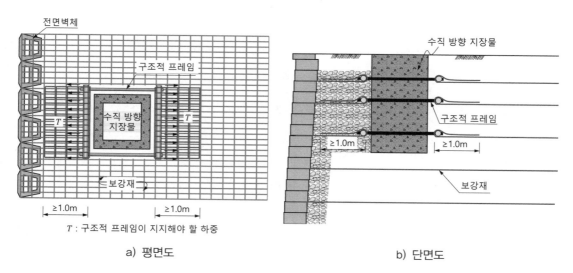

a) 평면도   b) 단면도

그림 5.58 수직 방향 지장물 주변의 구조적 프레임으로 보강재 연결(Berg 등, 2010)

4) 대안 4 – 기타

그림 5.59에서는 블록식 보강토옹벽에서 보강토체 내부에 집수정이나 펜스의 기초가 설치되는 경우의 보강재 배치 방안에 대한 예를 보여준다.

그림 5.59에서와 같이 집수정이 전면블록에 붙어 있는 경우 집수정 바닥 면보다 최소 45cm 이상의 깊이까지 전면블록의 내부에 철근을 삽입하고 시멘트 모르타르(Mortar) 등으로 채워 보강하여 전면벽체의 안정성을 확보한다. 또한 집수정의 배면에는 보강재를 설치하여 토압을 부담하도록 한다.

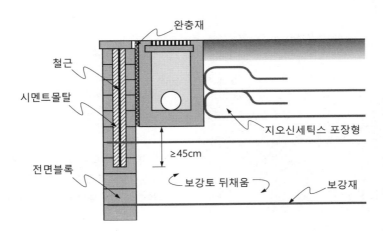

그림 5.59 집수정 설치 시의 대책 방안의 예

수직 방향 지장물의 지름이 1.0m 이하면 그림 5.60에서와 같이 지오그리드의 횡방향 부재를 절단하여 수직 방향 지장물 주변으로 우회하여 설치하며, 이때 주 인장 방향 부재의 절단은 최소화해야 한다.

수직 방향 지장물의 특성과 보강재의 특성에 따라서 보강재를 지장물에 직접 연결하는 방안도 고려해 볼 수 있다. 이때 지장물 앞쪽의 전면벽체의 안정성을 확보할 방안을 마련해야 한다.

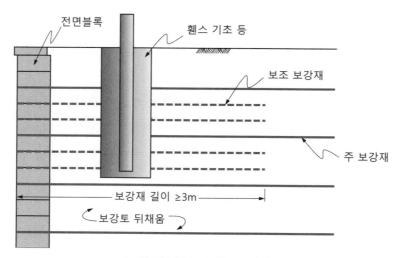

a) 단면도(Berg 등, 2009a)

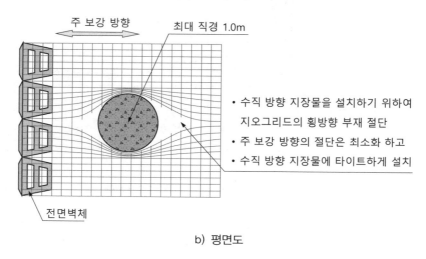

b) 평면도

그림 5.60 수직 방향 지장물(휀스 기초 등)에 대한 전면포설형 보강재 설치 방안의 예

5.11.2 수평 방향 지장물

보강토체 내부의 수평 방향 지장물은 배수관과 같이 보강토옹벽 길이 방향으로 설치되는 지장물을 말하며, 이러한 수평 방향 지장물은 시공상 문제가 발생할 수도 있으므로 이러한 수평 방향 지장물은 설치하지 않는 것이 좋다. 불가피하게 수평 방향 지장물을 설치해야 할 때는 다음 사항에 주의해야 한다.

① 상수도관과 같이 가압되는 파이프는 보강토체 내에 설치해서는 안 된다.

② 보강재를 매설 파이프에 직접 연결하는 것은 피해야 한다.

③ 보강토체에 침하가 발생하면 내부에 매설된 지장물에도 부등침하가 발생할 수 있으며, 파이프가 전면벽체를 관통하거나 집수정 등에 연결될 때는 아래 방향으로 응력이 발생할 수 있다. 파이프로부터 보강토체 내로 상당한 양의 물이 누수되면 보강토옹벽이 붕괴하는 등의 문제를 일으킬 수 있으므로 주의해야 한다. 특히 부등침하 발생 시에도 파이프의 연결부를 통해 누수되지 않도록 적절한 대책을 마련해야 한다.

④ 지오그리드와 같은 신장성 보강재의 경우, 그림 5.61과 같이 수평 방향 지장물을 피해서 보강재를 설치할 수 있다.

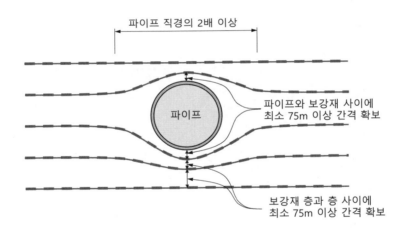

그림 5.61 수평 방향 지장물이 있는 경우 신장성 보강재 설치 예(Berg 등, 2009a)

⑤ 비신장성 보강재의 경우, 그림 5.62에서와 같이 상·하로 15°까지 굽혀서 설치함으로써 수평 방향 지장물을 피해 설치할 수 있다. 이때 굽혀지는 각이 15°를 넘으면 아연 도금이 손상될 수 있고, 또한 인장강도 및 인발저항력이 저하될 수 있으므로 주의해야 한다.

⑥ 그림 5.61 및 그림 5.62에서와 같이 수평 방향 지장물을 피해서 보강재를 설치할 수 없는 경우에는 그림 5.63에서와 같이 수평 방향 지장물 배면에 토압을 지지할 수 있는 수단을 사용할 수 있다.

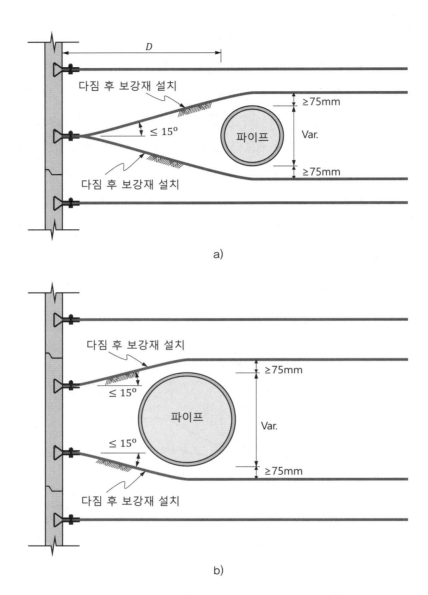

a)

b)

주의 사항 1. 보강재가 급격히 꺾여서는 안 된다.
        2. 파이프는 되도록 보강토체 바깥에 설치해야 한다.
        3. 보강재는 파이프 위 또는 아래로 설치할 수 있다.
        4. 보강재는 다짐된 뒤채움재 위에 설치되어야 한다.

그림 5.62 수평 방향 지장물이 있는 경우 비신장성 보강재 설치 예

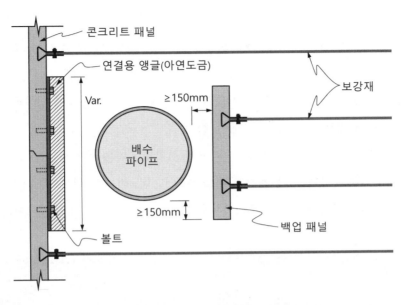

그림 5.63 수평 방향 지장물 배면의 토압 경감용 백업패널 설치 예(Berg 등, 2010 수정)

5.12 침하/부등침하에 대한 대책

5.12.1 보강토옹벽의 침하

보강토옹벽의 침하 및 그 대책에 대해서는 김경모(2012)가 잘 정리하였으며, 여기서는 그 내용을 보완하여 정리하였다.

보강토옹벽의 침하량은 보강토옹벽 자체의 압축변형에 의한 침하와 기초지반의 즉시침하 및 압밀침하의 합이며, 보강토체는 층 다짐하여 성토하므로 압축변형이 거의 발생하지 않는다. 견고한 지반 위에 시공되는 보강토옹벽은 구조물에 영향을 미칠 만큼 큰 침하가 발생하지 않지만, 하부지반이 연약한 경우에는 상당한 침하가 발생할 수 있으며, 보강토옹벽은 철근콘크리트 구조물과는 달리 연성구조물로서 하부지반에서 발생하는 상당한 크기의 침하에 대해서도 잘 견디기 때문에, 철근콘크리트 구조물로서는 침하에 따른 피해가 예상되는 지역에서도 별다른 처리 없이 적용할 수 있다.

보강토옹벽이 다른 구조물에 인접하여 시공될 때는 인접 구조물과의 상호작용에 대해서도 고려해야 한다. 예로서 파일 기초 위에 설치된 교대의 날개벽으로 보강토옹벽을 시공하는 경우 교대와 보강토옹벽 사이에는 부등침하가 발생할 수 있으므로 주의해야 한다(그림 5.64 참조).

보강토옹벽의 전체 침하가 비록 보강토옹벽 자체의 안정성이나 사용성에는 문제가 없다고 하더라도 인접 구조물 또는 보강토옹벽 위에 설치되는 구조물의 사용성에 영향을 미칠 수 있으므로 이러한 점도 고려해서 설계, 시공해야 한다.

보강토옹벽에 있어서, 침하 발생의 근원은 크게 보강토옹벽을 지지하는 기초지반의 침하와 보강토체 자체의 압축변형에 의한 침하로 나눌 수 있으며, 이러한 침하가 보강토옹벽 전체에 대하여 균등하게 발생한다면 보강토옹벽 자체의 성능에는 문제가 없을 수 있다.

a) 패널식 보강토옹벽 부등침하 사례

b) 블록식 보강토옹벽 부등침하 사례

c) 구조물 접속부 침하 사례

d) 구조물 접속부 침하 사례

그림 5.64 보강토옹벽의 침하 발생 사례(김경모, 2012 수정)

1) 기초지반의 침하

사실상 모든 지반은 보강토옹벽이 시공되는 경우와 같이 과재하중이 증가하면 침하가 발생한다. 일반 RC옹벽은 강성체로서 각변위에 따라 옹벽 저면의 접지압 분포가 고르지 않아 옹벽의 선단부에서 접지압이 크고 끝단부에서는 상대적으로 작은 분포를 보임으로써 침하량도 상당히 커질 수 있다. 그러나 보강토옹벽은 연성구조물로서 옹벽 바닥면의 접지압이 비교적 고르게 분포하므로 접지압의 크기가 작고, 따라서 하부지반의 침하가 일반 RC옹벽에 비하여 상대적으로 더 작게 발생할 수 있어 침하에 대해 더 유리하다.

이외에도 보강토옹벽은 그 자체로 기초지반의 침하에 잘 순응하기 때문에 전체침하에 대해서는 그 허용 폭이 상당히 크며, 오히려 보강토체 자체의 압축에 따른 침하나 기초지반의 부등침하에 더 큰 영향을 받는다.

2) 보강토체 자체의 침하(압축변형)

보강토체 내부에서 발생하는 침하(압축)량의 크기는 성토재료의 특성, 다짐 정도, 보강토체 내부의 수직응력 등에 영향을 받는다. 보강토옹벽의 뒤채움재료 선정 기준에 적합하고, 다짐 규정에 따라 다짐된 보강토체는 자체의 압축에 의한 침하량은 무시할 만하다.

그러나 시방 규정에 부적합한 재료를 사용하거나 시방 규정에 부적합하게 다짐하면, 보강토체 자체의 압축변형이 커질 수 있다. 전면벽체(전면블록 또는 전면판)와 보강토체 사이의 부등침하가 크면 전면벽체/보강재 연결부에 과도하게 변형이 발생하고, 이에 따라 연결부에 과도한 응력이 발생할 수 있으므로 주의해야 한다.

3) 부등침하

보강토옹벽의 전체(균등)침하는 보강토옹벽의 특정 기능에 영향을 줄 수 있지만, 보강토옹벽의 전반적인 안정성에 미치는 영향은 크지 않다. 그러나 보강토옹벽의 부등침하 또는 상대적인 침하는 완성된 보강토 구조물 자체에 심각한 영향을 미칠 수도 있다. 보강토옹벽은 상대적으로 큰 부등침하에 대해서도 견딜 수 있지만, 이러한 부등침하의 한계는 사용하는 전면벽체의 종류 및 형상에 따라 결정된다. 보강토옹벽 선형을 따른 부등침하의 발생이 보강토옹벽에 미치는 영향은 표 5.2에서와 같다.

표 5.2 부등침하에 따른 영향(BS8006-1 : 2010)

부등침하의 한계	설명
1/1000	• 일반적으로 문제가 없음
1/200	• 전체높이 패널(Full height panel)을 사용하는 경우, 줄눈간격이 좁아지거나 넓어질 수 있음 • 일반적인 블록식 보강토옹벽 부등침하의 한계
1/100	• 일반적인 패널식 보강토옹벽 부등침하의 한계
1/50	• 반타원형(Semi-elliptical) 금속 전면판을 사용할 때 부등침하의 한계 • 패널식 보강토옹벽의 경우 줄눈간격이 더 좁아질 수 있음
> 1/50	• 연성벽면에 상당한 변형이 발생할 수 있음

4) 침하량의 산정

보강토옹벽의 침하량은 전통적인 침하해석을 통하여 기초지반의 즉시침하, 압밀침하 등을 계산함으로써 산정할 수 있다.

일반적으로 보강토옹벽이 전체적으로 균등하게 침하가 발생한다면 보강토옹벽의 구조적인 안정에 영향을 미치지 않으나, 총침하량이 크면 여러 가지 요인에 의해 부등침하가 발생할 수 있으므로 이에 대한 고려가 필요하다.

보강토옹벽은 유연성이 큰 구조로 되어 있어 부등침하에 대한 저항이 크다고 평가되고 있으나, 구조적인 허용침하량을 초과하는 변위가 발생할 때는 전면벽체에 국부적인 변형(예, 전면벽체의 균열 등)이 발생할 수 있다.

5.12.2 허용 침하/부등침하량

1) 전체 침하

보강토옹벽 시공 중 또는 완료 직후에 발생하는 즉시침하는, 부등침하량이 크지 않다면 보강토옹벽 시공 완료 후 바로잡을 수 있으므로 문제가 되지 않는다. 보강토옹벽 완료 후 장기간에 걸쳐 발생하는 침하는 표 5.3에서 보여주는 바와 같은 보강토옹벽 잔류침하량의 한곗값 이내에 들도록 관리해야 한다. 몇몇 보강토옹벽의 경우 0.3~1.0m 이상의 침하가 발생한 후에도 그 성능에는 큰 이상이 없다고 보고된 사례가 있으나, 비록 균등한 침하의 발생에 따른 보강토옹벽 자체의 사용성이나 안정성에는 문제가 없더라도 보강토옹벽 위에 설치되는 도로, 기초구조물 또는 보강토옹벽에 인접한 구조물은 영향을 받을 수 있으므로, 보강토옹벽보다는 인접한 구조물과의 상호관계에 따라서 침하에 대한 허용치가 결정되어야 할 것이다.

표 5.3 잔류침하량의 한곗값(한국지반공학회, 2003)

검토항목	잔류침하량
교량, 고가의 접속부에 있는 보강토옹벽	10~20cm
상기 이외의 경우	15~30cm

2) 부등침하(종방향)

부등침하란 한 측점과 다른 측점 사이 침하량의 차이를 말하며, 일반적으로 두 측점 사이의 거리(L)에 대한 두 측점 사이 침하량의 차이(Δ)의 비율로 나타낸다(그림 5.65 참조). 이러한 부등침하가 발생하는 원인은 기초지반의 지층 또는 물성치의 급격한 변화, 보강토옹벽 높이 또는 구조물 기하 형상의 급격한 변화 등이 있으며, 보강토옹벽에 인접해서 강성이 큰 구조물(예, 파일 기초 위에 설치된 교대)이 있는 경우에도 인접 구조물과 부등침하가 발생할 수 있다. 보강토옹벽은 침하 및 부등침하에 대한 허용치가 크기 때문에, 기초지반의 조건에 의해 보강토옹벽의 적용이 제한되는 경우는 드물다.

그러나 부등침하량이 상당히 커질 때는 별도의 대책이 필요하며, 일반적으로 블록식 보강토옹벽의 경우 1/200, 패널식 보강토옹벽의 경우 1/100 이상의 부등침하가 발생하면 전면벽체에 균열이 발생하는 등의 피해가 발생할 수 있다. 철망식(Welded wire 또는 Wire mesh)이나 지오신세틱스 포장형 전면벽체(Geosynthetics wrap-around facing)와 같은 연성의 전면벽체를 사용하는 경우의 허용 부등침하량은 1/50 정도이다. 패널식 보강토옹벽의 경우, 1/100 이상의 부등침하가 예상될 때는 줄눈의 간격을 더 넓게 시공하거나 슬립조인트를 두는 등의 대책을 마련하면 부등침하에 따른 피해를 감소시킬 수 있다.

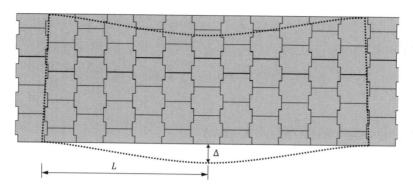

그림 5.65 부등침하 개념도(김경모, 2017)

3) 부등침하(횡방향)

연약지반상에 보강토옹벽이 시공될 때는 보강토옹벽 선형에 대해 직각 방향, 즉 보강재 길이 방향의 부등침하가 발생할 가능성이 있으며(그림 5.66 참조), 이처럼 전면벽체보다 보강토체의 침하가 클 것으로 예상될 때는 침하를 고려하여 보강재의 끝단부를 약간 높게 성토하여 설치하면 이러한 영향을 감소시킬 수 있다. 전면벽체와 보강토체 사이에 큰 부등침하가 발생할 때는

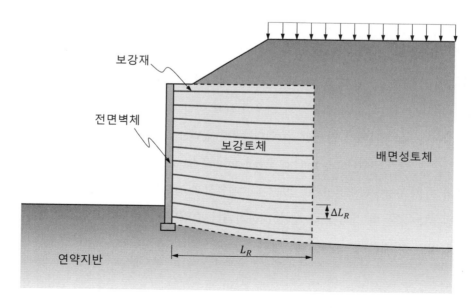

그림 5.66 보강재 길이 방향 부등침하 개요도

전면벽체와 보강재 연결부에 추가적인 응력이 발생할 수 있으므로 연결부에서 극단적인 부등침하의 발생을 억제해야 한다(Berg 등, 2009a).

보강토옹벽 횡단 방향의 부등침하와 관련하여 미국 SCDoT(2010)의 Geotechnical Design Manual Appendix C MSE Walls에서는 "이러한 형태의 부등침하량이 1/10을 초과하면 추가적인 정밀 해석이 필요한지 검토해야 한다."라고 명기하고 있으므로, 보강토옹벽 횡단 방향, 즉 보강재 길이 방향의 부등침하량의 한계를 1/10 정도로 보아도 좋을 것이다. 기하학적 조건으로부터 유추해 볼 때, 보강재 길이 방향으로 1/10 정도의 부등침하가 발생하면 보강토옹벽 자체에는 상당한 변형이 발생할 수 있지만, 층별 보강재에는 약 0.5% 정도의 인장 변형이 추가로 발생할 수 있어 보강토옹벽이 큰 무리 없이 수용할 수 있을 것으로 생각된다.

5.12.3 침하/부등침하에 대한 대책

1) 개요

일반적으로 예상 침하량이 75mm 이하면 별도의 처리 없이 보강토옹벽을 시공할 수 있으며, 예상 침하량이 300mm 이하면 상부 구조물을 시공하기 전에 일정 시간 동안 방치하여 침하가 발생한 다음 상부 구조물을 시공하면 침하 또는 부등침하에 따른 피해를 최소화할 수 있다. 예상 침하량이 300mm를 초과하면 기초지반을 치환하거나, 보강 또는 개량한 후 보강토옹벽을 시공해야 한다(한국지반신소재학회, 2024).

연약층의 깊이가 깊어 치환 또는 보강이 어려운 경우에는 프리로딩 공법(Pre-loading method)에 의하여 미리 침하를 발생시킨 후 보강토옹벽을 설치할 수 있다. 프리로딩을 위한 충분한 공간의 확보가 어려워 프리로딩이 곤란한 경우에는, 그림 5.74에서와 같이, 부등침하에 대한 허용치가 큰 연성 벽면을 가진 보강토체를 먼저 시공하여 침하를 발생시킨 후 전면벽체를 설치하는 단계시공법(Staged construction 또는 분리시공법)을 적용할 수 있다.

보강토옹벽 선형을 따라 급격한 부등침하가 발생할 우려가 있는 경우에는, 슬립조인트를 설치하면 그 피해를 최소화할 수 있다.

2) 슬립조인트(Slip Joint)

보강토옹벽의 높이가 급격하게 변하거나, 기초지반의 조건이 급격히 변하는 경우 또는 보강토옹벽의 일부가 구조물 위에 설치될 때는 급격한 부등침하가 발생할 수 있으며, 이럴 때 보강토옹벽 전체 높이에 걸쳐 슬립조인트를 설치하면 부등침하에 따른 피해를 최소화할 수 있다. 슬립조인트는 전면벽체의 일반적인 줄눈(Joint)과 다르며, 보강토옹벽 전체 높이에 대하여 인접한 전면벽체를 수직선으로 자르는 형태로, 이러한 슬립조인트 좌우의 보강토옹벽은 서로 독립적으로 거동할 수 있다(그림 5.67 참조).

다음과 같은 경우에 슬립조인트의 설치를 고려할 만하다.

✓ 패널식의 경우 1/100, 블록식의 경우 1/200 이상의 부등침하가 예상되는 경우
✓ 보강토옹벽의 높이가 1.5m 이상 급격하게 변하는 경우
✓ 보강토옹벽의 일부가 교대의 저판과 같은 구조물 위에 설치되는 경우
✓ 보강토옹벽 중간에 박스구조물 등이 설치되는 경우
✓ 보강토옹벽이 구조물에 접속되는 경우

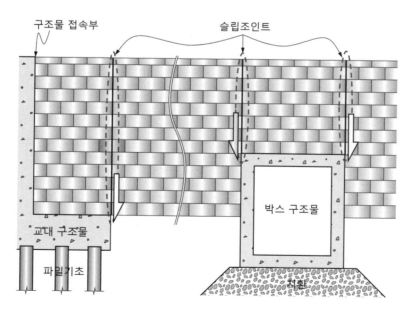

그림 5.67 슬립조인트의 적용 예

✓ 반경이 작은 곡선부

일반적으로 철근콘크리트 구조물은 부등침하에 민감하므로 파일 기초 위에 설치하거나 하부 지반을 치환한 후 설치하는 경우가 많지만, 보강토옹벽은 별도의 기초처리 없이 시공하는 경우

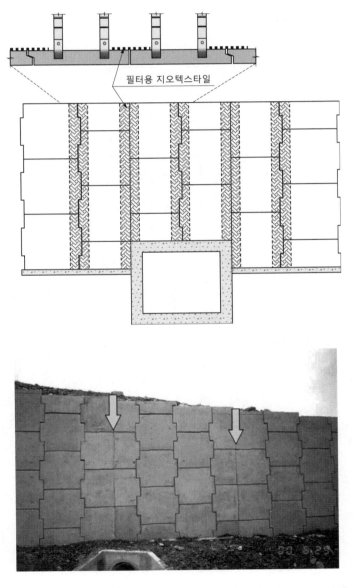

필터용 지오텍스타일

그림 5.68 슬립조인트 적용 예 – 패널식 보강토옹벽(한국지반신소재학회, 2024)

가 많다. 이러한 구조물 위에 보강토옹벽을 시공하는 경우, 앞의 그림 5.64의 a) 및 c)에서와 같이 부등침하가 발생할 수 있으며, 이러한 부등침하가 허용한계 이상으로 발생하면 전면벽체에 균열이 발생하는 등의 피해를 볼 수 있다. 이럴 때 그림 5.67과 같이 보강토옹벽 전체 높이에 걸쳐 슬립조인트를 설치하면 이러한 피해를 줄일 수 있다.

그림 5.68 및 그림 5.69에서는 횡배수 구조물 주변의 급격한 부등침하에 의한 피해를 방지하기 위하여 설치한 슬립조인트 적용 예를 보여준다.

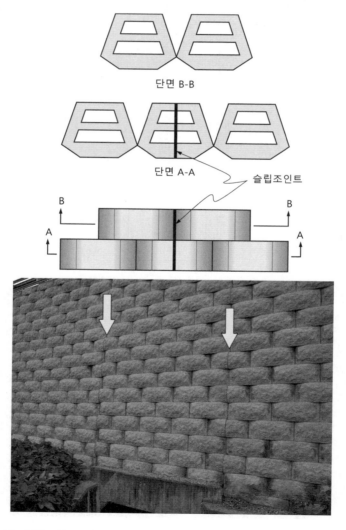

그림 5.69 슬립조인트 적용 예 – 블록식 보강토옹벽(한국지반신소재학회, 2024)

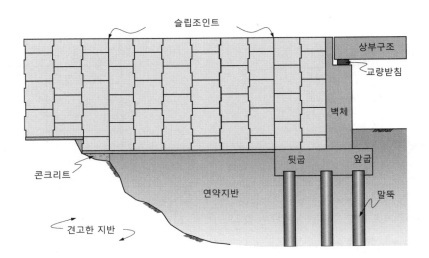

그림 5.70 슬립조인트의 적용 예 – 견고한 지반과 연약지반 경계부(AFNOR, 1992)

또한 그림 5.70에서와 같이 연약한 기초지반의 두께가 급격히 변화할 때도 부등침하에 의한 피해가 발생할 수 있는데, 이러한 경우에도 슬립조인트를 사용하면 그 피해를 최소화할 수 있다.

5.12.4 기초지반의 치환, 지반보강 또는 지반개량

1) 치환

기초지반을 보강하는 가장 단순한 방법은 연약한 토층을 제거한 후 양질의 재료로 성토하는 것이며, 과도한 침하가 예상될 때는 침하가 발생할 수 있는 기초지반을 굴착한 후 양질의 재료로 치환하면 보강토옹벽의 침하에 따른 피해를 감소시킬 수 있다. 이러한 치환 공법은 연약층의 깊이가 깊지 않을 때 적용할 수 있으며, 치환 깊이가 2~2.5m를 초과하는 경우 또는 지하수위가 지표면 근처에 있는 경우에는 치환 작업이 불가능하거나 비경제적일 수 있다(김경모, 2012).

보강토옹벽 하부지반을 치환할 때, 그림 5.71의 a)에서와 같이, 전면벽체의 기초패드 하부만 치환하는 경우가 있는데, 이렇게 시공하면 치환되지 않는 보강재 끝단부에 과도한 침하가 발생하여 횡방향 부등침하가 발생하고 보강토옹벽이 배면 방향으로 기울어지는 등의 피해가 발생할 수 있으므로 주의해야 한다. 보강토옹벽은 보강토체 하부 전체가 지지면이므로 하부지반의 치환이 필요한 경우에는 그림 5.71의 b)에서와 같이 보강토체 하부지반 전체를 치환할 필요가 있다.

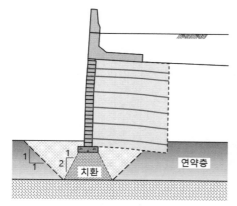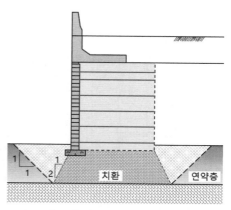

a) 전면벽체의 기초 패드 부분만 치환하는 경우   b) 보강토체 하부 전체를 치환하는 경우

그림 5.71 하부지반의 치환 범위에 따른 침하 발생 양상(한국지반신소재학회, 2024 수정)

2) 지반보강

기초지반의 지지력이 부족한 경우에는 보강재의 길이를 증가시키면 소요지지력을 감소시킬 수 있지만, 보강재 길이를 증가시킬 수 없거나 비경제적일 때는 기초지반을 보강할 수 있다. 지반보강 공법으로는 보강토옹벽 하부의 연약지반 위에 양질의 재료를 층 다짐하면서 지오신세틱스 보강재 등을 설치하여 보강된 토층을 1~1.5m 두께로 설치하거나(그림 5.72의 a) 참조), 연약지반 1~1.5m 깊이에 대하여 시멘트 안정처리 공법(그림 5.72의 b) 참조)을 적용할 수 있고, 연약지반 개량을 위한 동다짐 공법을 적용할 수도 있다. 보강토옹벽에 의하여 하부지반에 부과

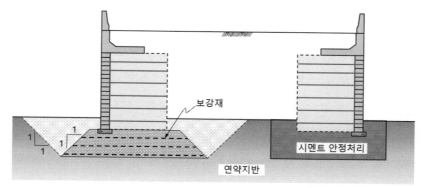

a) 지오신세틱스 보강재를 사용한 지반 보강   b) 시멘트 안정처리 등에 의한 지반 보강

그림 5.72 보강토옹벽 하부지반 지반보강 개요도

되는 하중을 하부의 지지층까지 전달하기 위하여 스톤 칼럼(Stone column), GCP, SCP 등과 같은 연약지반 보강공법을 적용하여 지반을 보강할 수 있다.

3) 지반개량

연약지반을 개량하는 전통적인 방법인 프리로딩 공법으로 임시로 성토하여 침하를 발생시킨 다음 굴착한 후 보강토옹벽을 설치하는 것이다(그림 5.73 참조). 프리로딩 공법은 성토, 압밀침하, 굴착, 보강토옹벽 시공 등의 작업절차에 따라 진행되어 시간 및 비용이 많이 소요되고,

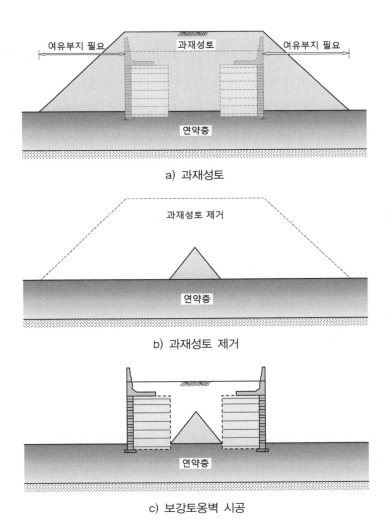

a) 과재성토

b) 과재성토 제거

c) 보강토옹벽 시공

그림 5.73 보강토옹벽 하부지반 개량을 위한 프리로딩 공법 개요

과재성토를 위한 여유 부지가 필요하다는 단점이 있다.

5.12.5 단계시공(2 Stage Construction)

프리로딩 공법은 앞에서 말한 바와 같이 성토 및 압밀침하 후 성토를 제거하고 다시 보강토옹벽을 시공해야 하므로 공사 기간이 많이 소요되는 단점이 있으며, 또한 과재성토를 위한 여유 공간이 필요하다. 과재성토를 위한 여유 공간이 없는 경우에는 프리로딩 공법을 적용할 수 없으며, 연약층이 깊은 경우에는 마땅한 대안이 없다.

한편, 보강토옹벽은 전면벽체의 종류에 따라 침하 및 부등침하의 허용값이 다르며, 보강토옹벽 자체의 변형은 대부분 시공 중에 발생한다. 일반적으로 콘크리트 패널이나 콘크리트 블록은 1/100~1/200 정도의 부등침하가 발생하면 전면벽체에 균열이 발생하는 등의 피해를 볼 수 있으나, 연성 벽면을 가지는 보강토옹벽은 1/50 이상의 부등침하가 발생하여도 큰 문제가 없다. 이러한 점에 착안하여 지반개량을 위한 과재하중으로, 허용 부등침하량이 큰 연성 전면벽체(예, 철망식 전면벽체, 지오신세틱스 포장형 전면벽체 등)를 가지는 보강토체를 먼저 시공하여 침하를 발생시키며, 침하가 완료된 다음 콘크리트 패널이나 콘크리트 블록 또는 현장타설 콘크리트로 전면벽체를 설치하면 전면벽체 시공 완료 후의 잔류침하량은 허용침하량 이내로 관리할 수 있으므로 침하 및 부등침하에 의한 피해를 최소화할 수 있다.

그림 5.74에서는 단계시공에 의한 보강토옹벽 시공 순서를 보여주며, 그림 5.75에서는 단계시공에 의한 보강토옹벽 시공 사례를 보여준다.

보강토체 위에는 연약지반 설계에 따라 압밀을 촉진하기 위한 과재성토를 할 수 있으며, 이러한 과재성토가 계획되었을 때는 보강토체 설계 시 이러한 과재성토에 의한 하중을 고려하여야 한다. 과재성토의 높이가 높은 경우에는, 그림 5.74의 a-1)에서와 같이, 성토사면 대신 보강토 가시설을 설치할 수 있다.

보강토체 전면에는 과재성토를 하지 않더라도 연동침하에 의하여 침하가 발생할 수 있으나, 필요시 과재성토를 할 수 있다. 이때, 보강토체 전면의 과재성토를 위한 여유 부지가 부족한 경우에는 톤 마대, 지오신세틱스 포장형 전면벽체 등을 사용하여 과재하중을 재하할 수 있다(그림 5.74의 b) 참조).

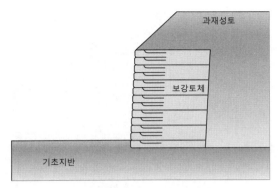

a) 보강토체 시공 및 과재성토

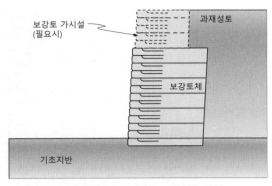

a-1) 과재성토로 보강토 가시설 설치

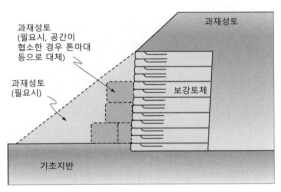

b) 보강토체 전면에 과재성토(필요시)

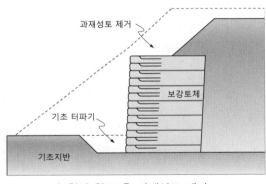

c) 침하 완료 후 과재성토 제거

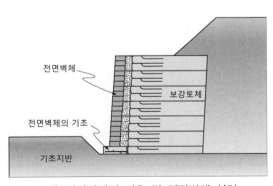

d) 전면벽체의 기초 및 전면벽체 설치

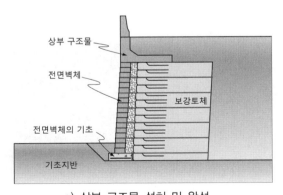

e) 상부 구조물 설치 및 완성

그림 5.74 단계시공의 예

a) 보강토체 시공

b) 기초 터파기

c) 전면벽체의 기초 설치

d) 전면벽체 설치

e) 전면벽체 설치 완료

f) 상부 구조물 설치

그림 5.75 단계시공의 예

압밀침하가 완료된 후 과재성토를 제거하고 기초터파기를 한 다음 전면벽체의 기초를 설치하고, 그 위에 전면벽체를 설치한다. 이때 전면벽체가 콘크리트 블록 또는 콘크리트 패널이면 부등침하에 의한 피해를 방지하기 위하여 전면벽체의 기초는 그 크기를 일반적인 경우보다 더 크게 하고 철근을 배근할 수 있다. 전면벽체가 설치되고 나면 예정된 상부 구조물을 시공하고 전체 보강토옹벽을 완성한다.

5.13 보강토옹벽의 배수 및 차수

5.13.1 보강토옹벽의 배수시설

KDS 11 80 10에 따르면 보강토옹벽으로 유입될 수 있는 잠재적인 지표수원이나 지하수위 등을 사전에 파악하고 이에 대한 적절한 배수 대책을 수립하여야 한다. 보강토체에 이용되는 뒤채움재료는 비교적 배수성이 양호한 양질의 토사를 이용하지만, 다량의 배면 유입수로 뒤채움 흙이 포화되면 흙의 전단강도가 급격히 저하하여 불안정한 상태가 될 수 있으므로 배면 용출수의 유무, 수량의 과다에 따라 적절한 배수시설을 하여야 한다.

보강토옹벽에 적용하는 배수시설의 종류는 다음과 같다.

(1) 보강토체 내부 배수시설

① 전면벽체 배면의 자갈, 쇄석 등 배수층 및 암거

② 전면벽체 배면의 지오신세틱스 배수재

③ 보강토체 내부의 수평 배수층

(2) 보강토체 외부 배수시설

① 벽체 상부 지표수 유입을 방지하기 위한 지표면 차수층 및 배수구

② 보강토옹벽 배면에서 유입되는 용수 처리를 위한 보강토체와 배면토체 사이의 경계면 배수층

배면 용출수가 있는 경우에는 보강토체의 내부와 배면토(Retained soil)에 지하수를 처리하기

위한 모래 자갈 수평 배수층을 설치할 필요가 있다. 보강토체 저면 이외에는 지오텍스타일이나 지오콤포지트(Geocomposite) 형의 배수재로 시공할 수도 있다. 특히 계곡부에 설치되는 보강토옹벽에는 일반 쌓기 비탈면과 같이 적정한 크기의 암거를 설치할 필요가 있다.

최근 기후변화로 인한 집중 강우 발생빈도가 높아지고 있어 강우에 따른 피해사례가 증가하고 있으므로 이러한 집중 강우를 고려하여 배수시설을 설계 및 시공할 필요가 있다(한국지반신소재학회, 2024).

보강토옹벽의 배수 및 차수시설과 관련해서는 한국지반신소재학회(2024)에서 발간한 『국가건설기준 KDS 11 80 10 보강토옹벽 해설서』에 잘 정리되어 있으며, 여기서는 그 내용을 수정·보완하였다.

5.13.2 보강토체 내부의 배수시설

1) 전면벽체 배면의 배수성 자갈, 쇄석골재 층

블록식 보강토옹벽의 경우 전면블록 배면에 최소 30cm 이상의 폭으로 자갈 또는 쇄석골재를 채움하여야 한다(그림 5.76 참조). 또한 뒤채움재료의 유출을 억제하기 위하여 보강토 뒤채움 토사와 자갈 또는 쇄석골재 층 사이에 필터용 부직포(Nonwoven geotextile)를 추가로 적용할 수 있으며, 이 경우 자갈 또는 쇄석골재 층의 폭을 0.15m까지 감소시킬 수 있다.

블록식 보강토옹벽에서 이러한 자갈 또는 쇄석골재 층을 설치하는 주된 목적은 배수 기능이 아니며, 가벼운 전면벽체 배면에서 뒤채움 토사를 다짐하면 전면블록이 밀리거나 전도될 수 있으므로 이를 방지하기 위하여 사용하는 것이 주된 목적인 것을 명심해야 하며, 투수성이 좋은 자갈 또는 쇄석골재를 사용하므로 부수적으로 배수/필터의 기능도 할 수 있으나, 강우 시 골재 층으로 다량의 물이 유입되어 전면블록이 탈락하는 피해를 보는 경우가 많으므로 주의해야 한다.

이러한 피해를 방지하기 위하여 자갈 또는 쇄석골재 층 최상단부는 최소 30cm 이상 투수성이 낮은 토사를 다짐하거나 그림 5.78에서 보여준 것과 같은 방법으로 지표수의 유입을 차단해야 한다.

또한 쇄석골재 층 최하단에는 유공관을 설치하고, 유공관 하부는 투수성이 낮은 토사로 채움

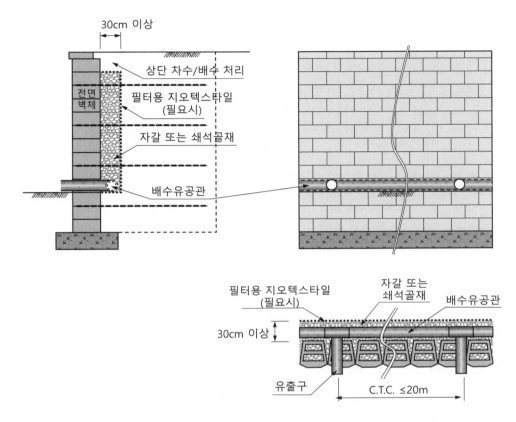

그림 5.76 전면벽체 배면의 자갈, 쇄석 배수층(김경모, 2017 수정)

하거나 차수용 지오신세틱스를 설치한다. 유공관으로 집수된 물은 최소 옹벽 연장 20m마다 배수구를 설치하여 배수해야 한다(그림 5.76 참조).

2) 전면벽체 배면의 지오신세틱스 배수재

패널식 보강토옹벽의 경우 콘크리트 패널 사이에 약 2cm 정도의 줄눈(Joint)을 두고 있으므로 이들 줄눈 사이로 물과 함께 토사가 유출될 수 있다. 따라서 패널식 보강토옹벽의 경우 콘크리트 패널 배면의 줄눈 위치에 필터용 지오텍스타일을 설치하여 토사의 유출을 방지한다(그림 5.77 참조).

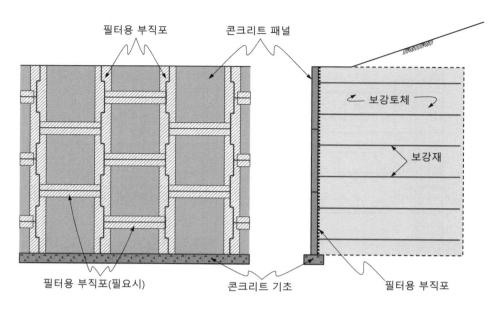

그림 5.77 콘크리트 패널 배면의 필터용 부직포 설치 예(김경모, 2017)

5.13.3 보강토체 외부의 배수시설

1) 벽체 상부 지표수 유입을 방지하기 위한 지표면 배수구

보강토옹벽 상단부에서 지표수의 유입을 방지하기 위하여, 그림 5.78에서와 같이 최소 30cm 이상 투수성이 낮은 토사층을 두거나 콘크리트, 아스팔트 등 차수층을 설치할 수 있다. 또한 토사층 내에 지오멤브레인(Geomembrane) 차수재를 설치하여 지표수의 유입을 방지할 수도 있다.

2) 지오멤브레인 차수층

아스팔트 포장은 완전한 불투수층이 아니며, 배수가 잘되지 않는 뒤채움재료를 사용할 때, 지표수의 침투 및 이와 관련된 침투력(Seepage force)의 발생으로 인한 피해를 방지하기 위하여, 보강토옹벽 상부에 지오멤브레인 차수층(Geomembrane barrier)을 설치할 수 있다. 이때 지오멤브레인 차수층은 보강토체 배면을 지나 최소 1.8m 이상 연장되어야 하며, 집수된 유입수를 배수하기 위한 배수시스템이 함께 설치되어야 한다.

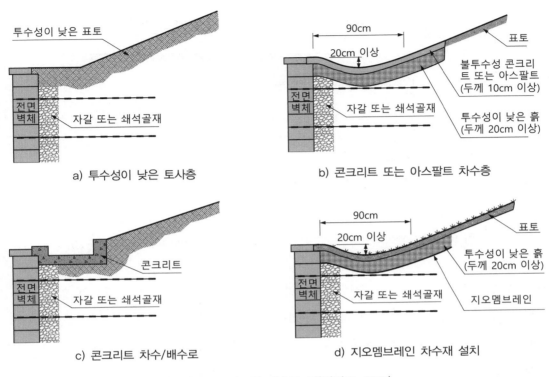

a) 투수성이 낮은 토사층

b) 콘크리트 또는 아스팔트 차수층

c) 콘크리트 차수/배수로

d) 지오멤브레인 차수재 설치

그림 5.78 지표면 배수구 예(김경모, 2017)

한편, 제설제로 사용하는 염화칼슘과 같은 제설염이 포함된 눈 녹은 물이 보강토옹벽으로 침투하게 되면 금속성 보강재의 부식 속도를 가속시킬 수 있으므로, 도로 기층 하부에 최상단 보강재 층 위에 지오멤브레인 차수층을 설치할 수 있다.

차수용 지오멤브레인은 최소 두께 0.75mm 이상의 PVC, 고밀도폴리에틸렌(High density polyethylene, HDPE) 또는 선형저밀도폴리에틸렌(Linear low density polyethylene, LLDPE) 재질의 지오멤브레인을 사용해야 한다.

지오멤브레인 차수층 설치 단면의 예가 그림 5.79에 제시되어 있다.

3) 보강토체와 배면토 사이의 경계면 배수층

기존 원지반을 깎은 후에 보강토옹벽을 설치하는 경우나 계곡부에 보강토옹벽을 시공하는 경우와 같이 보강토옹벽 배면에 용출수가 있는 경우에는, 보강토체 내부로 지하 용출수가 유입

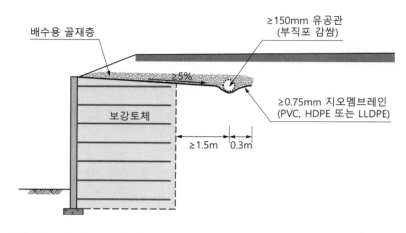

그림 5.79 지오멤브레인 차수층 설치 예(Elias 등, 2001; Berg 등, 2009a 수정)

되는 것을 방지하기 위하여 보강토체와 배면토 사이에 배수층을 설치할 필요가 있다.

원지반을 절취한 후 보강토옹벽을 시공하는 경우, 원지반과 성토지반 사이 경계면에 그림 5.80 및 그림 5.81에서와 같이 배수층을 설치할 수 있다. 이때 배수층은 쇄석골재 또는 자갈을 사용할 수 있고, 지오콤포지트와 같은 지오신세틱스 배수재를 사용할 수도 있다.

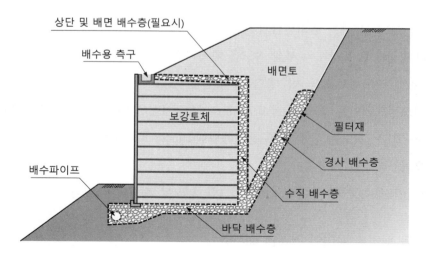

그림 5.80 보강토체와 배면토 사이 경계면 배수층 예(GEO, 2002)

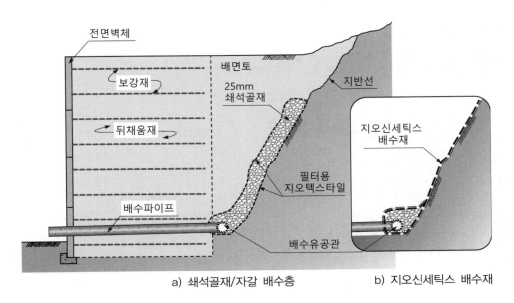

a) 쇄석골재/자갈 배수층   b) 지오신세틱스 배수재

그림 5.81 절취면의 배수시설 설치 예(김경모, 2017)

4) 지하수위 조건별 배수시설

보강토옹벽 하부의 지하수위가 상당히 깊고 배면 용출수도 없어 보강토옹벽에 영향을 미칠 우려가 없는 경우에는 그림 5.82의 a)에서와 같이 전면벽체 배면의 배수성 자갈, 골재 층만 설치할 수 있다.

계절적으로 지하수위가 보강토옹벽 저면 근처까지 상승하여 보강토옹벽에 영향을 미칠 가능성이 있는 경우에는 그림 5.82의 b)에서와 같이 보강토체 저면에 바닥 배수층을 설치하여 모관현상에 의하여 상승한 지하수의 영향을 배제할 수 있다.

지하수위가 보강토체 바닥 근처에 있거나 배면의 지하수위가 높아 보강토체 내부로 물이 유입될 우려가 있는 경우에는 보강토체 바닥의 바닥 배수층과 배면의 배면 배수층을 설치하여 보강토체 내부로 물이 유입되는 것을 방지할 수 있다. 이때 배면 배수층은 최고 지하수위보다 높게 설치하여야 한다(그림 5.82의 c) 참조).

바닥 배수층과 배면의 수직 배수층은 자갈, 골재 대신에 지오콤포지트 배수재를 사용할 수 있다.

지하수위 조건 Case I

1. 지하수위는 보강토옹벽 저면에서 2H/3 아래에 있음
2. 보강토옹벽 배면으로부터 유입되는 물은 거의 없음

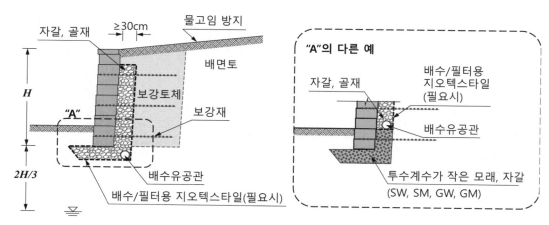

a) 지하수위가 상당히 깊고 배면 용출수도 없는 경우

지하수위 조건 Case II

1. 지하수위가 보강토옹벽 저면 근처에 있거나, 저면까지 상승할 우려가 있는 경우
2. 보강토옹벽 배면으로부터 유입되는 물은 거의 없음

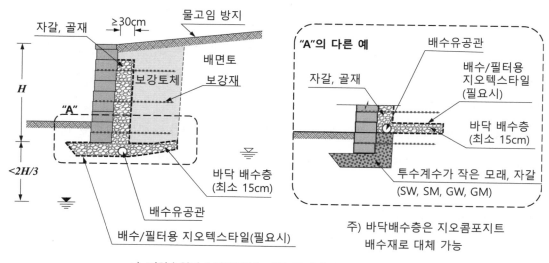

b) 지하수위가 보강토옹벽 저면 근처까지 상승하는 경우

그림 5.82 지하수위 조건별 배수시설 예(NCMA, 2012 수정)(계속)

지하수위 조건 Case III

1. 지하수위가 보강토옹벽 저면 근처에 있거나, 배면의 지하수가 보강토체로 유입될 우려가 있는 경우
2. 보강토옹벽 배면으로부터 유입되는 물이 있음
3. 완벽한 배수시스템으로, 실제 현장의 지하수위 조건이 불확실한 경우에 적용 가능

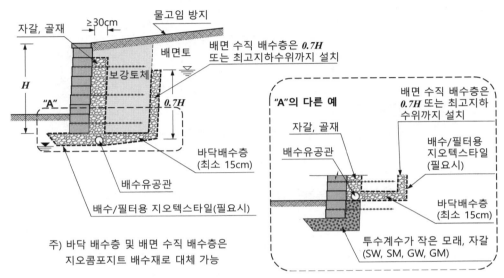

c) 지하수위가 보강토옹벽 저면 근처까지 상승하는 경우

그림 5.82 지하수위 조건별 배수시설 예(NCMA, 2012 수정)

5.13.4 침수 대책

강, 호수, 저류지 등에 인접하여 시공되어 침수 가능성이 있는 보강토옹벽은 설계 최고홍수위보다 최소 0.3m 이상 높은 수위에 해당하는 정수압을 적용하여 설계하여야 한다. 내적 및 외적안정성 검토 시 설계 수위 하부의 흙에 대해서는 수중단위중량을 사용하여야 하고, 수위의 변화가 있는 경우에는, 보강토옹벽 내·외부에서 1m 이상의 수위차를 발생시킬 수 있는 수위급강하 조건에 맞게 설계하여야 한다(Berg 등, 2009a).

이러한 수위급강하 조건에 맞게 설계하는 대신, 보강토체가 수중에 잠길 때, 수위급강하 시에도 보강토옹벽 내외의 수면이 같아질 수 있도록 투수성이 양호한 뒤채움재료(예, 25mm 골재)를 사용할 수 있고, 이때 투수성이 양호한 재료와 일반토사 사이에는 필터용 지오텍스타일을 설치하여, 토사가 투수성이 양호한 재료 사이로 침투하여 투수성이 저하되지 않도록 하여야 하며,

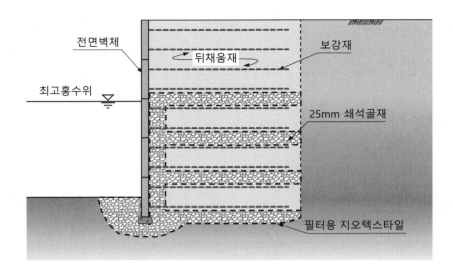

그림 5.83 보강토옹벽 침수 대책의 예(French MOT, 1980)

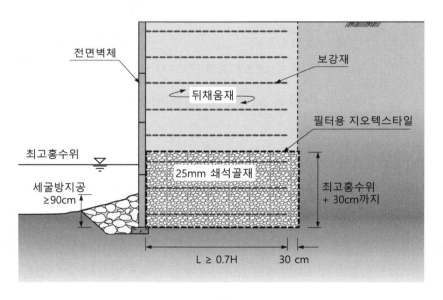

그림 5.84 보강토옹벽 침수 대책의 예(Berg 등, 2009a)

필터용 지오텍스타일의 이음부는 최소 0.3m 이상 겹치도록 한다.

또한 전면벽체 또는 전면보호재의 이음부에도 필터용 지오텍스타일을 설치하여 원활한 배수가 가능하고 흙 입자의 유실을 방지할 수 있도록 하여야 한다.

보강토옹벽 전면에는 세굴방지공을 설치하여 침식 및 세굴에 대해서도 저항할 수 있도록 설계하여야 한다.

5.14 계산 예 3 – 상부에 방호벽/방음벽 기초가 있는 경우

5.14.1 설계조건

1) 기하 형상

본 계산 예는 4.6.1의 계산 예 1에서와 같은 높이 6.1m의 보강토옹벽 상부에 높이 1.5m의 L형 옹벽(방호벽 기초)이 있는 블록식 보강토옹벽에 대한 계산 예이다(그림 5.85 참조).

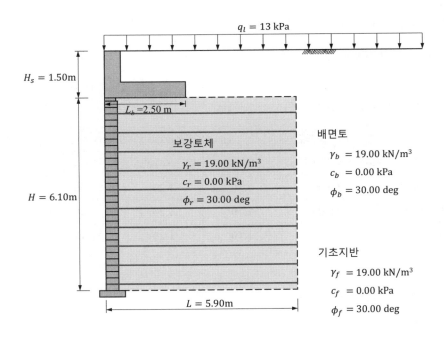

그림 5.85 계산단면 – 계산 예 3

2) 상재하중

보강토옹벽 상부에는 교통 하중으로 13kPa의 등분포 활하중이 작용한다.

3) 토질 특성

본 계산 예에 적용한 토질 특성은 표 5.4와 같으며, 계산 예 1에서와 같다.

표 5.4 토질 특성 - 계산 예 3

구분	점착력 c (kN/m²)	내부마찰각 ϕ (deg)	단위중량 γ_t (kN/m³)	비고
보강토체	N/A	30.00	19.00	
배면흙	N/A	30.00	19.00	
기초지반	0.00	30.00	19.00	

4) 보강재 특성

보강재의 특성은 계산 예 1과 같으며, 인발저항계수 C_i = 0.8을 적용하고, 흙/보강재 접촉면 마찰계수 $\tan\delta$ = $0.8\tan\phi_r$값을 적용한다.

표 5.5 보강재의 특성 - 계산 예 3

이름	극한인장강도, T_{ult}(kN/m)	감소계수(Reduction factor)			장기인장강도, T_l(kN/m)
		RF_D	RF_{ID}	RF_{CR}	
GRID 60kN	60.00	1.10	1.20	1.60	28.44
GRID 80kN	80.00	1.10	1.20	1.60	37.91
GRID 100kN	100.00	1.10	1.20	1.60	47.39

(1) 내진설계 - 지반가속도계수

본 계산 예에서 검토하는 보강토옹벽은 지진구역 I의 보통암 지반 위에 설치되며, 내진 1등급으로 설계한다. 기초지반의 지반가속도계수는 KDS 17 10 00 내진설계 일반에 따라 표 5.6과 같이 결정하였다.

표 5.6 지진계수의 계산 - 계산 예 3

구분	값	비고
지진구역계수, Z	0.11	지진구역 I
위험도계수, I	1.4	내진 1등급
유효수평지반가속도, S	$0.11 \times 1.4 = 0.154$	$S = Z \times I$
지반증폭계수, F_a	1.00	단주기증폭계수, 보통암 지반
지반가속도계수, A	$0.154 \times 1.0 = 0.154$	$A = F_a \times S$

5.14.2 외적안정성 검토

1) 보강토옹벽에 작용하는 하중

(1) 배면토압

벽면 경사, $\alpha = 0.00° < 10°$고, 상부 사면경사각 $\beta = 0°$이므로, 보강토체 배면 주동토압계수 K_a는 다음과 같이 계산할 수 있다.

$$K_a = \tan^2\left(45° - \frac{\phi_r}{2}\right)$$

$$= \tan^2\left(45° - \frac{30.00°}{2}\right) = 0.333$$

따라서 보강토옹벽 배면에 작용하는 배면토압은 다음과 같이 계산된다.

$$P_s = \frac{1}{2}\gamma_b(H + H_s)^2 K_a$$

$$= \frac{1}{2} \times 19.00 \times (6.10 + 1.50)^2 \times 0.333$$

$$= 182.72\,\text{kN/m}$$

$$P_q = (q_l + q_d)(H + H_s)K_a$$

$$= (13.00 + 0.00) \times (6.10 + 1.50) \times 0.333$$

$$= 32.90\ \text{kN/m}$$

(2) 보강토체의 자중

전면벽체와 보강토체의 단위중량 차이를 무시하고 보강토체의 자중(W_r)과 상재성토하중(W_s)을 계산하면 다음과 같다.

$$W_r = \gamma_r HL$$
$$= 19.00 \times 6.10 \times 5.90 = 683.81 \ \text{kN/m}$$
$$W_s = \gamma_b H_s L$$
$$= 19.00 \times 1.50 \times 5.90 = 168.15 \ \text{kN/m}$$

보강토체에 작용하는 하중 분포는 그림 5.86과 같다.

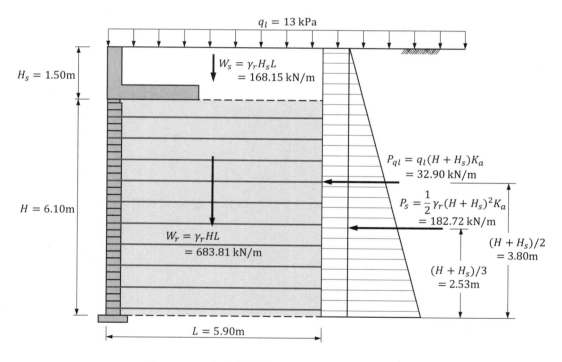

그림 5.86 보강토체에 작용하는 하중 분포 - 계산 예 3

2) 저면활동에 대한 안정성 검토

저면활동에 대한 안전율은 다음과 같이 계산할 수 있다.

$$FS_{slid} = \frac{R_H}{P_H}$$

$$R_H = (W_r + W_s)\tan\delta$$

$$= (683.81 + 168.15) \times \tan30° = 491.88 \text{ kN/m}$$

$$P_H = P_s + P_q$$

$$= 182.72 + 32.90 = 215.62 \text{ kN/m}$$

저면활동에 대한 안전율은 다음과 같이 계산된다.

$$FS_{slid} = \frac{R_H}{P_H}$$

$$= \frac{491.88}{215.62} = 2.28 \ > \ 1.5 \quad \therefore O.K.$$

3) 전도에 대한 안정성 검토

전도에 대한 안전율은 다음과 같이 계산할 수 있다.

$$FS_{over} = \frac{M_R}{M_O}$$

점 O에 대한 모멘트를 취하면 저항모멘트 M_R과 전도모멘트 M_O는 각각 다음과 같이 계산된다.

$$M_R = W_r\frac{L}{2} + W_s\frac{L}{2}$$

$$= 683.81 \times \frac{5.90}{2} + 168.15 \times \frac{5.90}{2}$$

$$= 2,017.24 + 496.04 = 2,513.28 \text{ kN·m/m}$$

$$M_O = P_s \times \frac{H + H_s}{3} + P_q \times \frac{H + H_s}{2}$$

$$= 182.72 \times \frac{6.10 + 1.50}{3} + 32.90 \times \frac{6.10 + 1.50}{3}$$

$$= 462.89 + 125.02 = 587.91 \ \text{kN} \cdot \text{m/m}$$

따라서 전도에 대한 안전율은 다음과 같이 계산된다.

$$FS_{over} = \frac{M_R}{M_O}$$

$$= \frac{2,513.28}{587.91} = 4.27 \ > \ 2.0 \quad \therefore \ O.K.$$

4) 지반지지력에 대한 안정성 검토

지지력에 대한 안전율은 다음과 같이 계산할 수 있다.

$$FS_{bear} = \frac{q_{ult}}{q_{ref}}$$

위 식에서 q_{ref}는 보강토체에 의하여 기초지반에 가해지는 접지압이며, 상재 활하중을 포함하여 계산해야 한다. 따라서 상재 활하중에 의한 하중 W_{ql}와 모멘트 M_{Wql}는

$$W_{ql} = q_l L$$

$$= 13.0 \times 5.90 = 76.70 \ \text{kN/m}$$

$$M_{Wql} = W_{ql} \times \frac{L}{2}$$

$$= 76.70 \times \frac{5.90}{2} = 226.27 \ \text{kN} \cdot \text{m/m}$$

소요지력 계산을 위한 편심거리 e_{bear}는

$$e_{bear} = \frac{L}{2} - \frac{\Sigma M + M_{Wql}}{\Sigma P_v + W_{ql}}$$

$$= \frac{5.90}{2} - \frac{2{,}513.28 - 587.91 + 226.27}{683.81 + 168.15 + 76.70} = 0.63 \text{ m}$$

소요지지력 q_{ref}는

$$q_{ref} = \frac{\Sigma P_v + W_{ql}}{L - 2e_{bear}}$$

$$= \frac{683.81 + 168.15 + 76.70}{5.90 - 2 \times 0.63} = 200.14 \text{ kN/m}^2$$

기초지반의 극한지지력은 다음과 같이 계산할 수 있다.

$$q_{ult} = c_f N_c + 0.5\,\gamma_f\,(L - 2\,e_{bear})\,N_\gamma$$

여기서, $N_q = e^{\pi \tan\phi_f} \tan^2\!\left(45° + \frac{\phi_f}{2}\right)$

$$= e^{\pi \tan 30.00°} \times \tan^2\!\left(45° + \frac{30.00°}{2}\right) = 18.40$$

$$N_c = \frac{N_q - 1}{\tan\phi_f} = \frac{18.40 - 1}{\tan 30.00°} = 30.14$$

$$N_\gamma = 2\,(N_q + 1)\tan\phi_f = 2 \times (18.40 + 1) \times \tan 30.00° = 22.40$$

따라서 기초지반의 극한지지력은

$$q_{ult} = c_f N_c + 0.5\,\gamma_f\,(L - 2\,e_{bear})\,N_\gamma$$

$$= 0.00 \times 30.14 + 0.5 \times 19.00 \times (5.90 - 2 \times 0.63) \times 22.40$$

$$= 987.39 \text{ kN/m}^2$$

지지력에 대한 안전율은

$$FS_{bear} = \frac{q_{ult}}{q_{ref}}$$

$$= \frac{987.39}{200.14} = 4.93 \ > \ 2.5 \qquad \therefore \ O.K.$$

5.14.3 내적안정성 검토

1) 보강토체 내부의 토압 분포

그림 4.44로부터 지오신세틱스 보강재의 경우 전체 높이에 대하여 $K_r/K_a = 1.0$이며, 벽면 경사가 수직이므로 보강토체 내부의 토압계수는 다음과 같이 계산된다.

$$K_r = K_a = \tan^2\left(45° - \frac{\phi_r}{2}\right)$$

$$= \tan^2\left(45.00° - \frac{30.00°}{2}\right) = 0.333$$

2) 보강재 최대유발인장력(T_{max})

층별 보강재의 최대유발인장력 T_{max}는 다음과 같이 계산할 수 있다.

$$T_{max} = \sigma_h S_v S_h$$

$$\sigma_h = K_r(\sigma_v + \Delta\sigma_v) + \Delta\sigma_h$$

$$\sigma_v = \gamma_r z + \sigma_2 + q_d + q_l$$

여기서, σ_2 : 상재 성토에 의한 수직응력 증가분

(1) 상부 L형 옹벽에 작용하는 하중 계산

- 토압계수

$$K_a = \tan^2\left(45° - \frac{\phi_b}{2}\right)$$

$$= \tan^2\left(45° - \frac{30°}{2}\right) = 0.333$$

- 배면토압

$$F_1 = \frac{1}{2}\gamma_b H_s^2 K_a$$

$$= \frac{1}{2} \times 19.00 \times 1.50^2 \times 0.333 = 7.12 \text{ kN/m}$$

$$F_2 = (q_l + q_d)H_s K_a$$

$$= (13.00 + 0.00) \times 1.50 \times 0.333 = 6.49 \text{ kN/m}$$

- L형 옹벽의 무게 및 그 위 흙의 무게

$$W = \gamma_c L_b H_s - (\gamma_c - \gamma_b)(L_b - 벽체의\ 폭)(H_s - 저판의\ 두께)$$

$$= 24.00 \times 2.50 \times 1.50 - (24.00 - 19.00) \times (2.50 - 0.45) \times (1.50 - 0.45)$$

$$= 90.00 - 10.76 = 79.24 \text{ kN/m}$$

- 상재 활하중

$$W_{ql} = q_l L_b$$

$$= 13.00 \times 2.50 = 32.50 \text{ kN/m}$$

- 선단에 대한 모멘트

$$M_O = F_1 \frac{H_s}{3} + F_2 \frac{H_s}{2}$$

$$= 7.12 \times \frac{1.50}{3} + 6.49 \times \frac{1.50}{2} = 8.43 \text{ kN·m/m}$$

$$M_R = W \times a + W_q \frac{L_b}{2}$$

$$= 90.0 \times \frac{2.50}{2} - 10.76 \times \left(0.45 + \frac{2.50 - 0.45}{2}\right) + 32.50 \times \frac{2.50}{2}$$

$$= 112.50 - 15.87 + 40.63 \ = \ 137.26 \ \text{kN} \cdot \text{m/m}$$

- 편심거리

$$e_b = \frac{L_b}{2} - \frac{\Sigma M}{\Sigma V}$$

$$= \frac{2.50}{2} - \frac{137.26 - 8.43}{79.24 + 32.50} = 0.10 \ \text{m}$$

- L형 옹벽의 접지압

$$\sigma_{bv} = \frac{\Sigma V}{L_b - 2e_b}$$

$$= \frac{79.24 + 32.50}{2.50 + 2 \times 0.10} = 48.58 \ \text{kPa}$$

그런데 상부 등분포 활하중과 성토하중은 별도로 고려하므로 L형 옹벽에 의하여 추가로 고려해야 할 하중은 다음과 같다.

$$\sigma_{v0} = \sigma_{bv} - q_l - \sigma_2$$

$$= 48.58 - 13.00 - 28.50 = 7.08 \ \text{kPa}$$

(2) L형 옹벽 접지압에 의해 층별 보강재에 증가하는 수직응력($\Delta \sigma_v$)

L형 옹벽 접지압(띠하중)에 의해 층별 보강재에 증가하는 수직응력은 다음과 같이 계산할 수 있다.

$$\Delta \sigma_{v(i)} = \frac{\sigma_{v0}}{D_1}, \quad D_{1(i)} = (L_b - 2e_b) + \frac{z_{r(i)}}{2}$$

각 보강재 층에서 증가하는 수직응력($\Delta\sigma_v$)을 계산한 결과는 표 5.7과 같다.

표 5.7 L형 옹벽 접지압에 의한 수직응력 증가분 계산 결과 – 계산 예 3

번호	높이(m)	깊이, Z_c(m)	폭, D_1(m)	$\Delta\sigma_v$(kN/m²)
10	5.60	0.40	2.50	2.83
9	5.00	1.10	2.85	2.48
8	4.40	1.70	3.15	2.25
7	3.80	2.30	3.45	2.05
6	3.20	2.90	3.75	1.89
5	2.60	3.50	4.05	1.75
4	2.00	4.10	4.35	1.63
3	1.40	4.70	4.65	1.52
2	0.80	5.30	4.95	1.43
1	0.20	5.85	5.23	1.36

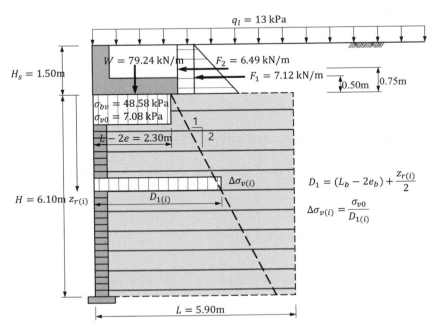

그림 5.87 L형 옹벽에 의해 층별 보강재에 증가하는 수직응력 – 계산 예 3

(3) 보강재 위에 작용하는 수직응력(σ_v)

각 보강재 층에서 수직응력(σ_v) 계산 결과는 표 5.8에서와 같다.

표 5.8 보강재 깊이에서의 수직응력 계산 결과 − 계산 예 3

번호	높이, h_r (m)	깊이, Z_c (m)	σ_2 (kPa)	γZ (kN/m²)	q_l (kPa)	σ_v (kN/m²)
10	5.60	0.40	28.50	7.60	13.0	49.10
9	5.00	1.10	28.50	20.90	13.0	62.40
8	4.40	1.70	28.50	32.30	13.0	73.80
7	3.80	2.30	28.50	43.70	13.0	85.20
6	3.20	2.90	28.50	55.10	13.0	96.60
5	2.60	3.50	28.50	66.50	13.0	108.00
4	2.00	4.10	28.50	77.90	13.0	119.40
3	1.40	4.70	28.50	89.30	13.0	130.80
2	0.80	5.30	28.50	100.70	13.0	142.20
1	0.20	5.85	28.50	111.15	13.0	152.65

주) $\sigma_v = \gamma_r z_c + \sigma_2 + q_l$

q_l : 등분포 상재 활하중

(4) L형 옹벽에 의하여 증가하는 수평응력($\Delta\sigma_h$)

상부 L형 옹벽에 의하여 각 보강재 층에 추가로 증가하는 수평응력은 다음과 같이 계산할 수 있다.

− 영향 깊이, $\quad l_1 = (L_b - 2e_b)\tan\left(45° + \dfrac{\phi_r}{2}\right)$

$$= (2.5 - 2 \times 0.1) \times \tan\left(45° + \dfrac{30°}{2}\right) = 3.98 \ \text{m}$$

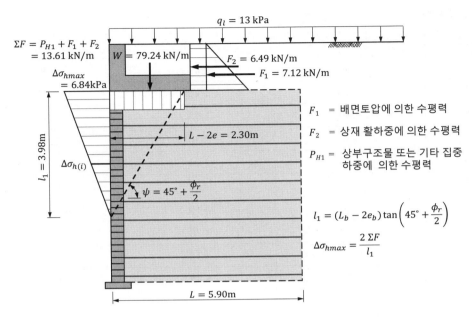

그림 5.88 L형 옹벽에 의해 층별 보강재에 증가하는 수평응력 - 계산 예 3

- 상단 최대 수평응력

$$\Delta\sigma_{hmax} = \frac{2\Sigma F}{l_1}$$

$$= \frac{2 \times (7.12 + 6.49)}{3.98} = 6.84 \ \mathrm{kPa}$$

- 층별 보강재에 추가되는 수평응력

$$\Delta\sigma_{h(i)} = \Delta\sigma_{hmax} - \frac{\Delta\sigma_{hmax}}{l_1} \times Z_{c(i)}$$

L형 옹벽의 접지압에 의한 각 보강재 층에서 추가되는 수평응력을 계산하면 표 5.9에서와 같다.

표 5.9 L형 옹벽 접지압에 의한 수평응력 증가분 계산 결과 – 계산 예 3

번호	높이(m)	깊이, Z_c(m)	$\Delta\sigma_h$ (kN/m²)
10	5.60	0.40	5.98
9	5.00	1.10	4.95
8	4.40	1.70	3.92
7	3.80	2.30	2.89
6	3.20	2.90	1.86
5	2.60	3.50	0.82
4	2.00	4.10	0.00
3	1.40	4.70	0.00
2	0.80	5.30	0.00
1	0.20	5.85	0.00

(5) 최대유발인장력 계산

층별 보강재의 최대유발인장력(T_{max}) 계산 결과를 정리하면 표 5.10에서와 같다.

표 5.10 보강재 최대유발인장력 계산 결과 – 계산 예 3

번호 i	높이, h_r (m)	σ_v (kN/m²)	$\Delta\sigma_v$ (kN/m²)	K	σ_h (kN/m²)	$\Delta\sigma_h$ (kN/m²)	T_{max} (kN/m)
10	5.60	49.10	2.83	0.333	17.29	5.98	18.62
9	5.00	62.40	2.48	0.333	21.61	4.95	15.94
8	4.40	73.80	2.25	0.333	25.32	3.92	17.54
7	3.80	85.20	2.05	0.333	29.05	2.89	19.16
6	3.20	96.60	1.89	0.333	32.80	1.86	20.80
5	2.60	108.00	1.75	0.333	36.55	0.82	22.42
4	2.00	119.40	1.63	0.333	40.30	0.00	24.18
3	1.40	130.80	1.52	0.333	44.06	0.00	26.44
2	0.80	142.20	1.43	0.333	47.83	0.00	28.70
1	0.20	152.65	1.36	0.333	51.28	0.00	25.64

3) 보강재 파단에 대한 안정성 검토

보강토옹벽에서 보강재의 장기설계인장강도(T_a)는 최대유발인장력(T_{max})보다 커야 한다. 그런데 대부분의 보강토옹벽 구조계산 프로그램에서 장기인장강도(T_l)와 최대유발인장력(T_{max})의 비로 보강재 파단에 대한 안전율을 나타내고, T_a의 계산에는 안전율 $FS = 1.5$가 포함되어 있으므로 보강재 파단에 대한 안전율은 다음과 같이 계산할 수 있다.

$$FS_{ru} = \frac{T_l}{T_{max}} \geq 1.5$$

층별 보강재 파단에 대한 안전율 계산 결과는 표 5.11에 정리하였다.

표 5.11 보강재 파단에 대한 안정성 검토 결과 – 계산 예 3

번호	높이(m)	보강재 종류	T_{max}(kN/m)	T_l(kN/m)	FS_{ru}	기준안전율	비고
10	5.60	GRID 60kN	18.62	28.44	1.527	$\geq$ 1.5	O.K.
9	5.00	GRID 60kN	15.94	28.44	1.784	$\geq$ 1.5	O.K.
8	4.40	GRID 60kN	17.54	28.44	1.621	$\geq$ 1.5	O.K.
7	3.80	GRID 80kN	19.16	37.91	1.979	$\geq$ 1.5	O.K.
6	3.20	GRID 80kN	20.80	37.91	1.823	$\geq$ 1.5	O.K.
5	2.60	GRID 80kN	22.42	37.91	1.691	$\geq$ 1.5	O.K.
4	2.00	GRID 80kN	24.18	37.91	1.568	$\geq$ 1.5	O.K.
3	1.40	GRID 100kN	26.44	47.39	1.792	$\geq$ 1.5	O.K.
2	0.80	GRID 100kN	28.70	47.39	1.651	$\geq$ 1.5	O.K.
1	0.20	GRID 100kN	25.64	47.39	1.848	$\geq$ 1.5	O.K.

4) 보강재 인발파괴에 대한 안정성 검토

(1) 가상파괴면

벽면 경사각, $\alpha = 0.00 < 10°$이므로,

$$\psi = 45° + \frac{\phi_r}{2}$$

$$= 45° + \frac{30.00°}{2} = 60.00° \quad (수평선으로부터)$$

(2) 보강재의 인발저항력

보강재의 인발저항력은 다음 식과 같이 계산할 수 있다.

$$P_r = 2 \, \alpha \, R_c \, F^* \left(\gamma \, Z_p \, L_e + \Delta \sigma_v \, L_{ef}\right)$$

위 식에서 α는 보강재의 크기효과(Scale effect)를 고려하기 위한 계수로서 지오신세틱스 지오그리드 보강재의 경우 0.8을 적용한다. 지오신세틱스 보강재의 인발저항계수 $F^* = C_i \tan\phi$ 로 계산하며, 본 예제에서 C_i는 0.8을 적용한다. γZ_p는 인발저항력 계산 시 보강재 위의 토피고 (Z_p)에 의한 수직응력이고, $\Delta\sigma_v$는 추가되는 수직응력, L_{ef}는 $\Delta\sigma_v$가 작용하는 보강재 유효길이

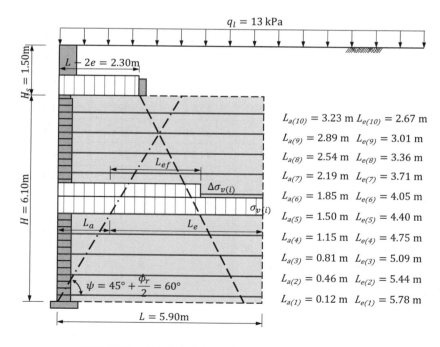

그림 5.89 가상파괴면과 보강재 유효길이 – 계산 예 3

이다(그림 5.89 참조).

층별 보강재 인발저항력을 계산하면 표 5.12와 같다.

표 5.12 보강재 인발저항력 계산 결과 – 계산 예 3(계속)

번호 i	높이 (m)	L (m)	L_a (m)	L_e (m)	γZ_p (kN/m²)	D_1 (m)	L_{ef} (m)	$\Delta\sigma_v$ (kN/m²)	F^*	P_r (kN/m)
10	5.60	5.90	3.23	2.67	38.00	2.55	0.00	2.83	0.462	75.00
9	5.00	5.90	2.89	3.01	49.40	2.85	0.00	2.48	0.462	109.91
8	4.40	5.90	2.54	3.36	60.80	3.15	0.60	2.25	0.462	152.01
7	3.80	5.90	2.19	3.71	72.20	3.45	1.25	2.05	0.462	199.90
6	3.20	5.90	1.85	4.05	83.60	3.75	1.89	1.89	0.462	252.92
5	2.60	5.90	1.50	4.40	95.00	4.05	2.54	1.75	0.462	312.27
4	2.00	5.90	1.15	4.75	106.40	4.35	3.19	1.63	0.462	377.44
3	1.40	5.90	0.81	5.09	117.80	4.65	3.83	1.52	0.462	447.53
2	0.80	5.90	0.46	5.44	129.20	4.95	4.48	1.43	0.462	524.28
1	0.20	5.90	0.12	5.78	140.60	5.25	5.12	1.36	0.462	605.87

(3) 인발파괴에 대한 안전율

보강재 인발파괴에 대한 안전율은 다음 식과 같이 계산할 수 있다.

$$FS_{po} = \frac{P_r}{T_{\max}} \geq 1.5$$

인발파괴에 대한 안정성 검토 결과를 정리하면 표 5.13과 같다.

표 5.13 인발파괴에 대한 안정성 검토 결과 – 계산 예 3

번호 i	높이 (m)	보강재 종류	T_{max} (kN/m)	P_r (kN/m)	FS_{po}	기준 안전율	비고
10	5.60	GRID 60kN	18.62	75.00	4.028	≥ 1.5	O.K.
9	5.00	GRID 60kN	15.94	109.91	6.895	≥ 1.5	O.K.
8	4.40	GRID 60kN	17.54	152.01	8.666	≥ 1.5	O.K.
7	3.80	GRID 80kN	19.16	199.90	10.433	≥ 1.5	O.K.
6	3.20	GRID 80kN	20.80	252.92	12.160	≥ 1.5	O.K.
5	2.60	GRID 80kN	22.42	312.27	13.928	≥ 1.5	O.K.
4	2.00	GRID 80kN	24.18	377.44	15.610	≥ 1.5	O.K.
3	1.40	GRID 100kN	26.44	447.53	16.926	≥ 1.5	O.K.
2	0.80	GRID 100kN	28.70	524.28	18.268	≥ 1.5	O.K.
1	0.20	GRID 100kN	25.65	605.87	23.630	≥ 1.5	O.K.

5) 내적활동에 대한 안정성 검토

(1) 활동력

앞에서 외적안정성 검토 시 계산된 토압계수는 $K_a = 0.333$이며, 따라서 i번째 보강재 층 위의 보강토체 배면에 작용하는 활동력은 다음과 같이 계산된다.

$$P_{H(i)} = P_{a(i)} = P_{s(i)} + P_{ql(i)}$$

$$= \frac{1}{2}\gamma_b z_{r(i)}^2 K_a + q_l z_{r(i)} K_a$$

(2) 보강토체의 자중

전면벽체와 보강토체의 단위중량 차이를 무시하고 i번째 보강재 층 위의 보강토체의 자중을 계산하면 다음과 같다.

$$V_{1(i)} = W_{r(i)} = \gamma_r z_{r(i)} L_{(i)}$$

(3) 내적활동에 대한 저항력

흙과 보강재 접촉면 마찰효율 $C_{ds} = 0.8$이라 하면, i번째 보강재 층에서 작용하는 저항력은 다음과 같이 계산된다.

$$R_{H(i)} = P_{v(i)} C_{ds} \tan\phi_r = 0.8\,W_{r(i)} \tan\phi_r$$

내적활동에 대한 안정성 계산의 예로 5번째 보강재 층 위의 보강토체에 작용하는 하중 분포는 그림 5.90과 같다.

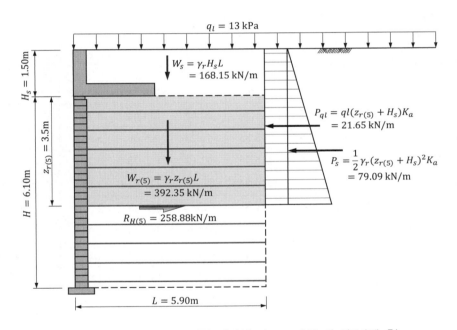

그림 5.90 내적활동에 대한 안정성 검토 – 계산 예 3(5번째 층)

(4) 내적활동에 대한 안전율

전면벽체의 저항력을 무시하면, 내적활동에 대한 안정성은 다음과 같이 계산된다.

413

$$FS_{sl(i)} = \frac{R_{H(i)}}{P_{H(i)}}$$

보강재 층별 내적활동에 대한 안정성 검토 결과를 정리하면 표 5.14와 같다.

최하단 보강재 층에서 내적활동에 대한 안전율은 $FS_{sl(1)}$ = 1.867로, 앞의 외적안정성 검토에서 계산한 저면활동에 대한 안전율 FS_{slid}= 2.28보다 작으므로, 보강재 길이는 저면활동이 아니라 내적활동에 의하여 결정된다는 것을 알 수 있으며, 보강토옹벽 설계 시에는 반드시 내적활동에 대한 안정성을 검토하여야 함을 알 수 있다.

표 5.14 내적활동에 대한 안정성 검토 결과 – 계산 예 3

번호 i	높이 (m)	L (m)	$W_{r(i)}$ (kN/m)	$P_{s(i)}$ (kN/m)	$P_{q(i)}$ (kN/m)	$P_{H(i)}$ (kN/m)	$R_{H(i)}$ (kN/m)	$FS_{sl(i)}$	기준 안전율	비고
10	5.60	5.90	56.05	12.65	8.66	21.31	103.55	4.859	≥ 1.5	O.K.
9	5.00	5.90	123.31	21.39	11.26	32.65	134.62	4.123	≥ 1.5	O.K.
8	4.40	5.90	190.57	32.39	13.85	46.24	165.69	3.583	≥ 1.5	O.K.
7	3.80	5.90	257.83	45.68	16.45	62.13	196.75	3.167	≥ 1.5	O.K.
6	3.20	5.90	325.09	61.25	19.05	80.30	227.82	2.837	≥ 1.5	O.K.
5	2.60	5.90	392.35	79.09	21.65	100.74	258.88	2.570	≥ 1.5	O.K.
4	2.00	5.90	459.61	99.21	24.24	123.45	289.95	2.349	≥ 1.5	O.K.
3	1.40	5.90	526.87	121.60	26.84	148.44	321.02	2.163	≥ 1.5	O.K.
2	0.80	5.90	594.13	146.28	29.44	175.72	352.08	2.004	≥ 1.5	O.K.
1	0.20	5.90	661.39	173.23	32.03	205.26	383.15	1.867	≥ 1.5	O.K.

5.14.4 지진 시 안정성 검토

1) 지진 시 외적안정성 검토

(1) 지진 시 동적토압 증가분

지진 시 배면토압은 Mononobe-Okabe의 방법에 따라 계산하며, 동적토압 증가분(ΔP_{AE})은 다음과 같이 계산한다.

$$\Delta P_{AE} = \frac{1}{2}\gamma_b H_2^2 \Delta K_{AE}$$

$$\Delta K_{AE} = K_{AE} - K_A$$

$$K_{AE} = \cfrac{\cos^2(\phi_b + \alpha - \theta)}{\cos\theta\cos^2\alpha\cos(\delta - \alpha + \theta)\left[1 + \sqrt{\cfrac{\sin(\phi_b + \delta)\ \sin(\phi_b - \beta - \theta)}{\cos(\delta - \alpha + \theta)\cos(\alpha + \beta)}}\right]^2}$$

그런데 설계 지반가속도 A = 0.154이므로, 배면토압 계산 시 수평지진계수(k_h)는 다음과 같이 계산된다.

$$k_h = A_m = (1.45 - A)A$$

$$= (1.45 - 0.154) \times 0.154\ =\ 0.200$$

지진관성각(θ)은

$$\theta = \tan^{-1}\left(\frac{k_h}{1 \pm k_v}\right)$$

$$= \tan^{-1}\left(\frac{0.200}{1 \pm 0.00}\right)\ =\ 11.31°$$

동적토압 증가분(ΔP_{AE})을 계산하기 위하여 A=0.154를 적용한 동적토압계수와 A=0.00을 적용한 토압계수를 각각 다음과 같이 계산한다.

① A = 0.154 적용 시의 동적토압계수

$$K_{AE(A = 0.154)} = \cfrac{\cfrac{\cos^2(\phi_b + \alpha - \theta)}{\cos\theta\ \cos^2\alpha\ \cos(\delta - \alpha + \theta)}}{\left\{1 + \sqrt{\cfrac{\sin(\phi_b + \delta)\ \sin(\phi_b - i - \theta)}{\cos(\delta - \alpha + \theta)\ \cos(i + \alpha)}}\right\}^2}$$

$$= \frac{\cos^2(30.00° + 0.00° - 11.31°)}{\cos 11.31° \ \cos^2 0.00° \ \cos(0.00° - 0.00° + 11.31°)} \Bigg/ {\left\{1 + \sqrt{\frac{\sin(30.00° + 0.00°) \ \sin(30.00° - 0.00° - 11.31°)}{\cos(0.00° - 0.00° + 11.31) \ \cos(0.00° + 0.00°)}}\right\}^2}$$

$$= 0.473$$

② $A = 0.000$ 적용 시의 동적토압계수

$$K_{AE(A=0)} = \frac{\cos^2(\phi_b + \alpha - \theta)}{\cos\theta \ \cos^2\alpha \ \cos(\delta - \alpha + \theta)} \Bigg/ {\left\{1 + \sqrt{\frac{\sin(\phi_b + \delta) \ \sin(\phi_b - i - \theta)}{\cos(\delta - \alpha + \theta) \ \cos(i + \alpha)}}\right\}^2}$$

$$= \frac{\cos^2(30.00° + 0.00° - 0.00°)}{\cos 0.00° \ \cos^2 0.00° \ \cos(0.00° - 0.00° + 0.00°)} \Bigg/ {\left\{1 + \sqrt{\frac{\sin(30.00° + 0.00°) \ \sin(30.00° - 0.00° - 0.00°)}{\cos(0.00° - 0.00° + 0.00) \ \cos(0.00° + 0.00°)}}\right\}^2}$$

$$= 0.333$$

③ 동적토압계수 증가분

$$\Delta K_{AE} = K_{AE(A=0.514)} - K_{AE(A=0)}$$

$$= 0.473 - 0.333 = 0.140$$

④ 동적토압 증가분

$$\Delta P_{AE} = \frac{1}{2}\gamma_b H_2^2 \Delta K_{AE}$$

$$= \frac{1}{2} \times 19.00 \times (6.10 + 1.50)^2 \times 0.140 = 76.82 \ \text{kN/m}$$

(2) 지진관성력

보강토체의 최대가속도계수(A_m)는 다음과 같이 계산된다.

$$A_m = (1.45 - A)A$$

$$= (1.45 - 0.154) \times 0.154 = 0.200$$

지진관성력은 지진 시의 배면토압이 작용하는 높이(H_2)의 50%에 해당하는 폭에 대해서만 작용하는 것으로 계산하며, 본 예제에서는 상부에 L형 옹벽이 있고 수평이므로 지진 시의 배면토압이 작용하는 높이는 보강토옹벽의 높이와 L형 옹벽의 높이를 합한 것과 같다. 따라서 지진관성력을 받는 보강토체의 자중은 다음과 같이 계산된다.

$$M = 0.5\gamma_r H_2^2$$

$$= 0.5 \times 19.00 \times (6.10 + 1.50)^2 = 548.72 \ \text{kN/m}$$

보강토체의 지진관성력(P_{IR})은 다음과 같이 계산된다.

$$P_{IR} = A_m M$$

$$= 0.2 \times 548.72 = 109.74 \ \text{kN/m}$$

따라서 지진 시 보강토옹벽에 작용하는 하중은 그림 5.91에서와 같다.

(3) 저면활동에 대한 안정성 검토

상재 활하중의 영향을 제외하고 지진 시 동적토압 증가분(ΔP_{AE})의 50%와 보강토체의 관성력(P_{IR})을 추가로 고려하여 지진 시 저면활동에 대한 안전율은 다음과 같이 계산할 수 있다.

$$FS_{slid\_Seis} = \frac{R_{H_{Seis}}}{P_{H_{Seis}}}$$

$$R_{H_{Seis}} = (W_r + W_s)\tan\delta$$

$$= (683.81 + 168.15) \times \tan30° = 491.88 \ \text{kN/m}$$

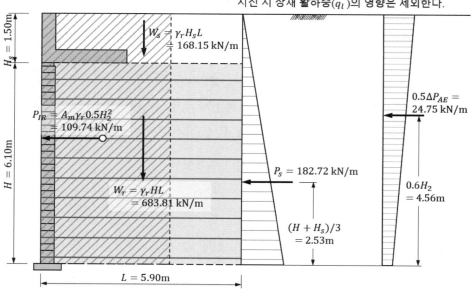

그림 5.91 지진 시 보강토체에 작용하는 하중 - 계산 예 3

$$P_{H_{Seis}} = P_s + P_{qd} + 0.5P_{AE} + P_{IR}$$

$$= 182.72 + 0.00 + 38.41 + 109.74 = 330.87 \ \mathrm{kN/m}$$

따라서 지진 시 저면활동에 대한 안전율은 다음과 같이 계산된다.

$$FS_{slid\_Seis} = \frac{R_{H_{Seis}}}{P_{H_{Seis}}}$$

$$= \frac{491.88}{330.87} = 1.49 \ > \ 1.1 \quad \therefore O.K.$$

(4) 전도에 대한 안정성 검토

지진 시 전도에 대한 안전율은 다음과 같이 계산할 수 있다.

$$FS_{over\_Seis} = \frac{M_{R_{Seis}}}{M_{O_{Seis}}}$$

상재 활하중의 영향은 제외하고, 지진 시 동적토압 증가분의 50%와 지진관성력을 추가로 고려하여 점 O에 대한 모멘트를 취하면 저항모멘트 $M_{R_{Seis}}$ 과 전도모멘트 $M_{O_{Seis}}$ 는 각각 다음과 같이 계산된다.

$$M_{R_{Seis}} = W_r \frac{L}{2} + W_s \frac{L}{2}$$

$$= 683.81 \times \frac{5.90}{2} + 168.15 \times \frac{5.90}{2} = 2{,}513.28 \ \text{kN·m/m}$$

$$M_{O_{Seis}} = P_s \times \frac{H_2}{3} + P_{qd} \times \frac{H_2}{2} + 0.5\Delta P_{AE} \times 0.6H_2 + P_{IR} \times \frac{H_2}{2}$$

$$= 182.72 \times \frac{7.60}{3} + 0.00 \times \frac{7.60}{3} + 38.41 \times 0.6 \times 7.60 + 109.74 \times \frac{7.60}{2}$$

$$= 462.89 + 0.00 + 175.15 + 417.01 = 1{,}055.05 \ \text{kN·m/m}$$

따라서 지진 시 전도에 대한 안전율은 다음과 같이 계산된다.

$$FS_{over\_Seis} = \frac{M_{R_{Seis}}}{M_{O_{Seis}}}$$

$$= \frac{2{,}513.28}{1{,}055.05} = 2.38 \ > 1.5 \quad \therefore \ O.K.$$

(5) 지반지지력에 대한 안정성 검토

지진 시 지지력에 대한 안전율은 다음과 같이 계산할 수 있다.

$$FS_{bear\_Seis} = \frac{q_{ult_{Seis}}}{q_{ref_{Seis}}}$$

위 식에서 $q_{ref_{Seis}}$는 보강토체에 의하여 기초지반에 가해지는 접지압이며, 지진 시 안정성 검토에서 상재 활하중의 영향은 제외한다.

소요지지력 계산을 위한 편심거리 $e_{bear_{Seis}}$는

$$e_{bear_{Seis}} = \frac{L}{2} - \frac{M_{R_{Seis}} - M_{O_{Seis}}}{\Sigma P_v}$$

$$= \frac{5.90}{2} - \frac{2,513.28 - 1,055.05}{683.81 + 168.15} = 1.24 \text{ m}$$

지진 시 소요지지력 $q_{ref_{Seis}}$는

$$q_{ref_{Seis}} = \frac{\Sigma P_v}{L - 2e_{bear_{Seis}}}$$

$$= \frac{683.81 + 168.15}{5.90 - 2 \times 1.24} = 249.11 \text{ kN/m}^2$$

기초지반의 지진 시 극한지지력은 다음과 같이 계산할 수 있다.

$$q_{ult_{Seis}} = c_f N_c + 0.5\,\gamma_f\,(L - 2\,e_{bear_{Seis}})\,N_\gamma$$

여기서, $\quad N_q = e^{\pi \tan\phi_f} \tan^2\left(45° + \frac{\phi_f}{2}\right)$

$$= e^{\pi \tan 30.00°} \times \tan^2\left(45° + \frac{30.00°}{2}\right) = 18.40$$

$$N_c = \frac{N_q - 1}{\tan\phi_f} = \frac{18.40 - 1}{\tan 30.00°} = 30.14$$

$$N_\gamma = 2(N_q + 1)\,\tan\phi_f = 2 \times (18.40 + 1) \times \tan 30.00° = 22.40$$

420

따라서 기초지반의 극한지지력은

$$q_{ult_{Seis}} = c_f N_c + 0.5\,\gamma_f\,(L - 2\,e_{bear_{Seis}})\,N_\gamma + q\,N_q$$

$$= 0.00 \times 30.14 + 0.5 \times 19.00 \times (5.90 - 2 \times 1.24) \times 22.40$$

$$= 727.78 \ \text{kN/m}^2$$

지진 시 지반지지력에 대한 안전율은

$$FS_{bear\_Seis} = \frac{q_{ult_{Seis}}}{q_{ref_{Seis}}}$$

$$= \frac{727.78}{249.11} = 2.92 \ > 2.0 \qquad \therefore \ \ O.K.$$

2) 지진 시 내적안정성 검토

(1) 지진 시 보강재에 추가되는 하중(T_{md})

지진 시 보강재에는 활동영역의 관성력이 보강재 유효길이의 비에 비례하여 추가로 작용한다. 즉,

$$T_{md} = P_I \frac{L_{ei}}{\Sigma L_{ei}}$$

보강토체의 최대지진가속도계수는

$$A_{\max} = (1.45 - A)A$$

$$= (1.45 - 0.154) \times 0.154 \ = \ 0.200$$

이고, 활동영역의 무게(W_A)는

421

$$W_A = 0.5\gamma_r (H + H_s)^2 \tan(90° - \psi)$$

$$= 0.5 \times 19.00 \times (6.10 + 1.50)^2 \times \tan(90.00° - 60.00°)$$

$$= 316.80 \text{ kN/m}$$

따라서 활동영역의 관성력(P_I)은

$$P_I = A_m W_A$$

$$= 0.200 \times 316.80 = 63.36 \text{ kN/m}$$

활동영역 내의 보강재 길이($L_{a(i)}$) 및 저항영역 내의 보강재 유효길이($L_{e(i)}$)는 다음과 같이 계산할 수 있다(그림 5.92 참조).

$$L_{a(i)} = h_{r(i)} \tan(90° - \psi)$$

$$L_{e(i)} = L_{(i)} - L_{a(i)}$$

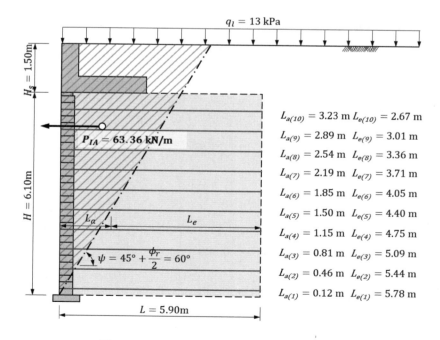

그림 5.92 지진 시 활동영역의 관성력 – 계산 예 3

지진 시 층별 보강재에 추가되는 하중(T_{md})을 계산하면, 표 5.15에서와 같다.

(2) 지진 시 보강재 파단에 대한 안정성 검토

지오신세틱스 보강재의 지진 시 파단에 대한 안전율은 다음 식과 같이 계산할 수 있다.

$$FS_{ru\_Seis} = \frac{T_l}{T_{\max} + T_{md}/RF_{CR}}$$

지진 시 보강재 파단에 대한 안정성 검토 결과를 정리하면 표 5.15와 같다.

표 5.15 지진 시 보강재 파단에 대한 안정성 검토 결과 - 계산 예 3

번호 i	높이 (m)	L (m)	L_a (m)	L_e (m)	$T_{\max}$ (kN/m)	T_{md} (kN/m)	T_l (kN/m)	FS_{ru_Seis}	기준 안전율	비고
10	5.60	5.90	3.23	2.67	18.62	4.00	28.44	1.347	≥ 1.1	O.K.
9	5.00	5.90	2.89	3.01	15.94	4.51	28.44	1.516	≥ 1.1	O.K.
8	4.40	5.90	2.54	3.36	17.54	5.04	28.44	1.375	≥ 1.1	O.K.
7	3.80	5.90	2.19	3.71	19.16	5.56	37.91	1.675	≥ 1.1	O.K.
6	3.20	5.90	1.85	4.05	20.80	6.07	37.91	1.541	≥ 1.1	O.K.
5	2.60	5.90	1.50	4.40	22.42	6.60	37.91	1.428	≥ 1.1	O.K.
4	2.00	5.90	1.15	4.75	24.18	7.12	37.91	1.324	≥ 1.1	O.K.
3	1.40	5.90	0.81	5.09	26.44	7.63	47.39	1.518	≥ 1.1	O.K.
2	0.80	5.90	0.46	5.44	28.70	8.16	47.39	1.402	≥ 1.1	O.K.
1	0.20	5.90	0.12	5.78	25.64	8.67	47.39	1.526	≥ 1.1	O.K.
			$\Sigma L_e =$	42.26						

(3) 지진 시 인발파괴에 대한 안정성 검토

지진 시 인발파괴에 대한 안전율은 다음 식과 같이 계산할 수 있다.

$$FS_{po\_Seis} = \frac{P_{r_{Seis}}}{T_{max} + T_{md}}$$

여기서, 지진 시 보강재의 인발저항력($P_{r_{Seis}}$)은 평상시 인발저항계수(F^*)의 80%를 적용하여 다음 식과 같이 계산할 수 있다.

$$P_{r_{Seis}} = 2 \alpha L_e R_c (0.8F^*) \gamma Z_p$$

지진 시 인발파괴에 대한 안정성 검토 결과를 정리하면 표 5.16과 같다.

표 5.16 지진 시 보강재 인발파괴에 대한 안정성 검토 결과 – 계산 예 3

번호 i	높이 (m)	L (m)	L_a (m)	L_e (m)	T_{max} (kN/m)	T_{md} (kN/m)	$P_{r_{Seis}}$ (kN/m)	FS_{po_Seis}	기준 안전율	비고
10	5.60	5.90	3.23	2.67	18.62	4.00	60.00	2.653	≥ 1.1	O.K.
9	5.00	5.90	2.89	3.01	15.94	4.51	87.93	4.300	≥ 1.1	O.K.
8	4.40	5.90	2.54	3.36	17.54	5.04	121.61	5.386	≥ 1.1	O.K.
7	3.80	5.90	2.19	3.71	19.16	5.56	159.92	6.469	≥ 1.1	O.K.
6	3.20	5.90	1.85	4.05	20.80	6.07	202.34	7.530	≥ 1.1	O.K.
5	2.60	5.90	1.50	4.40	22.42	6.60	249.82	8.609	≥ 1.1	O.K.
4	2.00	5.90	1.15	4.75	24.18	7.12	301.95	9.647	≥ 1.1	O.K.
3	1.40	5.90	0.81	5.09	26.44	7.63	358.02	10.508	≥ 1.1	O.K.
2	0.80	5.90	0.46	5.44	28.70	8.16	419.42	11.379	≥ 1.1	O.K.
1	0.20	5.90	0.12	5.78	25.64	8.67	484.70	14.127	≥ 1.1	O.K.
			$\Sigma L_e =$	42.26						

(4) 지진 시 내적활동에 대한 안정성 검토

지진 시 내적활동에 대한 안정성 검토는 지진 시 저면활동에 대한 안정성 검토와 같은 방법으로 검토하며, 각 보강재 깊이에 대한 동적토압 증가분($\Delta P_{AE(i)}$)의 50%와 보강토체의 관성력

$(P_{IR(i)})$을 추가로 고려한다.

$$FS_{sl\_Seis(i)} = \frac{R_{H_{Seis(i)}}}{P_{H_{Seis(i)}}}$$

$$R_{H_{Seis(i)}} = \left(W_{r(i)} + W_s \right) C_{ds} \tan\phi_r$$

$$P_{H_{Seis}} = P_{s(i)} + P_{qd(i)} + 0.5\Delta P_{AE(i)} + P_{IR(i)}$$

그림 5.93에서는 지진 시 5번째 층 위의 보강토옹벽에 작용하는 하중을 보여준다. 따라서 지진 시 내적활동에 대한 안정성 검토 결과는 표 5.17과 같다.

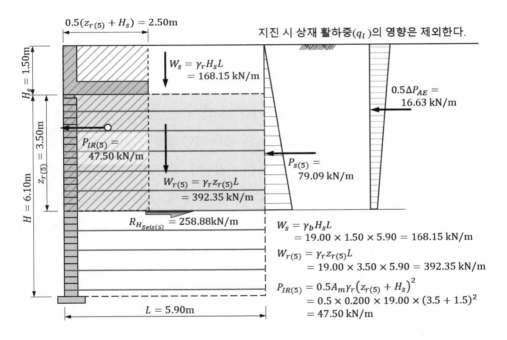

그림 5.93 지진 시 내적활동에 대한 안정성 검토 – 계산 예 3(5번째 층)

표 5.17 지진 시 내적활동에 대한 안정성 검토 결과 – 계산 예 3

번호 i	높이 (m)	P_s (kN/m)	P_{qd} (kN/m)	$0.5\Delta P_{AE}$ (kN/m)	P_{IR} (kN/m)	$P_{H_{Seis}}$ (kN/m)	$R_{H_{Seis}}$ (kN/m)	FS_{sl_Seis}	기준 안전율	비고
10	5.60	12.65	0.00	2.66	7.60	22.91	103.55	4.520	≥ 1.1	O.K.
9	5.00	21.39	0.00	4.50	12.84	38.73	134.62	3.476	≥ 1.1	O.K.
8	4.40	32.39	0.00	6.81	19.46	58.66	165.69	2.825	≥ 1.1	O.K.
7	3.80	45.68	0.00	9.60	27.44	82.72	196.75	2.379	≥ 1.1	O.K.
6	3.20	61.25	0.00	12.87	36.78	110.90	227.82	2.054	≥ 1.1	O.K.
5	2.60	79.09	0.00	16.63	47.50	143.22	258.88	1.808	≥ 1.1	O.K.
4	2.00	99.21	0.00	20.85	59.58	179.64	289.95	1.614	≥ 1.1	O.K.
3	1.40	121.60	0.00	25.56	73.04	220.20	321.02	1.458	≥ 1.1	O.K.
2	0.80	146.28	0.00	30.75	87.86	264.89	352.08	1.329	≥ 1.1	O.K.
1	0.20	173.23	0.00	36.42	104.04	313.69	383.15	1.221	≥ 1.1	O.K.

5.14.5 차량 충돌하중에 대한 안정성 검토

『건설공사 보강토옹벽 설계 시공 및 유지관리 잠정지침』(국토해양부, 2013)에 따르면, "보강토옹벽 상부에 방호벽, 방음벽 등이 설치되는 경우에는 차량 충돌 시의 하중을 고려하여, 설계 시 상부 2개 열의 보강재에 29kN/m의 수평력을 부가시킨다. 부가된 총 수평력의 2/3(19.3kN/m)는 최상단 보강재가 부담하고, 나머지 1/3(9.7kN/m)은 두 번째 단의 보강재가 부담한다. 한편, 차량의 충돌하중은 일시적으로 작용하기 때문에, 지오신세틱스를 보강재로 사용한 경우에는 충돌하중 고려 때 보강재의 장기설계인장강도 산정에서 크리프 감소계수를 제외한다. 따라서 지오신세틱스 보강재를 사용한 경우에는, (설계 시 산정된 최상단 및 두 번째 단 보강재의 유발인장력 + 차량 충돌로 인해 부가된 수평력)과 (크리프 감소계수를 제외한 장기설계인장강도)를 비교하여 설계의 적정성을 평가한다."

1) 보강재 파단에 대한 안정성 검토

따라서 본 계산 예에서 사용한 지오그리드 보강재와 같은 지오신세틱스 보강재의 경우 차량 충돌하중 작용 시 보강재 파단에 대한 안정성은 다음과 같이 계산할 수 있다.

✓ 평상시

$$FS_{ru,I} = \frac{T_l}{T_{\max} + T_I/R_{CR}} \geq 1.1 = 0.75 FS$$

✓ 지진 시

$$FS_{ru\_Seis,I} = \frac{T_l}{T_{\max} + (T_{md} + T_I)/R_{CR}} \geq 1.1 = 0.75 FS$$

앞의 계산 결과에서 최상단 2개 층의 최대유발인장력($T_{\max}$)은 각각 18.62kN/m와 15.94kN/m 이고, 지진 시 추가되는 하중(T_{md})은 각각 4.00kN/m와 4.51kN/m이며, 분배된 차량 충돌하중은 각각 19.3kN/m와 9.7kN/m이다. 따라서 최상단 2개 층의 차량 충돌하중 작용 시 보강재 파단에 대한 안정성을 검토해 보면 다음과 같다.

(1) 최상단 보강재 층에 대하여

✓ 평상시

$$FS_{ru,I(n)} = \frac{28.44}{18.62 + 19.3/1.6} = 0.927 \ < 1.1 \quad \therefore \ N.G.$$

✓ 지진 시

$$FS_{ru\_Seis,I(n)} = \frac{28.44}{18.62 + (19.3 + 4.00)/1.6} = 0.857 \ < 1.1 \quad \therefore \ N.G.$$

따라서 차량 충돌하중을 고려하는 경우 최상단 보강재 층에서 보강재 파단에 대한 안전율이 설계기준 안전율을 충족시킬 수 없으며, 보강재의 강도를 증가시켜야 한다. 최상단 층 보강재를 GRID 60kN 대신 GRID 80kN를 적용하여 다시 계산하면 다음과 같이 설계기준 안전율을 충족시킬 수 있다.

✓ 평상시

$$FS_{ru, I(n)} = \frac{37.91}{18.62 + 19.3/1.6} = 1.236 \ > 1.1 \qquad \therefore \ O.K.$$

✓ 지진 시

$$FS_{ru\_Seis, I(n)} = \frac{37.91}{18.62 + (19.3 + 4.00)/1.6} = 1.142 \ > 1.1 \qquad \therefore \ O.K.$$

(2) 두 번째 층에 대하여

✓ 평상시

$$FS_{ru, I(n-1)} = \frac{28.44}{15.94 + 9.7/1.6} = 1.293 \ > 1.1 \qquad \therefore \ O.K.$$

✓ 지진 시

$$FS_{ru\_Seis, I(n-1)} = \frac{28.44}{15.94 + (9.7 + 4.51)/1.6} = 1.146 \ > 1.1 \qquad \therefore \ O.K.$$

2) 보강재 인발에 대한 안정성 검토

차량 충돌하중 작용 시 보강재 인발파괴에 대한 안정성을 다음과 같이 검토할 수 있다.

$$FS_{po, I(n)} = \frac{P_{r, I}}{T_{\max} + T_I} \geq 1.1 = 0.75 FS$$

한편, FHWA 지침(Elias 등, 2001)에 따르면, 차량 충돌하중 작용 시 보강재 인발저항력($P_{r, I}$) 은 보강재 유효길이(L_e)가 아니라 전체 보강재 길이(L_r)에 대하여 계산해야 한다. 그러나 여기 서는 계산의 편의를 위하여, 앞의 인발저항력 계산 결과를 인용하여 인발파괴에 대한 안전율을 검토한다.

✓ 첫 번째 층에 대하여

$$FS_{po,I(n)} = \frac{75.00}{18.62 + 19.3} = 1.977 \ > 1.1 \qquad \therefore \ O.K.$$

✓ 두 번째 층에 대하여

$$FS_{po,I(n-1)} = \frac{109.91}{15.94 + 9.7} = 4.287 \ > 1.1 \qquad \therefore \ O.K.$$

참고문헌

공민석 (2014), 유한요소 해석에 의한 BTB 보강토옹벽의 보강재 거동 연구, 서울과학기술대학교 철도전문대학원 공학석사 학위논문.

국토해양부 (2013), 건설공사 보강토옹벽 설계 시공 및 유지관리 잠정지침.

김경모 (2011), "상부 L형 옹벽(방호벽/방음벽 기초)의 영향을 고려한 보강토옹벽의 설계", 한국토목섬유학회지, 제10권, 제4호, pp.32~39.

김경모 (2012), "보강토옹벽과 침하", 한국토목섬유학회지, 제12권, 제3호, pp.21~27.

김경모 (2017), "보강토옹벽의 설계 실무", 기초 실무자를 위한 보강토옹벽 설계 및 시공 기술교육 자료집, 한국지반신소재학회, pp.25~76.

김경모 (2018), "특수한 경우의 보강토옹벽", 기초 실무자를 위한 보강토옹벽 설계 및 시공 기술교육 자료집, 한국지반신소재학회, pp.19~115.

남문석, 강형택, 박창호, 최진웅, 박영호, 김홍종, 김태수, 도종남 (2017), 토압분리형 일체식 교대 교량 설계지침, 한국도로공사 도로교통연구원.

남문석, 도종남, 박영호, 김홍종, 김태수, 최진웅 (2016), 토압분리형 교대 시스템 개발, 한국도로공사 도로교통연구원.

네이버지식백과 https://terms.naver.com/entry.naver?docId=612546&cid=42322&categoryId=42322.

박권, 홍기남, 안광국 (2009), "차량충돌에 대한 보강토옹벽 안정전성 확보를 위한 가드레일 설치거리", 한국안전학회지, 제24권, 제5호, pp.57~62.

심영종, 진규남, 서형종 (2018), 보강토 일체형 교대구조물 설계 및 시공기준 개발(II) : 설계모델 개발 및 경제성 분석, 한국토지주택공사 토지주택연구원.

유충식, 김재왕 (2009), "Back-to-Back옹벽의 거동에 관한 수치 해석적 연구", 한국지반공학회논문집, 제25권, 12호, pp.131~142.

한국지반공학회 (1998), 토목섬유 설계 및 시공요령.

한국지반공학회 (2018), 구조물 기초설계기준 해설.

한국지반신소재학회 (2024), 국가건설기준 KDS 11 80 10 : 2021 보강토옹벽 해설.

AASHTO (2007), LRFD Bridge Design Specifications (4th Ed.), American Association of State Highway and Transportation Officials, Washington, D.C.

AASHTO (2020), LRFD Bridge Design Specifications (9th Ed.), American Association of State

Highway and Transportation Officials, Washington, D.C.

AFNOR (1992), NF P 94-220 Soil Reinforcement - Backfilled Structures with Inextensible and Flexible Reinforcing Strips or Sheets, Translation of the French Standard, French Standard Approved by Decision of the General Director of AFNOR.

AFNOR (2009), NF P 94-270 Geotechnical Design - Retaining Structures - Reinforced Fill and Soil Nailing Structures, Translation of the French Standard, French Standard Approved by Decision of the General Director of AFNOR.

Benmebarek, S., Attallaoui, S. and Benmebarek, N. (2016), "Interaction Analysis of Back-to-Back Mechanically Stabilized Earth Walls", Journal of Rock Mechanics and Geotechnical Engineering, Vol.8, No.5, pp.697~702.

Berg, R. R., Christopher, B. R. and Samtani, N. C. (2009a), Design of Mechanically Stabilized Earth Walls and Reinforced Soil Slopes - Volume I, Publication No. FHWA-NHI-10-024, U.S. Department of Transportation, Federal Highway Administration.

Berg, R. R., Christopher, B. R. and Samtani, N. C. (2009b), Design of Mechanically Stabilized Earth Walls and Reinforced Soil Slopes - Volume II, Publication No. FHWA-NHI-10-025, U.S. Department of Transportation Federal Highway Administration.

Djabri, M. and Benmebarek, S. (2016), "FEM Analysis of Back-to-Back Geosynthetic-Reinforced Soil Retaining Walls", International Journal of Geosynthetics and Ground Engineering, Vol.2, No.3, pp.1~8.

Elias, V., Christopher, B. R. and Berg, R. R. (2001), Mechanically Stabilized Earth Walls and Reinforced Soil Slopes Design and Construction Guidelines, Publication No. FHWA-NHI-00-043, U.S. Department of Transportation Federal Highway Administration.

El-Sherbiny, R. Ibrahim, E. and Salem, A. (2013), "Stability of Back-to-Back Mechanically Stabilized Earth Walls", Geo-Congress 2013, Conference Paper in Geotechnical Special Publication, ASCE 2013, pp.555~565.

Han, J. and Leshchinsky, D. (2010), "Analysis of Back-to-back Mechanically Stabilized Earth Walls", Geotextiles and Geomembranes, Vol.28, No.3, pp.262~267.

Leshchinsky, D. and Han, J. (2004), "Geosynthetic Reinforced Multitiered Walls", Journal of Geotechnical and Geoenvironmental Engineering, ASCE, Vol.130, Issue 12, pp.1225~1235.

Leshchinsky, D. and Vulova, C. (2002), Effects of Geosynthetic Reinforcement Spacing on the

Performance of Mechanically Stabilized Earth Walls, Department of Civil and Environmental Engineering, University of Delaware.

Li, F., Guo, W. and Zheng, Y. (2023), "Influence of geometric configuration on the interaction of back-to-back MSE walls under static loading", Geoysnthetics – Leading the Way to a Resilient Planet, Biondi et al. (eds), pp.948~953.

Ling., H. I., Liu, H. and Mohri, Y. (2005), "Parametric Studies on the Behaviour of Reinforced Soil Retaining Walls under Earthquake Loading", Journal of Engineering Mechanics, ASCE, pp.1056~1065.

Meyerhof, G. G. (1957), "The Ultimate Bearing Capacity of Foundations on Slopes", In Proceedings of 4th International Conference on Soil Mechanics and Foundation Engineering, Vol.3, Butterworths, London, England. pp.384~386.

Morrison, K. F., Harrison, F. E., Collin, J. G., Dodds, A. and Arndt, B. (2006), Shored Mechanically Stabilized Earth (SMSE) Wall Systems Design Guidelines, Technical Report, U.S. Department of Transportation, Federal Highway Administration, Central Federal Lands Highway Division, Washington, D.C., Report No. FHWA-CFL/TD-06-001.

Mouli, S., Balunaini, U. and Madhav, M. (2016), "Reinforcement Tensile Forces in Back-to-Back Retaining Walls", Indian Geotechnical Conference IGC2016, 15~17, December 2016, IIT Madras, Chennai, India, pp.1~4.

Wright, S. G. (2005), Design Guidelines for Multi-Tiered MSE Walls, Publication No. FHWA/TX-05/0-4485-2.

Zheng, Y., Li, F., Niu, X. and Yang, G. (2022), "Numerical Investigation of the Interaction of Back-to-Back MSE Walls", Geosynthetics International, Vol.30, Issue 4, pp.382~397.

CHAPTER 06

보강토옹벽의 시공 및 품질관리

CHAPTER
06

보강토옹벽의 시공 및 품질관리

6.1 개요

보강토옹벽은 성토흙(뒤채움흙)과 성토흙 내부에 부설된 보강재 및 전면벽체가 일체화되어 외력이나 토압에 저항하는 구조물로 정의할 수 있다.

현대적인 보강토옹벽은 1960년대 초 프랑스의 Henri Vidal이 개발한 Terre Armée 공법에서 시작되었다고 볼 수 있다. 국내에서는 1980년에 아연도 강판을 보강재로 사용한 패널식 보강토옹벽이 처음 적용되었으나, 아연도금 기술 부족과 뒤채움흙 선정 및 시공관리 등의 문제로 인해 크게 활성화되지 못하였다. 이후 1986년에 띠형 지오신세틱스 보강재가 도입되면서 보강토옹벽의 사용량이 증가하기 시작하였고, 1994년에 고강도 지오그리드를 보강재로 사용한 블록식 보강토옹벽의 도입을 기점으로 본격적으로 활성화되기 시작하였다(조삼덕과 이광우, 2008).

2010년 국토해양부 감사담당관실에서 수행한 '보강토옹벽 설계·시공실태' 조사자료(국토해양부, 2011)에 따르면, 2010년 4월 기준으로 5개 지방 국토관리청의 보강토옹벽 건설공사 현장은 총 249개(전면벽체 면적이 1,542천m^2)로 공사비(설계가)는 4,730억 원에 이르는 것으로 조사되었다(표 6.1 참조). 표 6.1에 나타낸 5개 지방 국토관리청 발주물량 이외에 한국도로공사, 한국토지주택공사, 한국철도시설공단, 지방자치단체 등의 공공 발주물량과 택지, 공장부지 등의 조성을 위한 민간 발주물량을 고려하면, 연간 보강토옹벽 시장 규모는 수천억 원대에 상당할 것으로 추측된다.

국내에 보강토옹벽이 도입된 지 40년 이상되었고, 콘크리트옹벽의 대체 구조물로서 활발히 활용되고 있으나, 아직까지도 국내 건설기술인들의 보강토옹벽에 대한 인식 및 기술수준이 높지 않아 여러 현장에서 크고 작은 문제가 나타나고 있다. 특히 보강토옹벽 전문업체의 급속한 증가와 이에 따른 업체 간의 기술적, 경제적 경쟁이 심화되면서, 검증되지 않은 보강토 기법 적용과 저가의 보강재 사용 등에 따른 문제도 나타나고 있다. 또한 보강토옹벽 설계는 대부분

표 6.1 보강토옹벽 시공 현황(2010.4. 기준)

공사명	건수	보강토옹벽		
		설계량(㎡)	공사비(백만 원)	시공량(㎡)
합계	249	1,544,504	473,029	558,823
서울청	43	419,279	106,015	99,817
대전청	55	375,141	119,825	183,246
원주청	23	121,726	39,054	33,638
익산청	61	318,818	106,016	113,603
부산청	67	309,539	102,119	128,519

용역사가 아닌 보강토옹벽 전문업체에서 현장 여건 및 현황에 대한 정확한 이해가 부족한 상황에서 수행하는 경우가 많다. 2000년대 들어 정부 발주 공사에서도 보강토옹벽의 피해사례가 지속적으로 발생되어, 국토해양부에서는 2010년도 기획감사 과제의 일환으로 그 당시 시공 중이거나 발주된 보강토옹벽에 대한 대대적인 실태조사와 점검을 실시한 바 있다(박종권과 이광우, 2012).

한편, 과거 보강토옹벽 시공과 관련한 시방규정은 건설공사 비탈면 표준시방서(국토해양부, 2011)와 도로공사 표준시방서(국토해양부, 2009) 등에 패널식과 블록식 보강토옹벽에 대하여 포괄적으로 명시되어 있고, 현장에서는 주로 보강토옹벽 전문업체에서 작성된 공사시방서에 따라 시공하고 있는 실정이었다. 또한 보강토옹벽 전문업체에서 작성한 공사시방서 중 일부는 국내 시방규정을 준수하지 않는 경우가 있어 이에 대한 시정 및 관리/감독이 필요하다.

2010년 국토해양부에서 수행한 실태조사 이후에는 보강토옹벽과 관련한 기존 국가 규정의 내용을 일부 보완하여 제정한 '건설공사 보강토옹벽 설계, 시공 및 유지관리 잠정지침'(국토해양부, 2010 제정, 2013 개정)이 현장에 널리 활용되었다. 또한, 2013년 국가건설기준센터의 설립 이후, 보강토옹벽 설계기준과 표준시방서가 2016년에 각각 KDS 11 80 10 및 KCS 11 80 10으로 통합되어 관리되고 있다.

일반적인 경우, 보강토옹벽의 시공은 특수한 장비가 필요하지 않고, 전면벽체 설치, 뒤채움흙 포설 및 보강재 설치의 반복작업에 따라 이루어지므로 시공 방법이 단순하고 속도가 빠르다. 설계도서에 명시된 보강토옹벽 기초고에 맞추어 굴착 및 정지한 후 전면벽체의 설치를 위한 기초패드(Levelling pad)를 준비한 다음 그 위에 전면벽체(전면블록 또는 전면판)의 설치, 뒤채움흙 성토 및 다짐, 보강재 설치 등의 작업과정을 반복하여 계획된 높이까지 시공한다. 이와 같이 단순한 반복공정으로 쉽게 시공할 수 있는 장점의 이면에는, 충분한 전문지식과 기술력을 보유하지 못한 업체에서 적절한 시공 및 품질관리가 미흡한 상태로 시공하는 경우가 많아 보강 토옹벽의 붕괴 등과 같은 피해를 발생시키기도 한다. 보강토옹벽 또한 뒤채움흙과 보강재가 일체화된 보강토체를 형성하여 배면토압 및 상부 하중을 지지하는 중력식옹벽 구조물로 기능하 게 됨을 인지하고, 현장 여건에 적합하게 설계, 시공 및 품질관리에 만전을 기해야 한다.

이에 본 장에서는 보강토옹벽에 대한 건설기술자들의 인식 전환과 보강토옹벽 분야의 건전한 기술발전을 희망하며, 보강토옹벽의 주요 피해발생 사례 및 원인를 소개하고, 보강토옹벽의 안전 한 시공을 위해 기술자들이 알고 있어야 할 시공 및 품질관리 관련 사항을 정리하고자 한다.

6.2 보강토옹벽의 주요 피해발생 사례 및 원인

국내외 보강토옹벽에 대한 설계/시공 경험을 토대로 살펴보면, 보강토옹벽이 붕괴되거나 손상 되는 주된 원인으로는 뒤채움흙 다짐 불량, 배수시설 미흡, 부적절한 뒤채움흙 및 배수재 사용, 전반활동 검토 미비, 기초지반 지지력 부족, 전면벽체 시공 불량 등을 들 수 있다(표 6.2 참조).

표 6.2 보강토옹벽의 대표적인 피해유형별 주요 발생원인

대표적인 피해유형	주요 발생원인
전체 보강토옹벽의 붕괴	• 설계 시 전반활동에 대한 안정성 검토 미흡 • 배수시설 미흡 및 기초지반 지지력 부족 • 세립분 많은 뒤채움 토사 사용 및 다짐 불량
전면벽체 붕괴	• 보강토옹벽 배면 배수층 설계 미흡 • 동절기 동상(凍上)에 의해 보강재 연결부 파단
보강토옹벽의 침하	• 보강토옹벽 하부 성토지반의 다짐불량 • 기초지반의 부실한 처리로 지지력 부족
전면벽체의 균열	• 전면벽체 압축강도 부족 및 연결상태 불량 • 곡선부 및 우각부에서 과잉 인장응력의 유발 • 기초지반의 부등침하
전면벽체의 변형	• 세립분 많은 뒤채움 토사 사용 및 다짐 불량

또한 이러한 원인으로 인해 발생할 수 있는 보강토옹벽의 피해 형태로는 저면활동, 전도, 침하, 전반활동 등의 외적 파괴와 보강재 인발, 보강재 파단, 내적활동 등의 내적 파괴, 그리고 연결부 파괴, 전면벽체 전단파괴, 상부벽체 탈락 등의 국부적인 파괴 등을 들 수 있다(그림 6.1 참조).

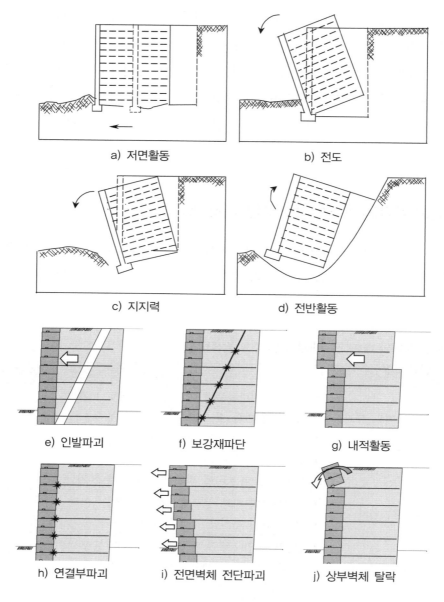

a) 저면활동   b) 전도

c) 지지력   d) 전반활동

e) 인발파괴   f) 보강재파단   g) 내적활동

h) 연결부파괴   i) 전면벽체 전단파괴   j) 상부벽체 탈락

그림 6.1 보강토옹벽의 파괴형상

6.2.1 전체 보강토옹벽의 붕괴

전면벽체, 보강재 및 뒤채움흙으로 구성된 보강토옹벽 전체가 붕괴된 주요 사례는 그림 6.2에 나타내었다. 전체 보강토옹벽의 붕괴는 주로 집중호우 시 발생하는 경우가 많으며, 배수시설 미흡, 기초지반 지지력 부족, 뒤채움흙의 상태불량(세립분 함유 과다, 다짐불량 등) 등이 주요 붕괴 원인이 되고 있다. 특히 국내의 경우 보강토옹벽 설계 시 지반조사 및 전반활동에 대한 검토를 생략하는 경우가 많아 대형 붕괴를 초래하는 경우가 종종 보고되고 있다. 따라서 일정 규모 이상되거나 특별한 현장여건으로 인해 피해발생이 우려되는 경우에는(예를 들어, 높이 10m 이상, 다단식, 우각부, 연약지반 구간, 절성토 경계부, 하천변 등) 반드시 면밀한 지반조사 및 전반활동 검토를 수행하는 것이 바람직하다.

최근 높이 10m 이상의 보강토옹벽에서 기초지반 조사가 미흡하여 침하로 인한 문제나 전반활동 파괴 등의 사례가 나타나고 있으므로, 보강토옹벽 설계 시에도 기초지반 조사 및 상세 안정성 검토가 필수적으로 수행되어야 할 것이다.

실제로 국내에서 파괴된 보강토옹벽들 중 많은 사례가 전반활동에 의한 파괴였다. 만약, 전반 활동에 대한 안정해석을 수행하였다면, 보강토옹벽의 하부 및 주변 지반의 특성파악을 위한 지반조사가 수행되었을 것이고, 전반활동 억제를 위한 배수 및 보강대책 등이 수립되어 피해를

a) OO 고속도로 3공구: 전반활동파괴
(지반조사 및 전반활동검토 미실시)

b) OO 고등학교: 전반활동파괴 및 블록이탈
(뒤채움 시공불량 및 배수시설 미흡)

그림 6.2 전체 보강토옹벽이 붕괴된 사례

예방할 수 있었을 것이다.

6.2.2 전면벽체의 탈락

보강토옹벽 상부 노면수의 처리 미흡, 최상단 보강재의 부적절한 설치, 전면벽체와 보강재의 연결상태 불량 등으로 인해 전면벽체가 탈락되는 경우가 종종 보고되고 있다(그림 6.3 참조). 전면벽체의 탈락을 방지하기 위해서는 보강토옹벽 상부에 적절한 노면수 유도배수 혹은 차수시설을 설치하는 것이 바람직하다. 특히 보강토옹벽 상부에 성토사면이 있는 경우, 다단식 보강토옹벽의 소단부나 지형적으로 우수가 집중될 수 있는 위치에는 반드시 배수 혹은 차수시설을 설치해야 한다. 또한 전면벽체 상부의 전도, 활동 등을 방지하기 위해, 최상단 보강재의 설치위치는 전면벽체 최상부 표면에서 0.5m 이내로 해야 한다. 한편, 콘크리트 블록을 전면벽체로 사용하는 경우에는 보강토옹벽의 시공성 유지와 장기 안정성 등을 위하여, 보강재의 최대 수직간격은 콘크리트 블록 깊이(뒷길이)의 2배를 초과하지 않도록 해야 한다.

a) OO 지방도로: 배부름 및 전면벽체 붕괴   b) OO시 OO도로: 전면블록 탈락

그림 6.3 전면벽체 탈락 사례

6.2.3 침하, 벽체 균열 및 변형

콘크리트옹벽의 설계 시에는 필수적으로 기초지반 조사를 수행하고 있으나, 보강토옹벽의 설계 시에는 기초지반 조사를 충분히 수행하는 경우가 드물고 대부분 기초지반의 내부마찰각을

30° 정도로 가정하여 설계를 하고 있다.

 기초지반 조사를 소홀히 생각하는 주요 원인은 보강토옹벽이 비교적 연성구조물로서 어느 정도의 부등침하에 대해서는 유연하게 대처할 수 있다는 사실이 너무 과대 포장된 점에 기인한

그림 6.4 침하 및 벽체 변형 사례

것으로 추정된다. 그러나 이는 보강토옹벽이 콘크리트옹벽에 비해 상대적으로 부등침하에 대한 대처능력이 조금 낮다는 것이지 보강토옹벽은 부등침하나 전체 침하를 고려하지 않아도 된다는 것은 아니므로 설계 및 시공 시 고려되어야 한다.

보강토옹벽의 침하량은 전통적인 침하해석을 통하여 기초지반의 즉시침하, 압밀침하 등을 계산함으로써 산정할 수 있다. 일반적으로 보강토옹벽이 전체적으로 균등하게 침하가 발생한다면 보강토옹벽의 구조적인 안정에 영향을 미치지 않으나, 총 침하량이 크면 여러 가지 요인에 의해 부등침하가 발생할 수 있으므로 이에 대한 고려가 필요하다.

보강토옹벽은 유연성이 큰 구조로 되어 있어 부등침하에 대한 저항이 크다고 평가되고 있으나, 구조적인 허용침하량을 초과하는 변위가 발생하는 경우에는 전면벽체에 국부적인 변형(예, 전면벽체의 균열 등)이 발생할 수 있다.

이러한 전면벽체의 변형은 외관상으로 불안감을 증대시키므로 설계 시 충분한 검토가 필요하다. 일반적으로 보강토옹벽의 길이에 대한 부등침하량의 비율이 1% 이내가 되도록 하며, 이 범위를 초과하는 부등침하가 우려되는 경우에는 지반개량을 한다.

6.2.4 기타 피해사례

기타 보강토옹벽 피해 사례와 붕괴원인을 그림 6.5에 나타내었다.

그림 6.5(a) 보인 피해 사례는 보강토옹벽의 설치 높이를 경감시키기 위해 하부 일부 구간에 성토를 실시한 후, 보강토옹벽을 시공한 현장에서 하부 성토흙에 유실이 발생한 현장이다. 이 현장의 경우 전면벽체 배면에 시공된 배수/필터용 자갈층을 통해 보강토옹벽 저면으로 유입된 우수에 대한 유도배수시설이 적절히 설치되지 않아 성토흙이 유입수의 흐름에 의해 유실된 사례이다. 그 밖에 그림 6.5 (b)~(d)에 보인 피해사례는 각각 뒤채움흙 유실, 절성토 경계부 붕괴, 인발파괴 사례 현장으로, 이러한 피해는 주로 뒤채움 불량 및 배수시설 미흡에 기인한 것이다.

a) 보강토옹벽 하부 성토흙 유실
(보강토 배면 및 하부 배수시설 미흡)

b) 뒤채움흙 유실
(뒤채움 부실시공 및 배수시설 미흡)

c) 절성토 경계부 붕괴
(배수시설 미흡 및 다짐불량)

d) 인발파괴로 추정
(뒤채움흙 다짐불량, 인발안정 검토 미흡)

그림 6.5 기타 보강토옹벽 피해 사례

6.3 보강토옹벽의 시공

일반적으로 보강토옹벽의 시공은 특별한 장비나 시공기술이 요구되지 않고 비교적 단순한 작업의 반복에 의해 이루어지므로 시공속도가 빠르다. 일반적인 경우, 보강토옹벽 기초고에 맞추어 굴착 및 정지한 후 전면벽체의 설치를 위한 기초패드를 준비한 다음 그 위에 전면벽체(전면블록 또는 전면판)의 설치, 뒤채움흙 성토 및 다짐, 보강재 설치 등의 작업과정을 반복하여 계획된 높이까지 시공한다.

이때, 기초지반이 보강토옹벽의 하중을 지지할 수 있을 만큼 충분한 지지력을 확보하지 못할 경우에는 연약지반을 치환하거나 보강하는 등 별도의 작업과정을 통하여 지반지지력을 확보한 후에 보강토옹벽을 시공해야 한다.

보강토옹벽의 일반적인 시공순서는 그림 6.6과 같이 요약할 수 있다.

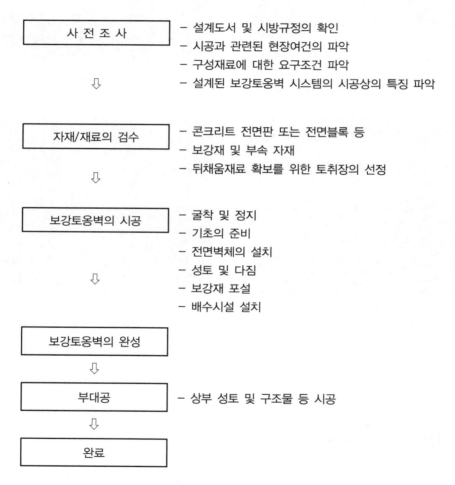

그림 6.6 보강토옹벽의 개략적인 시공순서

6.3.1 사전조사 및 시공계획 수립

사전조사 및 시공계획 수립에 있어 가장 중요한 것은 그 계획에 따라서 실제 공사가 원활히 수행될 수 있도록 하는 것이다. 보강토옹벽의 시공에 앞서 현장의 시공책임자는 다음과 같은 항목에 대해 확인 및 검토해야 한다.

- 설계도서 및 시방규정에 대한 확인
- 보강토옹벽의 설치를 위한 현장조건의 파악
- 각 구성재료에 대한 요구조건의 파악
- 설계에 적용된 보강토옹벽 공법에 대한 시공 과정 및 방법의 숙지
- 현장 여건에 적합한 시공계획의 수립
- 주요 사용 자재에 대한 검수

1) 설계도서 및 시방규정에 대한 확인

보강토옹벽 시공 전에 보강토옹벽 전개도, 단면도, 구조계산서 등을 비교, 검토한 후 이상이 없으면 보강토옹벽 시공을 위한 시공상세도를 작성한다. 시공상세도는 보통 보강토옹벽 전개도 상에 보강재 설치 위치와 규격, 길이, 폭 등을 표시하여 시공자가 쉽게 시공할 수 있게 해야 한다.

또한 시방규정을 확인하여 설계에 적용된 보강토옹벽이 요구하는 구성재료의 품질기준을 파악하고 보강토옹벽의 품질관리에 활용한다.

2) 보강토옹벽의 설치를 위한 현장조건의 파악

설계도서 및 시방규정에 대한 확인이 끝나면, 보강토옹벽이 설치될 위치에 대한 현장 답사를 실시한 후 설계조건과 비교하여 설계의 적정성을 검토하고, 보강토옹벽의 시공을 위한 작업로 및 자재야적장 등의 작업여건을 확인한다.

또한 보강토옹벽을 설치할 위치에 기존 구조물의 존재 여부 및 보강토옹벽과의 간섭여부 등을 확인하고, 지하매설물의 위치, 용출수의 유무 등을 점검한 후, 설계도서에 제시된 설계조건과 상이한 경우에는 설계자와 협의하여 현장여건에 맞게 설계변경을 실시해야 한다.

3) 각 구성재료에 대한 요구조건의 파악

설계도서 및 시방서를 확인하여 보강토옹벽을 구성하는 각 재료에 대한 요구조건을 파악하고, 시공 시 품질관리에 활용한다.

4) 설계에 적용된 보강토옹벽 공법에 대한 시공과정 및 방법의 숙지

현재 국내에서는 다양한 종류의 보강토옹벽이 적용되고 있으므로, 설계에 적용된 보강토옹벽 시스템에 대한 시공상의 특징 및 방법을 파악하여 숙지하고 있어야 하며, 현장의 품질관리에 적극 활용해야 한다.

5) 현장 여건에 적합한 시공계획의 수립

현장 여건에 적합한 시공계획의 수립을 위해서는 과거의 시공사례 등에 대한 충분히 검토와 현장에서 야기될 수 있는 여러 조건 및 문제점 등을 예측 및 점검할 필요가 있다. 시공계획 수립에 따르는 주요 검토항목으로는 토취장의 선정, 시공기계의 선정, 공정 및 인원계획, 기초지반의 조사 및 대책, 안전대책 등을 들 수 있다.

- ✓ 토취장의 선정 : 토취장 선정 시에는 면밀한 조사를 통해 가장 양호한 성토재료를 얻을 수 있고, 보다 경제적인 입지조건을 갖고 있는 토취장을 선정한다.
- ✓ 시공기계의 선정 : 시공기계는 성토재료의 특성, 시공공종, 공사규모 및 시공조건 등을 고려하여 선정한다. 일반적으로 보강토옹벽의 뒤채움흙 종류에 따라 사용되는 다짐장비 는 무보강 시의 일반 성토의 경우와 동일하다. 그러나 반입이 예정된 뒤채움흙의 상태나 현장의 작업 여건 등에 따라서는, 본 시공에 앞서 시험시공을 우선 실시하여 소정의 품질 을 확보할 수 있는 다짐두께와 다짐횟수, 시공함수비 및 시공장비 등에 대한 검토가 필요 한 경우도 있다.
- ✓ 공정 및 인원계획 : 각 시공공종의 총작업량과 1일 작업량 및 시공순서 등을 종합적으로 고려하여 적절한 공정 및 인원계획을 수립한다.
- ✓ 기초지반의 조사 및 대책 : 현지조사 및 기존자료 등을 통해 공사구역 전체에 대한 지형, 지질 및 암반선 등을 파악한다. 특히 산사태 지역 및 붕괴가 자주 발생하는 지역, 연약지

반 지역 등에 주의하고, 필요에 따라서는 기초지반 흙의 치환, 개량 등의 대책을 검토한다. 또한, 기존자료와 현지조사 및 시추조사 등을 통해 최대유량, 최고수위, 용수 가능성 등을 추정하고 적절한 배수공을 검토한다.

6) 자재의 검수

콘크리트 전면판이나 전면블록, 보강재 등과 같은 보강토옹벽의 주요 구성요소는 대부분 공장에서 미리 제작한 후 현장에 반입하고 현장에서는 조립 및 설치만 하는 것이 일반적이다. 따라서 보강토옹벽을 시공하기 전에 공장을 방문하여 각 구성재료의 제작과정을 살펴보고 시편을 채취하여 품질관리를 위한 시험을 실시한다.

현장에 반입된 자재에 대해서도 육안관찰에 의한 검수와 함께 시편을 채취하여 품질관리를 위한 시험을 해야 하며, 시방규정에 부적합하다고 판단되는 자재는 즉시 반출시켜야 한다. 즉, 자재 검수를 통해 설계도면 및 시방서에 규정된 기준에 적합한 자재만을 사용하도록 해야 한다.

선정된 토취장에 대한 토질시험을 통해 설계에 적용된 뒤채움재료의 품질조건을 만족시킬 수 있는지 확인하고, 만약 품질조건을 만족시키지 못한다면 별도로 토취장을 선정하여야 한다.

6.3.2 보강토옹벽의 시공

1) 굴착 및 정지

보강토옹벽을 시공하려면 먼저, 설계도서에 따라서 원지반 터파기를 실시한 후, 보강토옹벽의 소요지지력을 확보할 수 있도록 다짐장비를 사용하여 다진다. 이때 기초지반이 연약하여 소요지지력의 확보가 곤란할 경우에는 치환, 지반개량, 지반보강 등의 방법으로 소요지지력을 확보해야 한다. 또한 보강토옹벽 배면에 용출수가 있거나 구조물의 수명 동안 지하수위가 상승할 우려가 있는 경우 또는 침수구조물인 경우에는 적절한 배수시설을 설치해야 한다.

한편, 보강토옹벽의 기초지반은 설계도서에 명시된 최소 근입깊이 또는 동결심도 이상 근입시켜야 하며, 보강재 포설길이 이상을 확보해야 한다. 참고로, KDS 10 80 10(2021)에서는 전면벽체의 근입깊이(D_s)를 표 6.3과 같이 추천하고 있으며, 최소 근입깊이(D_f)는 0.6m 이상으로 규정되어 있다. 표 6.3의 근입깊이는 그림 4.34 b)의 D_s를 의미한다.

표 6.3 전면벽체 기초 근입깊이 추천값(KDS 10 80 10 : 2021)

벽체 저면지반의 경사	최소 근입깊이(m)
수평(옹벽)	H/20
수평(교대)	H/10
3H : 1V	H/10
2H : 1V	H/7
3H : 2V	H/5

2) 전면벽체의 기초공 준비

원지반에서의 터파기 및 준비작업이 완료되면 보강토옹벽 선형에 맞추어 전면벽체의 기초패드를 설치하며, 이때 기초패드의 형식 및 규격은 설계도서에 따른다.

블록식 보강토옹벽에서 전면블록의 기초패드는 보통 잡석기초를 사용하며, 지반조건이 좋지 않은 경우에는 무근 또는 철근 콘크리트를 적용할 수 있다.

패널식 보강토옹벽에서는 전면판의 기초패드로 무근콘크리트를 사용하는 것이 일반적이며, 특별한 경우에는 철근콘크리트를 적용할 수 있다.

3) 전면벽체의 설치

전면벽체의 기초가 준비되면 그 위에 전면블록 또는 전면판을 설치한다.

패널식 보강토옹벽의 경우, 그림 6.7 c)와 같이 먼저 표준패널의 1/2 크기인 기초패널을 일정 간격으로 설치한 후 그 사이에 표준패널을 설치하며(그림 6.7 d) 참조), 뒤채움 성토 및 다짐 시 전면판이 밀릴 수 있으므로 이를 고려하여 배면방향으로 약간 기울인 상태에서 버팀목을 설치하여 넘어지지 않도록 한다. 또한 인접한 전면판들은 서로 클램프로 조여서 넘어지지 않도록 한다.

블록식 보강토옹벽의 경우 블록의 빈 공간이나 블록 배면의 약 30cm 정도까지 배수성 재료를 사용하여 빈틈이 없도록 충분히 채우고 상부를 깨끗이 정리하여 다음 층을 블록을 쌓을 수 있도록 한다.

a) 기초터파기

b) 콘크리트 기초 설치

c) 기초패널의 설치

d) 표준패널의 설치

e) 성토 및 다짐

f) 보강재 설치

g) 반복작업에 의해 보강토옹벽 시공

h) 보강토옹벽 완성

그림 6.7 패널식 보강토옹벽 시공과정

a-1) 기초의 준비(잡석기초)

a-2) 기초의 준비(콘크리트기초)

b) 첫째단 블록의 설치

c) 첫 번째 보강재층까지 성토 및 다짐

d) 보강재 포설

e) 성토 및 다짐

f) 반복작업에 의해 보강토옹벽 시공

g) 보강토옹벽 완성

그림 6.8 블록식 보강토옹벽 시공과정

4) 뒤채움 성토 및 다짐

전면벽체의 설치가 끝나면 뒤채움재료의 성토 및 다짐 작업을 수행한다.

성토는 보강토옹벽의 선형과 평행하게 진행하며, 전면벽체 쪽에서 시작하여 보강재 끝단 쪽으로 진행한다. 뒤채움재료에 대한 다짐은 보통 10톤 진동롤러를 사용하나, 벽면 근처에서의 과도한 다짐은 벽면에 과도한 변형을 일으킬 수 있으므로 벽면에서 1m 이내에서는 1톤 롤러나 콤팩터 등과 같은 소형의 다짐장비를 사용하여 다진다.

뒤채움의 다짐은 실내다짐시험(KS F 2312의 D 또는 E 방법 적용)에서 얻은 최대건조밀도의 95% 이상의 다짐도를 얻을 수 있도록 해야 하며, 일반적인 1층의 다짐두께는 20~30cm 정도이지만, 규정된 다짐도를 얻을 수 있다면 1층의 다짐두께를 조절할 수 있다.

5) 보강재 포설

설계도서에 표시된 보강재 설치위치에 규정된 규격과 길이의 보강재를 설치한다. 이때 보강재는 벽면의 선형에 대하여 항상 직각방향으로 설치해야 하고, 보강재의 길이방향에 대한 이음은 가급적 피해야 한다.

6) 배수시설 설치

보강토옹벽은 보강재와 흙 사이의 마찰력에 의해 지지되는 구조물이므로 외부로부터 유입되는 물에 의해 뒤채움흙의 강도저하가 생기지 않도록 해야 한다. 이를 위해 시공 시 및 완공 후에도 물에 의한 문제가 발생하지 않도록 보강토체 내외에 적절한 배수대책을 강구해야 한다. 특히 현장에서는 보강토옹벽 시공 전에 반드시 지하수의 유출여부를 판단하여 적절한 배수시설을 설치하는 것이 좋다.

✓ 보강토옹벽의 배면을 굴착하는 경우에는 굴착 비탈면에 지하배수공을 설치한다. 또한 이 비탈면에 용수 등이 있을 때는 지하배수구나 수평배수공 등을 설치한다.

✓ 보강토옹벽의 기초부에는 보강토체 내의 간극수압의 상승을 방지하기 위해 배수층을 설치한다.

✓ 전면벽체 부근에는 횡단방향으로 필터재료에 의한 배수층을 두는 것이 바람직하다. 벽면

공의 종류에 따라서는 그 자체로 배수기능을 할 수 있는 것도 있다.

✓ 보강토체 상부 표면과 성토비탈면은 적절한 차수공 및 배수공을 설치하여 보강토체 내부로 강우 등이 침투하지 않도록 한다.

✓ 보강토옹벽의 주변은 근처로부터의 유입수, 침투수 등의 유입을 막기 위해 그 경계 부근에 유입수 방지공을 설치한다.

7) 보강토옹벽의 완성

앞의 (3)~(5)의 과정을 반복하여 계획된 높이의 보강토옹벽을 완성한다.

패널식 및 블록식 보강토옹벽의 일반적인 시공과정은 그림 6.7 및 그림 6.8에서 보여준다.

6.4 보강토옹벽의 품질관리

보강토옹벽의 적절한 품질관리를 위한 주요 검토항목 및 내용을 표 6.4에 정리하였으며, 현장 여건에 따라 추가 또는 삭제될 수 있다.

표 6.4 보강토옹벽 품질관리를 위한 개략적인 검토항목(계속)

☐ 1.	설계도면 및 시방서상의 주요 검토항목	
	– 각 구성재료에 대한 요구조건	– 성토 및 다짐관리 기준
	– 보강토옹벽 시공순서	– 시공완료 후의 보강토옹벽의 허용오차
☐ 2.	시공도면에 대한 주요 검토항목	
	– 시공순서	– 배수시설에 대한 상세
	– 설치를 위한 시공상세도	– 손상을 감소시키기 위한 설치방법
	– 부식방지대책에 대한 요구조건	– 설비(Utility)의 시공과 관련된 상세
	– 흙의 다짐과 관련된 제약사항	– 비탈면보호공의 시공
☐ 3.	각 구성재료별 요구조건에 대한 검토 및 공급원 승인 설계에 적용된 보강토옹벽 시스템에 대한 시공상의 특징 검토	

표 6.4 보강토옹벽 품질관리를 위한 개략적인 검토항목

□ 4.	현장조건 및 기초지반에 대한 요구조건 확인 및 검토 – 기초의 준비 – 전면벽체의 설치를 위한 기초패드의 시공(수평 및 선형 확인) – 현장 접근로, 자재 운반로 및 자재야적장 등 – 굴착 시의 제한사항 – 시공 시의 배수대책(Construction dewatering) – 배수와 관련된 특성 : 용출수 유무, 주변의 개울 또는 저수지의 위치 등
□ 5.	현장에 반입된 전면벽체에 대한 검수(공장을 방문하여 검수할 수도 있음) 다음과 같은 경우에는 전면판 또는 전면블록을 불합격 처리하여 반품 – 압축강도 < 시방규정　　　　– 심각한 균열, 쪼개짐 또는 부서짐 – 몰딩의 결함(예, 휘어진 몰드 사용)　– 치수가 허용오차를 벗어나는 것 – 벌집 모양 균열(Honey-combing)　– 연결부의 배치가 잘못된 것 – 마감 색상의 변화
□ 6.	보강재에 대한 검수 – 반입된 보강재가 공급원 승인서류와의 일치하는지 검사 – 보강재의 결함 및 불균일성에 대한 조사 – 보강재 시편을 채취하여 품질관리 시험
□ 7.	필요시, 현장에서 사용할 보강재와 선정된 뒤채움재료 및 토공장비를 사용하여 시공 시 보강재 손상 정도를 평가하기 위한 시험 수행. 뒤채움재료의 수급여건상 보강재에 시공 중 손상을 유발할 수 있는 재료를 사용하게 되는 경우, 현장 내시공성 시험을 통해 손상 정도를 확인해야 함. 현장 내시공성시험 결과, 손상의 정도가 설계에 적용된 것보다 크다면, 설계자와 협의하여 이를 설계에 반영해야 함.
□ 8.	초기 승인된 자재와 비교하여 현장에 반입된 모든 자재 검수, 추가적인 시편의 채취 및 품질관리 시험 실시.
□ 9.	시공 중 도면 및 시방서의 요구조건에 따라 검사 및 품질시험 수행
□10.	전면벽체의 배열상태에 대한 모니터링 – 선형 및 경사도 – 인접한 패널과의 줄눈 간격

6.4.1 보강토옹벽의 시공 전 품질관리

보강토옹벽의 시공에 앞서 보강토옹벽 시공관리 책임자는 다음 사항에 대하여 확인해야 한다.

- ✓ 설계도서 검토 및 시방서의 확인
- ✓ 설계에 적용된 보강토옹벽 시스템에 대한 시공상의 특징 및 주의사항 확인
- ✓ 보강토옹벽 시공을 위한 현장 여건의 확인
- ✓ 시공계획서 작성, 검토 및 승인
- ✓ 보강토옹벽 구성재료에 대한 검수 및 사전승인

1) 설계도서 검토 및 시방서의 확인

설계도서에 대한 주요 검토 내용은 다음과 같다.

- ✓ 설계도서와 현장조건이 일치하는지 여부
- ✓ 설계도서에 따라 원활하게 시공할 수 있는지 여부
- ✓ 그 밖에 시공과 관련된 사항

설계 시 검토된 기초지반의 지지력(구조계산서상에 산정되어 있는 허용지지력)을 확인하고, 소요지지력을 확보하지 못할 경우에는 지반개량이나 보강방안을 마련해야 한다.

보강재 생산자로부터 품질시험(인강강도, 감소계수, 아연도금량 등) 자료를 제출받아 구조계산서에 적용된 설계정수의 적정성을 확인한다.

계곡부, 주변 배수로, 경사지 등 유수가 집중될 수 있는 현장에 보강토옹벽이 계획된 경우에는 내·외부 배수시설이 설계에 적절히 반영되었는지 확인한 후, 미흡한 경우에는 적절한 배수시설을 추가하도록 조치해야 한다.

기초지반이 연약한 경우에는 설계 시 지반조사가 충분하였는지 여부와 추가적인 조사가 필요한지 여부를 검토한다.

2) 설계에 적용된 보강토옹벽 시스템의 시공상의 특성 및 주의사항 확인

현재 국내에서는 다양한 종류 및 형태의 보강토옹벽이 사용되고 있으므로, 보강토옹벽 시공관리 책임자는 설계도서 및 시방서를 검토하여 설계에 적용된 보강토옹벽 시스템에 사용할 재료의 품질기준, 시공순서, 시공상의 특징 및 주의사항, 뒤채움재료의 다짐관리 방법 및 기준, 허용오차 등을 미리 파악하여 품질관리에 활용해야 한다.

3) 보강토옹벽 시공을 위한 현장여건의 확인

설계도서 및 시방규정에 대한 파악이 완료되면 설계도서와 현장여건의 일치여부를 충분히 확인해야 하며, 만약 설계도서와 현장의 조건이 일치하지 않을 경우에는 현장조건을 반영하여 설계변경한 후 보강토옹벽을 시공해야 한다.

이때 검토해야 하는 주요사항은 다음과 같다.

- ✓ 기초지반에 대한 추가 작업(치환, 지반 보강 등)의 필요 여부
- ✓ 현장 접근로의 확인
- ✓ 보강재 설치를 위한 굴착범위
- ✓ 시공을 위한 배수시설의 필요 여부

보강토옹벽은 설계 시 배면 지하수위의 상승이나 배면 용출수의 영향을 고려하지 않고 설계하는 것이 일반적이므로 보강토옹벽 설계수명 동안에 보강토체 내부로 물이 유입될 우려가 있는지 파악하여 필요한 경우 배수시설의 설치를 고려해야 한다. 특히 계곡부에 설치되는 보강토옹벽이나 하천변에 설치되는 보강토옹벽은 반드시 배수시설의 필요 여부를 검토해야 한다.

한편, 보강토옹벽 뒤채움재로 현장유용토를 사용하는 경우가 대부분이지만, 현장유용토가 설계 시 가정한 뒤채움재료의 특성과 부합하는지 확인해야 한다. 또한 설계에 적용한 뒤채움재의 조건과 현장에서 사용할 뒤채움재의 조건이 서로 상이할 경우에는, 뒤채움재의 포설 및 다짐 시 보강재가 손상을 입을 수 있는지 검토해야 하며, 설계에 적용된 조건보다 보강재의 손상이 더 클 것으로 예상되는 경우에는 토취장을 변경하거나 보강재를 변경하여 시공해야 한다.

4) 시공계획서(시공상세도) 작성, 검토 및 승인

보강토옹벽 공사 시작에 앞서 시공자는 현장 실정에 맞게 시공계획서(시공상세도)를 작성하여 제출하며, 시공계획서에는 다음과 같은 내용을 포함한다.

- ✓ 해당공종의 범위
- ✓ 시공상세도 및 작업방법
- ✓ 작업일정표
- ✓ 세부작업별 장비, 인력 배치 및 자재 사용 계획
- ✓ 안전관리 계획
- ✓ 품질관리 계획

감리자는 제출된 시공계획서를 검토 및 승인 후에 시공토록 해야 하며, 시공상세도에 대한 감리자의 검토사항은 다음과 같다.

- ✓ 설계도면 및 시방서 또는 관계규정에 일치하는지 여부
- ✓ 현장기술자, 기능공이 명확하게 이해할 수 있는지 여부
- ✓ 실제 시공이 가능한지 여부
- ✓ 안전성 확보 여부
- ✓ 계산의 정확성
- ✓ 도면 표시가 곤란한 내용은 시공 시 유의사항으로 작성되어 있는지 여부

5) 주요 자재에 대한 검수 및 사전 승인

보강토옹벽을 시공하기 전에 보강토옹벽 주요 구성재료인 콘크리트 전면판이나 전면블록, 보강재 등에 대한 검수 및 사전승인을 받아야 하며, 자재를 현장에 반입하기 전에 제작공장을 방문하여 생산과정과 생산 시 품질관리의 적정성 여부를 판단해 볼 필요가 있다. 공장 방문 시에 품질관리시험을 위한 시편을 채취하여 공인된 시험기관을 통해 시방규정과 일치하는지 판단해야 한다.

현장에 반입된 자재에 대하여 콘크리트 패널이나 블록, 보강재, 기타 부속자재에 대한 검수 및 품질시험을 실시하여 시방규정과 일치하는지 평가해야 한다.

콘크리트 패널 또는 블록은 설치하기 전에 검수하여 다음과 같은 결함이 있는 경우에는 사용하지 말아야 한다.

- ✓ 불충분한 압축강도
- ✓ 몰드의 결함(예, 휘어진 몰드로 생산)
- ✓ 벌집 모양 균열
- ✓ 균열, 갈라짐, 쪼개짐 등
- ✓ 마무리면의 색상이 다른 것
- ✓ 허용 범위를 벗어나는 치수
- ✓ 연결부의 배치가 잘못된 것

콘크리트 패널이나 블록의 치수는 설계도서를 따르며, 품질관리 기준은 표 6.5에 정리하였다. 한편, 현장에 반입된 전면벽체 및 보강재에 대한 품질관리 기준은 표 6.6에 정리하였다.

콘크리트 패널의 압축강도시험은 KS F 2405의 규정에 따라 시험하며, 이때 시편은 KS F 2403의 규정에 따라 직경 × 높이가 $\phi 100 \times 200$mm로 제작된 공시체를 사용하여 시험한다. 제작된 콘크리트 패널에서 코어를 채취하여 압축강도시험을 할 경우에는 KS F 2422의 규정에 따라 코어를 채취하여 압축강도시험을 수행한다. KS F 2405 또는 KS F 2422의 규정에 따라 시험했을 때 콘크리트 패널의 압축강도는 30MPa 이상이라야 한다.

콘크리트 블록의 경우 가로 × 세로 × 높이가 각각 $100 \times 100 \times 100$ mm로 절단된 시편에 대하여 수행한다. 다만, $100 \times 100 \times 100$mm로 시편의 절단이 불가능한 경우에는 $90 \times 90 \times 90$mm 또는 $50 \times 50 \times 50$mm로 절단하여 시험해도 된다(KCIC 703 : 2006). 콘크리트 블록의 압축강도는 28MPa 이상이라야 한다. 한편, 콘크리트 블록은 압축강도 외에 KS F 4004의 9.4항 또는 KS F 4419의 8.2항의 규정에 따라 흡수율 시험을 했을 때 평균흡수율은 7% 이내라야 하고, 각각의 흡수율은 10% 이내라야 한다.

표 6.5 보강토옹벽 전면벽체의 품질관리 기준

구분	콘크리트 블록	콘크리트 패널
치수오차	폭 ±3.2mm 높이 ±1.6mm	폭 및 높이 ±5mm 대각선 방향 길이 ±13mm
압축강도	28MPa	30MPa
흡수율	7%	-

표 6.6 현장에 반입된 전면벽체 및 보강재의 품질시험 기준

구분	항목	관리기준	시험주기	비고
전면벽체	치수오차	<표 6.5 전면벽체의 품질관리 기준> 참조	전면면적 1,000m²당 임의 3개의 블록 혹은 패널	
	압축강도			
	흡수율			
보강재	인장강도	설계도서 확인	전면면적 1,000m²당 3개 시편 이상[주2]	
	지오신세틱스 보강재 인장변형률	인장변형률 5% 이내에서 장기인장강도에 해당하는 인장강도 발현[주1]		
	금속성 보강재 아연부착량	86μm (혹은 610g/m²)		
	지오신세틱스 보강재의 재질	설계도서 확인		

주1) 작은 인장강도에서 큰 인장변형이 발생하는 보강재는 벽체의 과도한 수평변위를 유발할 수 있다. 따라서 보강재에 대한 인장강도시험 결과 인장변형률 5%에 해당하는 인장강도가 설계 시에 강도감소계수를 적용하여 산정한 장기인장강도보다 큰지 확인한다.
주2) 적용된 보강재의 인장강도가 다양한 경우, 각 인장강도별로 3개 이상의 시편을 채취하여 인장강도시험을 실시한다(예를 들어, 지오그리드 보강재가 적용되었다면, 각 인장강도별로 폭 20cm에 해당하는 시편 3개 이상에 대해 광폭인장강도시험을 실시한다).

　한편, 보강재는 다양한 재질, 형상, 규격의 제품들이 사용되고 있고, 동일한 구간 내에서도 다양한 강도의 보강재가 사용될 수 있다. 현장에 반입된 보강재에 대하여 외형 및 손상여부에 대한 육안검사 및 시편을 채취하여 품질관리 시험을 수행하고 설계도서 및 시방규정과 일치하는지 판단해야 한다. 지오그리드나 지오텍스타일과 같은 지오신세틱스 보강재를 사용하는 경우에는 KS K ISO 10319의 규정에 따라 인장강도 및 파단 시의 인장변형률을 확인하여 시방규정과 비교한다.

보강재는 일반적으로 지반 내에 존재하는 산, 알칼리, 염 등에 변질되지 않고 미생물에 의해 분해되지 않아야 하며, 제품의 시험성적서를 근거로 하여 적합여부를 확인한다. 금속성 보강재의 경우 부식에 대한 저항성을 높이기 위하여 표면에 최소 $610g/m^2$ 이상의 두께로 아연도금을 하거나 에폭시 등으로 코팅된 것을 사용해야 한다. 지오신세틱스 재질의 보강재는 적절하게 포장된 상태로 운반 및 취급되어야 하며, 현장에 반입된 보강재는 직사광선에 장기간 노출되지 않도록 포장을 씌워 보관해야 한다. 손상된 보강재는 사용해서는 안 된다.

뒤채움재료는 보강토옹벽의 품질에 가장 큰 영향을 미친다. 따라서 적절한 재료의 사용뿐만 아니라 포설 및 다짐관리도 상당히 중요하다. 보강토옹벽에 사용할 뒤채움재료에 대해서 일반적으로 입도분포, 소성지수, 전기화학적 특성 등에 대하여 규정한다. 보강토옹벽 시공 전에 품질시험을 통하여 뒤채움재료로 사용할 재료를 선정하고 시공 중에도 재료의 특성이 달라지거나 토취장이 바뀌면 품질시험을 수행하여 보강토옹벽 뒤채움재료로 사용가능한지 판단해야 한다.

일반적인 보강토옹벽 뒤채움재료의 선정기준은 표 6.7과 같다.

표 6.7 보강토옹벽 뒤채움흙의 적합조건(KCS 11 80 10 : 보강토옹벽)

체눈금크기(mm) (체번호)	통과중량백분율(%)	비고
102	100	
0.425 (No. 40)	0~60	
0.075 (No. 200)	0~15	

주1) 예외규정 : No.200 통과율이 15% 이상이더라도 0.015mm 통과율이 10% 이하이거나 또는 0.015mm 통과율이 10~20%이고 내부마찰각이 30° 이상이며 소성지수(PI)가 6 이하면 사용이 가능하다.
주2) 뒤채움재료의 최대입경은 102mm까지 사용할 수 있으나, 시공 시 손상을 입기 쉬운 보강재를 사용하는 경우에는, 최대입경을 19mm로 제한하거나 시공손상 정도를 평가하는 것이 바람직하다.

미국 FHWA 지침(Elias와 Christopher, 1999; Elias 등, 2001; Berg 등, 2009a)에 따르면 지오신세틱스 보강재를 사용할 때 그 재질이 폴리에스테르(PET) 섬유인 경우 뒤채움흙의 pH는 3~9의 범위에 있어야 하고, 폴리올레핀계열(PP 또는 HDPE)인 경우에는 pH가 3 이상이라야 한다.

강재(Steel) 보강재를 사용하는 경우에는 강재의 부식속도를 감소시키기 위하여 뒤채움재료의 pH는 5~10의 범위 이내에 있고, 전기비저항(Resistivity)은 최소 3,000 Ω-cm 이상이라야 한다.

한편, 콘크리트 블록을 사용하는 경우, 블록의 내부 공간 및 블록과 블록 사이 속채움재료는 표 6.8의 조건을 만족하는 재료를 사용한다.

표 6.8 블록 속채움 재료 입도기준(KCS 11 80 10 : 보강토옹벽)

체의 공칭치수	26.5mm	19mm	4.75mm(No.4)	0.425mm(No.40)	0.08mm(No.200)
통과 중량 백분율(%)	75~100	50~75	0~60	0~50	0~5

6.4.2 보강토옹벽의 시공 중 품질관리

보강토옹벽 시공의 각 단계별로 시공 상태를 확인하고, 적절한 품질관리를 위해 점검사항에 대한 현장검측을 실시해야 한다. 보강토옹벽의 주요 검측항목은 표 6.9와 같다.

표 6.9 보강토옹벽의 주요 검측항목

검측항목		기준
기초지반	지지력	− 평판재하시험에 의한 $K_{30} \geq 150MN/m^3$(침하량 1.25mm에서)
전면벽체의 기초패드	선형 및 기초고	− 설계도서상의 선형에 맞는지 확인 − 기초고에 맞게 기초(콘크리트 또는 잡석)가 설치되었는지 확인
뒤채움	다짐도	− 최대건조밀도(KS F 2312의 C, D 혹은 E방법)의 95% 이상 또는 평판재하시험[주1)]에 의한 $K_{30} \geq 150MN/m^3$(침하량 1.25mm에서)
보강재	규격/ 길이, 겹이음	− 설계도서에 명기된 규격 및 길이 − 전면포설형 보강재의 경우 폭방향 겹이음(설계도서에 명기된 값) − 느슨한 곳 없이 팽팽하게 당겨졌는지 확인
전면벽체	수직 및 수형선형	− 설계도서에 명기된 허용치 아내

주1) 평판재하시험은 현장들밀도시험이 불가능한 경우에 적용한다.

아래에는 보강토옹벽 시공 단계별 주요 요구조건에 대해 설명한다.

1) 사전준비

일반적으로 보강토옹벽 설계 시에는 현장상황을 정확하게 파악할 수 없으므로, 보강토옹벽 시공 전에 설계도서를 검토하여 실제 현장여건과 상이한 경우에는 현장여건에 맞게 설계변경을

해야 한다(그림 6.9 참조).

a) 기초지반의 치환(필요시)　　　　　　　　　b) 배수시설 설치

그림 6.9 보강토옹벽 시공을 위한 준비공

특히 보강토옹벽의 설계 시, 현장 여건을 고려한 배수시설의 설치가 적절히 반영되지 않는 경우가 많다. 지하수가 보강토옹벽 내부로 유입될 경우 보강토옹벽의 안정성 저하의 원인이 되므로, 보강토옹벽 시공 전에 반드시 지하수의 유출여부를 판단하여 적절한 배수시설을 설치해야 한다.

또한 보강토옹벽이 설치될 위치에 상·하수도, 지하공동구 등의 설치가 계획된 경우에는 보강토옹벽 시공에 앞서 이들 시설물을 먼저 설치하고, 보강토옹벽 시공완료 후에는 보강토옹벽 전면 또는 보강토체 부분의 굴착을 피해야 한다.

보강토옹벽은 침하에 대한 유연성이 콘크리트구조에 비해 우수하기 때문에 기초지반이 비교적 연약한 경우에도 별도의 처리 없이 설계 및 시공하는 경우가 많다. 그러나 보강토옹벽 완공 후 기초지반의 과도한 침하가 예상되는 경우에는 별도의 침하 방지대책을 수립해야 한다.

일반적으로 보강토옹벽은 전체침하보다는 부등침하의 영향을 더 크게 받으며, 보강토옹벽에 아무런 영향이 없는 부등침하량의 한계는 패널식의 경우 1/100, 블록식의 경우 1/200 정도 이며, 연성벽면을 갖는 보강토옹벽의 경우 1/50 이상의 부등침하도 견딜 수 있다. 예상되는 부등침하량이 이 기준을 초과하는 경우에는 벽체 연장 약 15~30m마다 슬립조인트(Slip joint)를 두어 부등침하에 대비하는 것이 좋다(그림 6.10 참조).

a) 콘크리트 패널   b) 콘크리트 블록

그림 6.10 슬립조인트 적용 예(한국지반신소재학회, 2024)

2) 기초의 준비

① 전면벽체의 기초를 설치하기 전에 보강토옹벽의 선형 및 기초고에 맞춰 기초 터파기를 시행하며, 터파기 작업은 재료의 반입정도, 인원 및 장비의 투입계획, 기상조건, 비탈면의 형상 및 높이, 되메우기 시기 등을 고려하여 작업 가능한 구간만 터파기 한다.

② 굴착된 바닥면은 평탄하게 지반고르기를 시행하고 과도하게 터파기된 부분은 성토재료 또는 기초용 잡석을 사용하여 되메움한 후 소요지지력을 얻을 수 있도록 충분히 다져준다. 기초지반이 준비되면 그림 6.11 c)의 평판재하시험과 같은 기초지반에 대한 지내력 시험을 수행하여 소요지지력을 확보할 수 있는지 평가해야 하며, 소요지지력은 얻을 수 없는 경우에는 지반을 치환하거나 기초의 형식을 변경하여 소요지지력을 얻을 수 있도록 해야 한다.

③ 기초지반이 준비되면 그 위에 보강토옹벽의 선형 및 기초고에 맞추어 보강토옹벽 기초를 설치하며, 기초의 형석 및 치수는 설계도서를 따른다. 전면벽체의 기초패드는 무근콘크리트를 사용하는 것이 일반적이며, 높이가 낮은 블록식 보강토옹벽의 경우에는 잡석기초를 사용할 수 있다. 또한 부등침하가 예상되는 경우에는 철근 콘크리트를 사용할 수 있다.

④ 보강토옹벽 전면벽체의 기초패드는 항상 수평으로 설치해야 하며, 기초의 높이에 고저차가 있는 경우에는 그림 6.12와 같이 계단식으로 설치하고, 이때에도 기초는 항상 수평으로 설치한다. 그림 6.13은 전면벽체 기초패드의 시공 과정을 보여준다.

a) 기초터파기

b) 기초지반 준비

c) 지내력 시험

d) 기초지반 치환

그림 6.11 기초지반의 지내력 확인

⑤ 콘크리트 기초패드의 경우 보통 압축강도 18MPa 이상의 콘크리트를 사용하여 두께 150mm 이상, 폭은 전면판 또는 전면블록의 폭보다 200mm 정도 넓게 설치하는 것이 일반적이며, 전면벽체를 설치하기 전에 최소 12시간 이상 양생시켜야 한다.

⑥ 기초패드의 높이를 잘못 맞추면 전면벽체의 설치에 어려움이 따를 수 있고, 시공완료 후에 전면벽체에 균열이 발생하거나 선형에 오차가 발생할 수 있으므로 주의해야 한다. 패널식 보강토옹벽을 설치하기 위한 콘크리트 기초패드에 대한 수직방향 허용오차는 표 6.10과 같다.

⑦ 블록식 보강토옹벽의 경우에는 콘크리트 기초패드 대신 그림 6.13 f)와 같은 잡석기초를 사용할 수 있으며, 잡석기초를 사용하는 경우 잡석은 경질이고 변질될 염려가 없는 부순돌 또는 조약돌로서 대소알이 적당한 입도로 혼합된 것이라야 한다.

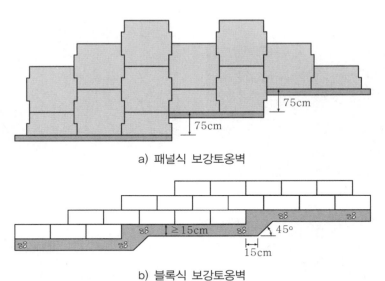

a) 패널식 보강토옹벽

b) 블록식 보강토옹벽

그림 6.12 콘크리트 기초패드를 계단식으로 설치하는 경우

| a) 거푸집 설치 | b) 거푸집 설치 – 계단식 기초패드 |
| c) 기초고의 확인 | d) 콘크리트 타설 |

그림 6.13 전면벽체 기초패드의 설치 예(계속)

<table>
</table>

e) 무근 콘크리트 기초패드	f) 잡석 기초패드

그림 6.13 전면벽체 기초패드의 설치 예

표 6.10 콘크리트 기초패드의 관리기준(패널식 보강토옹벽)

대상	관리항목	관리기준치	빈도	비고
기초 Con'c	기준 높이	±2cm	옹벽 연장 30m마다	콘크리트 패널 조립 전에 측정
	각 측점별 상대차	±1cm	옹벽 연장 1.5m마다	

3) 전면벽체의 설치

패널식 보강토옹벽의 경우, 그림 6.14 a) 및 b)와 같이 표준 크기 패널의 1/2 크기인 기초 패널을 먼저 설치하고 그 사이에 표준 크기의 패널을 설치한다. 패널 설치 시에는 다음 단 패널의 설치가 용이하도록 패널과 패널 사이의 간격을 확인해야 하며, 패널 자체의 수평뿐만 아니라 인접한 패널과도 수평이 유지되는지 확인해야 한다(그림 6.14 c) 및 d) 참조).

보강토옹벽에서 뒤채움재료의 포설 및 다짐 시에 전면벽체에 발생하는 변위는 피하기 어렵기 때문에, 패널식 보강토옹벽의 경우 시공완료 후의 정확한 수직선형을 확보하기 위해 보통 콘크리트 전면판을 배면 방향으로 1~3% 정도 기울여서 설치한다. 그림 6.14 e)와 같이 패널의 기울기를 확인한 후 첫째 단 패널 전면에 버팀목을 설치하고, 인접한 패널들은 클램프로 단단히 조여서 뒤채움재료의 포설 및 다짐 시에 콘크리트 패널이 전도되는 것을 방지한다.

콘크리트 패널이 설치된 후 패널과 패널 사이의 수직방향의 줄눈(Joint)에는 그림 6.15 a) 및 그림 6.16과 같이 부직포 필터를 설치하여 뒤채움재료가 줄눈 사이로 빠져나가는 것을 방지해 준다.

a) 기초 패널의 설치

b) 표준 패널의 설치

c) 패널 사이의 간격 및 수평 확인

d) 패널의 수평 확인

e) 패널의 기울기 조정

f) 버팀목 설치

g) 쐐기목 및 클램프 설치

h) 클램프 설치

90×45×450mm 각재를
φ12mm M.S BOLT로
조립

그림 6.14 콘크리트 패널의 설치

a) 수직줄눈 채움재(부직포 필터) 설치

b) 수평줄눈 채움재(콜크) 설치

그림 6.15 줄눈 채움재 설치

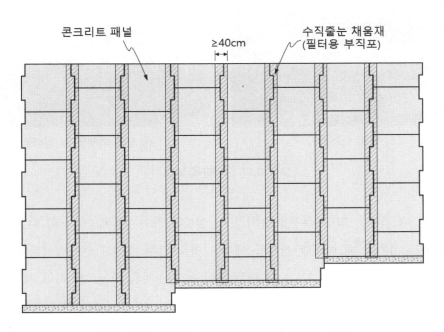

그림 6.16 수직줄눈 채움재(필터용 부직포) 설치

또한 다음 단 패널을 설치하기 전에 하단 패널의 상단을 깨끗이 청소한 후, 그림 6.15 b)와 같이 콜크, 고무패드 등의 수평줄눈 채움재를 삽입하여 콘크리트가 서로 맞닿아 파손되는 것을 방지해준다.

블록식 보강토옹벽의 경우, 준비된 기초패드 위에 계획된 선형에 맞추어 첫째 단 블록을

a) 최하단 블록 설치

b) 블록의 수평 확인

c) 블록 속채움

d) 블록 속채움 및 뒤채움

그림 6.17 전면블록의 설치

설치하며, 이 때 블록은 항상 수평을 유지할 수 있도록 해야 한다(그림 6.17 a) 및 b) 참조). 윗단의 블록을 설치할 때 아랫단 상부를 깨끗이 청소한 후 설계도서에 명시된 방법에 따라 상·하단 블록을 연결시킨다. 블록은 한 단씩 쌓아 올리는 것을 원칙으로 하며, 매단마다 블록 속채움 및 뒤채움 포설을 시행한 후 다음 단을 쌓아 올려야 한다. 시공 중에 전면블록이 밀리는 것을 고려하여 계획된 수직선형보다 13~25mm 정도 더 뒤로 물려 설치한다. 최상단의 마감블록 은 설계도서에 명시된 방법에 따라 접착제 또는 몰탈을 사용하여 아랫단 블록에 완전히 고정시 켜야 한다.

4) 뒤채움재료의 포설 및 다짐

뒤채움재료의 포설은 전면벽체에서부터 시작하여 보강재 끝단 쪽으로 진행한다. 설치된 보강재 위로 중장비가 직접 주행할 경우 보강재에 손상을 입힐 수 있으므로, 장비 운용 시 보강재에 손상이 가지 않도록 주의해야 한다.

일반적으로 성토두께는 성토재료, 다짐장비, 소요다짐도 등의 조건에 의하여 결정되지만, 보강토옹벽의 경우에는 이외에도 보강재의 수직간격 및 전면벽체의 높이를 고려하여 성토두께를 결정해야 한다. 다짐 완료 후의 한 층의 두께는 200~300mm 이하가 되도록 관리하는 것이 일반적이며, 규정된 다짐도 이상의 다짐밀도를 얻을 수 있다면 층다짐 두께를 조절할 수 있다.

보강토옹벽의 시공에 있어서 다짐관리는 필수적인 항목이며, 뒤채움재료로 양질의 사질토를 사용하는 경우라도 다짐관리가 제대로 시행되지 않는다면 문제를 야기시킬 수 있다. 보강토옹벽 뒤채움재료는 각 층마다 KS F 2312의 C, D 또는 E 방법에 의하여 정해진 최대건조밀도의 95% 이상이 되도록 대형 진동롤러를 사용하여 균일하게 다져야 한다(그림 6.18 e) 참조). 양족롤러를 사용하여 뒤채움재료를 다짐하면 보강재를 손상시킬 수 있으므로 양족롤러의 사용은 지양해야 한다.

현장 여건상 세립분이 많은 흙을 뒤채움재료로 사용해야 하는 경우에는, 95% 이상의 다짐도를 얻기 위해 과도하게 다짐하면 벽면에 변위가 커질 수 있으므로, 시험시공을 통해 얻어진 최대의 밀도를 확보할 수 있는 다짐횟수로 관리하는 것이 더 좋을 수 있다.

또한 보강토옹벽은 보통 조립식으로 시공되므로, 뒤채움재료의 포설 및 다짐 시 다짐유발토압에 의하여 전면벽체에 변형이 발생한다. 이러한 변형특성을 고려하여 콘크리트 패널의 경우 배면방향으로 1~3% 정도 기울여 설치하고, 블록식 보강토옹벽의 경우 13~25mm 뒤로 물려 설치하지만, 다짐에 의한 영향을 최소화하기 위하여 벽면으로부터 약 1~2m 근처에는 대형장비의 진입을 방지하고 그림 6.18 f)와 같이 소형의 다짐장비로 다져야 한다.

벽면 근처의 성토 및 다짐이 불량한 경우에는 전면블록 또는 패널이 밀려날 수 있으며, 보강재의 침하가 발생하여 연결부에 과도한 응력이 집중할 수 있으므로 주의해야 한다. 반대로 벽면근처에서 과도한 다짐은 벽면 변위 발생의 원인이 될 수 있으므로, 다짐도보다는 다짐횟수로 관리하는 것이 더 좋을 수도 있다. 블록식 보강토옹벽의 경우에는 다짐작업에 의해 블록이

a) 뒤채움재료 포설

b) 보강재 위에 뒤채움재료 포설(1)

c) 보강재 위에 뒤채움재료 포설(2)

d) 보강재 위에 뒤채움재료 포설(3)

e) 다짐

f) 벽면 근처에서 소형 롤러 다짐

그림 6.18 뒤채움재료 포설 및 다짐

밀리는 것을 최소화하기 위해 전면블록 배면 약 30cm 정도까지는 블록 속채움과 함께 골재를 포설하는 것이 좋다.

다짐이 완료되면 그림 6.19 a)에서와 같이 KS F 2311 모래치환법에 의한 흙의 밀도 시험

방법에 규정된 방법에 따라 현장 들밀도시험을 수행하여, KS F 2312의 C, D 또는 E 방법에 의하여 정해진 최대건조밀도의 95% 이상 다짐도를 확보하였는지 확인한다. 현장에서 다짐도 관리를 위한 시험은 보통 보강재가 설치되는 층에서 실시하며, 폭이 넓은 지역의 성토 작업 시에는 토공량 1,500m²마다 1회 정도의 빈도로 현장 들밀도시험을 수행한다.

한편, 뒤채움재료의 최대치수가 37.5mm 이상이거나, 19mm체 잔류량이 50% 이상인 경우, 그 외 현장 들밀도시험이 불가능한 경우에는 그림 6.19 b)에서와 같이 KS F 2310 도로의 평판재하시험에 규정된 시험방법에 따라 침하량 0.125mm일 때의 지지력계수(K_{30})를 구하여 K_{30}값이 150MN/m³ 이상 확보되는지 확인한다.

a) 현장 들밀도 시험(KS F 2311)   b) 도로의 평판재하시험(KS F 2310)

그림 6.19 현장에서 다짐도 확인

5) 보강재의 설치

설계도서에 표시된 보강재 설치 위치에 보강재의 규격, 길이, 간격 등을 정확하게 맞추어 설치하며, 보강재는 원칙적으로 벽면 선형에 대하여 직각방향으로 포설해야 한다.

지장물 등으로 인하여 벽면 선형에 대하여 직각 방향으로 보강재를 설치하기가 어려운 경우에는 약간 경사지게 설치할 수 있으나, 이러한 경우에도 20° 이상 경사지지 않도록 주의해야 한다.

그림 6.20 a) 및 b)와 같은 띠형 섬유보강재를 사용하는 경우에는 보강재를 길이에 맞게 잘라 설치하는 것이 아니라, 패널에서 보강재 길이만큼 이격된 거리에 정착철근을 설치한 후 패널의 부착고리와 정착철근 사이를 지그재그 형식으로 설치한다. 이때 띠형 섬유보강재는 느슨

a) 보강재 설치(띠형 섬유보강재)

b) 보강재 설치(띠형 섬유보강재)

c) 보강재 설치(강재 띠형 보강재)

d) 보강재 설치(강재 띠형 보강재)

e) 보강재 설치(직조형 지오그리드)

f) 보강재 설치(직조형 지오그리드)

g) 보강재 설치(일체형 지오그리드)

h) 보강재 설치(와이어 메시)

그림 6.20 보강재 포설

하지 않도록 팽팽하게 당겨야 한다. 이음이 필요한 경우에는 이음부가 보강재 끝단의 정착철근에 위치하도록 조정해야 하며, 이때 겹이음 길이는 최소한 2m 이상 확보해야 한다.

한편, 일반적으로 띠형 섬유보강재는 그림 6.20 a) 및 b)에 보인 바와 같이 콘크리트 패널과 결합하여 사용되어 왔다. 그러나 최근에는 콘크리트 블록에 띠형 섬유보강재를 걸어서 설치하는 형태의 보강토옹벽 시스템이 현장에 적용되고 있고, 이러한 형태의 보강토옹벽 공법 중 하나는 건설신기술(제657호)로 지정되어 현장에서 활용되고 있다. 이러한 형태의 보강토옹벽은 기존의 일반적인 패널식 및 블록식 보강토옹벽과 차별되는 특성이 있으므로, 설계도서 및 시방서를 면밀히 검토하고, 일반적인 보강토옹벽의 설계·시공 기준을 위반하지 않는 범위 내에서 본 공법의 특성에 적합하게 시공 및 품질관리를 해야 한다.

그림 6.20 c) 및 d)와 같은 강재 띠형(Steel strip) 보강재는 길이에 맞춰 절단하여 설치하며, 길이가 짧은 보강재를 길이방향으로 이음할 필요가 있는 경우에는 이음부에서 꺾이지 않도록 주의해야 한다.

그림 6.20 e), f) 및 g)와 같이 전면포설형 보강재를 사용하는 경우에는 보강재 길이에 맞게 절단하여 전면벽체에 연결한 후 보강재 끝단에서 팽팽하게 당겨 임시로 고정시킨다. 전면포설형 보강재는 길이 방향의 이음은 가급적 피해야 한다.

지오텍스타일이나 지오그리드와 같은 연성(Flexible)의 보강재를 사용하는 경우에는 전면블록과 보강재 연결부가 느슨해지지 않도록 보강재 끝단에서 약간 당겨서 고정시킬 필요가 있다. 특히 HDPE나 PP 재질의 일체형 지오그리드와 같이 직조형 PET 지오그리드에 비해 강성이 다소 높은 보강재를 사용하는 경우에는 보강재 끝단에서 핀 등으로 고정시킬 필요가 있다. 보강재가 느슨해지지 않도록 당겨주면 뒤채움 성토 및 다짐 시에 발생되는 변위량을 감소시킬 수 있다.

보강재는 전면벽체와 연결시켜야 하며, 전면벽체의 형식 및 보강재의 종류에 따라 다양한 형태의 연결부가 사용되고 있다. 패널식 보강토옹벽의 경우에는 일반적으로 연결고리나 타이스트립(Tie strip) 등을 사용하여 패널과 보강재가 견고하게 연결된다. 블록식 보강토옹벽의 경우에는 적용 보강재의 종류에 따라, 조인트바, 핀형, 클립형, 핑거형 등 다양한 형태의 연결부가 사용되고 있다. 따라서 블록식 보강토옹벽의 경우, 콘크리트 블록과 적용 보강재의 조합이 충분한 연결강도를 발현할 수 있도록 적절한지 확인해야 한다. 예를 들어, 핀형이나 클립형의 연결형태는 일체형 지오그리드에만 사용해야 하며, 직조형 지오그리드에 사용 시 연결부에 집중되는 하중으로 인하여 문제가 발생할 수 있으므로 주의해야 한다.

한편, 전면포설형 보강재(지오그리드, 지오텍스타일 등)를 사용하는 경우에는 곡선부 및 우각부를 포함한 시공구간에서 인접한 보강재 사이에 보강재가 중첩되는 부분이 발생하거나 보강재가 포설되지 않는 부분이 생길 수 있다.

그림 6.21에서와 같이 오목한 곡선부에서 전면포설식 보강재 포설 시에 발생하는 '∇' 모양의 보강재가 포설되지 않은 부분은 다음 층 포설 시에 메워 주도록 하며, 인접한 보강재가 이루는 각이 20° 이상인 경우에는 빈 공간에 추가적으로 보강재를 포설하여 지반을 보강할 수도 있다.

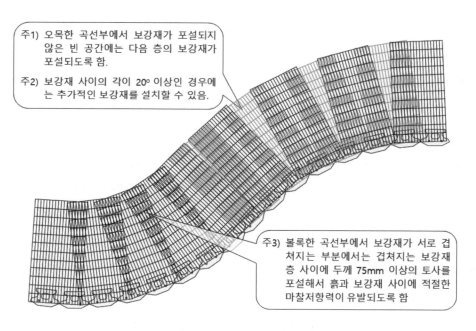

그림 6.21 곡선부에서의 보강재 포설(김경모, 2016)

반대로, 볼록한 곡선부에 전면포설식 보강재를 포설하는 경우에는 인접한 보강재끼리 겹쳐지는 부분이 발생하며, 이러한 부분에서는 보강재 인발저항력이 감소할 수 있다. 이러한 마찰력의 저하를 고려해 겹치는 부분에는 최소 6.5 cm 이상의 뒤채움흙을 포설하여 보강재의 마찰력이 발현될 수 있도록 한다.

그림 6.22에서와 같이 90° 각진 코너 부분에 보강재를 포설하는 경우에는 짝수 층 및 홀수 층에 주 보강 방향을 교대로 포설하도록 하며, 만약 동일한 층 내에 포설하여야 하는 경우에는 보강재 사이에 7.5 cm 이상의 토사를 포설하여 마찰력의 저하를 방지하여야 한다. 또한 오목한 코너부에서는 옹벽 높이의 1/4 정도까지 보강재를 추가로 포설하여 지반을 보강해주는 것이 좋다.

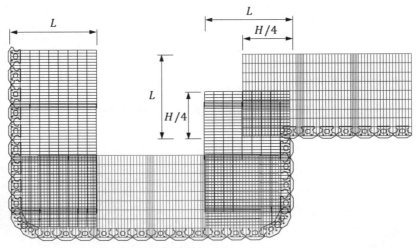

주1) 코너부에서 보강재가 서로 겹쳐지는 부분에서는 겹쳐지는
보강재 층 사이에 두께 75mm 이상의 토사를 포설해서 흙과
보강재 사이에 적절한 마찰저항력이 유발되도록 함

그림 6.22 90° 코너 부분에서의 보강재 포설(김경모, 2016)

전면포설형 보강재를 사용하는 경우에는 보강재 길이방향의 이음은 가급적 피해야 하나, 불가 피한 경우에는 감독관의 승인을 얻어 최소 1m 이상 겹이음하여 설치할 수 있다. 다만, 겹이음 되는 보강재 사이에는 그림 6.23 a)에서와 같이 두께 7.5cm 이상의 흙을 얇게 포설하여 보강재 사이의 마찰력 손실을 최소화해야 한다.

띠형 섬유보강재를 사용하는 경우에는 그림 6.23 b)에서와 같이 보강재의 이음부가 보강재 끝단에 위치하도록 조정해야 하며, 이때 겹이음 길이는 최소한 2m 이상 확보해야 한다.

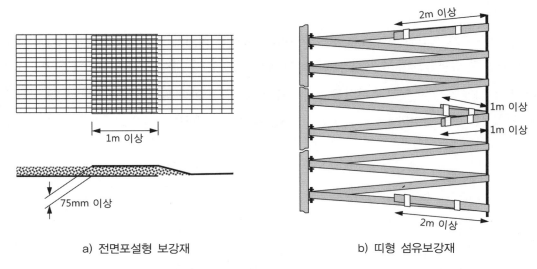

a) 전면포설형 보강재   b) 띠형 섬유보강재

그림 6.23 보강재의 겹이음(김경모, 2016)

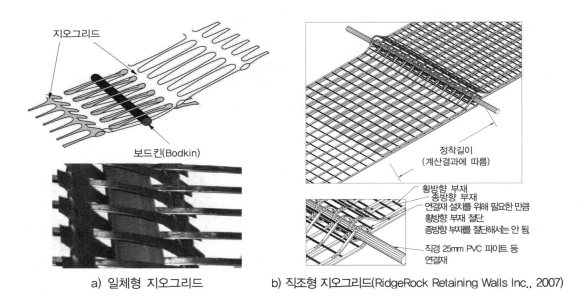

a) 일체형 지오그리드   b) 직조형 지오그리드(RidgeRock Retaining Walls Inc., 2007)

그림 6.24 지오그리드의 연결

한편, 일체형 지오그리드 보강재의 경우에는 그림 6.24 a)에서와 같이 보드킨(Bodkin) 등을
사용하여 이음할 수 있고, 직조형 지오그리드 보강재의 경우에는 그림 6.24 b)에서와 같이 PVC

파이프, PE 봉 등을 사용하여 이음할 수 있다.

6) 반복작업에 의해 보강토옹벽 완성

앞에서와 같은 전면벽체의 설치, 뒤채움재료의 포설 및 다짐, 보강재의 설치 등의 과정을 반복하여 보강토옹벽을 완성한다. 그림 6.25 c) 및 d)에서는 완성된 패널식 보강토옹벽과 블록식 보강토옹벽의 시공사례를 보여준다.

보강토옹벽에 벽면변위가 발생하면 시각적인 불안감이 생길 수 있으므로 사전에 이를 고려하여 전면벽체를 설치하고 벽면이 앞으로 기울어지지 않도록 주의해야 한다. 보강토옹벽 수직선형과 관련된 각 기준별 허용오차는 표 6.11에 나타낸 바와 같이 매우 엄격하지만, 지금까지의 시공 경험 및 실적으로 비추어 볼 때, 보강토옹벽은 계획된 수직선형으로부터 ±0.03H 또는 최대 30cm 정도의 오차가 발생하여도 구조물 자체는 충분히 안정한 것으로 평가되고 있다.

a) 반복 작업(패널식)

b) 반복 작업(블록식)

c) 완성(패널식)

d) 완성(블록식)

그림 6.25 반복작업에 의해 보강토옹벽 완성

표 6.11 보강토옹벽 수직선형의 허용오차

구분	적용	수직선형	배부름	비고
FHWA(Berg 등, 2009b)	패널식	19mm/3m	13mm/3m	
	블록식	19mm/3m	32mm/3m	
NCMA(1997)	블록식	±32mm/3m (최대 76mm)	25mm/3m	
BS8006 : 1995(BSI, 1995)		±5mm/m	±20mm/4.5m	
日本土質工學會(1986)	패널식	±0.03H (최대 30cm)	–	연장 30m마다
日本鐵道施設協會(1983)	패널식	±0.02H (최대 10cm)	–	연장 30m마다

7) 오차의 발생 조건 및 그 원인

보강토옹벽은 구조적 안정성은 물론 경관적으로 만족할 만한 품질을 확보하기 위해 설계도서에 제시된 요구조건을 충족시킬 수 있도록 시공되어야 한다. 일반적으로 시방규정에 적합한 재료를 사용하고 설계도서 및 시방서에 규정된 순서 및 방법에 따라 시공하고 적절하게 품질관리가 시행된다면 만족할 만한 결과물을 얻을 수 있다. 그러나 때로는 침하나 수평방향 변위의 발생으로 인해 전면벽체의 배열이 흐트러지거나 균열이 발생하고, 과도한 선형의 오차가 발생하여 심리적인 불안감을 초래할 수도 있다.

표 6.12에서는 허용범위를 벗어난 조건과 그 원인을 요약하였다.

표 6.12 보강토옹벽 시공오차의 발생 조건과 원인(계속)

조건	발생 가능한 원인
1. 벽면의 문제 　a. 부등침하 또는 국부적인 침하 　(원인 1. a와 b 적용)	1. a. 기초지반이 연약하거나 함수비가 높음 　b. 불량한 성토재료의 사용 또는 부적절한 다짐 　c. 수평 및 수직방향 이음매의 부적절한 간격

표 6.12 보강토옹벽 시공오차의 발생 조건과 원인(계속)

조건	발생 가능한 원인
b. 허용범위를 벗어난 수직선형 (원인 1. a 및 b) c. 전면벽체의 깨짐, 부서짐, 균열 (원인 1. a~e 적용) (예, 패널과 패널이 접촉하거나 소형 블록의 부등침하에 의한)	d. 부적절한 수평줄눈 채움재의 사용 e. 전면벽체 사이에 돌 또는 콘크리트 조각이 끼인 경우(예, 깨끗이 청소하지 않았거나, 전면벽체의 수평을 맞추기 위해 사용한 경우)
2. 기초패널의 설치 또는 수평을 유지하기 어려움	2. a. 기초패드의 수평이 맞지 않음
3. 수직선형의 허용범위를 벗어난 배부름 현상 또는 역기울기	3. a. 패널을 충분히 기울이지 않음 b. 전면벽체 근처에서 너무 큰 다짐 장비로 작업하거나 과다짐 실시 c. 뒤채움재료를 최적함수비의 습윤측에서 포설함 뒤채움재료가 세립분을 너무 많이 함유하고 있음 (No.200체 통과율이 시방규정을 초과함) d. 보강재 위에 뒤채움재료를 포설하고 다지기 전에 전면벽체 뒤에 뒤채움재료를 밀어 넣음 e. 균질하고 중립인 모래(No.40체 통과율이 60% 이상)를 너무 과도하게 다짐 f. 뒤채움재료를 보강재 끝단에서 벽면 방향으로 포설하여 보강재에 변위를 일으키고 전면벽체를 밀어냄 g. 쐐기목이 제대로 설치되지 않음 h. 클램프가 탄탄하게 채워지지 않음 i. 보강재와 전면벽체의 연결부가 느슨하게 연결됨 j. 지오신세틱스 보강재를 적절하게 당기지 않음
4. 수직선형의 허용범위를 벗어날 만큼 배면방향으로 기울어짐	4. a. 사용된 뒤채움재료에 비하여 패널을 과도하게 눕혀 설치하거나 블록을 과도하게 뒤로 물려 설치 b. 부적절한 뒤채움재료의 다짐 c. 지지력파괴의 가능성
5. 벽면의 수평선형이 허용범위를 벗어남 또는 배부름(Bulging)	5. a. 3c, 3d, 3e, 3j, 3k 참조 폭우로 인하여 뒤채움이 포화되었거나 매일 작업 완료 후 배수구배를 적절히 두지 못함

표 6.12 보강토옹벽 시공오차의 발생 조건과 원인

조건	발생 가능한 원인
6. 패널들이 계획된 위치에 적절하게 맞춰지지 않음	6. a. 패널들을 수평으로 설치하지 않았거나 부등침하의 발생(1 참조) b. 패널의 규격이 허용치를 벗어남
7. 인접한 패널들의 변위의 차이	7. a. 뒤채움재료가 균질하지 않음 b. 뒤채움의 다짐이 균일하지 않음 c. 잘못된 전면벽체의 설치

8) 배수시설의 설치

보강토옹벽의 안정성은 흙과 보강재 사이의 상호결속력에 의존하며, 이러한 흙/보강재 결속력은 보강재 위에 작용하는 수직응력(σ_v)의 함수이다.

만약, 보강토체 내부로 물이 유입되어 배수가 원활하지 않다면, 보강토체 내부에는 간극수압이 발생하여 보강재 위에 작용하는 수직응력은 $\sigma_v' = \sigma_v - u$로 감소하여 흙과 보강재 사이의 결속력은 감소하는 반면에, 보강재가 부담하여야 할 인장력(T_{max})은 토체 내부에서 발생한 간극수압만큼 증가하게 된다. 이로 인해 보강토체의 안정성, 특히 보강재의 파단 및 인발 파괴에 대한 안전율은 급격히 저하될 수 있으며, 결국에는 보강토체의 붕괴에 이르게 할 수도 있다. 국내에서도 해마다 장마철 및 집중호우 시에 보강토옹벽이 피해를 입는 사례가 종종 있으며, 그 원인 중의 하나가 이러한 수압의 영향이다.

보강토옹벽의 피해사례들을 살펴보면 대부분 물과 연관이 있으며, 지표수 및 지하수의 부적절한 처리가 피해의 원인인 경우가 많다. 따라서 보강토옹벽의 시공 시 및 완공 후에도 물에 의한 문제가 발생하지 않도록 적절한 배수대책을 강구해야 한다.

현장여건을 고려한 배수대책 및 배수시설 설치 방법은 제5장에 상세히 설명되어 있고, 아래에는 보강토체 내부 및 외부의 배수대책에 대해 개략적으로 설명한다.

(1) 보강토체 내부의 배수

✓ 원지반을 절취하여 보강토체를 설치하는 경우는 굴착면에 지하배수공을 설치하고, 원지반 비탈면에 용수 등이 있을 때는 지하배수구나 수평배수공 등을 설치한다.

✓ 기초부에는 보강토체 내의 간극수압의 상승을 방지하기 위해 배수층을 설치한다.

✓ 전면벽 부근의 배수처리 및 뒤채움재료의 유실을 방지하기 위해 전면벽체 배면에 자갈필터층을 두께 0.3m 이상 설치하여야 한다. 또한 뒤채움재료의 유출을 억제하기 위해 부직포를 추가 적용할 수 있으며, 이 경우 자갈필터층의 두께를 0.15m까지 감소시킬 수 있다.

✓ 시공시기가 강우기인 경우와 함수비가 높은 뒤채움흙을 사용하는 경우에는 일정 쌓기 두께마다 수평배수공을 설치한다.

(2) 보강토체 외부의 배수대책

✓ 보강토체 상부표면과 상부 쌓기비탈면에는 적절한 차수공 및 배수구를 설치하여 지표수가 보강토체 내부로 유입되는 것을 차단하여야 하며, 보강토옹벽의 주변은 근처로부터의 유입수나 침투수 등의 유입을 막기 위해 그 경계 부근에 유입수 방지공을 설치한다.

✓ 보강토체와 배면 뒤채움 사이에는 지하수를 처리하기 위한 모래자갈 수평배수층을 두는 것이 필요한 경우도 있으며, 저면 이외에는 지오텍스타일이나 지오멤브레인형의 배수재로 시공할 수도 있다. 특히 계곡부에 설치되는 보강토옹벽에는 일반 쌓기비탈면과 유사하게 적정한 크기의 암거를 설치한다. 보강토체가 수중에 잠기는 경우에는 내·외수면이 같아지도록 투수성이 양호한 뒤채움재료를 사용하여야 한다.

한편, 기존 원지반을 깎은 후에 보강토옹벽을 설치하는 경우는 원지반과 보강토체 사이의 경계에 배수로를 설치할 수 있다.

참고문헌

국토해양부 (2009), 도로공사 표준시방서.

국토해양부 (2010, 2013), 건설공사 보강토옹벽 설계, 시공 및 유지관리 잠정지침.

국토해양부 (2011), "보강토옹벽 설계·시공 실태", 국토해양부 감사담당관실.

국토해양부 (2011), 국토해양부 제정 건설공사 비탈면 표준시방서.

김경모 (2016), "보강토 옹벽의 설계, 시공 및 감리 개요", 기초 실무자를 위한 보강토 옹벽 설계 및 시공 기술교육 자료집, 한국토목섬유학회, pp.1~46.

박종권, 이광우 (2012), "국내 보강토옹벽 적용 현황 및 문제점 조사 연구", 한국토목섬유학회논문집, 제11권, 1호, pp.11~21.

조삼덕, 이광우 (2008), "지오신세틱스 보강토옹벽의 기술현황 및 개발 동향", 한국지반공학회 가을 학술발표회 논문집, pp.141~157.

한국지반신소재학회 (2024), 국가건설기준 KDS 11 80 10 : 2021 보강토옹벽 해설.

KCIC 703 : 2006 콘크리트 호안블록.

KCS 11 80 10 보강토옹벽.

KDS 11 80 10 보강토옹벽.

KS F 2302 흙의 입도시험 방법.

KS F 2306 흙의 함수량시험 방법.

KS F 2310 도로의 평판재하시험 방법.

KS F 2311 현장에서 모래치환법에 의한 흙의 단위중량시험 방법.

KS F 2312 흙의 다짐시험 방법.

KS F 2343 압밀 배수 조건 아래서 흙의 직접전단시험 방법.

KS F 2346 3축 압축 시험에서 점성토의 비압밀·비배수 강도시험 방법.

KS F 2403 콘크리트의 강도시험용 공시체 제작 방법.

KS F 2405 콘크리트의 압축강도시험 방법.

KS F 2422 콘크리트에서 절취한 코어 및 보의 강도시험 방법.

KS F 4004 콘크리트 벽돌.

KS F 4416 콘크리트 적층 블록.

KS F 4419 보차도용 콘크리트 인터로킹 블록.

KS K ISO 10319 지오텍스타일의 인장강도시험 방법.

KS L 5201 포틀랜드 시멘트.

Berg, R. R., Christopher, B. R. and Samtani, N. C. (2009a), Design of Mechanically Stabilized Earth Walls and Reinforced Soil Slopes - Volume I, Publication No. FHWA-NHI-10-024, U.S. Department of Transportation Federal Highway Administration.

Berg, R. R., Christopher, B. R. and Samtani, N. C. (2009b), Design of Mechanically Stabilized Earth Walls and Reinforced Soil Slopes - Volume II, Publication No. FHWA-NHI-10-025, U.S. Department of Transportation Federal Highway Administration.

BSI (1995), BS8006 : 1995 - Code of Practice for Strengthened/ Reinforced Soils and Other Fills, British Standard Institute, U.K.

Elias, V. and Christopher, B. R. (1999), Mechanically Stabilized Earth Walls and Reinforced Soil Slopes Design and Construction Guidelines, Technical Report FHWA-SA-96-071, U.S. DOT FHWA.

Elias, V., Christopher, B. R. and Berg, R. R. (2001), Mechanically Stabilized Earth Walls and reinforced Soil Slopes Design and Construction Guidelines, Publication No. FHWA-NHI-00-043, U.S. DoT, FHWA.

NCMA (1997), Design Manual for Segmental Retaining Walls (2nd Ed.), National Concrete Masonry Association, Virginia, USA.

RidgeRock Retaining Walls Inc. (2007), Polyester Geogrid Connection Detail.

日本鐵道施設協會 (1983), 補強土設計・施工の手引き-テルアルメ工法.

日本土質工學會 (1986), 土質基礎工學ライブラリ-29 補強土工法.

CHAPTER 07

보강토옹벽의 유지관리

보강토옹벽의 유지관리

7.1 개요

7.1.1 보강토옹벽 유지관리 이력

보강토옹벽의 유지관리는, 2003년 이전에는 옹벽구조물의 노후화를 야기하는 손상의 유형과 원인, 손상 및 노후화 정도를 평가할 수 있는 객관화된 평가기준이 정립되어 있지 않아서 이루어지지 못하다가, 2003년에 「시설물의 안전관리에 관한 특별법」(이하 '시특법'이라 함)이 개정되어 지면으로부터 높이가 5m 이상인 부분의 합이 100m 이상인 옹벽시설물을 2종시설물로 규정하여 안전점검 및 정밀안전진단 등을 정기적 또는 비정기적으로 수행하도록 규정하고, 옹벽 시설물에 대한 안전점검 및 정밀안전진단의 기준과 세부지침(건설교통부 한국시설안전기술공단, 2003)이 제시되면서 시작되었다. 그러나 시특법상 세부지침은 1, 2종 시설물만 대상으로 하기 때문에 시특법의 적용을 받지 않는 종외 시설물은 적절한 상태평가 기준이 없을 뿐 아니라, 정기적인 유지관리도 이루어지지 않아 안전 사각지대에 놓여 있는 실정이었다. 이에 2017년 한국도로공사의 재난안전처에서는 옹벽 점검 및 관리기준 수립(한국도로공사, 2017)을 통해서 한국도로공사 소관 보강토옹벽을 시특법 대상 및 일반 보강토옹벽으로 구분하여 관리하도록 제시하였다.

7.1.2 보강토옹벽 유지관리 현황

현재 보강토옹벽의 유지관리는 국토안전관리원의 시설물통합정보관리시스템(Facility Management System, FMS)에 등록된 시특법상 2종시설물 기준으로, 정기점검은 100%, 정밀점검은 약 83%를 한국도로공사에서 자체적으로 수행하고, 정밀점검 중 약 17%만 외부의 안전진단 전문기관에서 수행하고 있는 것으로 나타났다. 그리고 정밀점검결과를 보면 2종시설물의 약 99.3%가 A등급인 것으로 평가된 것으로 나타났다.

그러나 FMS에 등록된 정밀점검보고서를 보면, 자체점검은 세부지침에서 제시하고 있는 세부적인 점검기준 및 방법과는 달리 대부분 간단한 체크리스트 수준의 점검표를 활용하는 수준으로 정밀점검을 수행하고 있으며, 관리주체별로 보고서 양식 및 내용도 상이한 것으로 나타났다.

따라서 현재의 점검체계로는 시특법의 적용을 받지 않아 유지관리상 안전 사각지대에 놓여 있는 종외 시설물은 물론, 2종시설물도 통일된 기준에 의한 효율적 점검 및 유지관리가 어려운 실정인 것으로 추정된다.

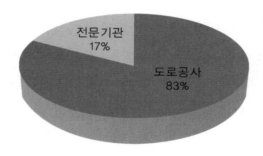

그림 7.1 보강토옹벽 정밀점검 수행기관 현황

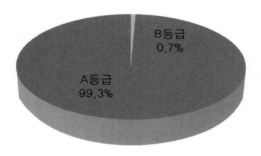

그림 7.2 보강토옹벽의 상태등급 현황

옹벽 점검 Check-List

노 선 명	이 정(방향)	연장	노출높이	준공년도	관리기관	점검자	점검일
호남선	69.6k(순천)	350.0	7.9	2009.12.28	광주지사	구환월	2016.06.03

시 설 물 특이사항	옹벽 상부	
	옹벽 하부	보강토 옹벽

점검시설			점 검 결 과		
		결함부분	평가단위번호	결 함 상 세	
지 표 면 노출부위 조 사	손상 및 결함			· 압축균열 일부발생	
기초지반 조 사	세 굴		없음		
주변영향 인 자	배수시설				
	사면상태		상부 본선		
점 검 자 의 견	· 배부름 현상이 다소 있음 : 시공오차 · 외관상태 비교적 양호 · 주기적인 유지관리				
상태등급			A		

정밀점검 결과 보고서

시설물구분	옹 벽
위 치	Sta. 89.49 ~ 89.66k[대전]
점 검 자	권인범 과장
점검일시	2012. 3. 4 ~ 5. 20
점검결과	양호

그림 7.3 보강토옹벽 자체 정밀점검 보고서 사례

7.2 보강토옹벽 조사 및 상태평가 방법

7.2.1 유지관리 절차

시설물의 유지관리는 관리대상 시설물에 대한 전체적이고 정확한 상태를 조사하여 급격한 기능저하를 가져올 우려가 있는 결함을 조기에 파악함과 동시에 필요에 따라서 적절한 대책방안을 수립하는 것이 중요하다. 보강토옹벽의 유지관리의 세부적인 수행절차는 다음과 같다.

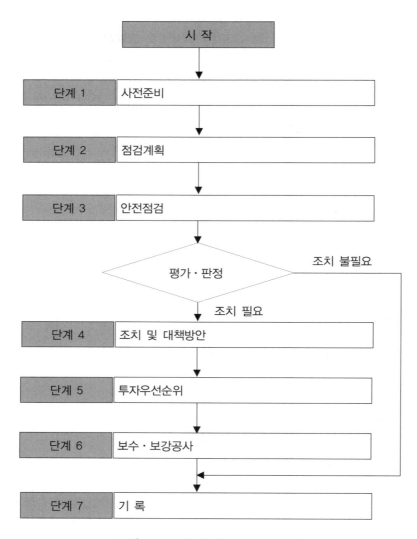

그림 7.4 보강토옹벽 유지관리 절차

1) [단계 1] 사전준비

보강토옹벽의 체계적이고 효율적인 유지관리를 위해서는 보강토옹벽의 현황에 대한 DB체계의 구축이 필수적이다. DB체계는 일반적인 시설물 관리대장을 의미하며, 해당 구조물의 기본적인 현황과 유지관리에 필요한 설계자료 및 준공 직전의 초기치를 포함한 시공자료 등 다음과 같은 사항들이 포함되어야 한다.

- 기본현황(사례)

시설물번호		관리번호	
시설물명		시설물 형식	
시설물종별		시설물 종류	
높이(m)		연장(m)	
위치(행정구역)		위치(GPS)	
관리주체		노선	
설계자		시공자	
준공일		하자담보책임만료일	
설계자료 보존 여부		시공자료 보존 여부	
상부현황		하부현황	
전경사진		기타사진(상부/하부)	

491

– 상세현황(사례)

평면선형		종단선형	
특수옹벽		옹벽높이(m)	
전면벽체 형식		전면벽체 압축강도(MPa)	
보강재 종류		보강재 인장강도(kN 또는 kN/m)	
뒤채움흙 종류		뒤채움흙 내부마찰각(°)	
보강토체 내부 배수시설 여부		보강토체 외부 배수시설 여부	
기초지반 종류		기초지반 내부마찰각(°)	

번호	점검구분	점검기관	비용(천 원)	주요 점검결과
	점검기간	점검자	안전등급	주요 보수·보강방안
1				
2				
3				

번호	공사명	보수·보강부위	설계사	시공사
	공사기간	공사내역	설계비(천 원)	공사비(천 원)
1				
2				
3				

2) [단계 2] 점검계획

　[단계 2] 점검계획에서는 [단계 1] 사전준비에서 구축한 시설물 관리대장 DB체계를 이용하여 전체 시설물별로 점검 수준 및 방법을 결정하고, 당해연도에 점검을 수행할 대상시설물의 선정, 점검을 위한 관련 자료의 수집 및 분석, 세부적인 과업수행계획의 수립 등 전반적인 점검계획을 수립한다.

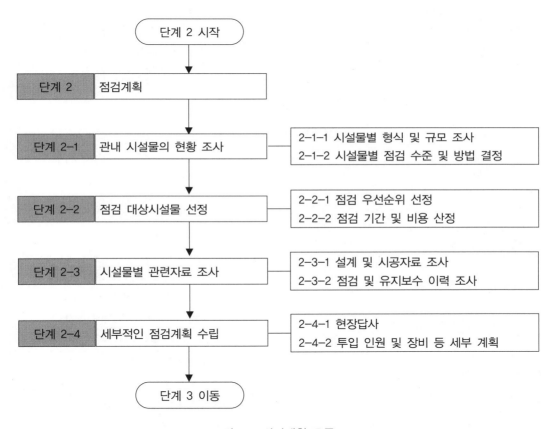

그림 7.5 점검계획 흐름도

3) [단계 3] 안전점검

　[단계 3] 안전점검에서는 [단계 2] 점검계획에 따라 일상점검, 정기점검, 정밀점검 및 정밀안전진단을 수행한다.

(1) 일상점검

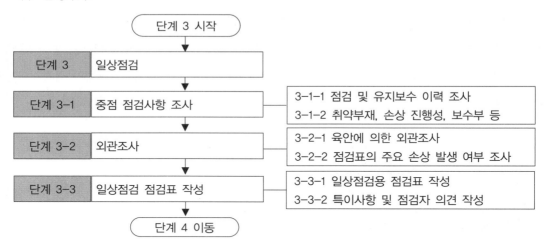

그림 7.6 일상점검 흐름도

(2) 정기점검

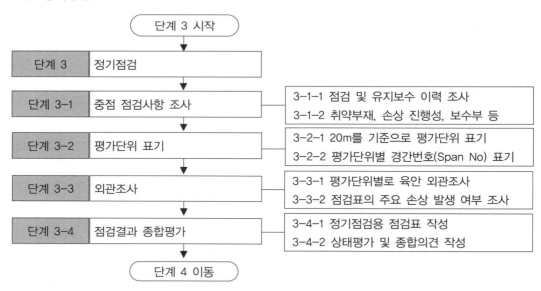

그림 7.7 정기점검 흐름도

(3) 정밀점검

정밀점검은 보강토옹벽 중 시특법상의 2종시설물에 포함되는 시설물을 대상으로 외부전문기관에 의해 1회/1~3년 주기로 수행하며, 점검항목 및 방법 등은 세부지침을 따르는 것을 원칙으로 한다.

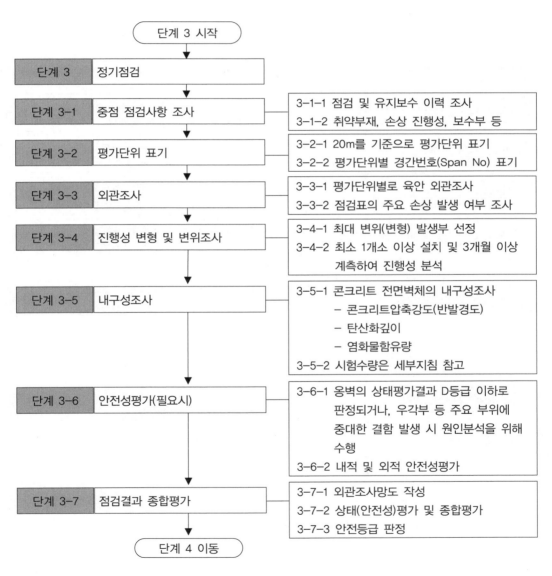

그림 7.8 정밀점검 흐름도

495

(4) 정밀안전진단

정밀안전진단은 보강토옹벽 중 시특법상의 2종시설물과 종외시설물 중 심각한 손상으로 진단이 필요한 시설물을 대상으로 외부전문기관에 의해 수행하며, 점검항목 및 방법 등은 세부지침을 따르는 것을 원칙으로 한다.

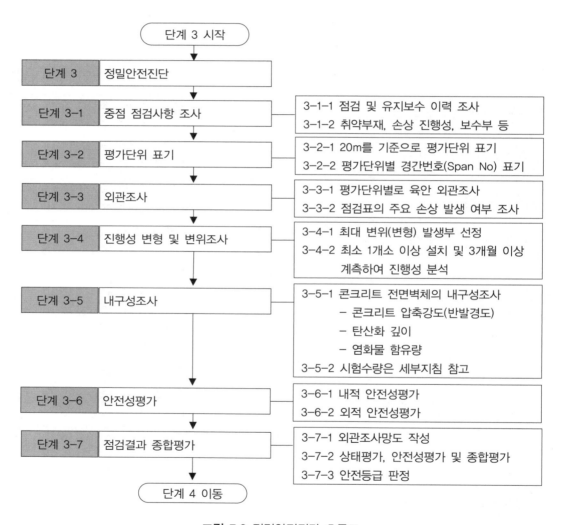

그림 7.9 정밀안전진단 흐름도

4) [단계 4] 조치 및 대책방안

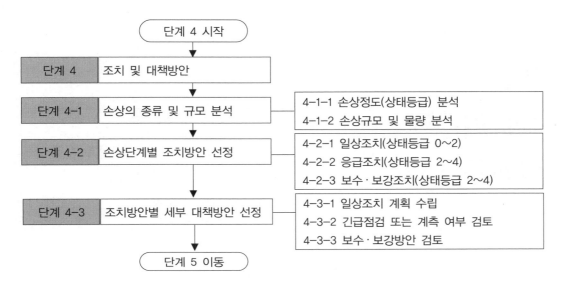

그림 7.10 조치 및 대책방안 선정 흐름도

5) [단계 5] 투자우선순위

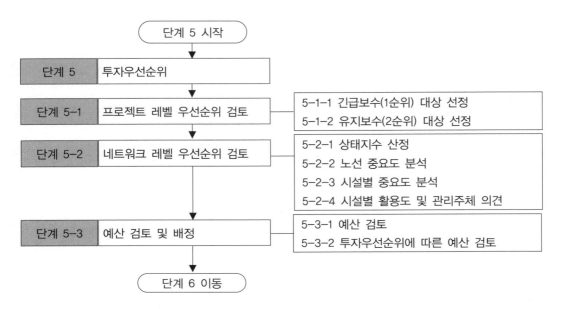

그림 7.11 투자우선순위 검토 흐름도

6) [단계 6] 보수·보강공사

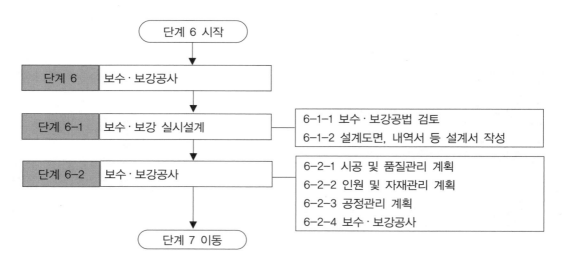

그림 7.12 보수·보강공사 흐름도

7) [단계 7] 기록

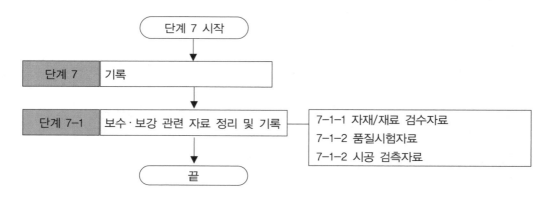

그림 7.13 자료정리 및 기록 흐름도

7.2.2 조사항목

1) 일상점검

일상점검은 1회/3개월 주기로 체크리스트를 활용한 개략적인 수준의 육안검사를 수행하는 점검으로서, 표 7.1에 나타낸 8가지 대표적인 손상의 발생 여부와 기지 손상의 진전여부를 확인하는 점검이다. 일상점검의 조사항목을 정리하여 표 7.1 및 표 7.2에 나타내었다.

표 7.1 일상점검 시 조사항목

점검부위	점검항목	점검방법	점검장비
• 전면벽체	• 파손 및 균열 • 배부름 • 전면벽체 또는 뒤채움재 유실 • 세굴 및 침식 • 부등침하 • 전도/경사	• 간단한 육안조사	• 망원경 • 카메라 • 필기도구 • 줄자 • 점검망치
• 주변 영향인자	• 배수시설 작동상태 • 사면(도로면) 손상		

표 7.2 일상점검용 점검표(계속)

보강토옹벽 일상점검용 점검표

일반현황	관리자		옹벽위치	
	최대높이(m)		옹벽연장(m)	
	점검일자		점검자/소속	

점검사항 (점검사항에 대해 양호한 경우는 ○, 불량한 경우는 ×)	점검결과 ○	점검결과 ×	점검내용 (위치, 상태)	조치 계획
■ 전면벽체				
옹벽 전면벽체(패널, 블록)의 파손 및 균열 여부				
옹벽 전면벽체(패널, 블록)의 배부름 현상 여부				
옹벽 전면벽체(패널, 블록) 및 뒤채움재 유실 여부				
옹벽 기초부의 세굴 또는 침식 여부				
옹벽의 부등침하 여부				
옹벽의 전도/경사 여부				
■ 주변시설				
배수시설(배수로, 측구)의 설치 여부				
배수시설의 관리상태 양호 여부				
상부 절토사면 존재 시 낙석 발생, 표면 침출수 유출 여부				
도로융기 여부(도로시설)				
침하 여부(상부지반)				
특이사항 및 점검자 의견				

표 7.3 일상점검용 점검표

〈전경사진〉	〈전경사진〉
〈손상사진〉	〈손상사진〉
〈손상사진〉	〈손상사진〉

2) 정기점검

정기점검은 1회/6개월 주기로 체크리스트를 활용하여 경험과 기술을 갖춘 전문가에 의한 세심한 수준의 육안검사를 수행하는 점검으로서, 표 7.3에 나타낸 22가지 손상의 발생 여부와 기지 손상의 진전여부를 확인하는 점검이다. 조사결과에 따라 보강토옹벽에 발생된 결함 및 손상에 의한 기능적 상태를 판단하고, 적정 조치방안을 수립한다. 정기점검의 조사항목을 정리하여 표 7.3 및 표 7.4에 나타내었다.

표 7.3 정기점검 시 조사항목

점검부위	점검항목	점검방법	점검장비
• 전면벽체	• 파손, 손상 및 균열 • 유실 및 이격 • 배부름 • 전면방향 기욺(전도/경사) • 배면방향 기욺(활동) • (부등)침하 • 파손으로 인한 보강재 노출 • 백태 또는 변색 • 코핑부 콘크리트 손상 • 수목 식생 • 접속부 단차 또는 이격	• 간단한 육안조사	• 망원경 • 카메라 • 필기도구 • 줄자 • 점검망치 • 균열경 • 점검 추 • 경사계 • 수평계
• 기초 및 사면	• 세굴 및 침식 • 기초부 지반 융기 • 기초부 용수 유출 • 사면(도로면) 침식 또는 손상 • 낙석, 토사유실 • 체수, 침출수		
• 배수시설	• 내부 또는 상부 배수시설 미흡 • 누수, 뒤채움재 유출 • 사면 배수시설 파손		

표 7.4 정기점검용 점검표(계속)

보강토옹벽 정기점검용 점검표

☐ 일반 현황

점검일자		점검자 및 소속	
시설물명		관리주체	
설치용도		기본제원	
형 식		준공년도	
종 별		다단식 여부	
보수이력		조사구간	

☐ 부재별 외관상태 점검표

점검항목 (점검사항에 대해 양호한 경우는 ○, 보통인 경우는 △, 불량한 경우는 ×)	점검결과	
	평가	내용(위치/상태)
○ 전면벽체	○/△/×	
1. 패널(블록)의 파손이나 손상 여부		
2. 패널(블록)의 유실 여부		
3. 패널(블록)의 이격 여부		
4. 옹벽의 배부름 여부		
5. 옹벽 상면이 점검자 방향으로 기욺 여부		
6. 옹벽의 (부등)침하 여부		
7. 옹벽 상면이 뒤채움토 방향으로 기욺 여부		
8. 전면벽체 파손으로 인한 보강재 노출 여부		
9. 전면부의 백태, 변색 여부		
10. 코핑부 콘크리트의 손상, 파손, 이격 및 단차 여부		
11. 전면벽체 틈새로 자라난 수목 존재 여부		
12. 인접 구조물과 접속부의 단차, 이격 여부		
○ 기초 및 사면	○/△/×	
13. 지반부(다단식의 경우 소단부 포함)의 침식(세굴) 여부		
14. 지반부의 융기 여부		
15. 기초부에서 용수 유출 여부		
16. 사면의 침식 또는 구조물/도로면의 침하, 손상 여부		
17. 낙석, 파손된 구조물 조각, 유실된 토사 흔적 여부		
18. 배수로 아닌 곳에 물이 고이거나 흐른 흔적 여부		
○ 배수시설	○/△/×	
19. 옹벽 내측 배수시설의 미설치 또는 작동 불량 여부		
20. 옹벽 상부(코핑부) 배수시설의 미설치 또는 작동 불량 여부		
21. 전면부의 누수, 뒤채움재 유출 여부		
22. 옹벽 상부(성토사면) 배수시설의 파손, 손상 여부		

표 7.4 정기점검용 점검표(계속)

□ 점검결과

구분	점검결과
중대결함	※ 대통령령이 정하는 중대결함의 발생 여부 　(기초 세굴, 염해 또는 탄산화에 의한 내력손실, 사면의 균열·이완 등 　에 의한 옹벽의 손상)
주요 점검결과	
종합의견	

□ 조치방안

구분		조치방안(○, ×)	조치의견
종합평가	• 대체로 양호		
	• 정기점검 필요		
	• 정밀점검 필요		
	• 긴급점검 필요		
	• 계측필요 여부		
기타의견			

□ 점검일자 :　　년　　　월　　　일

점검자	소 속	비고

표 7.4 정기점검용 점검표

〈전경사진〉

〈전경사진〉

〈손상사진〉

〈손상사진〉

〈손상사진〉

〈손상사진〉

3) 정밀점검

정밀점검은 시특법상 2종에 해당하는 보강토옹벽에 대해 1회/3~4년 주기로 안전진단 전문기관에 의한 면밀한 육안검사와 간단한 기구 및 장비를 활용한 점검으로서, 표 7.5에 나타낸 바와 같은 세부지침에서 제시하고 있는 평가항목에 따라 보강토옹벽의 건전성을 정밀조사하는 점검이다. 점검결과는 외관망도로 작성하여 보강토옹벽의 현상태를 정확히 판단하고, 최초 또는 이전 조사결과 대비 상태 변화 여부 확인 및 조치방안을 수립한다. 정밀점검은 세부지침에 따라 수행하는 것을 원칙으로 하며, 세부지침에 제시된 정밀점검의 조사항목은 표 7.5와 같다.

표 7.5 세부지침에 따른 정밀점검 시 조사항목

점검부위	점검항목	점검방법	점검장비
• 전면벽체	• 파손, 손상 및 균열 • 유실 및 이격 • 전면부 진행성 배부름 • 계획선형 오차(전도/경사) • 활동 • 침하	• 면밀한 육안조사	• 망원경 • 카메라 • 필기도구 • 줄자 • 점검망치 • 균열경 • 점검 추 • 경사계 • 수평계 • 현황측량(침하, 활동, 전도/경사 등)
• 기초 및 사면	• 세굴 • 사면 구배 • 낙석흔적 • 침출수		
• 배수시설	• 배수상태		

4) 정밀안전진단

정밀안전진단은 정밀점검 또는 긴급점검 결과에 따라 필요시 안전진단 전문기관에 의한 면밀한 육안검사와 특수장비를 활용한 점검으로서, 구조해석을 실시하여 구조물의 사용성 및 안전성을 정확히 판단하고, 조치방안을 수립한다. 정밀안전진단은 세부지침에 따라 수행하는 것을 원칙으로 하며, 세부지침에 제시된 정밀안전진단의 조사항목은 표 7.6과 같다.

표 7.6 세부지침에 따른 정밀안전진단 시 조사항목

점검부위	점검방법	점검항목	점검장비
• 전면벽체	• 면밀한 육안조사	• 정밀점검과 동일	• 망원경 • 카메라 • 필기도구, 줄자 • 점검망치 • 균열경
	• 비파괴조사	• 강도조사	
	• 실내실험	• 보강재 조사(필요시)	
• 기초 및 사면	• 면밀한 육안조사	• 정밀점검과 동일	• 초음파탐사법 • 반발경도법 • 점검 추 • 경사계
	• 지반조사	• 뒤채움재 입도 조사	
• 배수시설	• 면밀한 육안조사	• 정밀점검과 동일	• 수평계 • 현황측량(침하, 활동, 전도/경사 등) • 계측
	• 비파괴조사	• 강도조사	

7.2.3 조사방법

1) 측점분할

측점분할 작업은 현장조사에서 최초로 실시하는 작업으로서, 진행 방향으로 위치를 표시하는 작업을 말한다. 예비조사와 기타 사전 조사 시에 입수한 자료를 검토하여 도면에서의 표기방식을 참고로 현장에서 해당 위치를 표시하고, 위치 표시는 현장에서 쉽게 식별될 수 있도록 하여 추후 유지관리 시에도 활용할 수 있어야 한다.

일상점검에서는 측점분할이 불필요하다. 정기점검, 정밀점검 및 정밀안전진단에서는 20m를 기준으로 평가단위를 분할하고, 내업작업 및 결과분석 작업도 평가단위로 분할하여 실시한다. 측점분할 간격은 구조형식이나 현장상황 등을 고려하여 증감시킬 수 있으나, 이 경우 손상지표가 20m를 기준으로 개발되었기 때문에 지나치게 보수적인 평가가 되지 않도록 주의하여야 한다.

국부적인 표면 오염이나 습기 등이 있는 경우에는 이를 제거하고 스프레이, 매직, 유성펜 등으로 표시하며, 석필, 분필 등으로 표시할 수도 있다. 측점분할은 통상 옹벽 시점부터 시작하여 종점에서 끝나며, 분할에 따른 오차를 최소화하고, 단면변화구간이나 굴곡구간 등 현장에서 직접 확인 가능한 위치는 현장조사 전에 미리 확인하여 측점을 분할함으로써 오차를 줄여야 한다.

2) 조사방법

보강토옹벽의 부재별 조사항목과 손상원인을 정리하면 다음과 같다.

표 7.7 보강토옹벽의 부재별 조사항목과 손상원인

조사항목		손상원인	설계 분야						시공 분야					유지관리 분야			
			응력집중	배수체계불량	초과상재하중	전체안전성미검토	지지력부족	접속부침하량상이	시공오차	부적절뒤채움재료	뒤채움다짐불량	부적절보강재	품질관리미흡	유지관리미흡	동절기동상	제설염해	외부충격
전면벽체	균열, 파손, 손상	일반	O	O	O	O	O		O	O	O	O	O		O	O	O
	유실	국부	O	O	O	O	O			O	O	O	O		O	O	O
	이격	국부	O	O	O	O				O	O	O	O		O		
	배부름	중요		O						O	O	O	O		O		
	전도/경사	중요	O	O	O					O	O	O			O		
	부등침하	중요			O		O										
	활동	중요			O	O											
	보강재 노출	국부	O	O	O	O			O	O	O	O	O		O		O
	백태, 변색	일반		O													O	
	코핑부 손상	일반	O	O	O	O			O	O	O	O	O		O	O	
	수목 식생	일반												O	O		
	접속부 단차, 이격	국부				O	O	O					O				
기초 및 사면	지반부 침식, 세굴	중요		O													
	지반부 융기	중요			O	O											
	기초부 용수 유출	일반		O													
	사면 침식, 도로부 손상	중요	O	O	O	O	O			O	O	O			O		
	낙석/토사유실	일반	O	O	O	O	O			O	O	O			O		
	체수	일반		O													
배수시설	내부배수시설 손상	중요		O									O				
	상부배수시설 손상	일반		O									O				
	누수, 뒤채움재 유출	국부		O									O				
	사면배수시설 손상	일반		O	O	O				O	O	O	O	O			

(1) 전면벽체

① 파손, 손상 및 균열

구분	설명
현 상	• 보강토옹벽의 전면벽체를 구성하는 패널이나 블록에 발생되는 수직방향의 균열, 또는 박리·박락되는 현상 • 균열 및 파손은 대부분 구조물에 내재된 모든 결함 및 손상의 초기 전조로서 발생 • 대체로 시공오차 등 비구조적 원인에 의해 발생하는 경우는 불규칙적인 패턴을 보이는 반면, 배수체계 및 뒤채움 다짐 불량, 기초지반 지지력 부족, 인접 구조물과의 상이한 침하, 우각부 응력집중 등의 구조적인 원인에 의하여 발생하는 경우는 손상부위가 국부적이면서 일정한 패턴을 표출
조사방법	• 육안조사 • 줄자 • 균열경 • 카메라
조사항목	• 발생위치, 발생범위, 형상, 길이, 깊이, 폭, 진행성 여부

조사결과 정리	• 손상이 발생한 위치와 손상의 규모, 진행성 여부 등을 점검표에 기록
	• 손상의 발생 원인을 점검표에 기록
	   – 비구조적 원인 : 불규칙적인 패턴, 외부 충격, 내구성 저하, 노후화 등
	   – 구조적 원인 : 옹벽의 변형(전도/경사, 배부름, 부등침하, 활동), 우각부 응력집중 등

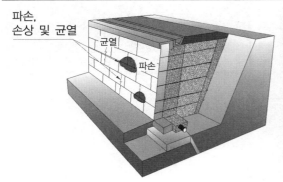

② 유실

구분	설명
현 상	• 보강토옹벽의 전면벽체(전면패널 또는 블록) 일부가 파손되어 유실되는 현상으로서, 육안으로 확인 가능 • 국부적인 집중하중이나 배면지반 또는 기초부의 부등침하 등으로 인해 보강재의 연결부가 파단되어 발생
조사방법	• 육안조사 • 줄자 • 카메라
조사항목	• 발생위치, 발생범위, 진행성 여부

조사결과 정리	• 손상이 발생한 위치와 손상의 규모, 진행성 여부 등을 점검표에 기록
	• 손상의 발생 원인을 점검표에 기록
	   – 비구조적 원인 : 외부 충격, 내구성 저하, 노후화 등
	   – 구조적 원인 : 옹벽의 변형(전도/경사, 배부름, 부등침하, 활동), 보강재 연결부 파단 등

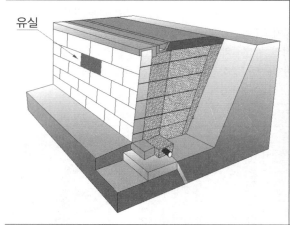
유실

보강재 연결부 파단으로 인한 유실 직전의 상태

③ 이격

구분	설명
현 상	• 전면벽체가 배부름, 전도, 활동, 부등침하 등의 영향으로 인해 안쪽으로 밀려들어갔거나 주위 전면벽체에 비해 내려앉는 현상으로 인해 전면벽체 간의 간격이 벌어지는 현상 • 이러한 변형이 발생하는 경우에는 지속적인 관찰을 통하여 이격이 계속 진행되는지를 확인 • 콘크리트 블록을 사용하는 경우에는 최상단의 마감 블록과 하부 본체 블록과의 접합성 여부도 조사
조사방법	• 육안조사 • 줄자 • 카메라
조사항목	• 발생위치, 발생범위, 이격 폭, 진행성 여부
조사결과 정리	• 손상이 발생한 위치와 손상의 규모, 진행성 여부 등을 점검표에 기록 • 손상의 발생 원인을 점검표에 기록 – 구조적 원인 : 옹벽의 변형(전도/경사, 배부름, 부등침하, 활동) 등

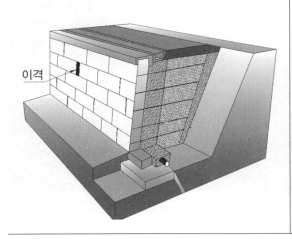

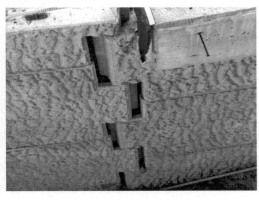

④ 배부름

구분	설명
현 상	• 과도한 집중하중, 지반의 측방유동 또는 보강재의 국부적인 파단 및 마찰력 저하 등의 복합적인 요인으로 인해 보강토옹벽의 전면부가 전체적 또는 부분적으로 전면으로 부풀어 오르는 현상 • 배부름 발생 시에는 일정 기간 동안 수동 경사계 등의 간단한 장비를 이용하여 진행성 여부를 측정 • FHWA(Berg 등, 2009)에서는 13mm/3m(패널), 32mm/3m(블록)를 시공 한계치로 관리하도록 제시
조사방법	• 육안조사 • 장비를 이용한 측량(디지털 경사계, 광파측량 등) • 카메라
조사항목	• 발생위치, 발생범위, 배부름 정도, 진행성 여부
조사결과 정리	• 손상이 발생한 위치와 손상의 규모, 진행성 여부 등을 점검표에 기록 • 배부름의 정도, 동반 발생된 손상(전면벽체의 균열, 이격 등)의 정도 등으로부터 진행성 여부를 판단할 수 있는 계측 필요성 여부를 판단하여 점검표에 기록

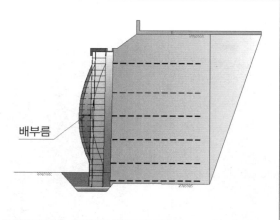

배부름

⑤ 전면방향 기욺(전도/경사)

구분	설명
현 상	• 기울기의 개념으로 보강토옹벽이 설계 시 또는 준공 시보다 전면방향으로 기울어지는 현상 • 일반적으로 침하를 동반하여 발생하며 경사가 심해지면 옹벽의 전도에 대한 구조적인 안전성에 문제 발생 우려 • 전면방향 기욺(전도/경사) 발생 시에는 일정 기간 동안 수동 경사계, 점검추 등의 간단한 장비를 이용하여 진행성 여부를 측정 • FHWA(Berg 등, 2009)에서는 19mm/3m, 한국지반공학회(1998)에서는 0.03H 또는 30cm를 시공 한계치로 관리하도록 제시
조사방법	• 육안조사 • 장비를 이용한 측량(다림 추, 디지털 경사계, 광파측량 등) • 카메라
조사항목	• 발생위치, 발생범위, 형상, 기욺 정도, 진행성 여부
조사결과 정리	• 손상이 발생한 위치와 손상의 규모, 진행성 여부 등을 점검표에 기록 • 기욺의 정도, 동반 발생된 손상(전면벽체의 이격, 상부 사면 또는 도로면의 균열, 침하 및 이격 등)의 정도 등으로부터 진행성 여부를 판단할 수 있는 계측 필요성 여부를 판단하여 점검표에 기록

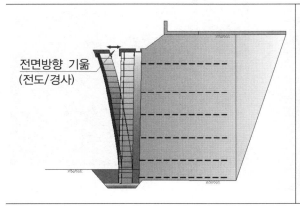

전면방향 기욺
(전도/경사)

⑥ 배면방향 기욺(활동)

구분	설명
현 상	• 보강토옹벽의 활동은 저면활동과 원호활동으로 구분되는데, 저면활동은 작용하는 토압의 수평분력에 의해서 토압이 작용하는 방향으로 활동하려는 현상이며, 원호활동은 지반의 전반적인 전단파괴로 인해 보강토옹벽이 배면방향으로 기울어지는 현상 • 배면방향 기욺(활동) 발생 시에는 일정 기간 동안 수동 경사계, 점검추 등의 간단한 장비를 이용하여 진행성 여부를 측정
조사방법	• 육안조사 • 장비를 이용한 측량(디지털 경사계, 광파측량 등) • 카메라
조사항목	• 발생위치, 발생범위, 형상, 기욺 정도, 진행성 여부
조사결과 정리	• 손상이 발생한 위치와 손상의 규모, 진행성 여부 등을 점검표에 기록 • 기욺의 정도, 동반 발생된 손상(전면벽체의 이격, 상부 사면 또는 도로면의 균열 및 이격, 기초 지반면의 융기 등)의 정도 등으로부터 진행성 여부를 판단할 수 있는 계측 필요성 여부를 판단하여 점검표에 기록

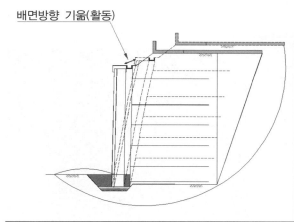

배면방향 기욺(활동)

⑦ (부등)침하

구분	설명
현 상	• 전면벽체가 길이방향으로 단차를 보이며 불균등하게 침하하는 현상 • 다단식옹벽의 경우 소단부에서도 침하 발생 사례가 보고 • 보강토옹벽은 시공 후 60~90cm 정도까지 침하가 발생하는 사례가 다수 있으나 연성구조물이므로 전체 침하의 영향은 크지 않으며, 전체 침하량보다는 잔류 침하량과 부등침하가 상부구조물에 미치는 영향이 중요 • (부등)침하 발생 시에는 일정 기간 동안 수평계 등의 간단한 장비를 이용하여 진행성 여부를 측정 • 일반적으로 보강토옹벽의 부등침하량은 블록식의 경우 1/200, 패널식(조립식)의 경우 1/100, 연성벽면을 사용하는 경우에는 1/50 정도로 제한
조사방법	• 육안조사 • 장비를 이용한 측량(디지털 수평계, 광파측량 등) • 카메라
조사항목	• 발생위치, 발생범위, 형상, (부등)침하의 정도, 진행성 여부
조사결과 정리	• 손상이 발생한 위치와 손상의 규모, 진행성 여부 등을 점검표에 기록 • (부등)침하의 정도, 동반 발생된 손상(전면벽체의 균열 및 이격, 상부 사면 또는 도로면의 균열 및 이격 등)의 정도 등으로부터 진행성 여부를 판단할 수 있는 계측 필요성 여부를 판단하여 점검표에 기록

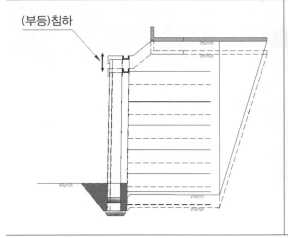

(부등)침하

⑧ 파손으로 인한 보강재 노출

구분	설명
현 상	• 전면벽체의 손상으로 인해 보강재가 노출되는 현상 • 보강재 연결부 파손으로 진행되면 구조물의 안전성에 영향을 미칠 우려가 있으므로 주의 필요
조사방법	• 육안조사 • 카메라
조사항목	• 발생위치, 발생범위, 보강재 노출 정도
조사결과 정리	• 손상이 발생한 위치와 손상의 규모, 진행성 여부 등을 점검표에 기록 • 손상의 발생 원인을 점검표에 기록 – 비구조적 원인 : 외부 충격, 내구성 저하, 노후화 등에 의한 전면벽체 파손 – 구조적 원인 : 옹벽의 변형(전도/경사, 배부름, 부등침하, 활동)에 의한 이격 또는 전면벽체의 파손, 보강재 연결부 파손으로 인한 유실 등

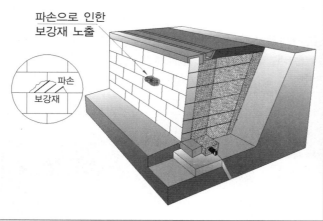

⑨ 백태 또는 변색

구분	설명
현 상	• 지표수가 옹벽 상부에서 월류되거나 전면벽체를 통해 누수되면서 전면벽체가 백태, 변색 등으로 오염되는 현상 • 전면벽체의 백태 및 변색 등의 열화가 직접적으로 보강토옹벽의 안전성에 미치는 영향은 크지 않지만, 배수시설의 미흡으로 인해 지표수가 보강토체 내부로 유입되고 있을 뿐만 아니라 배수가 원활하지 않다는 것을 알려주는 표시이므로 주의가 필요
조사방법	• 육안조사 • 카메라
조사항목	• 발생위치, 발생범위
조사결과 정리	• 손상이 발생한 위치와 손상의 규모 등을 점검표에 기록 • 손상의 발생 원인을 점검표에 기록 – 지표면 배수시설 미설치 또는 작동 불량 : 월류 등 – 내부 배수시설 미설치 또는 작동 불량

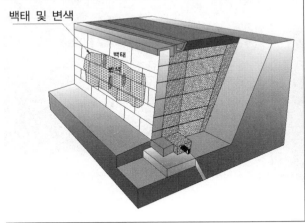

⑩ 코핑부 콘크리트 손상

구분	설명
현 상	• 보강토옹벽 상단의 코핑부에 발생되는 균열, 박리·박락 또는 이격되는 현상 • 대부분 시공오차나 보강토옹벽의 전도/경사, 활동 등의 변형에 의해 발생
조사방법	• 육안조사 • 카메라
조사항목	• 발생위치, 발생범위, 형상, 진행성 여부
조사결과 정리	• 손상이 발생한 위치와 손상의 규모 등을 점검표에 기록 • 손상의 발생 원인을 점검표에 기록 　– 비구조적 원인 : 불규칙적인 패턴, 외부 충격, 내구성 저하, 노후화 등 　– 구조적 원인 : 옹벽의 변형(전도/경사, 배부름, 부등침하, 활동), 우각부 응력집 　　중 등

코핑부 콘크리트 손상

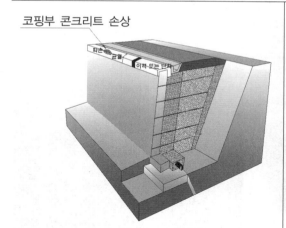

⑪ 수목 식생

구분	설명
현 상	• 보강토옹벽의 전면패널 또는 블록의 틈으로 수목이 식생하는 현상 • 목본 및 식생의 성장에 따라 목본의 뿌리 성장으로 인한 전면벽체의 균열 원인이 될 수 있으므로 이에 대한 조사 및 제거 등 필요
조사방법	• 육안조사 • 카메라
조사항목	• 발생위치, 발생범위
조사결과 정리	• 손상이 발생한 위치와 손상의 규모 등을 점검표에 기록 • 수목 식생으로 인한 2차 손상(전면벽체의 균열, 이격 등)의 발생 여부 및 종류를 점검표에 기록

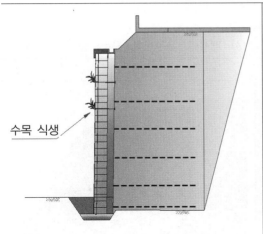

수목 식생

⑫ 접속부 단차 또는 이격

구분	설명
현 상	• 보강토옹벽과 연속되어 시공된 구조물의 접속부 시공이음부에서 기초의 부등침하 및 연결부 부실시공 등에 의해 단차가 발생하거나 이격되는 현상 • 이러한 변형이 발생하는 경우에는 지속적인 관찰을 통하여 이격 및 단차가 계속 진행되는지를 확인 • 접속부 단차 또는 이격 발생 시에는 일정 기간 동안 균열핀 등의 간단한 장비를 이용하여 진행성 여부를 측정
조사방법	• 육안조사 • 줄자 • 카메라
조사항목	• 발생위치, 발생범위, 단차 또는 이격의 정도, 진행성 여부
조사결과 정리	• 손상이 발생한 위치와 손상의 규모 등을 점검표에 기록 • 손상의 발생 원인을 점검표에 기록 – 구조적 원인 : 옹벽의 변형(전도/경사, 배부름, 부등침하, 활동) 등

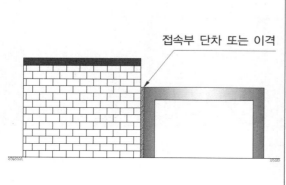

접속부 단차 또는 이격

(2) 기초 및 사면

① 세굴 또는 침식

구분	설명
현 상	• 전면벽체의 기초지반으로 우수 등의 지표수가 침투하여 지반이 침식되거나 유실되는 현상 • 기초지반의 지지력 저하와 수동토압의 감소로 침하, 전도, 활동 등의 외적안정성에 크게 영향을 미치는 결함 항목 • 특히 하천옹벽과 같이 전면부 기초지반으로 물의 침투가 용이한 경우에 발생 가능성이 높으므로 특별한 관리와 주의 필요
조사방법	• 육안조사 • 카메라
조사항목	• 발생위치, 발생범위, 세굴 또는 침식의 정도, 진행성 여부
조사결과 정리	• 손상이 발생한 위치와 손상의 규모 등을 점검표에 기록 • 기초 및 사면의 세굴 또는 침식으로 인한 2차 손상(전면벽체의 균열 및 이격, 부등침하 등)의 발생 여부 및 종류를 점검표에 기록 • 손상의 발생 원인을 점검표에 기록 – 지표면 배수시설 미흡, 사면 배수시설 미흡 등

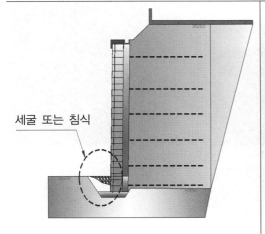

세굴 또는 침식

② 기초부 지반 융기

구분	설명
현 상	• 보강토옹벽 전면벽체의 기초부 지반이 볼록하게 솟아오르는 현상 • 주로 활동의 전조현상으로 나타나므로 보강토옹벽의 활동을 포함한 정밀조사가 필요 • 일정 기간 동안 진행성 여부 관측 필요
조사방법	• 육안조사 • 카메라
조사항목	• 발생위치, 발생범위, 형상, 진행성 여부
조사결과 정리	• 손상이 발생한 위치와 손상의 규모 등을 점검표에 기록 • 기초부 지반 융기로 인한 2차 손상(전면벽체의 활동, 균열 및 이격 등)의 발생 여부 및 종류를 점검표에 기록 • 손상의 발생 원인을 점검표에 기록 – 보강토옹벽의 활동파괴 등

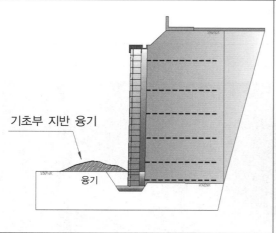

③ 기초부 용수 유출

구분	설명
현 상	• 보강토옹벽 배면으로 유입된 용수가 배수시설 미흡으로 인해 전면벽체 기초부로 유출되는 현상 • 방치 시 지반의 전반적인 전단파괴를 초래하여 보강토옹벽의 활동붕괴를 유발할 수 있으므로 주의 필요
조사방법	• 육안조사 • 카메라
조사항목	• 발생위치, 발생범위
조사결과 정리	• 손상이 발생한 위치와 손상의 규모 등을 점검표에 기록 • 기초부 지반 융기로 인한 2차 손상(부등침하, 전도/경사 등)의 발생 여부 및 종류를 점검표에 기록 • 손상의 발생 원인을 점검표에 기록 - 배수시설 미흡 등

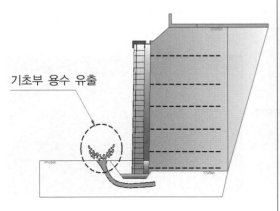

기초부 용수 유출

④ 사면(도로면) 침식 또는 손상

구분	설명
현 상	• 보강토옹벽 상부의 사면 또는 도로면의 포장이나 부대시설에서 침식이나 인장 균열 등이 발생하는 현상 • 대부분 보강토옹벽의 전도/경사, 부등침하 등의 변형으로 인해 발생 • 방치하면 강우 시 일시적으로 다량의 우수 또는 지표수가 유입되어 보강토옹벽의 붕괴나 과도한 변형을 유발할 수 있으므로 주의 필요
조사방법	• 육안조사 • 줄자 • 카메라
조사항목	• 발생위치, 발생범위, 손상의 정도, 진행성 여부
조사결과 정리	• 손상이 발생한 위치와 손상의 규모 등을 점검표에 기록 • 손상의 발생 원인을 점검표에 기록 – 구조적 원인 : 옹벽의 변형(전도/경사, 배부름, 부등침하, 활동), 뒤채움재 다짐불량 등

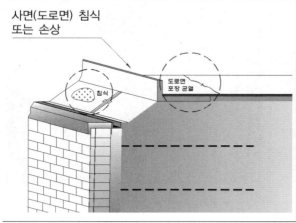

⑤ 낙석, 토사유실

구분	설명
현 상	• 보강토옹벽 상부의 절토사면에서 낙석이나 토사유실이 발생되는 현상 • 보강토옹벽의 전체적인 안정성과 관련하여 주의 필요
조사방법	• 육안조사 • 카메라
조사항목	• 발생위치, 발생범위, 진행성 여부

조사결과
정리
	• 손상이 발생한 위치와 손상의 규모 등을 점검표에 기록
	• 손상의 발생 원인을 점검표에 기록
	  – 구조적 원인 : 옹벽의 변형(전도/경사, 배부름, 부등침하, 활동), 뒤채움재 다짐
	    불량, 배수시설 미흡 등

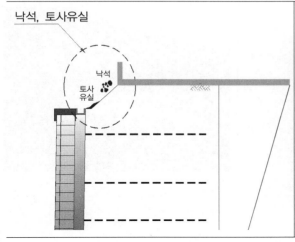

⑥ 체수, 침출수

구분	설명
현 상	• 보강토옹벽 상부의 절토사면에서 체수나 침출수가 발생되는 현상 • 보강토옹벽의 전체적인 안정성과 관련하여 주의 필요
조사방법	• 육안조사 • 카메라
조사항목	• 발생위치, 발생범위
조사결과 정리	• 손상이 발생한 위치와 손상의 규모 등을 점검표에 기록 • 손상의 발생 원인을 점검표에 기록 – 배수시설 미흡 등

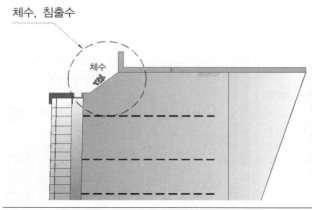

(3) 배수시설

① 내부 또는 상부 배수시설 미흡

구분	설명
현 상	• 보강토옹벽의 내부 또는 상부 지표면 배수시설이 미흡하여 지표수가 옹벽 상부에서 월류되거나 전면벽체의 누수, 백태, 변색 등으로 오염되는 현상 • 상부 배수시설의 유무나 작동상태는 육안으로 확인할 수 있으며, 내부 배수시설은 전면벽체에 발생된 누수, 백태, 변색 등의 손상으로 추정
조사방법	• 육안조사 • 카메라
조사항목	• 설치 여부, 작동 상태
조사결과 정리	• 손상이 발생한 위치와 손상의 내용 등을 점검표에 기록 • 배수시설 미흡으로 인한 2차 손상(전면벽체의 누수, 백태, 변색 등)의 발생 여부 및 종류를 점검표에 기록 • 손상의 발생 원인을 점검표에 기록 　– 배수시설 미설치, 배수시설 손상, 용량 부족 등

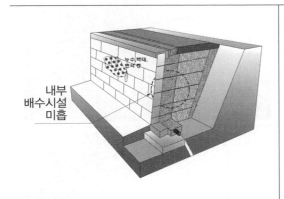

② 누수, 뒤채움재 유출

구분	설명
현 상	• 보강토옹벽의 전면벽체 틈으로 지하수 또는 우수와 함께 뒤채움재까지 흘러 나오면서 유실되는 현상 • 다량의 토사 유출이 발생되면 배면의 공동 발생에 따라 침하 또는 전면부 손상 등이 예상되므로 위치 및 진행성 여부 등을 조사
조사방법	• 육안조사 • 카메라
조사항목	• 발생위치, 발생범위, 진행성 여부
조사결과 정리	• 손상이 발생한 위치와 손상의 규모 등을 점검표에 기록 • 손상의 발생 원인을 점검표에 기록 – 내부 배수시설 미흡, 상부 배수시설 미흡 등

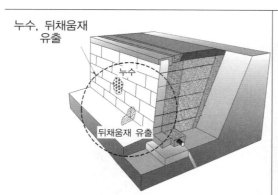

③ 사면 배수시설 파손

구분	설명
현 상	• 보강토옹벽 상부의 사면에 설치된 배수시설이 노후화, 충격 등으로 인해 파손되는 현상
조사방법	• 육안조사 • 카메라
조사항목	• 발생위치, 발생범위, 형상

조사결과 정리	• 손상이 발생한 위치와 손상의 규모 등을 점검표에 기록
	• 손상의 발생 원인을 점검표에 기록
	   – 비구조적 원인 : 노후화, 외부 충격 등
	   – 구조적 원인 : 옹벽의 변형(전도/경사, 배부름, 부등침하, 활동) 등

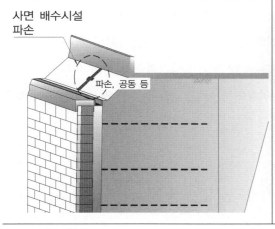

7.2.4 평가방법

1) 평가기준

(1) 전면벽체

① 파손, 손상 및 균열

파손 및 손상과 균열을 분리하여 각각 평가한 후 평가등급이 낮은 지표를 대푯값으로 사용한다. 파손 및 손상은 충격, 노후화 및 열화 등에 의한 박리 · 박락, 침식 등의 단면결손을 포함하며, 손상면적률과 손상정도(깊이)로 평가하고, 패널식(철근콘크리트)과 블록식(무근콘크리트)으로 구분하여 평가한다. 균열은 패널식과 블록식의 구분없이 손상면적률과 손상정도(균열폭)로 평가한다.

한편, 평가기준에서 제시한 정량적 기준과는 별개로, 책임기술자의 판단에 따라, 전면벽체에서 균열 및 파손이 발생하지 않은 건전한 상태이거나 추가적인 손상진행의 가능성이 없는 경미한 수준인 경우에는 양호(○), 손상은 경미하지만 구조적 원인에 기인하거나 다른 추가적인 손상의 진행 가능성이 있는 수준인 경우에는 보통(△), 손상이 심각하여 안전성 저하의 우려가 있거나 손상의 진행에 따라 손상규모가 확대될 위험이 있는 심각한 수준인 경우에는 불량(×)으로 평가할 수 있다.

표 7.8 파손 및 손상 평가기준

구분		정도(깊이, mm)		
		50 미만 / 100 미만	50 이상 / 100~200 미만	철근노출 / 200 이상
범위 (손상면적률)	10% 미만	양호(○)	보통(△)	불량(×)
	10% 이상	보통(△)	불량(×)	불량(×)

주) 표에서 정도(깊이, mm)는 패널식(철근콘크리트) / 블록식(무근콘크리트)

표 7.9 균열 평가기준

구분		정도(균열폭, mm)		
		0.5 미만	0.5~1.0	1.0 초과
범위 (손상면적률)	5% 미만	양호(○)	양호(○)	보통(△)
	5~20%	양호(○)	보통(△)	불량(×)
	20% 초과	보통(△)	불량(×)	불량(×)

② 유실

유실은 전면벽체를 구성하는 패널이나 블록이 유실되었거나, 완전히 없어지진 않았으나 파손 및 손상 또는 연결부 파손 등으로 인해 전면벽체의 역할을 수행하기 어려운 경우를 포함하며, 측점분할 시 설정한 평가단위당 패널이나 블록의 유실에 의한 손상 수량으로 평가한다.

표 7.10 유실 평가기준

평가기준	조사된 상태
양호(○)	평가단위에서 건전하거나, 1개소 이하로 발생된 상태
보통(△)	평가단위에서 3개소 이하로 발생된 상태
불량(×)	평가단위에서 4개소 이상 발생된 상태

③ 이격

이격은 시공오차나 전면벽체의 변형에 의하여 전면벽체의 간격이 정상적인 경우와 비교하여 벌어지거나 전면벽체 간 접합이 불량한 경우, 앞·뒤로 단차가 발생한 경우 등을 포함하며, 측점분할 시 설정한 평가단위당 패널이나 블록의 이격에 의한 손상 수량으로 평가한다.

한편, 평가기준에서 제시한 정량적 기준과는 별개로, 전면벽체의 이격이 진행성인 경우에는 책임기술자의 판단에 따라 평가등급을 낮출 수 있다.

표 7.11 이격 평가기준

평가기준	조사된 상태
양호(○)	평가단위에서 건전하거나, 1개소 이하로 발생된 상태
보통(△)	평가단위에서 3개소 이하로 발생된 상태
불량(×)	평가단위에서 4개소 이상 발생된 상태

④ 배부름

전면벽체의 배부름은 계측 등을 통한 진행성 여부를 측정한 후 구조물의 전체적인 안전성과 종합적으로 판단하여 평가한다. 평가기준에서 배부름에 의해 구조적 안정성에 영향을 미치는 수준은 FHWA(Berg 등, 2009)에서 제시한 배부름에 대한 허용오차 13mm/3m(패널식), 32mm/3m(블록식)를 참고할 수 있다.

표 7.12 배부름 평가기준

평가기준	조사된 상태
양호(○)	건전하거나, 경미하게 발생한 비진행성 상태
보통(△)	경미하게 발생한 진행성 상태
불량(×)	심하게 발생하여 구조적 안정성에 영향을 미치는 상태

⑤ 전면방향 기욺(전도/경사)

전면벽체의 전도/경사는 계측 등을 통한 진행성 여부를 측정한 후 제시된 평가기준에 따라 정량적으로 평가하며, 준공 직후의 초기치 대비 공용 중 발생된 변위에 대해서만 적용한다. 다만, 보강토옹벽의 수직선형에 대한 초기치자료가 없는 경우에는 구조적 안정성에 영향을 미치는 심각한 수준으로 한국지반공학회에서 제시한 수직선형에 대한 허용오차 0.03H 또는 최대 30cm를 참고할 수 있다.

표 7.13 전면방향 기욺(전도/경사) 평가기준

평가기준	조사된 상태	최대기울기의 범위	
		비진행성	진행성
양호(○)	건전하거나, 육안으로는 식별이 어려운 정도의 상태	3% 미만 (2% 미만)	2% 미만 (1.5% 미만)
보통(△)	경미한 수준이며, 지속적인 관찰로 진행성 감시가 필요한 상태	3~4% 미만 (2~3% 미만)	2~3% 미만 (1.5~2.5% 미만)
불량(×)	육안으로 확연히 구분할 수 있는 정도로 심각하게 발생한 상태	4% 이상 (3% 또는 30cm 이상)	3% 이상 (2.5% 또는 25cm 이상)

주) 평가기준에서 ( )는 수직선형의 초기치자료가 없는 경우 연직도를 기준으로 선정한 평가기준

⑥ 배면방향 기욺(활동)

전면벽체의 활동은 계측 등을 통한 진행성 여부를 측정한 후 제시된 평가기준에 따라 정량적으로 평가하며, 준공 직후의 초기치 대비 공용중 발생된 변위에 대해서만 적용한다. 다만, 보강토옹벽의 수직선형에 대한 초기치자료가 없는 경우에는 구조적 안정성에 영향을 미치는 심각한 수준으로 한국지반공학회(1998)에서 제시한 수직선형에 대한 허용오차 0.03H를 참고할 수 있다.

표 7.14 배면방향 기욺(활동) 평가기준

평가기준	조사된 상태	최대기울기의 범위	
		비진행성	진행성
양호(○)	건전하거나, 육안으로는 식별이 어려운 정도의 상태	8cm 미만	5cm 미만
보통(△)	경미한 수준이며, 지속적인 관찰로 진행성 감시가 필요한 상태	8cm 이상 12cm 미만	5cm 이상 8cm 미만
불량(×)	육안으로 확연히 구분할 수 있는 정도로 심각하게 발생한 상태	12cm 이상	8cm 이상

⑦ (부등)침하

보강토옹벽은 연성구조물로서 전체 침하의 영향이 안정성에 미치는 영향은 크지 않으므로, 길이방향으로 단차를 보이며 불균등하게 침하하는 부등침하량에 대해서만 평가한다. 부등침하는 계측 등을 통한 진행성 여부를 측정한 후 제시된 평가기준에 따라 정량적으로 평가한다.

한편, 평가기준에서 제시한 정량적 기준과는 별개로, 구조적 안정성에 영향을 미치는 심각한 수준으로 잠정지침에서 제시한 부등침하에 대한 허용오차 1/200(블록식), 1/100(패널식, 조립식), 1/50(연성벽면)을 참고하여 책임기술자의 판단에 따라 평가등급을 낮출 수 있다.

표 7.15 (부등)침하 평가기준

평가기준	조사된 상태	최대기울기의 범위	
		비진행성	진행성
양호(○)	건전하거나, 육안으로는 식별이 어려운 정도의 상태	10cm 미만	8cm 미만
보통(△)	경미한 수준이며, 지속적인 관찰로 진행성 감시가 필요한 상태	10cm 이상 20cm 미만	8cm 이상 16cm 미만
불량(×)	육안으로 확연히 구분할 수 있는 정도로 심각하게 발생한 상태	20cm 이상	16cm 이상

⑧ 파손으로 인한 보강재 노출

보강재 노출은 전면벽체의 파손이나 시공미흡 등으로 인한 보강재 노출을 포함하며, 측점분할 시 설정한 평가단위당 보강재 노출 개소의 수량으로 평가한다.

표 7.16 파손으로 인한 보강재 노출 평가기준

평가기준	조사된 상태
양호(○)	평가단위에서 건전하거나, 1개소 이하로 발생된 상태
보통(△)	평가단위에서 3개소 이하로 발생된 상태
불량(×)	평가단위에서 4개소 이상 발생된 상태

⑨ 백태 또는 변색

표 7.17 백태 또는 변색 평가기준

평가기준	조사된 상태
양호(○)	건전하거나, 부분적으로 경미하게 발생된 상태
보통(△)	부분적이지만 다수의 개소에서 발생된 상태
불량(×)	광범위하게 발생되었거나, 정도가 심한 상태

⑩ 코핑부 콘크리트 손상

코핑부 콘크리트의 손상은 보강토옹벽 상단의 코핑부에서 발생된 파손 및 손상, 균열, 이격 및 단차 등을 포함하며, 손상의 종류에 따라 전면벽체에서 제시한 손상별 평가기준을 참고하여 각각 평가한 후 평가등급이 낮은 지표를 대푯값으로 사용한다.

표 7.18 코핑부 콘크리트 손상 평가기준

평가기준	조사된 상태
양호(○)	건전한 상태이거나, 추가적인 손상진행의 가능성이 없는 경미한 수준인 경우
보통(△)	손상은 경미하지만 다른 추가적인 손상의 진행 가능성이 있는 경우
불량(×)	안전성 저하의 우려가 있거나 손상의 진행에 따라 손상규모가 확대될 위험이 있는 경우

⑪ 수목 식생

표 7.19 수목 식생 평가기준

평가기준	조사된 상태
양호(○)	건전하거나, 부분적으로 경미하게 발생된 상태
보통(△)	경미하지만 다수의 개소에서 발생된 상태
불량(×)	광범위하게 발생되었거나, 정도가 심한 상태

⑫ 접속부 단차 및 이격

접속부 단차 및 이격은 계측 등을 통한 진행성 여부를 측정한 후 구조물의 전체적인 안전성과 종합적으로 판단하여 평가한다.

표 7.20 접속부 단차 및 이격 평가기준

평가기준	조사된 상태
양호(○)	건전하거나, 육안으로는 식별이 어려운 정도의 상태
보통(△)	경미한 수준이며, 지속적인 관찰로 진행성 감시가 필요한 상태
불량(×)	육안으로 확연히 구분할 수 있는 정도로 심각하게 발생한 상태

(2) 기초 및 사면

① 세굴 또는 침식

표 7.21 세굴 또는 침식 평가기준

평가기준	조사된 상태
양호(○)	건전하거나, 세굴 또는 침식이 기초 근잎깊이의 25% 이하로 발생된 상태
보통(△)	세굴 또는 침식이 기초 근잎깊이의 50% 이하로 발생된 상태
불량(×)	세굴 또는 침식이 기초 근잎깊이의 50%를 초과하여 발생된 상태

② 기초부 지반 융기

표 7.22 기초부 지반 융기 평가기준

평가기준	조사된 상태
양호(○)	건전하거나, 육안으로는 식별이 어려운 정도의 상태
보통(△)	경미한 수준이며, 지속적인 관찰로 진행성 감시가 필요한 상태
불량(×)	육안으로 확연히 구분할 수 있는 정도로 심각하게 발생한 상태

③ 기초부 용수 유출

표 7.23 기초부 용수 유출 평가기준

평가기준	조사된 상태
양호(○)	건전하거나, 육안으로는 식별이 어려운 정도의 상태
보통(△)	경미한 수준이며, 지속적인 관찰로 진행성 감시가 필요한 상태
불량(×)	육안으로 확연히 구분할 수 있는 정도로 심각하게 발생한 상태

④ 사면(도로면) 침식 또는 손상

표 7.24 사면(도로면) 침식 또는 손상 평가기준

평가기준	조사된 상태
양호(○)	건전하거나, 육안으로는 식별이 어려운 정도의 상태
보통(△)	경미한 수준이며, 지속적인 관찰로 진행성 감시가 필요한 상태
불량(×)	육안으로 확연히 구분할 수 있는 정도로 심각하게 발생한 상태

⑤ 낙석, 토사유실

표 7.25 낙석, 토사유실 평가기준

평가기준	조사된 상태
양호(○)	건전하거나, 육안으로는 식별이 어려운 정도의 상태
보통(△)	경미한 수준이며, 지속적인 관찰로 진행성 감시가 필요한 상태
불량(×)	육안으로 확연히 구분할 수 있는 정도로 심각하게 발생한 상태

⑥ 체수, 침출수

표 7.26 체수, 침출수 평가기준

평가기준	조사된 상태
양호(○)	건전하거나, 육안으로는 식별이 어려운 정도의 상태
보통(△)	경미한 수준이며, 지속적인 관찰로 진행성 감시가 필요한 상태
불량(×)	육안으로 확연히 구분할 수 있는 정도로 심각하게 발생한 상태

(3) 배수시설

① 내부 배수시설 미흡

표 7.27 내부 배수시설 미흡 평가기준

평가기준	조사된 상태
양호(○)	건전한 상태
보통(△)	내부 배수시설 미흡으로 인해 전면벽체에 누수, 백태, 변색 등의 열화가 경미하게 발생된 상태
불량(×)	내부 배수시설 미흡으로 인해 전면벽체에 누수, 백태, 변색 등의 열화가 광범위하게 발생된 상태

② 상부 배수시설 미흡

표 7.28 상부 배수시설 미흡 평가기준

평가기준	조사된 상태
양호(○)	건전한 상태
보통(△)	상부 배수시설은 설치되어 있으나, 월류 등으로 인한 손상이 발생된 상태
불량(×)	상부 배수시설이 미설치되었거나, 파손 등으로 정상 작동이 어려운 상태

③ 누수, 뒤채움재 유출

표 7.29 누수, 뒤채움재 유출 평가기준

평가기준	조사된 상태
양호(○)	누수 또는 뒤채움재 유출이 없는 건전한 상태
보통(△)	누수의 정도가 경미한 상태
불량(×)	누수의 정도가 육안으로 확연히 구분되고, 뒤채움재 유출이 발생한 상태

④ 사면 배수시설 파손

표 7.30 사면 배수시설 파손 평가기준

평가기준	조사된 상태
양호(○)	건전하거나, 육안으로는 식별이 어려운 정도의 상태
보통(△)	경미한 수준이며, 지속적인 관찰로 진행성 감시가 필요한 상태
불량(×)	육안으로 확연히 구분할 수 있는 정도로 심각하게 발생한 상태

7.2.5 상태평가 방법

1) 결함지수 산정기준

(1) 평가등급별 기준 결함지수

표 7.31 평가등급별 기준 결함지수

구분	양호(○)	보통(△)	불량(×)
결함지수	0.0	0.5	1.0

(2) 상태평가 기준

표 7.32 상태평가 기준

상태평가 등급	결함지수	손상상태	조치내용
0(우수)	0.00~0.10	• 문제점이 없는 양호한 상태	• 유지보수조치 불필요
1(양호)	0.10~0.25	• 국부적이거나, 경미한 문제점이 있는 상태	• 조치필요(시급하지 않음), 일상적 점검, 보수조치
2(보통)	0.25~0.55	• 안전에는 지장이 없으나, 내구성, 기능성이 저하된 상태	• 조치필요(보통 정도의 시급), 일상적 점검, 보수조치
3(미흡)	0.55~0.70	• 전반적이거나, 심각한 문제점이 있는 상태	• 조치필요(시급), 긴급점검(기술자문), 보수·보강조치
4(불량)	0.70~1.00	• 사용제한이 필요한 상태	• 조치필요(매우 시급), 긴급점검(기술자문), 사용제한여부 판단

2) 상태평가 방법

보강토옹벽의 상태평가는 평가단위(20m를 기준으로 하지만, 현장여건에 따라 책임기술자가 조정 가능)별로 전면벽체, 기초 및 사면, 배수시설에 대해 정기점검용 점검표의 손상 발생 여부를 조사하여 결함지수를 산정한 후, 전체 구조물의 상태평가등급을 결정한다. 평가절차는 그림 7.14와 같다.

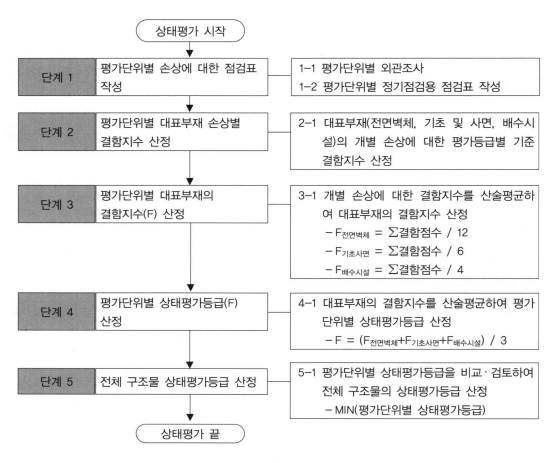

그림 7.14 상태평가 절차

3) 상태평가 사례

(1) 현황조사

점검일자	○○○○. ○○. ○○	점검자 및 소속	○○○ / 한국도로공사 ○○지사
시설물명	○○선(상)-○○○K-도로부	관리주체	한국도로공사 ○○지사
설치용도	도로옹벽	기본제원	H = 3~5m, L = 30m
형 식	블록식	준공년도	○○○○년 ○○월 ○○일
종 별	기타	다단식 여부	1단
보수이력	없음	조사구간	전체

(2) 평가단위별 대표부재 손상별 결함지수 산정

○ 전면벽체	평가	결함지수
① 패널(블록)의 파손이나 손상 여부	×	1.0
② 패널(블록)의 유실 여부	○	0.0
③ 패널(블록)의 이격 여부	△	0.5
④ 옹벽의 배부름 여부	△	0.5
⑤ 옹벽 상면이 점검자 방향으로 기욺 여부	×	1.0
⑥ 옹벽의 (부등)침하 여부	○	0.0
⑦ 옹벽 상면이 뒤채움토 방향으로 기욺 여부	○	0.0
⑧ 전면벽체 파손으로 인한 보강재 노출 여부	○	0.0
⑨ 전면부의 백태, 변색 여부	×	1.0
⑩ 코핑부 콘크리트의 손상, 파손, 이격 및 단차 여부	×	1.0
⑪ 전면벽체 틈새로 자라난 수목 존재 여부	×	1.0
⑫ 인접 구조물과 접속부의 단차, 이격 여부	△	0.5
결함지수 합계		6.5
○ 기초 및 사면	평가	결함지수
① 지반부(다단식의 경우 소단부 포함)의 침식(세굴) 여부	△	0.5
② 지반부의 융기 여부	○	0.0
③ 기초부에서 용수 유출 여부	○	0.0
④ 사면의 침식 또는 구조물/도로면의 침하, 손상 여부	×	1.0
⑤ 낙석, 파손된 구조물 조각, 유실된 토사 여부	×	1.0
⑥ 배수로 아닌 곳에 물이 고이거나 흐른 여부	○	0.0
결함지수 합계		2.5
○ 배수시설	평가	결함지수
① 옹벽 내측 배수시설의 미설치 또는 작동 불량 여부	×	1.0
② 옹벽 상부(코핑부) 배수시설의 미설치 또는 작동 불량 여부	×	1.0
③ 전면부의 누수, 뒤채움재 유출 여부	×	1.0
④ 옹벽 상부(성토사면) 배수시설의 파손, 손상 여부	○	0.0
결함지수 합계		3.0

(3) 평가단위별 대표부재의 결함지수 산정

S.N	전면벽체														기초 및 사면								배수시설					
	①파손손상	②유실	③이격	④배부름	⑤전도경사	⑥부등침하	⑦활동	⑧보강재노출	⑨백태변색	⑩코핑부손상	⑪수목식생	⑫접속부손상	결함지수합계	평가단위결함지수	①침식세굴	②융기	③용수유출	④사면손상	⑤낙석토사유실	⑥체수	결함지수합계	평가단위결함지수	①내측배수시설손상	②상부배수시설손상	③누수	④사면배수시설손상	결함지수합계	평가단위결함지수
1	1.0	0.0	0.5	0.5	1.0	0.0	0.0	0.0	1.0	1.0	1.0	0.5	6.5	0.54	0.5	0.0	0.0	1.0	1.0	0.0	2.5	0.42	1.0	1.0	1.0	0.0	3.0	0.75
2	0.5	0.0	1.0	0.5	0.5	0.0	0.0	0.0	1.0	0.5	0.5	0.0	4.5	0.38	0.0	0.0	0.0	0.5	0.5	0.0	1.0	0.17	1.0	0.0	0.5	0.5	2.0	0.50
3	0.5	0.0	0.5	0.0	0.5	0.0	0.0	0.0	0.5	0.5	0.0	0.0	2.5	0.21	0.5	0.0	0.0	0.5	0.0	0.0	1.0	0.17	0.5	0.0	0.5	0.0	1.0	0.25

(4) 평가단위 및 전체 구조물 상태평가등급 산정

전체 구조물 상태평가 결과 산정표			
시설물명	○○선(상)-○○○K-도로부 보강토옹벽		
구분	성능평가지수		
	Span. 1	Span. 2	Span. 3
전면벽체	0.54	0.38	0.21
기초 및 사면	0.42	0.17	0.17
배수시설	0.75	0.50	0.25
평가단위 결함지수 (Σ결함지수 / 3)	0.57	0.35	0.21
평가단위 상태평가 결과	3등급	2등급	1등급
전체 구조물 상태평가 결과	○ MIN(3등급, 2등급, 1등급) = 3등급		

7.3 보강토옹벽 손상유형별 보수 보강 방안

　본 절에서는 보강토옹벽의 손상유형을 현상적인 관점이 아닌 보수보강 방안 관점에서 구분하여, 각 손상별 적정 보수보강방안을 제시하였다. 7.2절에서 다룬 바와 같이 보강토옹벽의 손상은 10가지로 구분할 수 있다(그림 7.15 참고). 이와 같은 10가지 종류의 손상유형은 현장조사 시 손상을 구분하기 위해 나눈 것이며, 이를 보수보강 관점에서 구분하면 더 이상 손상이 진행되지 않도록 대처하는 응급조치와 전면벽체 손상에 대한 보수보강, 구조적 안정성 확보를 위한 보수보강, 그리고 구조물 침하에 의해 발생하는 손상에 대한 지반보강으로 구분할 수 있다. 본 절에서는 이에 대하여 상세하게 기술하였다.

① 전면벽체 손상·이격　　② 배부름　　③ 전도　　④ 뒤채움재 유실　　⑤ 부등침하

⑥ 보강재 파단 및 벽체 붕괴　　⑦ 배수시설 손상　　⑧ 기초부 세굴　　⑨ 전면벽체 누수·열화　　⑩ 활동 파괴

그림 7.15 보강토옹벽의 손상 유형

7.3.1 응급조치

　일상점검이나 정기점검 시 발견된 손상이 급속도로 진전되거나, 신속한 대책이 필요한 경우에는 응급조치를 취해야 한다. 응급조치는 긴급점검이나 정밀안전진단 등의 조치를 취하기 전에

행해지는 조치이므로 여러 가지 불안전한 요소를 내포하고 있을 수 있다. 따라서 응급조치의 기간이 길어지면 2차 손상으로 진전될 수 있으므로 필요에 따라 빠른 시간 내에 긴급점검 또는 정밀안전진단을 실시하고 그 결과에 따른 적정 보수·보강조치를 취해야 한다.

1단계 조치는 보강토옹벽에 발생된 손상이 급격하게 진행되는 것을 제어하기 위한 응급대책으로서, 외력을 저감하기 위해 덧쌓은 성토 등의 철거나 보강토옹벽 변형 발생 부위의 지표수 침입 방지를 위한 차수시트 포설 또는 가배수로 설치 등을 현장상황에 따라 실시할 수 있다. 또한 경우에 따라서는 물빼기 보링이나 배면토 제거 등의 응급적인 대책이 필요하게 된다. 보강토옹벽이 과다하게 변형된 경우에는 변형의 진행을 억제하거나, 붕괴를 억제하기 위해 옹벽 전면으로 압성토를 설치할 수도 있다.

a) 차수시트 포설

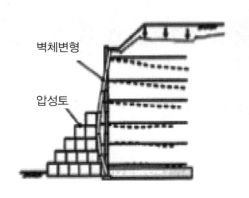

b) 옹벽 전면 압성토

그림 7.16 응급조치 적용 사례

7.3.2 보수·보강

응급조치 후 보강토옹벽의 변형·손상을 상세히 파악하고 원인규명을 위한 조사를 하여, 항구적인 보수·보강이 필요한지 여부를 판단한다. 항구적인 보수·보강대책은 보강토옹벽의 구조형식, 변형·손상의 위치나 그 정도에 의해 보강토옹벽에 지표수의 침입 방지로부터 보강토옹벽 본체의 구조보강에 이르기까지 폭이 넓다. 특히 지반의 변형에 기인하는 경우에는 보강토옹벽 본체의 구조보강만으로는 항구적인 대책이 될 수 없는 경우가 많으므로 주의가 필요하다.

1) 전면벽체의 보수방안

(1) 균열

콘크리트 패널 형식의 전면벽체는 균열이나 국부적인 파손 등의 손상을 입는 경우에 철근의 부식팽창에 의한 손상확대가 염려되므로, 에폭시수지나 수지몰탈 등의 주입, 결손부의 보수를 할 필요가 있다. 또한, 전면벽체 사이에 이격이 발생한 경우에는 배면의 뒤채움재가 유출될

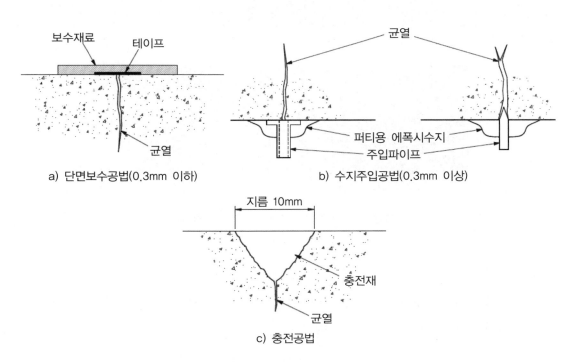

그림 7.17 전면벽체 균열 및 파손에 대한 보수

수 있으므로 수지몰탈이나 콘크리트로 충전하여야 한다.

(2) 파손 및 유실

국부적으로 전면벽체가 손상된 경우에는 전벽면체 배면의 뒤채움재를 그라우트 주입 등에 의해 고화시킨 후 손상된 벽면재의 철거, 신규 벽면재의 설치, 기존 보강재와 신규 보강재의 연결에 의하여 복구하는 공법이 가능하다. 또한, 점검·조사에서 육안점검 및 타음검사를 하여 이상이 확인된 부분에 대해서는 전면벽체의 기능저하나 뒤채움재의 유출 염려가 있으므로 보수가 필요하다. 보수는 시멘트밀크 주입, 벽면재 철거, 배면 투수재 설치, 배근, 무수축몰탈 주입 타설, 무기계도장재에 의한 마감의 순서로 진행한다.

〈전면벽체 손상〉

〈시멘트 밀크 주입, 벽면재 철거〉

〈배근〉

〈무수축몰탈 주입〉

〈무기계 도장〉

그림 7.18 전면벽체 손상 시 교체 방법(예)

(3) 접속부 이격

인접구조물과의 이격부는 뒤채움재 유실의 우려가 있으므로, 이격부 소일시멘트 충전 후 표층 식생 마감하는 방안으로 보수할 수 있다.

그림 7.19 접속부 이격에 대한 보수

2) 구조보강

(1) 국부적인 전면벽체 붕괴

강우의 영향으로 보강토옹벽 상부의 전면벽체가 붕괴된 경우, 영향범위를 확인하여 재시공 범위를 산정하고, 손상된 벽면부 제거, 신규 벽면 설치 및 보강토옹벽 복구 방안을 적용할 수 있다.

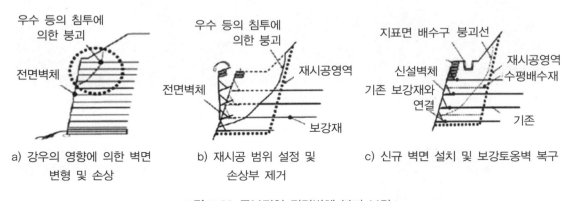

| a) 강우의 영향에 의한 벽면 변형 및 손상 | b) 재시공 범위 설정 및 손상부 제거 | c) 신규 벽면 설치 및 보강토옹벽 복구 |

그림 7.20 국부적인 전면벽체 붕괴 보강

(2) 전면벽체 전도/경사 또는 배부름

보강토옹벽에 전도/경사나 배부름 등에 의한 과도한 변형 발생 시 전면판으로부터 보강토체를 지나 원지반까지 앵커를 설치하여 변형의 진행을 억제하는 공법을 적용할 수 있다.

그림 7.21 전면벽체의 전도/경사 또는 배부름 보강

(3) 전면벽체 붕괴

강우 등에 의해 전면벽체 붕괴 시 강성벽체 + 소일네일링공법을 적용할 수 있다. 이 공법은 보강토옹벽의 활동으로 인한 하단부의 과도한 변형에 대해서도 부분적으로 적용할 수 있다.

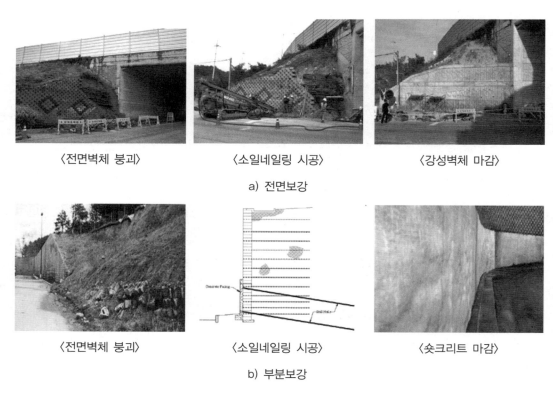

| 〈전면벽체 붕괴〉 | 〈소일네일링 시공〉 | 〈강성벽체 마감〉 |

a) 전면보강

| 〈전면벽체 붕괴〉 | 〈소일네일링 시공〉 | 〈숏크리트 마감〉 |

b) 부분보강

그림 7.22 전면벽체 붕괴 시 보강방법

3) 지반보강

보강토옹벽의 기초 보강에는 시트파일, 강관말뚝, 콘크리트 말뚝박기, 지하연속벽 등에 의한 기초주변의 보강 및 지지력의 증강을 도모하는 공법과, 고압분사교반공법, 그라우트주입 등에 의한 지반을 강화하는 공법 등이 있지만 옹벽의 변형·손상 원인, 지반 및 주변조건 등을 충분히 검토한 후에 현장에 적합한 공법을 선택할 필요가 있다.

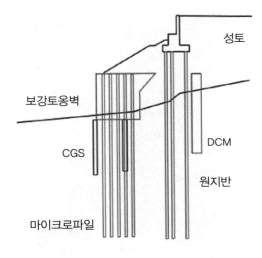

그림 7.23 지반보강공법 적용 예

7.4 보강토옹벽 보수보강 주요 사례

7.4.1 전면벽체 손상, 전도, 기초부 세굴 발생사례

1) 현황 및 문제점

(1) 보강토옹벽 현황

설치 위치	준공년도	높이(m)	길이(m)	형식
교대 날개벽 및 앞성토	2002년	5.25	350	패널식

(2) 문제점 : 전면벽체 손상, 전도, 기초부 세굴 등의 다양한 손상 발생(그림 7.24, 7.25 참조)

2) 원인 분석 및 대책

 (1) 원인

 ✓ 배수로 손상(그림 7.25)으로 인한 우수 및 제설염 침투로 인한 벽체 열화

 ✓ 배수로 손상 방치로 물이 지속적으로 유입되어 기초부 세굴 발생(그림 7.26)

 ✓ 성토 및 원지반 장기압축침하로 인한 전면벽체 전도 발생(그림 7.24)

그림 7.24 손상 현황

그림 7.25 상부 배수로 손상

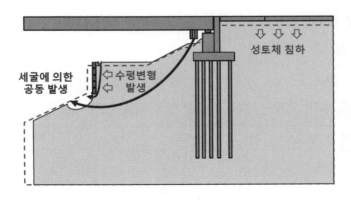

그림 7.26 손상 원인

(2) 대책 방안

✓ 배수로 보수, 교대부 배수관 우회 배수로 설치(그림 7.27)

✓ 공동부 채움실시 및 과다변위 발생부 전면 보강 실시(그림 7.27)

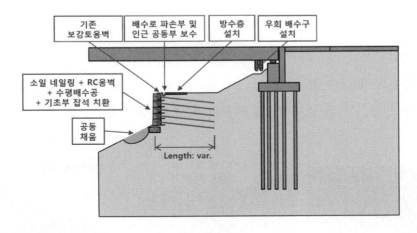

그림 7.27 대책 방안

7.4.2 전면벽체 붕괴, 배부름, 뒤채움 유실, 누수 발생사례

1) 현황 및 문제점

(1) 보강토옹벽 현황

설치 위치	준공년도	높이(m)	길이(m)	형식
교대 날개벽 및 앞성토	2008년	4.5	100	블록식

(2) 문제점 : 전면벽체 붕괴, 배부름, 뒤채움재 유실, 누수(그림 7.28 참조)

2) 원인 분석 및 대책

(1) 원인

✓ 부적절한 보강재 사용에 따른 보강재 파단(그림 7.29)

✓ 상부 및 내부 배수시설 누락에 따른 지속적인 물 유입으로 수압작용 및 마찰저항력 감소
(그림 7.30)

(2) 대책 방안

✓ 상부 배수로 및 차수층 설치로 보강토체로의 물 유입 차단

✓ 붕괴 및 인접 구간은 소일네일을 적용한 RC옹벽 설치하여 보강

a) 전면벽체 붕괴   b) 뒤채움재 유실   c) 전면벽체 누수

그림 7.28 손상 현황

그림 7.29 보강재 파단

a) 상부 배수로 누락

b) 내부 배수층 누락

그림 7.30 배수시설 미흡

7.4.3 전도, 배부름, 활동, 전면벽체 손상 발생사례

1) 현황 및 문제점

(1) 보강토옹벽 현황

설치 위치	준공년도	높이(m)	길이(m)	형식
교대 성토부	2017년	12.6	105	블록식

(2) 문제점 : 전도, 배부름, 활동, 전면벽체 손상(그림 7.31 참조)

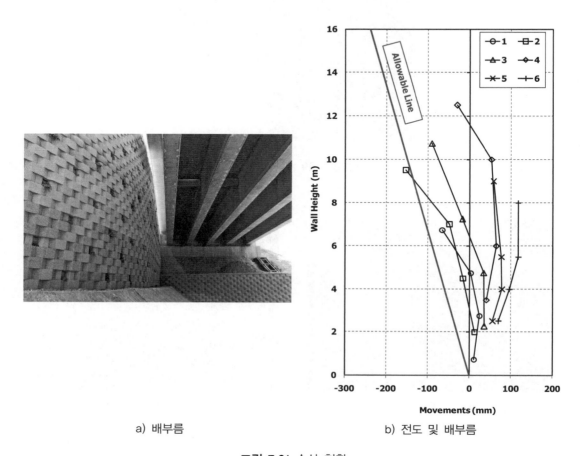

a) 배부름   b) 전도 및 배부름

그림 7.31 손상 현황

2) 원인 분석 및 대책

(1) 원인

✓ 미고결 퇴적층을 함유한 부적절한 성토재료 사용

✓ 고성토에서 발생하는 성토체 활동으로 인한 수평변형 발생(그림 7.32)

(2) 대책 방안(그림 7.33)

✓ 기존 보강토옹벽 재시공(2단)

✓ 일부 재시공하지 않은 보강토옹벽에 대한 뿌리말뚝 보강 및 앞성토 재하

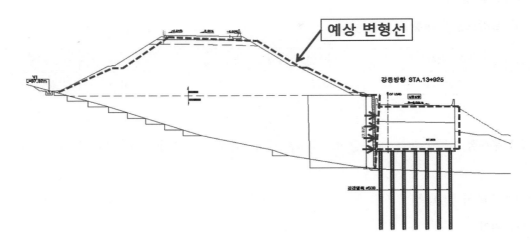

그림 7.32 원인 분석

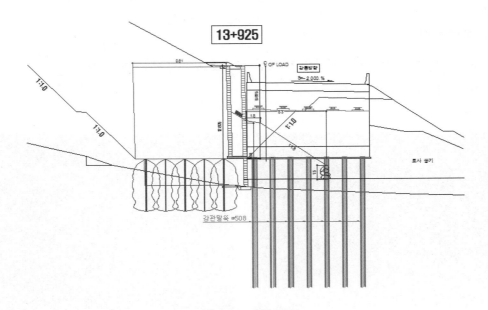

그림 7.33 대책 방안

7.4.4 활동파괴, 부등침하, 뒤채움재 유실 발생사례

1) 현황 및 문제점

(1) 보강토옹벽 현황

설치 위치	준공년도	높이(m)	길이(m)	형식
도로절토부	2012년	8	50	블록식

(2) 문제점 : 활동파괴, 부등침하, 기초부 세굴, 뒤채움재 유실(그림 7.34 참조)

2) 원인 분석 및 대책

(1) 원인

✓ 배수시설 미설치 및 차수층 파손으로 인한 우수 월류 및 침투(그림 7.35)

✓ 과잉간극수압의 작용과 마찰저항력 감소로 인한 붕괴 발생(그림 7.36)

(2) 대책 방안

✓ 추가 붕괴에 따른 하부 도로의 안전성 확보를 위한 방호시설 설치

✓ 전면 재시공 실시

a) 붕괴 전경

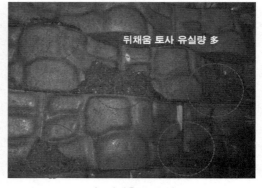

b) 뒤채움토 유실

그림 7.34 손상 현황

그림 7.35 차수층 균열

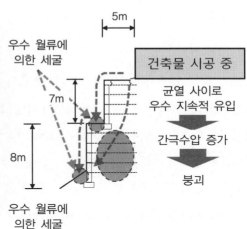

그림 7.36 원인 분석

참고문헌

건설교통부 한국시설안전기술공단 (2003), 안전점검 및 정밀안전진단 세부지침-옹벽.

시설물의 안전관리에 관한 특별법 (시행 2003.10.26.).

시설물통합정보관리시스템, www.fms.or.kr.

한국도로공사 (2017), 옹벽 점검 및 관리기준 수립, 재난안전처-1588.

한국지반공학회 (1998), 토목섬유 설계 및 시공요령.

Berg, R. R., Christopher, B. R. and Samtani, N. C. (2009), Design of Mechanically Stabilized Earth Walls and Reinforced Soil Slopes-Volume II, Publication No. FHWA-NHI-10-025, U.S. Department of Transportation Federal Highway Administration.

CHAPTER 08

블록쌓기옹벽의 설계

CHAPTER
08

블록쌓기옹벽의 설계

8.1 개요

블록쌓기옹벽은, 그림 8.1에서 보여주는 바와 같이, 일반적으로 흙을 채운 철근콘크리트, 강재 또는 목재 모듈이나 프리캐스트 콘크리트 블록을 쌓아올려 그 자중 및 속채움재의 하중을 이용하여 배면토압에 저항하는 일종의 중력식 옹벽으로, 때에 따라서는 일부 옹벽 뒤채움재의 하중 (토압의 수직분력)을 추가적인 저항력으로 사용하기도 한다.

또한 넓은 의미에서의 돌(블록)쌓기 옹벽은 그림 8.1의 (g), (h)와 같이 메쌓기와 찰쌓기 방식의 석축 구조물을 포함하고 있으나 최근 재료의 한계 등 그 사용성이 매우 제한적이므로, 본 매뉴얼에서의 "블록쌓기옹벽"은 주로 건식으로 생산되는 콘크리트 블록을 사용하는 블록쌓기옹벽 (Segmental concrete block wall)과 습식으로 생산되는 대형 콘크리트 블록을 사용하는 블록쌓기 옹벽(Precast modular block wall)으로 제한하여 기술하였다.

이러한 블록쌓기옹벽은 지오그리드 등의 보강재나 네일, 앵커와 같은 추가 보강 없이 전면블록을 쌓아 구조물을 설치하므로 주로 토압이 크지 않은 절토부 옹벽에 널리 사용되고 있으며, 비교적 높이가 낮은 성토부에도 사용이 증가하고 있다.

특히 기초 패드로 콘크리트를 사용하는 경우를 제외하고는 블록 설치부터 되메우기까지 작업 전반에 걸쳐 공정이 간단하고 공사기간이 짧아 긴급보수공사 또는 단기간 작업이 필요한 조경공사, 민간 옹벽 공사 등에 널리 사용되고 있다.

반면, 블록쌓기옹벽에 대한 명확한 설계기준이 확립되어 있지 않은 실정으로, 최근에는 사용량 증가와 함께 그림 8.2와 같이 시공 중 또는 공용 중인 구조물에서 변형이나 붕괴 또한 빈번히 발생하고 있는 것이 현실이다. 따라서 블록쌓기옹벽 설계 시 국가건설기준 「KDS 11 80 25 돌(블록)쌓기옹벽」에 추가하여 적용할 수 있도록 본 매뉴얼을 작성하였다.

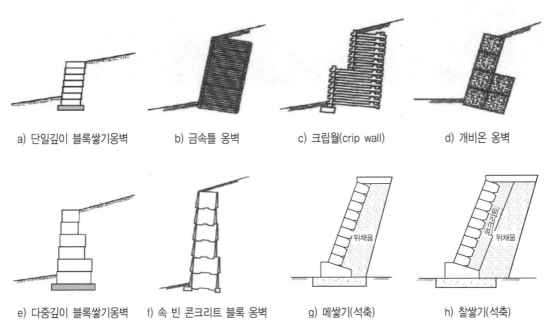

a) 단일깊이 블록쌓기옹벽

b) 금속틀 옹벽

c) 크립월(crip wall)

d) 개비온 옹벽

e) 다중깊이 블록쌓기옹벽

f) 속 빈 콘크리트 블록 옹벽

g) 메쌓기(석축)

h) 찰쌓기(석축)

그림 8.1 블록쌓기옹벽의 종류

a) 충남 천안시 신축공사 옹벽 붕괴
(안전저널, 2023.03.16.)

b) 충남 태안군 아파트 옹벽 붕괴
(연합뉴스, 2024.02.22.)

그림 8.2 블록쌓기옹벽의 붕괴 사례

8.2 블록쌓기옹벽 구성요소

블록쌓기옹벽의 주요 구성요소는, 그림 8.3과 같이, 전면블록 및 마감블록, 기초패드(기초콘크리트 또는 잡석기초), 뒤채움 골재, 원지반과 기초지반, 기타 배수관 등의 자재로 구성되어 있다. 옹벽의 자중으로 배면토압에 의한 활동 및 전도에 대해 안정성을 확보해야 하며, 블록 간의 체결이 견고해야 한다.

최초 비탈면 및 기초설치를 위한 터파기 후 자갈이나 잡석, 콘크리트와 같은 기초패드를 설치하고 전면벽체를 하부에서 상부방향으로 설치한다. 이때, 블록의 내부와 블록 사이의 빈 공간 및 블록 뒤의 일정 폭(일반적으로 약 30cm 정도)은 투수성이 좋은 재료로 채움하고, 깎기면에 설치하는 경우에는 깎기면과 블록 사이를 골재로 뒤채움하는 것이 일반적이다.

뒤채움 하부공간에는 유공관 등 배수관을 설치하여 유입수를 배출하며, 원지반과 뒤채움 골재 사이에 필터용 부직포를 설치한다.

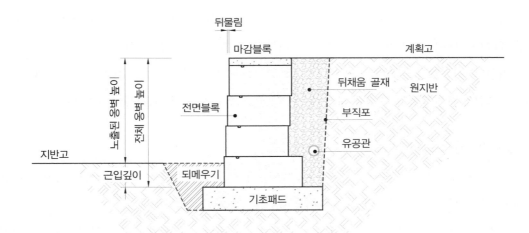

그림 8.3 블록쌓기(다중깊이) 옹벽의 주요 구성요소

8.2.1 전면블록

블록쌓기옹벽에 적용되는 전면블록의 크기와 모양은 다양하며, 동일한 제조업체의 전면블록

은 종종 같이 사용하여 축조할 수 있도록 설계되어 있는 경우가 있다. 블록쌓기옹벽의 전면블록은 마찰방식이나, 전단키/핀, 클립 등을 사용하여 구조적 안정성을 증가시키기도 한다.

또한, 전면블록은 영구적으로 배면토사가 흐트러지거나 침식되는 것을 방지하고, 벽체 전면부에 인접한 개울이나 하천의 세굴로부터 침식을 방지하는 역할을 한다.

최근에는 전면벽체의 미관을 우수하게 제작하여 경관블록으로도 널리 사용하고 있다.

1) 전면블록의 크기

전면블록은 다양한 크기와 모양으로 제공되므로 설계나 시공 시 치수, 단위중량, 연결 성능 등을 신중하게 평가해야 하며, 블록의 크기 및 강도는 3.2절 (보강토옹벽)전면벽체에 수록된 관련기준을 준용한다.

2) 속채움된 단위중량

입상 속채움재는 전면블록의 빈 공간과 벽체 사이의 모든 공간에 채워야 하며, 일반적으로 투수성이 좋은 골재를 사용한다. 속채움재는 재료가 최대밀도에 도달하여 더 이상 압축되지 않을 때까지 탬핑 막대 등으로 다짐하여 내부와 주변의 빈 공간을 채워준다.

이러한 속채움재는 블록이 활동에 저항하는 데 도움이 되는 추가 중량을 제공하며, 설계 시 콘크리트 전면블록과 속채움재의 무게 및 무게중심을 모두 고려하여야 한다.

3) 블록 간 연결 방법

각 블록의 고유한 모양은 블록쌓기옹벽의 기능에 직접적인 영향을 미치며, 가장 중요한 것은 옹벽의 상·하부로 응력을 전달하는 데 사용되는 메커니즘이다.

전단키 등으로 전단저항력을 향상시키거나 기계식 커넥터를 이용하기도 한다. 이러한 연결장치는 일반적으로 콘크리트 블록 등에 의해 축조되는 블록쌓기옹벽에서 상·하단 블록 간의 전단력을 증가시킬 수 있다. 일부 커넥터는 연속적인 구조체에 대한 수평방향 뒤물림을 제어하여 전면벽체의 일정한 경사각을 형성하는 데에도 사용되기도 한다.

일반적인 벽면경사각은 수직에서 0~15° 정도를 형성하고 있으며, 벽면경사의 허용오차는 일반적으로 계획 경사의 1~2° 사이로 정하고 있다.

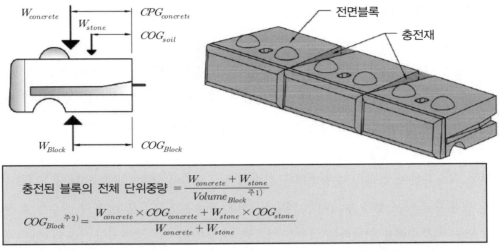

주1) $Volume_{Block}$: 충전재를 포함한 블록의 전체부피($Volume_{Block}$=블록의 전면폭×뒷길이×높이

주2) COG_{Block} : 충전된 블록의 전체 무게중심

그림 8.4 속채움재 중량 및 무게중심 계산 예시(Johnson 등, 2022)

8.2.2 기초패드(Levelling Pad)

블록쌓기옹벽 구조물의 기초패드는 무근콘크리트의 사용을 권장하고 있다. 기초패드의 첫번째 목적은 최하단 블록의 설치를 용이하게 하기 위해 평평한 표면을 제공하는 것으로 충분한 지지력이 확보된다면, 골재 등의 입상 기초패드(기초잡석)를 적용하여도 된다.

기초패드의 최소 두께는 150mm 이상이어야 하며, 상부 하중의 크기에 따라 그 두께 및 설치방법을 검토하여야 한다.

기초지반의 배수가 원활하지 않은 위치에서는 기초패드의 포화를 방지하기 위해 조밀하고 불투수성인 재료를 사용해야 한다.

기초지반이 연약한 경우에는 양질의 재료로 치환하거나 보강방안을 강구하여 지지력을 확보할 수 있도록 하여야 하며, 이에 대한 안정성 검토를 수행하여 결정하여야 한다.

기초패드에 대한 상세한 내용은 본 매뉴얼 4.3.6의 6) 전면벽체의 기초패드 참조.

8.2.3 뒤채움 및 배수 재료

1) 뒤채움재료

전면벽체의 뒤로부터 약 300mm 구간은 반드시 배수가 우수한 골재를 부설한다. 깎기비탈면에 적용하는 경우에는 블록 뒤채움과 깎기비탈면 사이는 투수성이 우수한 재료로 뒤채움을 실시한다. 이러한 뒤채움 골재를 사용함으로써 뒤채움 다짐에 의한 다짐 유발토압이 전면블록에 직접적으로 작용하는 것을 방지하여 블록배면에 작용하는 수평토압을 감소시켜 설치된 블록의 움직임을 최소화하여 블록의 수평변형을 감소시키는 역할을 하며, 또한 잔류된 토사가 옹벽 표면을 통해 유출되는 것을 방지하는 역할을 한다. 부수적으로 유입된 물의 배수를 촉진시켜 정수압 또는 침투수력을 완화하는 역할을 하지만, 뒤채움 골재는 일반적인 용도의 기본 배수시설이 아님을 명심해야 한다.

2) 배수설계

블록쌓기옹벽 구조물에서 물은 최대한 구조체로부터 멀리 떨어지도록 배수설계를 하여야 하나, 물이 구조물에 영향을 미칠 수 있는 경우에는 침식, 토립자의 이동 및 전면벽체에 대한 정수압을 방지하기 위해 적절한 배수 구성요소를 제공해야 한다.

배수기능은 현장별 지하수 조건에 따라 달라지며, 설계자는 지반조사 및 현장현황을 분석하여 이에 대한 대책방안을 강구해야 한다.

8.3 블록쌓기옹벽 안정성 검토

블록쌓기옹벽 구조물은 하중에 저항하기 위해 무게에만 의존하는 중력식 옹벽 구조물이다. 옹벽 구조물의 안정성 검토를 위해서는 설치 높이, 너비, 무게, 경사, 체결방식과 지반조건에 따른 토압, 지지력 등을 종합적으로 고려하여야 한다.

일반적인 구조물의 검토방법과 마찬가지로 블록쌓기옹벽은 안정성 검토를 수행 후 시공하여야 하며, 다음과 같은 분석 및 설계단계가 필요하다.

- 설치되는 블록쌓기옹벽의 특성과 형상, 지반 및 지하수 조건 확인
- 블록쌓기옹벽 구조물에 작용하는 토압 계산
- 외적/내적 안정성에 대한 안전율 산정
- 안전율 기준을 만족할 수 있는 옹벽 높이 및 조건 산정
- 블록쌓기옹벽의 전체안정성 확인

8.3.1 설계 가정사항

블록쌓기옹벽의 안정해석에서 고려하는 주요 파괴형태는 그림 8.5와 같으며, 여기서 (a), (b), (c), (d)는 외적파괴형태, (e), (f)는 내적파괴형태이다.

외적안정성 검토는 일반 콘크리트옹벽에서와 동일하게 저면활동, 전도 및 지반지지력에 대한 안정성을 검토한다. 또한 옹벽 구조물을 포함한 전체사면활동에 대한 안정성도 검토해야 한다.

블록쌓기옹벽 구조물의 내적안정성 검토에서는 임의의 블록 층에서 상·하단 블록 간의 전단파괴(내부활동) 또는 내부전도가 발생하지 않고 배면토압을 지지할 수 있는지 검토하여야 한다.

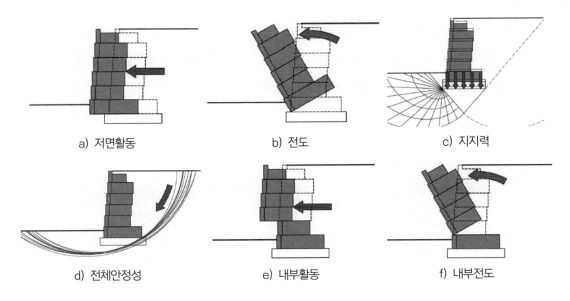

| a) 저면활동 | b) 전도 | c) 지지력 |
| d) 전체안정성 | e) 내부활동 | f) 내부전도 |

그림 8.5 블록쌓기옹벽의 주요 파괴형태

567

8.3.2 설계 일반사항

1) 기준안전율

블록쌓기옹벽의 안정선 검토에 적용하는 기준안전율은 표 8.1과 같다. 지진 시는 지진하중을 고려하여 검토한다.

표 8.1 블록쌓기옹벽의 설계안전율

구분	검토항목	평상시	지진 시	비고
외적안정	활 동	1.5	1.1	
	전 도	1.5	1.1	
	지지력	2.5	2.0	
	전체안정성	1.5	1.1	
내적안정성	활 동	1.5	1.1	
	전 도	1.5	1.1	

주) 깍기비탈면에 설치되는 블록쌓기옹벽 구조물은 일반적으로 심각한 침하가 발생하지 않으며 개별적으로 블록의 거동이 발생하는 특성을 통해 일반적으로 적당한 양의 변위를 견딜 수 있다. 그러나 지지층이 연약한 경우, 설계 및 시공 관련자가 필요하다고 판단되는 경우 침하에 대한 검토를 수행할 수 있다.

2) 근입깊이

블록쌓기옹벽은 지지력, 침하, 사면활동 등에 대한 안정성을 확보하기 위하여 블록쌓기옹벽 전면의 사면 경사도에 따라 표 8.2에서와 같은 최소 근입깊이(D_s)를 확보할 것을 권장한다. 근입깊이는 지반선에서 전면벽체의 기초패드 상단(기초고)까지의 깊이를 의미하며. 표 8.2의 전면이 사면인 경우의 최소 근입깊이(D_s)는 그림 4.34 b)의 D_s를 의미한다(Berg 등, 2009a).

표 8.2 블록쌓기옹벽의 전면벽체 기초 근입깊이

옹벽 전면 지반의 사면 경사	최소 근입깊이, D_s
수평(옹벽)	H/20
수평(교대)	H/10
3H : 1V	H/10
2H : 1V	H/7
3H : 2V	H/5

AASHTO(2020)에서는 블록쌓기옹벽의 최소 근입깊이(D_f)를 300mm로 규정하고 있으나, 많은 설계자들은 블록쌓기옹벽 구조물의 높이가 3m 미만인 경우 150mm를 근입깊이의 최솟값으로 적용하고 있다. 본 매뉴얼에서는 300mm를 최소기준으로 제안하며, 불가피하게 근입깊이를 조정하여야 하는 경우에는 토질 및 기초 기술자의 검토를 받아야 한다.

동상의 피해를 받을 가능성이 있는 지반에서는 동결심도 이하로 근입시키거나, 동상의 영향을 받지 않는 재료로 치환하고 최소 근입깊이만큼 근입시켜야 한다.

경사 지반에 설치하는 경우 벽체 전면에 1.2m 이상의 소단을 설치하고, 벽체의 근입깊이(D_f)는 최소 0.6m 이상 근입시켜야 한다(그림 4.34의 b) 참조).

강가에 설치되는 경우와 같이 세굴 발생의 우려가 있는 경우에는 세굴방지 대책을 마련해야 하며, 근입깊이 산정 시 세굴 깊이를 제외하고 최소 0.6m 이상의 근입깊이를 확보해야 한다.

3) 배면경사 조건

벽면경사는 블록쌓기옹벽 벽체 전면부의 평균경사를 의미하며, 길이가 같은 블록을 사용하는 경우 배면경사는 벽면경사와 같다. 그러나 블록쌓기옹벽에서는 한 단면에서 길이가 서로 다른 블록을 사용할 수 있으며, 이러한 경우 벽체가 저항하는 토압에 상당한 영향을 미치기 때문에 블록의 배면경사도 구별하여 적용하여야 한다.

그림 8.6은 블록쌓기옹벽의 다양한 경사조건을 보여주고 있다.

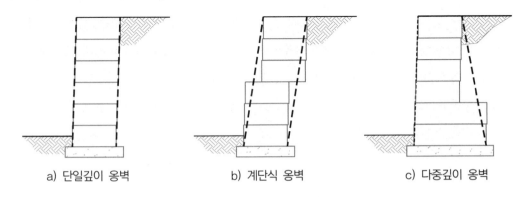

a) 단일깊이 옹벽   b) 계단식 옹벽   c) 다중깊이 옹벽

그림 8.6 블록쌓기옹벽의 다양한 배면경사 조건

8.3.3 토압의 적용

블록쌓기옹벽에 작용하는 배면토압은 식 (8.1)과 같이 계산할 수 있다.

$$P_a = P_s + P_q \tag{8.1}$$

$$= \frac{1}{2}\gamma_b h^2 K_a + (q_d + q_l)hK_a$$

여기서, P_a : 블록쌓기옹벽 배면에 작용하는 주동토압(kN/m)

P_s : 블록쌓기옹벽 배면의 흙 쐐기에 의한 주동토압(kN/m)

P_q : 등분포 상재하중에 의한 주동토압(kN/m)

γ_b : 배면토(Retained soil)의 단위중량(kN/m³)

h : 블록쌓기옹벽 배면에 주동토압이 작용하는 가상 높이(m)

K_a : 주동토압계수

q_d : 상재 등분포 사하중(kPa)

q_l : 상재 등분포 활하중(kPa)

1) 블록쌓기옹벽의 배면에 작용하는 토압계수

블록쌓기옹벽은 그림 8.6과 같이 단일깊이 옹벽과 다중깊이 옹벽으로 구분되어지며, 배면토압은 쿨롱(Coulomb) 토압이론을 사용하여 계산한다. 이때 배면토압은 최상단 블록의 뒤끝 상단 모서리에서 최하단 블록의 뒤끝 하단 모서리를 연결한 가상의 선에 작용하는 것으로 가정한다 (그림 8.7 및 그림 8.8 참조). 블록쌓기옹벽에서 토압계수는 쿨롱(Coulomb)의 주동토압계수 K_a를 사용하여 다음과 같이 적용된다.

블록쌓기옹벽에 대한 하중 및 저항력의 크기와 위치는 그림 8.7 및 그림 8.8에 제시된 토압분포를 사용하여 결정할 수 있다.

$$K_a = \frac{\cos^2(\phi_b + \alpha_b)}{\cos^2\alpha_b \cos(\alpha_b - \delta)\left[1 + \sqrt{\dfrac{\sin(\phi_b + \delta)\sin(\phi_b - \beta)}{\cos(\alpha_b - \delta)\cos(\alpha_b + \beta)}}\right]^2} \tag{8.2}$$

여기서, K_a : 주동토압계수

ϕ_b : 배면토의 내부마찰각(°)

α_b : 블록쌓기옹벽의 배면경사(수직으로부터 시계방향이 [+]임)(°)

δ : 벽면마찰각(°)

β : 상부 성토사면 경사각(°)

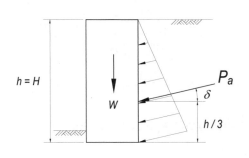 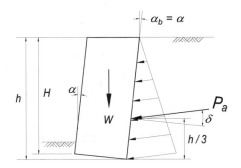

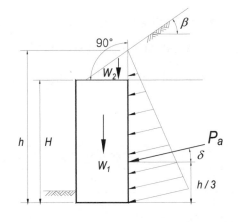 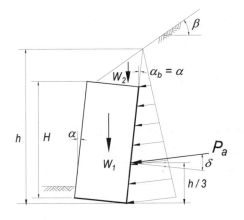

그림 8.7 단일깊이 블록쌓기옹벽의 조건별 토압분포(AASHTO, 2020)

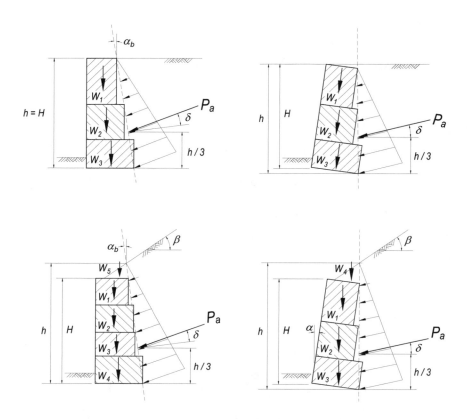

그림 8.8 다중깊이 블록쌓기옹벽의 조건별 토압분포(AASHTO, 2020)

쿨롱(Coulomb)의 주동토압 계산 시 벽면마찰각(δ)은 옹벽 뒷면과 토사 경계면의 매끄러운 정도 및 토사의 종류에 따라 달라진다. 대부분의 설계자들은 일정한 기울기의 콘크리트 벽면으로 가정하여 $2\phi_b/3$ 값을 일반적으로 사용하고 있으나, AASHTO(2020)에서는 단일깊이 또는 다중깊이 블록쌓기옹벽에 대하여 벽면마찰각(δ)을 표 8.3과 같이 제시하고 있다.

표 8.3 벽면마찰각(δ)의 최댓값(AASHTO, 2020)

구분	벽면마찰각, δ
옹벽의 침하량이 배면토보다 클 때	0
단일깊이 형태의 전면벽체	$0.5\phi_b$
다중깊이 형태의 전면벽체	$0.75\phi_b$

  그림 8.7은 단일깊이 블록쌓기옹벽의 토압분포이며, 그림 8.8에서는 다중깊이 블록쌓기옹벽의 토압분포를 보여주고 있다.

2) 배면이 수직이고 상부가 수평인 경우의 토압계수

  블록쌓기옹벽의 상부비탈면이 수평이고 배면이 수직($\beta=$ 0 및 α_b = 0)인 경우 식 (8.3)과 같은 랭킨(Rankine)의 주동토압계수를 사용할 수 있다.

$$K_a = \tan^2\left(45° - \frac{\phi_b}{2}\right) \tag{8.3}$$

  여기서, K_a : 주동토압계수

  ϕ_b : 배면토의 내부마찰각(°)

3) 상부가 사다리꼴 성토인 경우의 토압계수

  토압 계산을 위한 상부 사면경사는 옹벽 배면 영향 구역 내의 평균경사이며, 상부 사면의 형상에 따라 달라질 수 있다. 상부 성토사면의 수평부분이 더 이상 옹벽에 영향을 미치지 않는 예상 수평 거리는 옹벽 상단으로부터 $2H$ 정도이며, 이는 등가사면경사가 그려지는 거리이다.

  일반적으로 옹벽 상부 성토사면은 무한하지 않고 사다리꼴 형태로 형성될 때가 많으며, 이러한 때에는 식 (8.2)의 토압계수를 직접적으로 적용하기는 곤란하다. 옹벽 상부 성토사면이 사다리꼴 형태이거나 사면의 형상이 복잡한 때에는, 쿨롱(Coulomb) 토압이론에 의한 시행쐐기법(Trial wedge analysis)에 의하여 배면토압을 계산할 수 있다(AASHTO, 2020).

  상부 성토사면이 무한하지 않고 사다리꼴 형태인 경우 FHWA 지침(Elias 등, 2001; Berg 등, 2009a), NCMA(2012), AASHTO(2020) 등에서는 계산의 편의를 위하여 그림 8.9의 a)와 같이 실제 비탈면 경사각(β) 대신 가상 무한사면의 경사각(β_{con})을 사용하여 주동토압계수를 산정한다. 해석에 영향을 미치는 상부사면의 최대 높이($h_{\max con}$)와 해석에 사용되는 가상 무한사면의 경사각(β_{con})은 그림 8.9와 같고 다음과 같이 계산된다.

Case A $h_s \leq h_{\mathrm{maxcon}}$, $\beta_{con} = \tan^{-1}\left(\dfrac{h_s}{2H}\right)$

Case B $h_s > h_{\mathrm{maxcon}}$, $\beta_{con} = \beta$

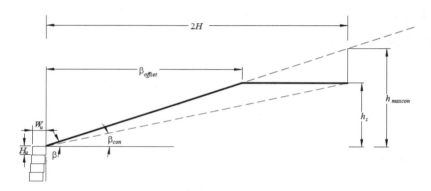

a) 사다리꼴 성토 – Case A

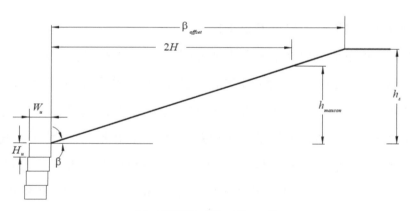

b) 사다리꼴 성토 – Case B

그림 8.9 상부 비탈면이 사다리꼴인 경우의 기울기(NCMA, 2012)

4) 옹벽 배면의 원지반을 절취한 경우의 토압계수

블록쌓기옹벽은 절토부에 적용하는 경우가 많고, 원지반을 절취하여 설치하는 경우 옹벽 뒷굽과 원지반 하단의 수평거리가 짧기 때문에 일반적인 성토부 옹벽에 작용하는 토압과는 다르게 취급해야 할 경우가 있다.

이 경우 토압의 크기는 도해법이나 계산식으로 구할 수 있으며, 토압의 작용 위치는 옹벽저면에서 $H/3$이 되는 곳이다. 원지반 절취면과 뒤채움 흙과의 마찰각(δ')의 크기는 원지반의 지질이나 표면상태에 따라 다르지만 통상 $(2/3 \sim 1.0)\phi_b$로 볼 수 있다. 이 δ'의 크기에 따라 토압크기에 미치는 영향이 크므로 δ'의 결정에는 신중하여야 한다.

- 원지반이 연암보다 좋고 비교적 균일한 평면인 경우 : $\delta' = 2\phi_b/3$
- 원지반이 층이 있고 거친 면인 경우 : $\delta' = \phi_b$

원지반 깍기면의 경사가 그림 8.11의 a) 및 b)와 같이 단일경사인 경우 원지반 깍기면의 경사각(ω)과 가상활동파괴면의 경사각(ψ)의 크기에 따라서 토압을 달리 구한다. 이때 상부사면이 그림 8.10의 a)와 같이 무한사면이라면, 가상활동파괴면의 경사각(ψ)는 쿨롱(Coulomb)의 평면활동파괴면 가정에 의해 식 (8.4)를 사용하여 계산할 수 있다.

$$\psi = \tan^{-1} \left\{ \frac{\cos(\phi_b + \delta - \alpha_b - \beta)}{\sqrt{\dfrac{\cos(\alpha_b - \delta)\sin(\phi_b + \delta)}{\cos(\alpha_b + \beta)\sin(\phi_b - \beta)}} + \sin(\phi_b + \delta - \alpha_b - \beta)} \right\} + \beta \tag{8.4}$$

여기서, ψ : 파괴면의 경사각(°)

$\quad\quad\quad \phi_b$: 뒤채움 흙의 내부마찰각(°)

$\quad\quad\quad \alpha_b$: 블록쌓기옹벽의 배면경사(°)(수직으로부터 시계방향이 (+))

$\quad\quad\quad \delta$: 벽면마찰각(°)

$\quad\quad\quad \beta$: 상부비탈면 경사각(°)

옹벽 상부가 그림 8.10의 b)와 같이 사다리꼴 성토인 경우에는 식 (8.5)를 사용하여 가상활동파괴면의 경사각(ψ)을 계산할 수 있다.

$$\psi = \tan^{-1} \frac{1}{\sqrt{\{\tan A + \cot\phi_b\}\{\tan A - B\}} - \tan A} \leq \psi_0 \tag{8.5}$$

여기서, $A = \phi_b - \alpha_b + \delta$

$$B = \tan\alpha_b - \frac{W_b}{W_a}$$

$$W_a = \frac{\gamma_b}{2}(H + h_s)^2 + q(H + h_s)$$

$$W_b = \frac{\gamma_b}{2}h_s\left(h_s + \frac{2q}{\gamma_b}\right)(\tan\alpha_b + \cot\beta)$$

$$\psi_0 = \tan^{-1}\frac{h_s + H}{h_s\cot\beta + H\tan\alpha_b}$$

ϕ_b : 배면토의 내부마찰각(°)

α_b : 옹벽 배면의 경사각(°)(수직선에서 시계방향이 (+))

β : 상부 성토사면 경사각(°)

δ : 벽면마찰각(°)

H : 옹벽의 높이(m)

h_s : 상재성토고(m)

γ_b : 배면토의 단위중량(kN/m³)

q : 등분포 상재하중(kPa)

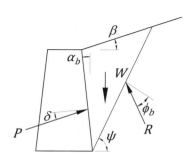

a) 상부가 단일경사인 경우

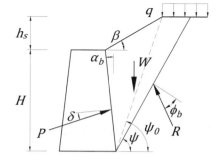

b) 상부가 사다리꼴 성토인 경우

그림 8.10 원지반을 절토한 경우(구조물기초설계기준 해설, 2018 수정)

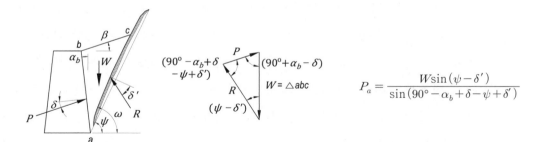

α_b는 시계방향이 (+)

a) $\omega > \psi$인 경우

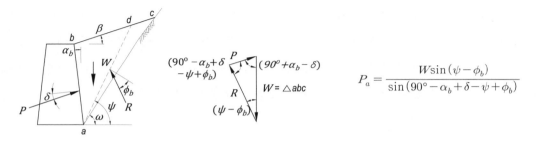

α_b는 시계방향이 (+)

b) $\omega < \psi$인 경우

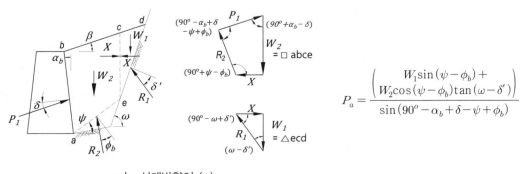

α_b는 시계방향이 (+)

c) 단일경사가 아닌 경우

그림 8.11 원지반을 절토한 경우(구조물기초설계기준 해설, 2018 수정)

그림 8.11의 a)와 같이, 깎기면의 경사각이 가상활동파괴면의 경사각보다 큰 경우, 즉 $\omega >$ ψ인 경우의 최대 토압은 활동파괴면이 ac선일 때 발생하므로, 도해법이나 계산식으로 쉽게 토압을 구할 수 있다. 깎기면의 경사각이 가상활동파괴면의 경사각보다 작은 경우, 즉 $\omega <$ ψ인 경우에는 그림 8.11의 b)에서 흙쐐기 △abd에 의한 통상의 성토부 옹벽에 작용하는 토압과 원지반 경계면 ac면을 활동파괴면으로 보는 경우의 토압 P와 비교하여 더 큰 값을 선정한다. 한편, 원지반 깎기면의 경사가 단일경사가 아닌 경우는 그림 8.11의 c)에서 보는 바와 같이 흙쐐기를 3각형 부분(△cde)과 4각형 부분(□abce)으로 분할하여 토압을 구할 수 있다. 만약 ad면의 경사각이 보다 완만한 경우에는 일반적인 성토부 옹벽에 작용하는 토압과 P_{max}를 비교 하여 큰 값을 선정한다. 한편 ad선의 경사각이 45° 이하, 혹은 원지반 바닥 경사각이 20° 이하이 고 수평거리가 1m 이상인 경우에는 뒤채움 공간이 제한되어 있지 않는 경우와 동일하다(채영수, 1992). 또한 옹벽 배면 원지반이 불안정한 암반으로 판단되는 경우에는 암반 불연속면의 유무, 주향, 경사 및 역학적 특성 등을 고려하여 토압을 결정하여야 한다.

8.3.4 외적안정성 검토

1) 저면활동에 대한 안정성 검토

저면활동에 대한 안정성은 블록쌓기옹벽에 작용하는 수평력(P_H)에 대한 블록 바닥면 저항력 (R_H)의 비율로서 다음과 같이 계산할 수 있으며, 저항력 계산 시 상재 활하중은 고려하지 않는 다. 블록과 기초지반 또는 기초패드 사이의 마찰저항력 감소계수는 지반조건 및 블록의 형태에 따라 다양하므로 우선적으로 대형전단시험 등을 실시하여 획득해야 하며, 시험값이 없는 경우 표 8.4를 참조할 수 있다.

$$FS_{slid} = \frac{R_H}{P_H} \geq 1.5 \tag{8.6}$$

$$R_H = \mu_b (W_w + P_{sV} + P_{qdV}) \tan\phi \tag{8.7}$$

$$P_H = P_{sH} + P_{qdH} + P_{qlH} + F_H \tag{8.8}$$

여기서, FS_{slid} : 저면활동에 대한 안전율

R_H : 블록쌓기옹벽 저면의 활동에 대한 저항력(kN/m)

P_H : 블록쌓기옹벽 배면토압 등에 의한 활동력(kN/m)

μ_b : 블록과 기초지반 사이의 마찰저항력 감소계수(표 8.4 참조)

W_w : 블록과 최상단 블록 상부에 위치하는 흙의 무게(kN/m)

　　　($W_w = W_1 + W_2 + W_3 + W_4$, 그림 8.8 참조)

P_{sV} : 블록쌓기옹벽 배면 흙 쐐기에 의한 토압의 수직성분(kN/m)

P_{qdV} : 상부 등분포 사하중에 의한 토압의 수직성분(kN/m)

ϕ : 기초지반 또는 기초패드의 내부마찰각(°)

P_{sH} : 블록쌓기옹벽 배면 흙 쐐기에 의한 토압의 수평성분(kN/m)

P_{qdH} : 상부 등분포 사하중에 의한 토압의 수평성분(kN/m)

P_{qlH} : 상부 등분포 활하중에 의한 토압의 수평성분(kN/m)

F_H : 블록쌓기옹벽 배면 상부에 작용하는 기타 상재하중에 의해 추가
되는 배면토압(kN/m)

표 8.4 블록과 토층 간의 마찰저항력 감소계수, μ_b (NCMA, 2012)

토사 종류(USCS)	내부마찰각(ϕ)	마찰저항력 감소계수, μ_b
GW, GP	34~40	0.7
GM, SW, SP	30~36	0.65
GC, SM, SC	28~34	0.6
ML. CL	25~32	0.55

2) 전도에 대한 안정성 검토

블록쌓기옹벽의 전도에 대한 안정성 검토는 옹벽의 선단을 중심으로 한 모멘트에 근거하며, 전도에 대한 안정성 평가식은 다음과 같다. 저항모멘트 계산을 위한 수직하중의 구성요소는 그림 8.12에 나타내었다.

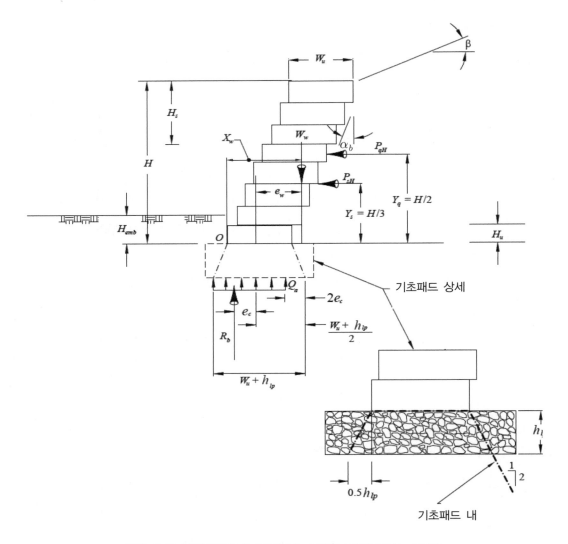

그림 8.12 블록쌓기옹벽 구조물의 수직력 분포(NCMA, 2012)

$$FS_{over} = \frac{M_R}{M_O} \geq 1.5 \tag{8.9}$$

$$M_R = W_w X_w + P_{sV} X_{Ps} + P_{qdV} X_{Pqd} \tag{8.10}$$

$$M_O = P_{sH} Y_{Ps} + P_{qdH} Y_{Pqd} + P_{qlH} Y_{Pql} \tag{8.11}$$

여기서, FS_{over} : 전도에 대한 안전율

M_R : 수직력에 의한 저항모멘트(kN·m/m)

M_O : 수평력에 의한 전도모멘트(kN·m/m)

X_w : W_w에 대한 모멘트 팔길이(m)

X_{Ps}, X_{Pqd} : P_{sV}와 P_{qdV}에 대한 모멘트 팔길이(m)

Y_{Ps} : P_{sH}에 대한 모멘트 팔길이(m)

Y_{Pqd}, Y_{pql} : P_{qdH}, P_{qlH}에 대한 모멘트 팔길이(m)

3) 기초지지력

지반지지력은 본 매뉴얼 4.4.3의 외적안정성 검토 참조

4) 전체안정성 검토

전체안전성 검토는 본 매뉴얼 4.4.3의 외적안정성 검토 참조

5) 지진 시 안정성 검토

지진 시 안정성 검토는 본 매뉴얼 4.4.7의 지진 시 안정성 검토 참조

8.3.5 내적안정성 검토

측면 토압에 저항하려면 옹벽의 전면벽체는 일체로 거동하여야 하며, 작용된 외부의 힘을 구조물 하부까지 충분히 전달할 수 있도록 블록 간의 결속이 매우 중요하다. 내적안정성 검토는 외적안정성 검토의 활동에 대한 검토와 매우 유사하지만, 내적활동에 대한 안정성은 상·하단 블록 사이 경계면에서의 전단력에 의해 유지된다.

내적안정성 검토는 최하부의 전면벽체 하단 모서리에서 계산하는 외적안정성 검토와는 달리 검토를 수행하는 위치 상부의 하중만을 고려한다.

내적안정성 검토에 대한 개요도 및 다양한 검토위치에 대한 예시는 그림 8.13과 같다.

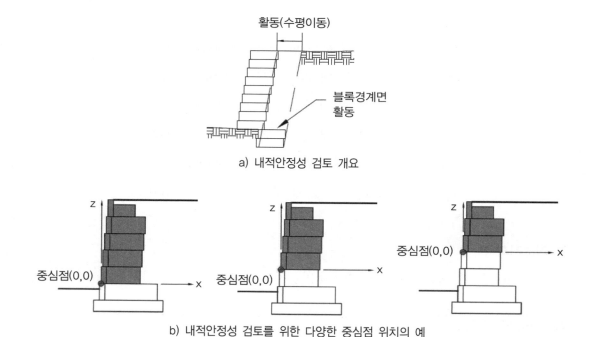

a) 내적안정성 검토 개요

b) 내적안정성 검토를 위한 다양한 중심점 위치의 예

그림 8.13 활동(내부안정성)에 의한 파괴형태

1) 활동에 대한 안정성 검토

블록쌓기 배면토압과 저항력은 평가중인 블록부분에 대해서만 검토되며, 고려중인 블록 하부의 토압은 무시된다.

내적활동 저항성은 블록 간 경계면의 전단력에 의해 결정되며 블록 간의 연결장치, 손잡이 등과 같은 연동장치, 충진재의 전단저항 등으로 추가적인 저항력이 발생할 수 있다. 블록 간의 전단력은 시험실에서 수행한 전단강도를 적용해야 하며(그림 8.14 참조), 내적활동 저항력을 검토하기 위한 블록 경계면의 저항력은 다음과 같이 계산할 수 있다.

$$V_{u(i)} = a_u + W_{w(i)} \tan\lambda_u \qquad (8.12)$$

여기서, $V_{u(i)}$: 블록의 전단저항력(kN/m)

$\quad\quad\quad a_u$: 겉보기 전단점착력(kN/m)

λ_u : 블록 간의 경계면 마찰각(°)

$W_{w(i)}$: 활동발생면으로부터 상부에 위치한 블록들의 총 중량(kN/m)

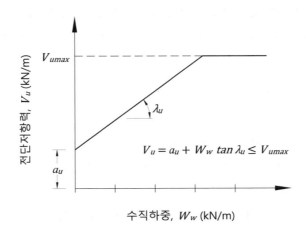

$$V_u = a_u + W_w\ tan\ \lambda_u \leq V_{umax}$$

그림 8.14 블록의 전단저항력과 수직하중의 관계

내적활동에 대한 안전율은 각 층의 수평력에 대한 저항력의 비로 다음과 같이 계산할 수 있다.

$$FS_{slid(i)} = \frac{V_{u(i)}}{P_{aH(i)}} \geq 1.5 \tag{8.13}$$

여기서, $FS_{slid(i)}$: 활동면(i번째 층) 내부활동에 대한 안전율

$P_{aH(i)}$: 활동면(i번째 층) 상부에서 발생하는 토압의 수평성분(kN/m)

2) 전도에 대한 안정성 검토

전도에 대한 내적안정성 검토를 위해 해당 블록면에서 블록쌓기옹벽 상단까지 각 단에 대해 전도에 대한 안정성 검토를 수행해야 한다. 일반적으로 블록의 크기가 변화되는 곳에서 전도에

대한 내적안정성에 문제가 발생하는 경우가 많다. 전도에 대한 외적안정성이 적절하더라도 옹벽의 규모에 비해 상부에서 너무 작은 블록으로 변화되는 경우 옹벽의 상부가 불안하거나, 안전율을 만족하지 못할 수 있다.

내적안정성 검토에서의 전도에 대한 안정성 검토방법은 외적안정성 검토 방법과 동일하며, 전도모멘트와 저항모멘트를 검토하는 위치의 상부의 하중만을 고려한다.

$$FS_{over(i)} = \frac{M_{R(i)}}{M_{O(i)}} \geq 1.5 \tag{8.14}$$

$$M_{R(i)} = W_{W(i)} X_{W(i)} + P_{sV(i)} X_{Ps(i)} + P_{qdV(i)} X_{Pqd(i)} \tag{8.15}$$

$$M_{O(i)} = P_{sH(i)} Y_{Ps(i)} + P_{qdH(i)} Y_{Pqd(i)} + P_{qlH(i)} Y_{Pql(i)} \tag{8.16}$$

여기서, $FS_{over(i)}$: 전도 발생면(i번째 층)에서 (내부)전도에 대한 안전율

$\quad\quad M_{R(i)}$　　: 전도 발생면(i번째 층)에서의 저항모멘트(kN·m/m)

$\quad\quad M_{O(i)}$　　: 전도 발생면(i번째 층)에서의 전도모멘트(kN·m/m)

3) 편심거리에 의한 안정성 검토

편심거리는 전도와 관련된 사항으로 옹벽의 변형이 발생하지 않기 위해 벽체의 무게, 흙쌓기의 무게, 토압의 수직성분 및 상재하중 등과 같은 수직하중에 대해 기초지반이 충분한 지지력을 확보해야 한다.

만약 저항모멘트와 전도모멘트 외에 기초의 지지력을 포함하면, 지지력을 포함한 저항력의 모멘트 합이 '0'이 되도록 작용하여 옹벽이 회전하는 것을 방지하는 편심거리의 한계를 결정할 수 있다. 최하단부 블록의 중심으로부터 이격된 거리를 편심거리라고 한다.

일부 설계자들은 안정성을 평가하기 위해 전도에 대한 안정성 검토 대신 편심거리에 대한 검토를 수행하기도 한다. 편심거리에 대한 개요도는 그림 8.15와 같으며, 이때 합력의 작용위치는 기초지반이 토사지반인 경우 기초폭의 중앙 1/3 이내, 암반인 경우에는 기초폭의 중앙 1/2 이내에 위치하여야 한다. 즉,

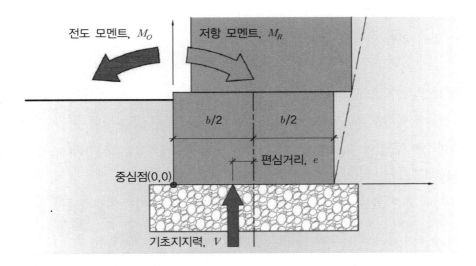

그림 8.15 기초지지력과 편심거리(Johnson 등, 2022)

$$e = \frac{b}{2} - \frac{M_R - M_O}{\Sigma P_v} \begin{cases} e \le b/6 : \text{토사지반} \\ e \le b/4 : \text{암반} \end{cases} \qquad (8.17)$$

여기서, e : 편심거리

       M_O : 전도모멘트(kN·m/m)

       M_R : 저항모멘트(kN·m/m)

       b : 하단부 블록의 폭(m)

       ΣP_v : 하단부 블록과 기초패드 사이에 작용하는 전체수직하중(kN/m)

※ 참고 – 시력선법

    블록쌓기옹벽을 소규모 옹벽 또는 깍기비탈면의 표면보호를 위한 목적으로 설치하는 경우, 시력선법에 의한 안정성 검토를 수행할 수 있으며, 철근콘크리트 등을 이용하여 블록 간의 결합을 강고하게 한 형식의 옹벽은 기대기 옹벽에 준하여 검토를 수행한다.

시력선법에 의한 안정성 검토 방법은 다음과 같다.

1) 시력선법에 의한 안정조건

옹벽 전체를 일체로 가정하고, 전도 또는 활동이 발생하지 않기 위해서는 시력선(示力線, 임의의 높이에 있어 자중과 토압의 합력이 나타내는 선)이 옹벽뒷길이(두께)의 중앙 3분권(Middle third) 이내에 있으면 안전하다고 본다.

시력선법에 의한 안정조건은 아래와 같으며, 안정조건을 만족하지 못하는 경우 블록의

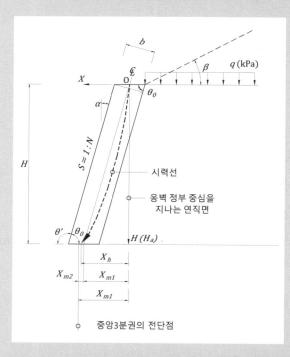

X_m : 옹벽상단 중심을 지나는 연직면에서 중앙 3분권의 전단점(前端點)까지의 길이(m)

X_{m1} : 옹벽상단 중심을 지나는 연직면에서 옹벽하단 중심부까지의 길이(m)

X_{m2} : 옹벽하단중심점에서 중앙 3분권의 전단점까지의 길이(m)

X_h : 옹벽상단 중심을 지나는 연직면에서 시력선(示力線)까지의 길이(m)

H : 옹벽의 높이(m)

b : 블록의 뒷길이(m)

N : 옹벽의 경사도

K_a : 주동토압계수

θ' : 옹벽의 경사각, $90+\cot^{-1}N$

θ_o : $180°-\theta'$

$\qquad = 180°-(90+\cot^{-1}N)$

γ : 배면토의 단위중량(kN/m³)

γ_b : 블록의 단위중량(kN/m³)

H_a : 옹벽의 한계고(O점에서의 깊이)

q : 상재하중(kPa)

β : 상부비탈면 경사각(°)

그림 8.16 시력선법

뒷길이를 증가하던가 옹벽의 경사를 조정해야 한다.

$$X_h \leq X_m \tag{8.18}$$

$$X_m = X_{m1} + X_{m2} = H\cot\theta_0 + \frac{b\cosec\theta_0}{6} \tag{8.19}$$

$$X_h = \frac{K_A\gamma}{6\gamma_b b\cosec\theta_o} \times H^2 + \left[\frac{K_A q \dfrac{\sin\theta'}{\sin(\theta'+\beta)}}{2\gamma_b b\cosec\theta_0} + \frac{\cot\theta_0}{2}\right]H \tag{8.20}$$

2) 옹벽구조물의 한계높이(H_a)

안정조건을 만족시키는 범위 내에서 최대로 쌓을 수 있는 높이를 한계고라고 한다. 옹벽 바닥면에서 시력선과 Middle third 전단점이 일치하도록 계획하였을 때의 높이를 의미한다. 설계 시 블록의 제원 및 지반조건에 의해 한계고를 구하여 적용할 경우 경제적이고 안전한 설계를 할 수 있다.

한계고 H_a는 다음의 2차 방정식에 의하여 구한다.

$$\frac{K_A\gamma}{6\gamma_b b\cosec\theta_0}H_a{}^2 + \tag{8.21}$$

$$\frac{K_A q \dfrac{\sin\theta'}{\sin(\theta'+\beta)} - \gamma_b b\cosec\theta_0\cot\theta_0}{2\gamma_b b\cosec\theta_0}H_a - \frac{b\cosec\theta_0}{6} = 0$$

참고문헌

채영수 (1992), "흙막이구조물(IV)", 한국지반공학회지, 제8권, 제3호, pp.95~115.

AASHTO (2020), LRFD Bridge Design Specification (9th Ed.), American Association of State Highway and Transportation Officials.

Berg, R. R., Christopher, B. R. and Samtani, N. C. (2009a), Design of Mechanically Stabilized Earth Walls and Reinforced Soil Slopes - Volume I, Publication No. FHWA-NHI-10-024, U.S. Department of Transportation Federal Highway Administration.

Berg, R. R., Christopher, B. R. and Samtani, N. C. (2009b), Design of Mechanically Stabilized Earth Walls and Reinforced Soil Slopes - Volume II, Publication No. FHWA-NHI-10-025, U.S. Department of Transportation Federal Highway Administration.

Johnson, J., Lindwall. N. and Hines. J. C. (2022), Precast Modular Block Design Mannual Vol.1, Gravity walls.

NCMA (2012), Design Manual for Segmental Retaining Walls (3rd Ed.), National Concrete Masonry Association, Herndon, VA.

집필진

■ 집필위원

대표저자	김경모 소장 / 이에스컨설팅
위 원 장	유승경 교수 / 명지전문대학, 제12대 한국지반신소재학회 회장
위　　원	김낙영 선임연구위원 / 한국도로공사
	김영석 선임연구위원 / 한국건설기술연구원
	도종남 수석연구원 / 한국도로공사
	이광우 연구위원 / 한국건설기술연구원
	이용수 선임연구위원 / 한국건설기술연구원
	유중조 상무 / (주)골든포우
	조인휘 대표이사 / (주)아이디어스
	조진우 연구위원 / 한국건설기술연구원
	홍기권 교수 / 한라대학교

■ 감수위원

조삼덕 박사 / (전)한국건설기술연구원

유충식 교수 / 성균관대학교

한중근 교수 / 중앙대학교

■ 자문위원

채영수 명예교수 / 수원대학교	신은철 명예교수 / 인천대학교
전한용 명예교수 / 인하대학교	김유성 명예교수 / 전북대학교
이강일 교수 / 대진대학교	김영윤 대표이사 / 보강기술(주)
주재우 명예교수 / 순천대학교	김정호 대표이사 / (주)다산컨설턴트
장연수 명예교수 / 동국대학교	이은수 박사 / (전)한양대학교
이재영 교수 / 서울시립대학교	조관영 대표이사 / (주)대한아이엠

보강토옹벽
설계 및 시공 매뉴얼

초판인쇄 2024년 8월 19일
초판발행 2024년 8월 29일

저   자 (사)한국지반신소재학회
펴 낸 이 (사)한국지반신소재학회 회장 유승경
펴 낸 곳 도서출판 씨아이알

책임편집 신은미
디 자 인 안예슬, 엄해정
제작책임 김문갑

등록번호 제2-3285호
등 록 일 2001년 3월 19일
주   소 (04626) 서울특별시 중구 필동로8길 43(예장동 1-151)
전화번호 02-2275-8603(대표)
팩스번호 02-2275-8604
홈페이지 www.circom.co.kr

I S B N 979-11-6856-244-8 93530
정   가 46,000원